热爱超硬永在路上

——王光祖随笔

王光祖　主编

郑州大学出版社

图书在版编目(CIP)数据

热爱超硬永在路上：王光祖随笔 / 王光祖主编. 郑州：郑州大学出版社，2025. 6. -- ISBN 978-7-5773-1019-0

Ⅰ. TB39-53

中国国家版本馆 CIP 数据核字第 2025YY0046 号

热爱超硬永在路上——王光祖随笔

REAI CHAOYING YONG ZAI LUSHANG —— WANG GUANGZU SUIBI

策划编辑	崔　勇	封面设计	苏永生
责任编辑	崔　勇	版式设计	苏永生
责任校对	杨飞飞	责任监制	朱亚君

出版发行	郑州大学出版社	地　　址	河南省郑州市高新技术开发区长椿路 11 号(450001)
经　　销	全国新华书店		
发行电话	0371-66966070	网　　址	http://www.zzup.cn
印　　刷	河南龙华印务有限公司		
开　　本	710 mm×1 010 mm　1 / 16		
印　　张	29	字　　数	364 千字
版　　次	2025 年 6 月第 1 版	印　　次	2025 年 6 月第 1 次印刷

书　　号	ISBN 978-7-5773-1019-0	定　　价	128.00 元

序一

王光祖教授自20世纪60年代从研制中国第一颗人造金刚石开始，一路与超硬行业相伴而行，迄今逾六十余载。他不仅是中国超硬材料行业的主要奠基人、开拓者、探索者、见证人，而且毕生专注于超硬材料人造金刚石和立方氮化硼的合成机理、装置、工艺等领域，辛勤工作，为我国超硬行业的创建、成长和不断发展做出了重要贡献。

《热爱超硬永在路上——王光祖随笔》收录了王光祖教授六十年来对超硬材料及其工具制造的场景回忆、科研心得、技术论文论著等，体现了王光祖教授孜孜不倦、持之以恒的作风及严谨态度，记录了一个科学研究工作者的工作历程，是超硬行业工作者难得的技术知识宝库。

本书是对人造金刚石、立方氮化硼超硬材料及其应用领域研究过程的全方位历史记载，里面有敢于担当、自主创新、善于思维的科研精神；有对人造金刚石、立方氮化硼、纳米金刚石、金刚石薄膜、多晶等超硬材料的生产合成技术实践的理论总结；有超硬材料工具应用技术的科研成果；指出了拓展应用领域是推动超硬材料发展的动力；指明了金刚石量子技术的发展才是金刚石向更高端发展的方向；更有启迪科研智慧的超硬材料行业发展中的趣闻轶事，点点滴滴。

中国已经成为世界超硬材料生产大国和强国，在继机械加工、建筑材料和光伏等产业发展对金刚石生产促进阶段后，培育钻石的生产及其在奢侈品消费领域的应用，为超硬材料发展开辟了广阔前景。化学气相沉积技术在金刚石生产领域的应用，也将推动金刚石工业的发展走向新高度。未来金刚石功能化应用的拓展，必将对超硬材料的发展产生积极深远的影响。因此,该书的出版发行,有益于激发超硬行业工作者的热情,立志、建功,值得行业内外人士及广大科技工作者阅读。

王光祖教授是我的研究生导师,三十多年前指导我开始立方氮化硼的研究。作为弟子很荣幸为这本书作序,读着他一篇篇文章,感悟颇多,受益匪浅。字里行间,如诗记忆,闪动着昔日辉煌的身影,让人情牵,更让人感动。老师已届九十耄耋之年,仍心系超硬行业笔耕不辍、著作频出,令人钦佩,永远是我们超硬材料人学习的榜样。

张相法

2023 年 10 月

序二

我的父亲王光祖教授，今年九十岁了。在我的生命中，最奇妙的有缘，知遇之人非他莫属。常言说，做自己喜欢的事，怎么也不会觉得累。我的父亲就是身边的佐证，他几乎把所有的时间都交给了“超硬材料”。他是开创我国人造金刚石新纪元的元勋，也是金刚石产业化的奠基人，无私地奉献了宝贵的青春年华，年逾九旬仍孜孜不倦地为超硬材料的高质量发展默默地耕耘。父亲时常教导我，只有矢志坚守，不断开拓创新，方能走得更远，走向更加辉煌的未来。多少梦寐以求的蓝图变为现实，多少彪炳史册的成就激荡人心。实干铸就伟业，奋斗开创未来。这就是热爱。

他有着：不辱使命，勇立潮头，敢于担当，攻坚克难的雄心壮志；挥毫泼墨，笔耕不辍，不甘寂寞，总在路上饱满的激情；热爱读书，持之以恒，生活到老，学习到老的拼搏精神；一心为众，全国奔波，不辞劳苦，传播技术的极大热忱；平易近人，乐于助人，有求必应，尽心尽责的高尚品质；高瞻远瞩，视野广阔，创新思维，敢想敢做的实干风格；硕果丰厚，成绩显赫，美誉颇多，岁月如歌的光辉人生；与战友们，志同道合，同舟共济，携手奋进的团队理念；实话实说，从不空谈，知无不言，求真务实的耿直性格；心系超硬，形影不离，继续前行，仍在路上的十足劲头。

《热爱超硬永在路上——王光祖随笔》这本书是王光祖教授谨向中国第一颗人造金刚石诞生六十周年而作。该书不仅仅是他博览群书，用心阅读，取其精华，集群智慧之作，而且也是与战友弟子们共同撰写的有关我国超硬材料行业在工艺技术研究与新产品开发以及理论探讨等方面的纪实。

本书共由九章构成,如下所示:第一章,历史担当与自主创新;第二章,纳米材料家族中的佼佼者;第三章,金刚石制备技术的一枝独秀;第四章,超硬材料家族的新宠;第五章,超硬材料产品性能的辅佐之臣;第六章,形式多样的超硬材料工具;第七章,高硬度材料加工利器;第八章,向高新端迈进的金刚石制品;第九章,应用是推动超硬材料发展的引擎。

读后深深地感觉到王光祖教授对超硬材料科学技术事业热爱的情怀,忠诚,致深。难能可贵的是他不仅奉献了青春年华,而且耄耋之年在默默无闻地著书立说。我问他为啥!他的回答简明扼要,因我热爱超硬材料。在我国人造金刚石诞生 50 周年的座谈会上,他曾说:如果有来世,一定还为超硬材料而奋斗。

王光祖教授是我们常州华中集团公司的终生高级技术顾问,他说:“与钻石相遇,一见钟情!为钻石研发,终生无憾!”感谢一路支持他写作的朋友们,感谢这部作品的陪伴,让他充分享受热爱超硬带来的快乐和满足。作为他的女儿十分的骄傲和自豪,因为我有这样一位父亲。

王芸

2024 年 5 月

目　录

第一章

历史担当与自主创新

1963年12月6日在华夏大地上诞生的第一颗人造金刚石，作为中国超硬材料事业的开端，将永远载入史册。那是在艰苦的时期，极其困难的条件下，新中国一批年轻的科技工作者，为了国家的繁荣富强，用心血和汗水奋勇闯关，团结协作的结果，那志向、那勇气，默默无闻的奉献精神，至今回忆起来仍是那样荡气回肠，催人奋进，也不乏思考和启迪。

经过一代一代超硬人的不折不挠的攻坚克难，当下，我国不仅是超硬材料的生产大国，而且也是强国。创造出了有中国特色的超硬材料工业发展的道路。回顾过去，令人瞩目的成就，使我国超硬材料新老同仁无不为之由衷的高兴和自豪。展望未来，我们信心百倍，为我国引领世界超硬材料事业创新发展的新潮流！

世上无难事　只要勇攀登

王光祖，卫风午/文

一、百年苦探秘梦幻终成真

金刚石虽然早在公元前三千年就在印度被发现。但对它性质的诠释，一直是个谜。直至17世纪末才发现金刚石具有可燃的属性。于是，英国的化学家、德国的物理学家都纷纷登场揭秘。遗憾的是，在过去石墨转变为金刚石的试验条件中，因为只有高温而没有高压，所以，石墨并未转变为金刚石。

虽然过去的许多尝试都失败了，但这些研究工作却为后来的成功指明了方向。使人们清楚地认识到，石墨想要转变为金刚石只有在超高压高温同时存在的条件下才有可能实现。

1938年，Rossini和Jessup发表了他们计算得到的金刚石（D）-石墨(G)平衡线;1939 年,Liepumsky 发表了他计算的 D-G 平衡线;1947 年,P. W. Brigman 发表了他计算的 D-G 平衡线,解决了合成金刚石需要超高压高温的理论问题,即从理论上提供了依据。

人造金刚石生长理论和高温高压技术的日趋成熟,昭示了人造金刚石的诞生已躁动于母腹,即将来到人间。

1954 年美国 GE 公司宣布人造金刚石合成成功,瑞典则宣布在 1953 年就合成出了金刚石,1959 年南非,1960 年苏联和日本都相继宣告合成出了人造金刚石,外国的成就说明人工生产金刚石不再是不可逾越的课题。当时这种技术对中国来说是完全封闭的,然而,先行者的成功,为中国的科技工作者增加了决心和信心。

二、任务的由来团队的组建

人造金刚石是 20 世纪 50 年代发展起来的一项新技术,它涉及面广,不仅有机械设备,而且涉及材料、物理、化学等一整套工艺技术,难度很大。当时世界上只有美国、瑞典、英国等少数几个国家掌握,并且对我国实行技术封锁。然而我国天然金刚石资源贫乏,20 世纪 60 年代主要从苏联和非洲刚果(利)进口,1960 年由于中苏关系破裂和非洲刚果事件,我国天然金刚石源断绝,但是国内很多精密制造和国防工业又很需要工业金刚石,特别是精密机械、石油开采、冶金、地质勘探和电子工业。所以开发人造金刚石势在必行。

在中国开发人造金刚石的工作始于 20 世纪 60 年代初。有两个军团,即科学院(国家级)与部级两路大军,不约而同地向人工合成金刚石技术开战。一是为学科发展而战,一是为工业急需这种产品而战。

国家级团队中的成员单位有:中国科学院物理研究所和中国科学院地质研究所。

部级团队中的成员单位有:一机部通用机械研究所、一机部磨料磨具磨削研究所和地质部地质科学研究院。

从1961年初开始制订课题设计任务书，并召开了由通用机械研究所、磨料磨具磨削研究所、机械科学研究院、地质科学研究院及部技术司章简家参加的方案讨论会，会议由通用机械研究所苏又泉副所长主持，在会上通用机械研究所胡恩良提出了初步方案，并进行了分工：

通用机械研究所：全面负责建立实验室，设备设计与制造，测压，工艺准备；

机械科学研究院：硬质合金精加工（未干），强度计算；

磨料磨具磨削研究所：合成原材料与工艺准备（石墨、氮化硼的提纯），理化分析鉴定；

地质科学研究院：测温，叶蜡石准备（后来又安排石墨成型）；

当时由于机械院干了一个月以后退出，所以就由通用所机械研究所、磨料磨具磨削研究所、地质科学研究院三家协作开展工作。当时参加人员如下：

通用机械研究所：练元坚、胡恩良、许锦枫、张永华、金秋野、柳开忠和杜福昌；

地质科学研究院：姚裕成、熊文松、周纪堂、孙荣传；

磨料磨具磨削研究所：于鸿昌、王光祖、卢飞雄、余征民和李进保。从1993年开始，部分科研单位开始着手进行Φ25 mm、Φ28 mm、Φ32 mm腔体试验。

1996年，Φ28 mm腔体出现了很好的苗头，Φ105 mm顶锤基本过关，这给设备大型化提供了条件和信心。

三、从调研起步立论说依据

于鸿昌、王光祖等于1962年上半年，在收集了大量国外资料的基础上，编写出了《人造金刚石合成工艺基础》，着重于对石墨-金刚石转变过程中热力学条件的分析及其平衡曲线的讨论、石墨-金刚石转变过程中动力学条件的分析、石墨-金刚石转化过程的催化、样品加热方法的讨论和加温加压过程的分析。通过对合成工艺进行深入、详细的分析,提出了合成金刚石热力学条件的选择依据和相关工艺思路。明确了要以1929年A. A. 巴兰金提出的多位催化理论作为选择触媒的理论依据,为尽量减少试验过程中的影响因素,我们认为,在金刚石晶体研究的最初阶段,无论是石墨或是触媒的纯度都应≥99.9%,实际上这个要求不算高,是可以做到的。我们选用的碳化硅分解石墨不仅纯度可高达99.9%,经浮选后还可达到99.99%,经测试得知,其石墨化程度越高,晶粒度也就越大。

由热力学分析得知,石墨向金刚石的转变过程必须是在金刚石热力学的稳定区进行。因此,怎样才能使压力和温度到达金刚石的热力学稳定区?概括地说,通过以下方式都有可能:①先升压后升温;②先升温后升压;③沿平衡曲线同时升温升压;④沿平衡曲线交替升温升压。

以上论述产生于60年前,现在来看,这份资料不仅具有历史价值,而且仍具有现实意义。它为我们顺利敲开人造金刚石制造技术之门立下了汗马功劳!

以上技术论证,由王光祖于1963年6月26日,在通用机械研究所,向121课题组全体成员从理论上,做了全面、详细的阐述。(地点:通用机械研究所。时间:1963年6月26日。报告人:王光祖。参加者:于鸿昌、卢飞雄、胡恩良、金秋野、许锦枫、余征民、孙荣传、周纪堂、姚裕成、柳开忠、熊文松、张永华。)

四、欣喜若狂夜永载史册

我们以经过计算的石墨-金刚石平衡曲线为理论依据展开了实验研究。经过失败、改进、再失败、再改进的艰苦探索,终于在1963年12月6日晚上,在北京通用机械研究所高压试验室,由我国自行设计与制造的61型两面顶超高压装置上,合成出了中国第一颗人造金刚石。参加试验的人员有:通用机械研究所的胡恩良、许锦枫、张永华和杜福昌,磨料磨具磨削研究所的王光祖、卢飞雄和李进保等。

记得,那天晚上在一组方案编号为第32次试验中发现,合成棒中有闪闪发亮的晶体神秘地出现了,用这种晶体刻画玻璃时,耳闻到清脆的吱吱声,这声音是金刚石降临华夏大地的一种信号。这些参与者欢呼、跳跃,高喊我们成功了!我们胜利了!那是一个兴奋之夜、不眠之夜、是中国人造金刚石发展永载史册的夜晚!

五、样品不见了掉在姑妈家

就在我国第一颗人造金刚石合成后的一个早上,于鸿昌同志(时任磨料磨具磨削研究所磨料研究室副主任、人造金刚石研制小组,即121课题组组长),背着好重的一大块石头(叶蜡石),气喘吁吁地走进了夏主任的办公室。边放下包袱边说:老夏,出来啦!看他那喜悦的样子,夏主任自然就猜到了,是我国第一颗人造金刚石诞生了。

老于也顾不上坐下,就在他背回来的大包小包里翻腾起来,边翻边紧张起来,头上也渗出了汗珠。自言自语地说:"哎,怪呀!样……样品不见啦"。顿时夏主任也跟着紧张起来,两人把老于的东西倒了一地,翻来翻去,确实没有什么样品(合成试棒)。陆根仁所长决定,立即派人去火车站,到老于乘坐的车厢、卧铺查找。几个小时过去了,派出去的人均空手而归。

接下来陆所长开会研究对策。并再次请老于讲明有关情况。老陆说:你回忆一下,你拿到样块后还到过什么地方?老于好像有点醒悟说:上车前还有一段时间,到姑妈家去过一趟,我是从她家去的火车站。老陆问:那有没有可能把样块忘在你姑家啦?老于边眨巴眼睛边说:那……那,也……也可能吧。老陆说:咱所谁还认识你姑妈家?老于说:那只有夏主任了。老陆果断地说,老夏你马上准备去北京,赶上哪趟车，坐哪趟车，夏当晚搭上了北上的火车。一路上，夏坐在那里想，这可不是一般的样品，是多少同志，特别是研制一线的同志多少个日日夜夜辛劳的结晶啊！这不仅是我们所，而且是各级领导多年的期盼啊！

天刚刚亮，下了火车，夏就直奔老于姑妈家。夏一敲开门，老人看到夏有点惊讶！这么早，从郑州来的？夏说是呀，寒暄几句，夏马上问大妈，老于昨天是不是有什么东西忘您这啦？她指着柜子上说：那个小布袋好像是鸿昌忘这儿的。夏马上过去，拿起小袋一摸，心里说就是它。果然不错，一块大石头在心里落了地。顾不上别的，夏对大妈说，得马上返回郑州。拿起包匆匆赶回车站，给所里通了个长途，买了返程车票。次日早上一下车夏就径直赶到所里，这个“宝贝”终于完璧归赵。真想不到我国第一颗人造金刚石一诞生，就跟我们开了这么一个鲜为人知的大玩笑，好在这只是一场虚惊罢了！

六、面纱被揭开没错就是 D

经酸处理及重液分离后，获得粒径为 20 ~ 30 μm 的黄绿色晶体。X 射线分析证明，合成出的样品，其谱线与天然金刚石及美国和日本的人造金刚石样品谱线完全相同，说明该黄绿色晶体是金刚石。

因为课题组研制金刚石是保密的，如果所合成的样品中有金刚石的话，其联络暗号为 D，即 Diamond 的第一字母。1963 年 12 月 10 日晚，我们接到于鸿昌发来的电报，电文未译出来，当时已经晚 9 点，胡恩良和唐梓敬一同到天桥邮局，找到译员，当看到译出的电文“发现有 D 谱线”时，我们高兴极了，三年来的辛苦劳动看到了曙光。实验室再次响起欢呼声，我们成功了！我们成功了！

磨料磨具磨削研究所把上述结果报告了部科技司，为了慎重，科技司领导指示，应请国家权威院所做复验，于是指派汪华荣进京求助钢铁研究院的老师，鉴定结果出来后，这位老师对汪华荣说，你的结果没有错,就是 D 呀! 祝贺你们为国家做了大贡献!

我们没有辜负国家的重托和期望,做了点为国争光的事。国家为了表彰我们,授予我们 1978 年全国科学大会奖,并享受了政府特殊津贴。这是国家对我们做出贡献的充分肯定。

七、结局

1963 年 12 月 6 日我国第一颗人造金刚石的诞生,是在国家的精心组织与关怀下,由上述三个研究院所联合攻关,在北京通用机械研究所地下实验室所研制成功的,是多学科合力的结晶、集体智慧的结晶、参战全体人员辛勤劳动的结晶、社会主义大协作的结晶。

第一颗人造金刚石是在通用机械研究所设计者们自行设计与制造的 61 型年轮式两面顶压机上研制成功的,并相继在北京、长春、上海、沈阳、哈尔滨、西安等地协作建立车间和实验基地。我们为此自豪! 但后因技术不成熟而没有发展起来,令人深感遗憾! 自豪也好,遗憾也罢,不管怎样去评价,61 型超高压装置为我国人造金刚石的研发拉开序幕并立下了汗马功劳,应永载中国超硬材料发展史册。

有人说北京是中国人造金刚石的摇篮,的确如此,同一个时期最早开展人造金刚石研究课题的三个实验室都在北京。

三个实验室最早采用不同的设备:中国科学院物理研究所用四缸拉杆式四面体设备、中国科学院地质研究所用的是单向加载四对斜块式立方体超高压高温装置,而一机部通用机械研究所、磨料磨具磨削研究所和地质部地质科学研究院联合研究组则用的是类似于美国 GE 公司的年轮式两面顶装置。实践的结果是,前两种类型设备由于结构上的先天不足,用于实验室做做研究还凑合,用作金刚石产业化是不可能的。

从 1964 年开始根据指示,郑州磨料磨具磨削研究所参加第一颗人造金刚石研制的科研人员,转向开发用于人造金刚石产业化生产的铰链式六面顶压机及其合成工艺的实验研究。第一颗人造金刚石的诞生地虽是在北京,但人造金刚石产业化则是从郑州起步的,这里是中国人造金刚石工业产业化的发祥地。经过几十年的发展,郑州又有了金刚石之都的美称。几十年过去了,磨料磨具磨削研究所,不仅为我国第一颗人造金刚石研制成功做出了重大的历史性贡献,而且为中国超硬材料工业的建立、发展起着引领的作用。

(节选自超硬材料工程2008年第20卷第4期《我国第一颗人造金刚石的诞生》)

王光祖老师为大家讲述功勋压机的故事

——访郑州磨料磨具磨削研究所王光祖、黄祥芬、卫凤午

每次提到王光祖老师,行业人士的第一印象都是中国第一颗人造金刚石的研制者之一,王老师似乎也成了中国人造金刚石的代名词。但其实,王老师参与的工作远不止"研制金刚石"这么简单。

从第一颗人造金刚石的研制者到中国第一台人造金刚石六面顶压机试运转的参与者,高压密封技术难题的解决者,合成工艺技术的开拓者,再到第一台6×50 MN大型化铰链式六面顶压机试运行的践行者,王老师参与了从产品到设备再到推广的全过程。

2020年9月28日,国务院国资委在中国中车集团举办中央企业工业文化遗产名录发布仪式上宣布,中国第一台人造金刚石六面顶压机(功勋压机)成为我国机械制造业工业文化遗产。这个消息的到来,让王老师等多位行业前辈心潮澎湃,更是让参与压机制造单位三磨铸锻一机人们热血沸腾。那么功勋压机是如何诞生的?它的出现又创造了哪些奇迹?

百年
信物
揽下瓷器活的金刚钻
功勋压机
1921
1965年
2021
我国第一台具有完全自主知识
产权的人造金刚石合成装备

近日，我们采访到了三位耄耋之年的三磨所科技老兵：王光祖、黄祥芬、卫凤午，与他们一起畅聊了“铰链式六面顶功勋压机”的诞生及其在中国人造金刚石工业的形成、发展壮大中所做的重大贡献。

回顾中国第一台人造金刚石六面顶压机诞生，还要从我国第一颗人造金刚石研制说起。

中国第一颗人造金刚石是诞生于两面顶压机上，之后的发展壮大是在我们前文提到的六面顶压机上。

20 世纪 50 年代，美国通用电气公司的 H. T. Hall 为首的试验小组，根据高压研究者 P. W. Bridgman 的大质量支撑原理所设计的超高压装置改进为 Belt（年轮式）两面顶装置，解决了用金属催化加速生长过程的问题。并于 1954 年 12 月 16 日，用 Belt 装置首次可重复地用高压高温法合成金刚石成功，为工业生产人造金刚石奠定了技术基础。

60 年代初的中国，工业刚起步，需要金刚石支撑工业发展，中国研制人造金刚石的历史背景决定了要“集中兵力打歼灭战，而不是持久战。”

王老师告诉我们，中国开始研制人造金刚石之所以选择两面顶压机是因为有美国和苏联等前人经验，当时我国首台两面顶压机是仿制苏联设备的外形，不过设备里面究竟是什么样子的，大家都不知道，所以后续的研制工作耗费了很多心力。

北京通用机械研究所（后迁往合肥）从 1961 年开始，在郑州磨料磨具磨削研究所、机械科学研究院及地质科学院等兄弟单位的通力合作和大力协同下，用不到三年时间，花费 30 万投资，自主设计制造了 300 吨 61 型两面砧超高压高温装置。

在研制设备的同时，接受人造金刚石合成技术主攻重任后，于鸿昌、王光祖查阅了许多有关资料，对当时发表的有关金刚石的近十条相变曲线，做了逐个分析，设计出合成模型、总结出了经验公式和石墨-金刚石平衡曲线,并编写了《人造金刚石合成工艺基础》。

他们以计算得出的石墨-金刚石平衡曲线为理论依据展开了试验研究。经过试验、改进、再试验、再改进的艰苦探索,终于在国产300吨61型两面砧超高压装置上,以高纯石墨粉为碳源,以镍铬合金为触媒,在7.8 GPa和1375~1550 ℃的条件下,于1963年12月6日,首次合成中国第一颗人造金刚石,使我国成为世界上第六个掌握人造金刚石技术的国家。

说起当年第一颗人造金刚石诞生的情景,王老师依然记忆犹新。

他说,他一直记得霍尔先生1988年来郑州三磨所讲学时的说辞。"1954年12月16日早晨,当我打开盖子的一刹那,双手颤抖,心跳跟着加快,膝盖变得不听使唤,几乎站不住了。"这是霍尔回忆当年观察第一颗人造金刚石的心情。

王老师说,没想到1963年12月6日,在看到中国合成了第一颗人造金刚石时,他竟然有着同样的感受。

第一场"战役"吹响了胜利的号角,不过后面还有第二场"战役"等着他们。

第二战役的"主战场"在济南和郑州,"参战"的主要单位是:济南铸造锻压机械研究所、郑州磨料磨具磨削研究所和上海材料研究所。

为了使这一重大科技成果尽快转变为生产力,第一机械工业部一方面组织有关单位,编制《人造金刚石中间试验计划任务书》。一方面明确安排:中间试验基地设在郑州,中间试验由三磨所总负责,济南铸造锻压机械研究所和上海材料研究所等单位参加。

1964年春,一机部召开的计划工作会议上已经作了协调安排,当时给铸锻所发出"关于下达六面加压用液压机试验研究品试制计划的通知"。

通知指出:郑州磨料磨具磨削研究所为了承担国家人造金刚石的重点科研项目,急需六面加压专用液压机一台,现决定将该产品的设计、试制计划正式下达你所，列为试验研究项目。要求在1965年上半年完成试制，并争取提前。

为什么选择六面顶，而不是继续选择第一颗人造金刚石研制时使用的两面顶？对此，卫老师和黄老师为我们做了解释。他们说，这主要是从金刚石合成工艺的科学角度考虑，在当时技术及理论基础上，研究者考虑到多面加压，更利于晶体生长，此后发展也证明了这一点。

接到任务后，时任铸锻所的副总工程师范宏才与课题组的同志一起，结合工业生产人造金刚石的目标，对第一台六面顶试验样机制定了下列设计要求：单缸压力600 t；工作液体压力1500 kg/cm^2；具有半自动循环工作规范；单次循环时间30～45 min；压力腔内的最高压力达到7～10万个标准大气压；压力腔内的最高温度达到1600～2000 ℃；保压时间30 min；顶砧寿命达到300次以上；顶砧的同步性要好，同时必须保证压力腔的可靠密封。

王老师告诉我们，这些设计所提出的要求对所有研发人员来讲，都是极大的挑战，这意味着人造金刚的工业性生产设备必须采用特殊的结构和超高压液压传动。研究制造六面顶压机，必须解决六面顶主机的特殊结构与材料、超高压液压密封、超高压单向阀和超高压管接头、多缸活塞同步、压力稳定和长时间保压、顶砧的结构强度与寿命、叶蜡石高压腔体的密封等关键技术问题。

经过铸锻所16个月的顽强拼搏，1965年8月，第一台六面顶压机完成了安装、调整和试车，且一次成功。随即三磨所派王光祖、余志超、李进保等人造金刚石合成工艺研究人员到铸锻所，共同开展试验样机的同步、保压、稳压、顶砧试验和温度、压力标定等工作。

这场“战役”的艰难程度不亚于第一场“战役”，试验一开始就遭遇到了一系列问题。如压机的同步、对中、“放炮”、高压油管的密封与拉断、电磁阀乱跳、硬质合金顶砧频繁损坏与更换等等，许许多多始料未及的艰难险阻，让操作者手忙脚乱。

“放炮”已是这个战斗集体日常交谈的关键词。一次中午王光祖与邵德厚、李进保、余征民四人在从实验室去食堂的途中，李进保突然来了灵感。于是四人顾不上去用餐，不约而同地蹲在通往食堂的土路旁，由李进保讲想法，余征民捡起个小石头画草图。这一场面被铸锻所机加工车间奚主任看见，他来到四人身边，对大家的痴迷敬业精神，竖起大拇指，并告诉四人劳逸结合。这只是类似镜头中的一幕。如用呕心沥血、废寝忘食来表述这个战斗集体在解决技术难题时的状态一点都不为过。

“真是每前进一步，都会遇到拦路虎，那种艰难局面如不身临其境是很难体会到的。”回忆当时的研发工作，王老师说道。

在科研人员的忘我努力下，1965 年 11 月 5 日，六面顶压机首次合成出了人造金刚石，这也正式宣告了铰链式六面顶金刚石合成液压机的研制成功。

随后经过半个多月的重复试验，合成率节节攀升，工艺趋于稳定。压机移交三磨所后，1966 年，样机在郑州中间试验的过程中，生产了 1 万多克拉金刚石。为人造金刚石行业的形成和发展打下了坚实的基础。

“功勋压机”原貌

常言道:“单花盛开不是春,百花齐放春满园”。在六面顶压机完成中试后,为尽快将金刚石这一高新技术产品转变为生产力,满足工业发展的社会急需,国家开始筹建第六砂轮厂,即中国第一个金刚石专业生产厂,并为该厂提供全套工艺技术资料。

王老师说,当时在多个政府部门的大力支持下,一时间金刚石产业遍地开花。第一机械工业部直属砂轮厂:一砂、二砂、五砂等以及地方砂轮厂:上砂、北砂、苏砂等工厂的金刚石项目陆续上马,冶金部、地质部、煤炭部等也在积极行动。

在“压机一响,黄金万两”的诱惑下,无论是一两台压机的小作坊,还是几台压机的小型企业都不远千里地到金刚石“圣地”郑州朝圣取经。

在说到当时金刚石产品的价值时,王老师告诉我们,当时 1 克拉人造金刚石的价格是 32.5 元,他一个月的工资才 69.5 元,只够买 2 克拉人造金刚石。

黄老师说,当时他参加了考验压机工作,组织金刚石生产。每天要完成计划大约 300 多克拉金刚石,产值一万元。如果因故拖延,加班也要完成。每天交接班时,他都会在本子上写道:我今天又为国家创造了一万元的财富。那时的自豪感真的无以言表。

王老师告诉我们,当时研制第一台设备时,为了保重点、抢进度,连铰链床身打腻子、喷漆这种修饰性工序也省略了,所以带着钢铁本色的铰链六面顶压机有个爱称“大老黑”。

因为当初金刚石中试基地设在郑州,所以“大老黑”自然而然地就落户在了三磨研究所。

该压机从 1965 年开始服役到 1995 年退役,在三磨研究所实验室默默奉献运行了 30 个春秋。在中试或研究课题中合成上百万次,获得金刚石实验产品约 150 万克拉。

在这台专用液压机上,还完成了“稳定金刚石合成工艺和原材料优选试验”工作,开展了单晶大颗粒、聚晶大颗粒(PDC)研制以及立方氮化硼(cBN)等许多重大科研项目的探索和试验研究,均取得良好的成效。人造金刚石的研制成功和我国第一台具有完全自主知识产权的人造金刚石合成装备获得中国科学大会奖,在此设备上完成的上述重大科研项目分别获得机械工业部和河南省科学大会奖。

被命名为“功勋压机”,可以说名副其实。被评为“文化遗产”更是实至名归。

王老师特别强调,经过半个世纪的成长、发展和改进,具有自主知识产权的铰链式六面顶人造金刚石合成专用液压机,已成为静压法生产金刚石最广泛采用的高温超高压设备。六面顶压机工作缸直径已经由最初的230 mm发展到850 mm;六个工作缸压力从6X6MN发展到6X50 MN。经过一代又一代的机体优化,如今变得体能高大雄伟健壮,运行机智灵敏。为培育单晶大颗粒金刚石创造了得天独厚的良好条件。

该设备不但被国内企业宠爱,也被国外同行所青睐。目前我国自发研制的铰链式六面顶压机已远销美国、南非、日本、韩国、俄罗斯、乌克兰、新加坡、印度、伊朗等多个国家。中国铰链式六面顶压机的横空出世和蓬勃发展,彻底改变了世界人造金刚石产业发展的格局,这是我国超硬材料科技工作者创造的一大奇迹,为超硬材料行业兴旺发达做出的卓越贡献。

人造金刚石铰链式六面顶“功勋压机”的上述丰功伟绩是三磨铸锻一机人,用汗水、智慧,呕心沥血、攻坚克难修炼而成的,永远载入中国超硬材料工业发展史册。

提起“功勋压机”,还有一段小插曲:三磨研究所在扩大和发展过程中,拟将即将退役的设备更新换代。中国第一台六面顶专用液压机“大老黑”也被列其中。王光祖老师闻声非常气愤,并到领导办公室据理力争。领导们理解他对这台压机的特殊感情。立即研究决定把“大老黑”作为“文物”保留下来,摆放在办公大楼后院显眼位置。还为它专门建了一个用花岗石镶边的基台，基台斜面是按金刚石典型晶体立方-八面体的晶面角度设计。正面刻有时任机械工业部科技司司长范宏才同志题写的“中国第一台六面顶压机”字样，基台的背面镶着“功勋压机”四个大字。两边侧面分别刻有压机服役期限和运转次数。三磨研究所乔迁郑州高新技术开发区时，它也随之迁到了新址！供来宾参观或后人瞻仰。

王老师说，当他知道“功勋压机”被认定为“文化遗产”后，高兴之余，更感谢祖国人民没有忘记曾经为中国超硬材料事业做出贡献的科研工作者。“文化遗产”是对研究者工作的肯定，对百年信物的缔造者—铸锻三磨一机人来讲是莫大的荣幸。

他期待所有志为中国超硬材料事业高质量发展献智出力的年轻科技工作者在金刚石量子技术、金刚石半导体技术、超硬材料薄膜在功能应用、纳米金刚石功能应用等高新技术创新领域多做贡献，做大贡献。

“我们深信，超硬材料行业是个永不衰落的行业，而且是随着现代科技和工业的高质量发展，超硬材料的地位和作用显得越来越重要，其前景非常非常美好！”采访尾声，几位老师坚定地说道。

（节选自磨库网2021.10.8《国庆献礼：王光祖老师为大家讲述功勋压机的故事》）

第二章 纳米材料家族中的佼佼者

纳米结构是一个令科学家们充满幻想的神奇领域。吸引着我,吸引着你,自然也吸引着有志于从事这门高科技探索的人们。纳米材料标志着人们对材料的发掘到了新的高度,这项技术大范围地改造了传统材料,又源源不断创造出新的材料,开辟了广阔的应用领域,总之,纳米时代,将是一个全新的,美妙的时代。

拥抱纳米材料新时代

王光祖,卫凤午/文

人类再一次倾倒于自己亲手创造的奇迹——就像哥伦布穿越茫茫的海洋,第一次踏上神奇的美洲大陆;像人类第一次自由地飞翔在无垠的天空;像爱因斯坦经过漫长的思考,洞悉了宇宙的神秘;像人类第一次听到宇航员来自月球的光辉宣言——纳米科技又一次打开了梦想的天空。

一、科学家的预言

科学技术是第一生产力,是先进生产力的集中体现和主要标志,科技进步和创新是生产力发展的决定因素。当今世界科技革命日新月异,综合国力的激烈竞争,东西方文化的相互激荡,说到底,是科学技术的竞争,是人才的角逐,我们必须认清这个天下大势。

早在1959年,著名的理论物理学家、诺贝尔奖获得者查德·费曼,曾预言:“毫无疑问,当我们得以对细微尺度的事物加以操纵的话,将大大扩充我们可以获得物性的范围”。IBM公司的首席科学家Armstrong在1991年曾经预言:“我们相信纳米科技将在信息时代的下一阶段占中心地位,并发挥革命的作用,正如20世纪70年代初以来微米科技已经起的作用那样”。这些预言十分精辟地指出了纳米体系的地位和作用,有预见性概括了从现在到 21 世纪的材料科技发展的一个新的动向。这也是纳米材料体系的吸引人之处。

随着对纳米材料体系和各种结构体系研究的开展和深入,他们的预言正在逐渐成为现实。

近年来刚刚发展起来的纳米材料出现了许多传统材料不具备的奇异特性,已引起了科学家的极大兴趣。例如,用纳米微电子学控制形成纳米机器人,尺寸比人体红细胞小,这种纳米机器人的问世将使未来技术出现新的飞跃,人类的医疗也因之发生变化,许多疑难病症将得到解决。药物也可以制成纳米尺寸,直接注射到病变部位,大大提高医疗效果,减少副作用。

纳米材料开辟了人类认识世界的新层次,也使人们改造自然的能力直接进入到分子、原子,这标志人类科技进入了一个新时代——纳米科技时代,以纳米科技为中心的新科技革命必将成为 21 世纪的主导。

纳米材料和技术是纳米科技领域富有活力,研究内涵十分丰富的科学分支。扩大纳米材料的应用,将为人类带来更多的利益。

我们认为,在 21 世纪,纳米超硬材料将成为材料科学领域的一个"大放异彩的明星",在电学、光学、热学、磁学、声学等功能应用各领域中将发挥举足轻重的作用,丰富人类的知识宝库。

通俗地说,纳米材料一方面可以被当作一种"超分子",充分地展现出量子效应;另一方面可以被当作一种非常小的宏观物质,以至于表现出前所未社会现代文明的重要支柱。现在的时代,既不是金属材料时代,也不是高分子材料时代、新陶瓷时代、复合材料时代,而是依据科技的发展和社会的需要开发和应用新型材料(或称新材料或先进材料)的新时代。这就是纳米材料的时代。

二、自然界的纳米现象

梦幻并非天方夜谭,世界真奇妙。

纳米结构令科学家们充满幻想的神奇领域，吸引着你，吸引着我，自然也吸引着有志从事这门高科技探索的人们。虽说纳米科技是一项高科技，但它也是极自然的事物，早在我们的身边出现，以下若干神秘的自然纳米现象给了科学家无限的想象和创意。

1. 蜜蜂的导航奥秘

人们发现蜜蜂的体内存在磁性的纳米粒子，这种磁性的纳米粒子具有“罗盘”的作用，可以为蜜蜂的活动导航。以前人们认为蜜蜂是利用北极星或通过摇摆舞向同伴传递信息来辨识方向的。后来，英国科学家发现，蜜蜂的腹部存在磁性纳米粒子，这种磁性颗粒具有“指南针”的功能，蜜蜂利用这种罗盘来确定其周围环境在自己头脑里的图像而判明方向。当蜜蜂靠近自己的蜂房时，它们就会把周围环境的图像储存起来，当它们外出采蜜归来时，就启动这种记忆，实质上就是把自己储存的图像与所看到的图像进行对比和移动，直到这两个图像完全一致时，它们就明白自己又回到家了。

2. 海龟能准确无误航行的秘密

我们知道，海龟是世界上稀有珍贵的动物，美国科学家对东海岸佛罗里达的海龟进行了长期研究，发现了一个十分有趣的现象，这就是海龟通常在佛罗里达海边上产卵，幼小的海龟为了寻找食物通常要到大西洋的另一侧靠近英国附近的海域生活，从佛罗里达到这个岛屿的海面再回到佛罗里达的路线不一样，相当绕大西洋一圈，需要五六年的时间，这样准确无误地航行靠什么导航？美国科学家发现，海龟的头部有磁性的纳米微粒，它们就是凭借这种纳米微粒准确无误地完成几万里的迁移。

3. 螃蟹的“横行”运动的奥秘

人们非常熟悉的螃蟹原先并不像现在这样横行运动，而是像其他生物一样前后运动，这是因为亿万年前的螃蟹第一对触角里有几颗用于定向的磁性纳米微粒，就像几只小指南针。螃蟹的祖先靠这种“指南针”堂堂正正前进后退，行走自如。后来，由于地球的磁场发生了多次剧烈倒转，使螃蟹体内的小磁粒失去了原来的定向作用，于是使它失去了前后运动的功能变成了横行。

4. 自我洁净的莲花效应

出淤泥而不染的莲花的花面是由一层极细致的表面所组成，而此细致的表面就算是放大千百倍也看不出任何细孔，因为莲花表面的结构与粗糙度为纳米尺寸的大小，如同光滑的镜面般不易沾惹尘埃，所以飞尘都无法吸附在它的表面上。

莲花的孤芳自赏是自然天成的，它运用自然的纳米技术达到自我洁净的目的，这比人类任何清洁科技强上百倍。因此，莲花纳米表面具有自我洁净的物理现象。

三、在现代科技与工业中的应用

纳米和纳米以下的结构是未来科技发展一个重点，它既是一次技术革命，又是一次产业革命。由于纳米金刚石具有奇特的物理机械性能，因此，它是一种具有重要理论研究和应用研究价值的材料。人们用物理、化学、材料、电子等交叉科学的理论综合研究纳米金刚石的性质，会强有力推动纳米金刚石在现代科技和工业中的应用。一定会推动人类科技的迅速发展，给人们带来更多的物质利益和福音。我们相信，随着对金刚石纳米材料应用研究深入，其美好前景变为现实将会越来越多。

1. 在润滑技术中的应用

纳米摩擦学是在原子分子尺度上研究物质相互接触，以及在滑动过程中表面的微观摩擦、磨损与润滑行为及其机理，这是摩擦学研究的一个重大拓展和深入。通过纳米薄膜润滑和表面微观改性处理，达到控制摩擦和减少磨损的目的，最大限度地降低磨损是保证某些高科技设备功能和使用寿命。

在现代润滑技术研究中，人们发现许多低速、重载、高温以及采用低黏度润滑介质润滑的机械和精密机械中，摩擦副之间的润滑膜常处于十几到几十纳米厚度的薄膜润滑状态。这种状态下的润滑性能和机理尚未得到充分认识，因此，薄膜润滑研究已成为现代摩擦学发展的重要方向之一。

2. 纳米温度计

纳米温度计虽然不是个新的想法，但仍处于科学的前沿。纳米温度计的潜在应用非常广泛，从患病细胞到计算机和通信技术中的微/微纳米组件，它能够精确测量纳米尺度的温度，同时监测温度的波动，是游戏规则的改变者。

利用金刚石纳米粒子中的缺陷作为量子水平的热传感器。虽然纯钻石被认为是透明的，但在原子层面上的瑕疵经常存在，正是这些外来原子，以及它们各自的颜色杂质，才使得这项技术得以应用。这些纳米颗粒非常小，比人类头发的宽度小了 1 万倍，当它们的瑕疵被激光照射时，就会发出荧光。这就是系统用来测量温度的荧光。

3. 纳米金刚石增强型 3D 打印材料

基于纳米金刚石的 PLA 3D 打印材料可实现更快的 3D 打印，并能提高 3D 打印部件的机械耐久性。纳米金刚石本身具有塑造 3D 打印材料的结构和性质的能建力。

此外，纳米金刚石改善了 PLA 的导电性。Carbodeon 的测试表明，使用消费级 3D 打印机，uDiamond 材料也易于打印，并能提高打印速度到 500 mm/s，打印部件也具有更好的机械性能。

4. 作为抗肿瘤药物的运转载体

Schrand 等的研究表明，纳米金刚石能够穿透多种细胞而不会引起炎性反应，细胞形态及增殖能力也不受到影响，进一步研究发现，纳米金刚石相比碳纳米管、炭黑等其他碳纳米材料具有更好的生物相容性。

相比他纳米材料，纳米金刚石作为药物载体具有独特优势，它不仅能够以共价键或非共价键的方式与药物结合并载送药物进入细胞或组织,而且具有较低的毒性和很好的生物相容性。

5. 纳米金刚石传感器在细胞领域中的应用

金刚石中的杂质不仅有颜色,而且可以通过杂质使金刚石成为磁场和温度领域的精确传感器。

如果纳米金刚石内部的电子连贯性能够保持足够长的时间,我们不仅可以实现金刚石成为量子计算机的自旋载体材料之一,而且金刚石也会成为揭示神经细胞秘密信息的完美装置。

由于氮空位中心会随着温度的变化而发出荧光,使得纳米疗法或极小(大约二千分之一开氏度)温度变化的测量,甚至在极小的空间(20 nm)范围和时间范围内的测量都成为可能。

6. 纳米金刚石催化过硫酸盐除污染

过硫酸盐高级氧化技术具有氧化能力强、水质适应范围广、药剂储运方便等优势,已成为水污染治理领域的前沿热点课题。高效异相催化体系的构建是过硫酸盐氧化技术的主要研究方向,其核心在于高性能异相催化剂的设计。围绕这一核心,开展了大量卓有成效的研究,获得了以钴基为代表的系列高效金属基催化剂。然而,这些催化剂在使用过程中不可避免会出现金属离子的溢出,因而导致水体的二次污染,对水生态环境、饮用水安全和人体健康造成了威胁。因此,研究安全、高效、经济的非金属碳基催化剂是构建绿色环保过硫酸盐氧化体系的关键环节。

与石墨烯、富勒碳、碳纳米管等纳米碳材料相比,纳米金刚石具有初始高活性、生产成本低、生理毒性小等优点,在实际水处理中更具工程应用前景,引起了科技人员的广泛关注。已有相关研究主要致力于增强纳米金刚石的催化性能。研究人员巧妙利用含氧官能团的热稳定性差异,在确保纳米金刚石其他物化结构基本不变的前提下,提出了纳米金刚石表面含氧官能团定向羰基化及羰基定量策略,实现了羰基化纳米金刚石的简易、可控制备。基于安定性、定量分析发现，纳米金刚石催化分解过硫酸盐、氧化降解对氯苯酚的速率常数与其表面羰基含量均呈线性正相关系。这些结果表明，纳米金刚石表面羰基是催化活性的点位。自由基淬灭、电子自旋捕获和分子探针等实验结果均表明纳米金刚石催化过硫酸盐产生的活性物质具有选择性的单线态氧。在实际水质条件下，羰基化纳米金刚石催化降解对氯苯酚的效率高达 87%，分别是传统钴离子和铁离子均相催化体系 8.7 倍和 21.8 倍，展示出诱人的应用前景。

四、后语

纳米科学技术不是某一学科的延伸，也不是某一工艺革新的产物，而是基础理论学科与当代高新技术的结晶。它以物理、化学的微观研究理论为基础，以当代精密仪器和先进的分析为手段，是一个内容广阔的学科群。

虽然纳米科学技术的出现时间不长，但它带来的冲击是明显的，越来越多的科学家相信，这门新兴的学问将带来一轮新的革命，人们将会迈入一个奇妙的世界。

随着微米时代的结束，纳米时代开始将黎明第一束曙光投向世界，未来世界文明的中心将会出现在什么地方呢？有一点可以肯定的是，在纳米时代，谁掌握了最先进的纳米技术，谁能将最先进的纳米技术应用于生产，谁就能够最先从纳米技术中获益，谁就有可能成为新一代世界文明中心。

纳米技术带来的不仅仅是科技和经济上的革命，它将彻底代替微米时代的文明，把一种全新的文明——纳米文明展现在人们面前，微米时代的信息技术只是缩小了世界的距离，而纳米时代的技术不仅体现了对自然界的利用，更重要的是体现了人类与自然界的和谐共存。

（节选自工业达磨院《拥抱纳米材料新时代》）

形态不同的纳米金刚石

王光祖，黄祥芬，吕华伟，王鹏辉/文

一、纳米金刚石膜

金刚石膜一般都是多晶结构。由于表面能大，产生较高的表面粗糙度，这是由于金刚石膜中晶粒尺寸比较大，一般晶粒平均尺寸在1微米到几十微米之间，这将严重影响金刚石膜在光学和电子方面的应用。为了克服这个缺点，必须减小金刚石晶粒尺寸，虽然机械抛光可以减小表面粗糙度，但金刚石膜很难抛光。因此，制备纳米级尺寸的金刚石膜将成为非常有效途径。实现纳米金刚石膜的沉积条件是：首先是要有非常高的成核密度，如果金刚石膜的晶粒尺寸小于100 nm，则可知其晶粒密度大约为$10^{10}/cm^2$，这样金刚石膜的形核密度至少，不小于$10^{10}/cm^2$。实际上，要真正实现纳米金刚石膜的沉积，金刚石的形核密度应该在$10^{12}/cm^2$以上。其次，要有非常高的二次成核来抑制金刚石晶粒的长大以获得纳米级的金刚石膜。

如果在金刚石生长的过程中没有二次形核，则随着晶粒们的长大，经过一定时间后成为微米级金刚石膜（MCD），在成核密度很高的情况下也会成为晶粒尺寸小于100 nm的纳米金刚石膜（NCD）；当膜生长过程中具有相当数量的二次形核速率时，膜的生长过程伴随着小晶体的生长和在生长的晶面上二次形核形成新的晶体，则会成为晶粒尺寸为3～5 nm的超纳米金刚石膜（UNCD）。但大多数文献对NCD和UNCD不作区别。由于在MCD生长过程中，过量的H优先刻蚀sp^2相，从而稳定了金刚石相而抑制了二次形核，因此可以通过减少H的比例使得在生长的晶面上允许一些sp^2碳的存在以产生新的成核位。

国内外学者往往通过采用对衬底进行不同预处理、加负偏压,以及调整沉积工艺参数(气体成分、温度、压力)等手段,或者多种方法联合使用来提高形核密度或提高二次形核率,以达到制备纳米金刚石膜的目的。

二、纳米片状金刚石膜的制备

制备纳米金刚石的关键是:在获得极高的初期金刚石成核密度的基础上,通过沉积过程中保持极高的二次成核来抑制晶粒长大。常用的制备纳米金刚石的途径有三种:制造缺氢环境、施加偏压和增加金刚石形核点密度。

用化学气相沉积方法制备的纳米金刚石膜通常会出现一些独特的形状,如 Chang L 等报道的在不同衬底上制备的单晶金刚石片;Kang W P 等报道的采用向 H_2/CH_4 混合气体中加入 N_2 的方法,合成“山脊”状纳米金刚石膜;Naigui Shang 等用 CH_4/N_2 制备出纳米金刚石棒团簇膜。

姚宁、鲁占灵等利用 MPS—2050C 微波等离子化学沉积系统(MPCVD)装置,采用提高甲烷浓度促进形核的方法制备纳米片状金刚石膜,并研究了这种形状的纳米金刚石的生长过程。指出,纳米片状金刚石膜的生长过程:生长初期在单晶硅衬底上形成由纳米碳颗粒组成的球状碳团簇;随着时间的增加,碳团簇逐渐增大,纳米碳颗粒定向排列或自组装,最终形成片状纳米金刚石膜。

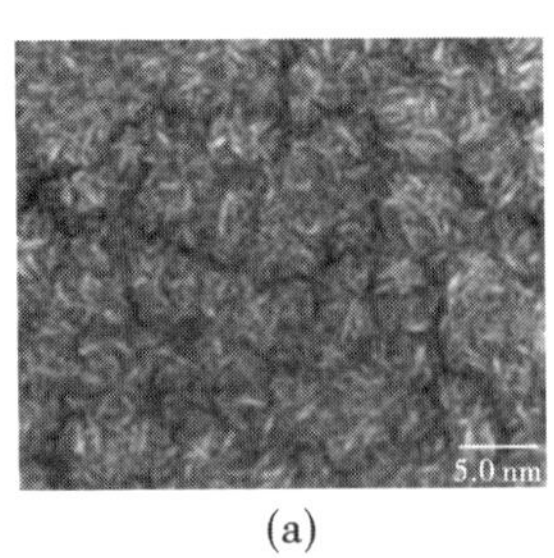

(a)

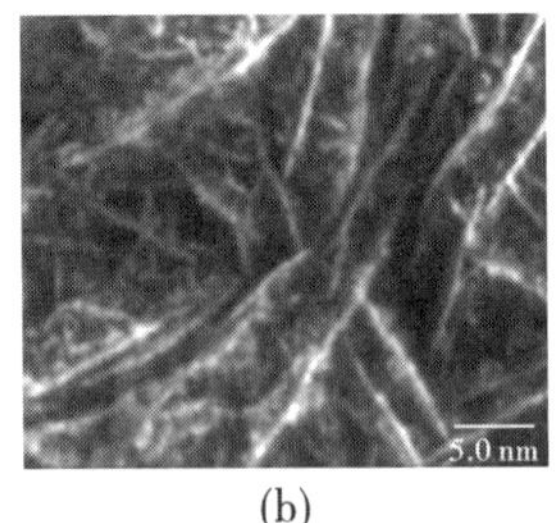

(b)

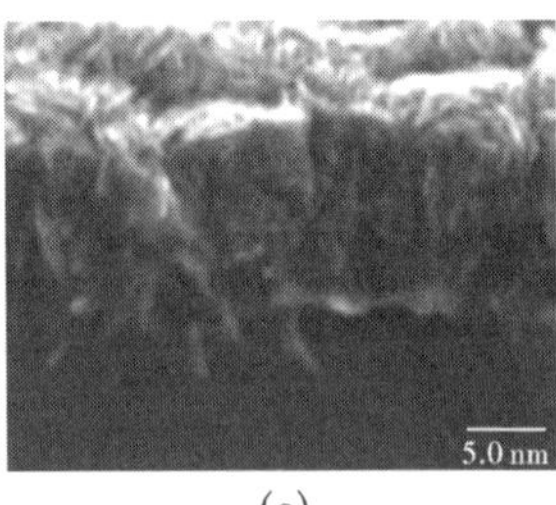

(c)

图 1　膜的扫描电镜图像

从图1(a)可以看出膜是由紧密排列的团簇组成,团簇的尺寸约到2 ~4 μm。团簇表面呈现如图1(b)所示的片状结构,这些薄片的厚度约为几个纳米,长度约100 nm ~1 μm;薄片边缘和表面可以明显地看到很多直径小于10 nm的颗粒;图1(c)也显示出薄膜的片状结构。

三、纳米聚晶金刚石的超高压合成

纳米聚晶金刚石(NPD),是指在静态高压下不用任何触媒而制备的物相单一、结构均匀、晶粒尺寸100 nm以下的金刚石聚晶材料。2003年,日本爱缓大学地球动力学研究中心报道了高纯纳米聚晶金刚石块体材料的合成,合成条件约为15 GPa,2300 ℃。

目前,该研究中心可以合成出直径和高均在10 mm以上的纳米聚晶金刚石圆柱。与其合作的住友公司已经大批量生产纳米聚晶金刚石块体材料,并已制成刀具投放市场。

纳米聚晶金刚石具有诸多优良的性能,被认为是新一代的高性能超硬材料,不仅具有金刚石单晶所具有的高致密度、高硬度、高透明度、高热稳定性等优良的物理化学特性,而且具有更高的断裂韧性、各向同性和耐磨性,并可任意加工成各种形状,因而具有非常重要的应用价值。

纳米聚晶金刚石是碳源在超高压高温极端条件下制备的,属于高技术含量、高附加值的高端产品,近年来在国际上受到了极大关注。由于纳米聚晶金刚石合成条件十分苛刻,在国际上拥有能够满足其合成所需要的大腔体超高压高温技术的单位屈指可数。

虽然国外拥有相关设备的实验室很多,但能够真正稳定运行且成功制得NPD样品的实验室却很少,日本一直处于领先地位。德国、美国等一直在努力发展相关的高温高压技术,以制备纳米聚晶金刚石块体材料,用以满足民用以及国防工业方面的应用需求。

四川大学原子与分子物理研究所高压科学与技术实验室,自主研发了基于国产铰链式六面预压机的二级 6-8 型大腔体静高压装置，其压力温度已经达到纳米聚晶金刚石合成所需的极端条件，并能够稳定运行。2010 年，利用这一装置成功合成出了中国首个纳米聚晶金刚石样品，实现了中国在该领域零的突破，为纳米聚晶金刚石的国产化进行了开拓性的探索。

四、纳米圆葱碳向 NPD 的转变

由于众所周知的原因，行业人士都希望制备出无添加剂 PCD——即 NPD 是解决 PCD 中的弱相存在的理想途径。T Irfune 等以石墨为原料，在 2300 ~ 2500 ℃ 和 12 ~ 25 GPa 条件下制备出世界第一块 NPD，其晶粒尺寸为 10 ~ 30 nm，硬度为 110 ~ 140 GPa。

该研究小组在后续研究中指出，NPD 具有高的硬度，横向断裂强度，优良的切割性相能，精密加工表面可达 16 nm。

相比目前的商用切割工具，NPD 具有高的热稳定性，其横向断裂强度和硬度在惰性:气氛下，环境温度高达 800 ℃ 仍然能够保持良好的性能，是当之无愧的“PCD 之王”。然而到目前 NPD 仍然没有能够实现商业化。关键因素在于其极其苛刻的制备条件：15 GPa，2300 ℃，20 min。设备无法满足。解决问题的途径基本可归为两类：①优化高温高压设备，提升吨位，扩大腔体。②降低 NPD 的合成条件，通过改变其合成前的前驱物来实现。

尽管制备 NPDi 已经可以达到厘米级，然而高的合成条件仍然没有解决，NPD 不能工业化生产，降低合成条件关键在于降低合成压力，如何降低合成压力首要是明白压力对于 NPD 制备的必要性。高压合成中，压力有三个作用：①使金刚石处于稳定状态；②抑制晶粒长大；③促进自发成核，NPD 成功制备的关键在于 sp^2 碳前驱物向 sp^3 金刚石转变的自发形核。这就是要求极高压力的必要性。

前驱物洋葱碳里含有高浓度的堆垛层错被认为是纳米孪晶金刚

石形核的关键。然而，含有高浓度堆垛层错的洋葱碳并不能被大量制得。这意味着，纳米孪晶金刚石很难量产。但是孪晶的形成机理事实上并不清楚。高浓度的堆垛层错也许并非孪晶金刚石成功制备的关键。

王明智等通过更高温度（>1500 ℃）退火纳米金刚石，制备到几乎不含有金刚石核心且结晶性能良好的洋葱碳，并以此作为原料，在不同条件的高压高温环境下，研究不含有高浓度堆垛层错的洋葱碳的高压相变行为。获得如下结论：

（1）在 10 GPa，1800 ℃的条件下，高纯的 NPD 被成功能制得，平均维氏硬度为 147 GPa。其合成条件是相比石墨作为前驱物而言被大幅降低，特别是合成压力从 15 GPa 降到了 10 GPa，更贴近工业条件。

（2）不含金刚石核心和高密度缺陷的洋葱碳在不同的高压高温条件下表现出了不同的相变行为，在 10 GPa，洋葱碳趋向转变为石墨，随着压力的升高转变成为金刚石，在更高压力条件下（25 GPa）洋葱碳直接转变为孪晶金间刚石。

（3）揭示了洋葱碳转变为孪晶金刚石的机理。

五、微球形态的金刚石

金刚石非平衡热力学模型指出，在含有大量原子氢和少量碳基团的环境中，化学沉积（CVD）可在极低的压力（$\leqslant 1.01\times10^{5}$ Pa）和温度（300～1000 ℃）条件下实现金刚石合成。随着 CVD 合成技术的发展，具有良好结晶性〈110〉晶向织构、球形结构，以及无取向性纳米结构的 CVD 金刚石膜逐渐被发现，而具有八面体结构或近似无缺陷的立方体结构的金刚石膜生长机制揭示了金刚石膜的最佳沉积条件。

不同参数下生长的金刚石微球的典型形貌。微球在硅衬底上均匀分布，微球的球形度较好：随着气压和温度的升高，微球的粒径和金刚石的晶粒尺寸逐渐增大，微球粒径从几个微米到近百个微米。

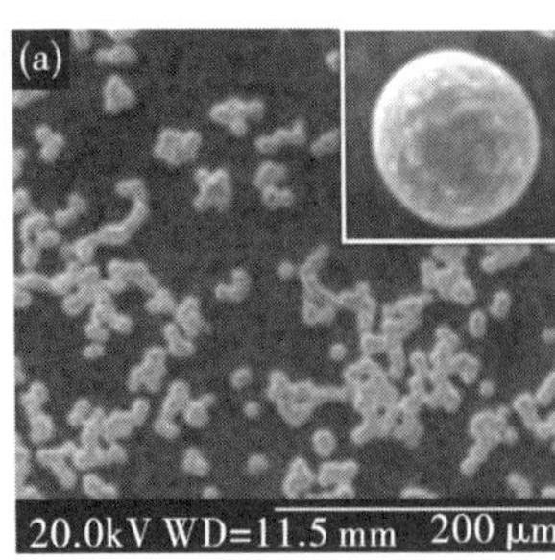

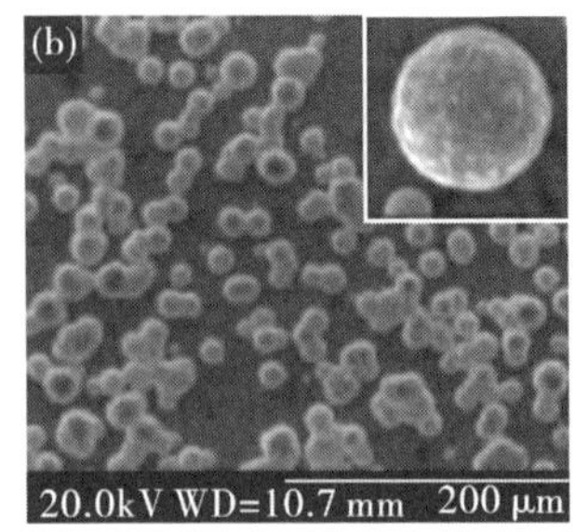

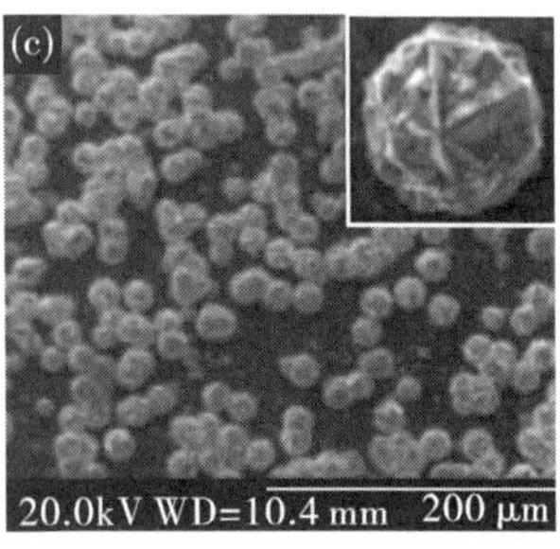

图 2　金刚石微球的 SEM 图

图 2(a)中,1.3×10^4 Pa 气压下生长的金刚石微球表面以(100)的晶面为主,晶粒尺寸为亚微米或纳米级,微球表面较为平整;气压升至 1.4×10^4 Pa 后,图 2(b)中的金刚石微球表面除(100)晶面外,开始大量显露(111)晶面,并且微球表面开始变得粗糙;当温度升至 920 ℃后,图 2(c)中的金刚石微体球晶粒粗大,表面转变为以(111)晶面为主的粗糙表面。且图 2 中的金刚石微球随着气压,与温度的升高,出现了诸多由孪晶、层错等晶体缺陷引起的结构特征。

六、结语

(1)实际上,要真正实现纳米金刚石膜的沉积,金刚石的形核密度应该在 $10^{12}/cm^2$ 以上,其次,要有非常高的二次形核率,来抑制金刚石晶粒的长大以获得纳米金刚石膜。

(2)纳米金刚石薄膜呈现片状组织的特征:其生长过程为,生长初期在单晶硅衬底上形成由纳米碳颗粒组成的球状团簇,随着时间的增加,碳团簇逐渐长大,纳米碳颗粒定向排列或自组装,最终形成片状纳米金刚石膜。

(3)纳米圆葱碳向 NPD 转变与其他物质相变同样遵循形核和核长大的规律,而含有金刚石核心的纳米圆葱碳是在较低压力下(10 GPa)制备出大尺寸 NPD 最佳原材料,制造成本大幅度下降,是目前最有可能实现工业化生产进而获得工业应用的可行之路。

(4)气压和温度升高后,微球成<110>取向生长,微球的形成主要受(111)面高密度孪晶和层错缺陷的控制,揭示了化学气相沉积金刚石不同生长区内二次形核机制与孪晶层错机制诱导的金刚石微球的生长过程。

纳米金刚石的合成机制

王光祖/文

利用负氧平衡炸药中游离碳,在爆轰条件下合成纳米金刚已有多年历史了。在过去的岁月中,各国研究者,不仅对其合成技术、物理分析和应用开发,都进行了富有成效的工作,而且也根据各自在实践中观察到的现象,从理论上对其形成机制,做了这样或那样的论述,至今在一些认识上仍然存在分歧。

有人认为纳米金刚石主要是爆轰反应区生成的,而有人则认为是在爆轰产物膨胀区(Yaylor 稀疏波区)生成的。为了回答上述问题,研究者提出了不同的假设或不同的模型,例如,按 Malkov 和 Yamadac 液滴结晶相变模型,提出如下气态-液态-固态顺序转变的模型,该模型可述如下:负氧平衡炸药爆轰后在反应区释放出类气体游离碳原子或原子团。这些原子或原子团在高温、高压下由于过饱和而迅速聚集成碳液滴,小小的碳液滴随着碰撞聚集成较大的碳液滴,碳液滴均匀分布在爆炸产物中,随着爆轰产物一起膨胀并冷却,碳液滴经结晶相变为金刚石和石墨,在相变过程中伴随着石墨化。

陈鹏万、恽寿学等认为,由于结晶动力学的原因,在 CJ 点上游离碳主要以液碳或者类液碳存在,其原因如下:

(1)对 TNT 爆轰合成纳米金刚石数值模拟结果表明了游离碳在

CJ 点上主要以液碳或类液碳的形式存在,金刚石在反应区生成很少。

(2)通过对爆轰过程中游离碳聚合成碳液滴的数值模拟发现游离碳聚合成碳液滴的速度很快,可以在爆炸反应区内实现。

(3)与 Yamada 观察的现象一样,陈鹏万等对爆轰成的纳米金刚石的电镜分析发现,纳米金刚石大多数为规整的类球形,然而在一些较大的颗粒表面,还观察到了一些的膜体表面黏结留下的划痕,这说明纳米金刚石经历了液态。

(4)虽然爆轰时 CJ 点的压力和温度一般达不到传统碳相图的液态区,但传统的碳相图和相变都是基于宏观晶体的讨论,然而纳米尺寸很小,平均只有几纳米,在生成初期,在 CJ 点附近将会更小,不能以传统的相图来讨论其爆炸条件下的存在物相。Ajayan 通过计算金属微粒单晶和孪晶的吉布斯自由能,在低于熔点处存在准熔化相说明纳米金刚石和纳米石墨在爆轰条件下可能以液态或类液态存在。

1965 年,Graig 就发现 9404 炸药的非稳态爆炸现象,并认为爆炸非稳态现象,是由于与碳有关的物理化学性质作用有关,是一个与时间有关的相对于爆炸的快速反应为较慢的能量释放过程。在负氧炸药爆轰反应中,金刚石相(碳)产物的形成经过原子或原子团的成簇凝聚等相互作用,这是一个比爆炸反应长得多所谓“慢过程”,这个过程中有能量释放,也是导致富碳炸药非稳态爆炸的原因,也就是说,金刚石的形成经历了快慢两个物理过程。

超微粒子效应导致其熔点降低是 Palov 早在 1909 年就从理论上预言,但真正研究这一特性还是在人们发现并开始利用金属微粒之后。参照宏观液态金属理论中,计算界面自由能的方法,计算得到液态金刚石 $\sigma_1 = 2.0482\ \mathrm{J/cm^2}$,同其他微粒一样,纳米金刚石熔点与宏观块体熔点相比较有很大的降低,对于爆炸合成金刚石较常用的 TNT/RDX 混合装药,爆温在 3000 ~ 3500 K,此条件下,金刚石液滴对应的纳米金刚石直径为 4 ~ 6 nm,这与实际得到的平均尺寸的金刚石单晶非常一致。由此,爆轰法得到的纳米金刚石是由相应尺寸碳液滴冷却、凝结而成,而它的粒度分布集中的原因是,在爆炸温度、压力下较小的液滴由于熔点低而处于完全液态易于黏结。当微晶长到一定程度时随尺寸的增大和熔点的提高,纳米金刚石固化,体积就不再增大,从而导致粒度集中。

爆轰化学反应,开始时放的碳是由炸药分子结构中的碳环破裂而成的碳原子,由几个碳原子构成的最小原子团。这些原子或原子团,在反应区中经扩散碰撞,凝聚成较大的只有液体性质的碳原子团或碳液滴。这些碳液滴由于尺寸效应,在反应区的温度压力条件下以一定尺寸的液滴形式存在,当液滴的互相黏结长大到一定程度,它将失去液体性质,以所谓准液态(表面层为液态而内部为有序结构)存在。同时,由于爆轰产物膨胀冷却,它将迅速冷凝固化,残于高温引起石墨化与氧化会将部分液滴凝聚成石墨,无序结构碳,其余的就是金刚石。

炸药的爆轰过程,包括先导冲击波(Von-Neumann)、暴风化学反应(以 CJ 点为终点)和反应产物膨胀(Taylor 波区)三个阶段。研究者对纳米金刚石主要在哪个阶段生成的观点存在分歧,恽寿十等通过定量计算认为,纳米金刚石的生产过程可分为以下几个阶段:

(1)先导冲击波作用阶段　对冲击波作用下固体的非平衡态效应的分子力学计算表明,波前的能量可在 10 ~ 10 s 内在分子键上集中几个电子伏特的能量足以把分子键打开。以 TNT 为例,估算得平动过热温度达到 8×10^{4} K,能量达到 665 kJ/mol,超过了 TNT 中 C—C 键和 C—N 键的键能。当然这种裂解过程仅在局部的热点处发生,而不是波阵面全部。总之,炸药在先导冲击波作用下,在热点处发生裂解,裂解为单个原分子,自由基和分子碎片,其中包括游离碳。

(2)爆轰化学反应阶段　热点处炸药分解物重新组合,释放化学能,温度升高,促使附近炸药分解和反应,化学能支持先导冲击波继续推进。由于负氧平衡炸药中氧含量不足,余下一部分游离碳,这是纳米金刚石生成的碳源。游离碳在反应区内不断互相碰撞,如果是液态,则聚结为较大的液滴,如果是固态,则碰撞后粒子与粒子又分开了。按现有碳相图,爆轰区内压力和温度应处于固态,但考虑到 C 颗粒的粒径与熔点有关,纳米级金属颗粒的熔点明显低于块体金属的熔点。游离碳碰撞聚结使液滴逐渐增大,熔点相应增高,当达到爆温时,液滴转化为固体,颗粒尺寸就不会再由时碰撞聚结而增大了。

(3)爆轰产物膨胀阶段　此时的炸药已经分解完毕,以后虽然仍有化学反应,但是热效应不再支持先导冲击波,而波后的 Taylor 稀疏波和炸药的侧面传入的稀疏波使得爆炸产物的温度和压力迅速降低,C 液滴在此热力学条件下结晶,在碳相图的金刚石稳定区主要生成金刚石,在石墨稳定区主要生成石墨,而已生成的金刚石也会转变为石墨,在此期间也会生成一些其他形式的固态 C。由于温度继续下降使得金刚石的石墨化过程停止以亚稳态存在,成为纳米金刚石。

在爆轰合成纳米金刚石中对反应区中等离子体进行测量,发现其持续时间为 10^{-6} s 级,即可能在整个反应过程中都有等离子体存在。而从结晶学的角度来看,宝红合成金刚石的过程在反应区内极短的时间(10^{-6} s)内,极高的温度(10^{3} K)完成的,这样高的淬火速度必然使晶体生成中出现的热缺陷(空位和间隙原子)不能及时扩散,复合而被冻结,形成庞量的晶格缺陷,这个过程类似马氏体的形成过程。因此,存在高密度的热缺陷是等离子体-金刚石直接相变的特征。

但是,陈权等认为,尽管已经证实,在爆轰形成纳米金刚石的过程中,可能有等离子体晶体直接相变,但是这种相变作用生产的金刚石占总量的多少仍不能确定,反应区中的等离子体很可能只是很少部分。虽然测量导电性时发现反应区导电率达到 $2\times10^{5}\sim3\times10^{5}$ Ω/m,但根据低温等离子体理论,即使 1% 左右电离的等离子体也与高电离度的等离子体的电导率近似,目前测量的反应区中的电离度是很困难的。所以等离子体-金刚石晶体相变作用很可能是与其他相变作用共存。

不同相变的程度对金刚石晶体的结构有直接影响，纳米金刚石晶体又可以反过来作为调整相变作用成分的依据，相变的趋向又决定于炸药的成分、装药结构等具体爆轰条件。因此，对爆轰生成纳米金刚石原理的明确认识对生产出现，理想物理、化学性质的纳米尺度的金刚石粉是极为重要的。

此外，从分子动力学的角度研究负氧爆轰反应生成的碳原子团(Cluster)在反应区中及 CJ 点后的 Taylor 区中的聚结，离散最后变为固相碳(金刚石和石墨)的过程(相变只是这些分子行为对外表象)，似乎是从根本上解决爆轰生成纳米金刚石机制问题的途径之一，对此，应作进一步的探讨。J. D. Johnson、M. V. Thiel 和 F. H. Ree，用胶体理论中快速聚沉动力学来模拟碳点(金刚石粒子、石墨粒子以及碳链和无定形碳原子)在爆轰反应区内生成过程。由胶体理论的粒子生长方程经简化推导，再利用 Einstein-Stoks 方程，Enskog 理论估算爆轰反应区内粒子流的扩散系数、黏性系数，那么个时刻由 k 个粒子组成的原子团的浓度，以及一些别的信息就可以进行估算。有限的碳聚集在爆轰区表现为一个固有的慢反应机制，当与流体力学偶合时，快速反应完成以后所释放的能量足够引起流体大的扰动，这种现象在含碳较多的负氧平衡炸药中尤为明显。Fabry-Perol 记录显示即使在 PBX-9404 的缝轰中，绝大多数化学能迅速释放后还有一个较慢的碳密实放能过程，此外，在较长的反应区的 TNT 和 TATB 基炸药中，也观察到迅速放热过程后，紧跟着一个较慢的放热过程。

除热力学条件外，纳米金刚石合成也被冲击波压缩的特征影响，冲击波压缩，促进了炸药分子断裂。一般研究者认为，冲击加载下芳香族化合物的分子裂解就像通常的热分解一样，是从热稳定的芳香族中 C—C 键而不是 C—H 键开始的。由比较冲击波能量和 TNT 分子中化学键总能量的结果表明，并不是全部键开始时即被断裂。因此,可以认为,由几个碳原子组成的金刚石相原子团是在冲击波阵面后立即由芳香环碳原子生成,此时化学反应还没开始,在这种情况下,分子结构特性是决定纳米金刚石合成的重要因素。

(节选自磨料磨具通讯2006年第7期《爆轰合成纳米金刚石机制的探讨》)

纳米化合物对结合剂性能的影响

王光祖,王芸/文

一、纳米 SiO_2 改性金刚石柔性磨轮磨削性能的研究

对树脂胶黏剂进行改性是目前金刚石柔性磨轮研究的主要方向。对树脂胶剂的改性途径主要包括填料添加、偶联剂改性等,其中填料添加是改性的主要方向。纳米材料由于具有其他填料独特的性能,在树脂胶黏剂改性中发挥重要的作用。

纳米粒子也叫超微颗粒,一般是指尺寸1~100 μm的粒子,处于原子簇和宏观物体交界的过渡区。从通常的关于微观和宏观的观点,是一个典型的介观系统,它具有表面效应、小尺寸效应、量子尺寸效应和宏观量子隧道效应。当人们将宏观物体细分成超微颗粒(纳米级)后,它将显示出许多奇异的特性,即它的光学、热学、电学、磁学、力学以及化学方面的性质与大块固体相比将会有显著不同。一般无机物填充有机聚合物提高材料刚性的同时会降低材料的韧性,而纳米材料却能兼顾两者,这是一定含量的纳米材料均匀分散于树脂基体中,当基体受到冲击时,刚性纳米粒子的存在易于产生应力集中效应

而引起其周围基体树脂产生裂纹——银纹，吸收一定形变功，同时刚性纳米粒子的存在，使基体树脂银纹扩展受阻和钝化，最终停止，不致发展为破坏性裂开，从而产生增韧效果。随着纳米尺寸变小，粒子的比表面积增大，粒子与基体的界面变大，会产生更多的银纹和更的塑性变形，从而吸收更多的冲击能。

另外，采用一般无机物改性有机聚合物，只能起到填料填充，提高树脂尺寸稳定性和耐磨性的作用，而其柔韧性会大大降低；而纳米粒子表面一般都含有大量不饱和键和不同键合状态的—OH，能与树脂基体产生化学键合，使纳米粒子在提高树脂刚性和耐磨性的同时不会影响其韧性。

刘志环等关于超声分散时间对树脂胶黏剂、纳米材料添加量和纳米改性对含金刚石试样力学性能的影响，以及改性前后金刚石柔性磨削性能对比进行了实验与分析。得出了如下结论：

(1)采用 TL-2 铝锆偶联剂改性纳米 SiO_2，当纳米 SiO_2 含量为3%时，经过 10 min 机械搅拌后，超声分散时间为 15 min 时树脂胶黏剂具有最佳抗拉伸强度和拉伸剪切强度，较未超声分散时分别提高近21%和75%。

(2)当分散工艺为机械搅拌 10 min，超声分散 15 min，纳米 SiO_2 添加量为3%时，具有最佳抗拉强度和拉伸剪切强度，分别较未添加时提高4%和7%。

(3)以胶料比为2:1 加入 w40 金刚石后，经3%纳米 SiO_2 改性胶黏剂抗拉伸强度提高40%，拉伸剪切强度提高36%，因而对含金刚石试样的力学性能具有明显的改性效果。

(4)采用3%纳米 SiO_2 改性后的丙烯酸树脂胶黏剂配制的金刚石柔性磨轮较未改性金刚石柔性磨轮前 3.5 h 磨削性能有大大提高，同时证明了胶黏剂力学性能与金刚石柔性磨轮磨削性能的相对应性。

二、纳米陶瓷结合剂研究进展

由于超硬磨具在磨损少、使用周期长、磨削比高和切削锋利等优点，在材料磨削加工方面有重要的应用前景。在超硬磨具中，对磨具有关键性影响是结合剂。

纳米陶瓷合剂的典型特征、制造方法及可能存在的问题。但围绕如何降低烧结温度和改善陶瓷结合剂的脆性等问题，国内外学者开展了不少研究，取得了一定的进展；其中通过开发陶瓷结合剂较好地实现了对传统陶瓷结合剂的增韧补强。纳米陶瓷结合剂一般是在基础陶瓷结合剂中加入纳米级的粉体而得到的一种纳米复合材料。这种纳米陶瓷结合剂由于纳米材料的添加，自身表现出优良的特性，可在一定程度上解决陶瓷结合剂的低温高强问题。目前，纳米陶瓷结合剂的研究热点主要集中在制备方法。

1. 纳米陶瓷结合剂的典型特征

通过学者们的多年研究，超硬磨具用陶瓷结合剂在理论和实际应用方面有了较大进展。分析起来，纳米陶瓷结合剂具有以下几方面的典型特征。

(1) 用于超高速磨削加工的纳米陶瓷结合剂一定程度上解决了普通陶瓷结合剂强度低的问题。

(2) 陶瓷结合剂纳米材料的引入在一定程度上提高了对超硬磨料的把持力，使得磨削效果显著提高。

(3) 在烧结过程中，添加了纳米材料的纳米陶瓷结合剂有效降低了烧结温度和更致密化烧结。

2. 纳米陶瓷结合剂的制备方法

纳米陶瓷结合剂的制备方式，目前主要有三种：直接混料法、球磨法和溶胶-凝胶法。研究表明，超硬磨具用纳米陶瓷结合剂制造方法的不同，其对磨具的影响也不同。

(1)直接混料法　是目前大多数研究者使用的方法,它的做法是让纳米添加剂直接加入到预先制好的普通陶瓷结合剂中,不经过大型的混料设备。它的优点是操作简单,缺点是不易混均,易发生团聚现象。

(2)球磨法　是把陶瓷结合剂原料和纳米添加物一起放到球磨机中,球磨机设定一定的时间和频率通过振动和研磨来让它混合均匀。所以球磨法的优点是可以把原料混均,缺点是引入杂质。

(3)溶胶凝胶法　是将金属醇盐或无机盐经水解直接形成溶胶或经解凝形成溶胶,然后使溶质聚合凝化胶,再将凝胶干燥、焙烧去除有机成分,最后得到无机材料。这种方法可以处理由于纳米材料的活性大而产生团聚,解决分散到陶瓷结合剂中不均匀的问题。

以上三种方法都具有各自的优点和不足。但是,纳米陶瓷结合剂已呈现出诱人的应用前景。可是,国内外相关研究还应当深入展开,特别是对于影响机理的直接研究需重视。为此,刘鑫鑫等开展了不同维度和不同种类纳米材料复合陶瓷结合剂的制备及应用工作,取得了一定进展。

三、纳米 Ti(C,N)对 cBN 磨具用陶瓷结合剂性能的影响

近年来,低温高强陶瓷结合剂 cBN 磨具由于具有硬度高、耐磨性好、热导率高、材料去除率高等传统刚玉磨具无法比拟的优点,越来越受到人们的关注,它的出现,为工业对高速、高效、高精磨削的要求提供了理想的解决方案。

陈飞晓等选用 $Na_2O-Al_2O_3-SiO_2-B_2O_3$ 系统作为基础陶瓷结合剂体系。来改性 cBN 陶瓷磨具用陶瓷结合剂。纳米 Ti(C,N)具有耐高温、高强度、耐腐蚀等优点,且加入纳米 Ti(C,N)后,陶瓷结合剂可以在较低的温度下制备出具有较高力学性能的 cBN 磨具。迄今,很少有以纳米 Ti(C,N)作为添加剂来改善 cBN 磨具用陶瓷结合剂的相关

报道。

向玻璃料中分别加入 2%、4%、6% 和 8% 质量分数的纳米 Ti(C,N) 制得纳米陶瓷结合剂。实验结果可得出如下结论:

(1)添加纳 Ti(C,N)的陶瓷结合剂的最佳烧成温度 650 ℃。在 650 ℃时结合剂的气孔率较低,玻璃相较均匀。

(2)温度相同时,随着纳米 Ti(C,N)质量分数的增加,陶瓷结合剂的体积密度呈减小趋势,说明气孔逐渐增多。即纳米 Ti(C,N)的添加使陶瓷结合剂的气孔率增加。

(3)陶瓷结合剂的强度随着纳米 Ti(C,N)的加入质量分数增加而提高,纳米 Ti(C,N)质量分数为 6% 时,陶瓷结合剂的抗折强度最大,为 116.38 MPa,流动性也最好,为 193.33%,比基础结合剂增大了 22.9%。

四、纳米氧化物对 cBN 磨具的影响

1. 对陶瓷结合剂耐火度及流动性的影响

(1)加入纳米氧化物后,瓷结合剂的耐火度均比未添加剂的陶瓷结合剂耐火度降低了 10~20 ℃,其中加入纳米 ZnO 的陶瓷结合剂耐火度降低的最多,达 20 ℃,耐火度为 770 ℃。这主要是由于纳米氧化物粉体的粒度细,分散度大,反应能力强,引起了结合剂耐火度的降低。

(2)从纳米氧化物对结合剂流动性的影响来看,流动性从大到小依次为纳米 ZnO 陶瓷结合剂>纳米 TiO_2 陶瓷结合剂>纳米 Al_2O_3 陶瓷结合剂>未添加纳米陶瓷结合剂。这主要是因为结合剂的耐火度越低,黏结度越低,流动性高,与耐火度值相比,添加物对结合剂流动性的影响与对耐火度的影响相对应。

2. 对 cBN 磨具抗折强度的影响

比较同一温度下不同添加物对 cBN 磨具抗折强度的影响可以看

出，在添加相同情况下，添加纳米 Al_2O_3 陶瓷结合剂 cBN 磨具的抗折强度最高，可达到 36.51 MPa，高于添加纳米 ZnO 或添加纳米 TiO_2 陶瓷有结合剂 cBN 磨具的抗折强度，是因为细粒度添加入物有利于结合剂对添加物紧密结合，结合剂桥上气孔减少，结合剂与磨粒联结紧密，试样烧结比较致密，裂纹较少，抗折强度增大。综合考虑来看，选择添加纳米 Al_2O_3 陶瓷结合剂在 800 ℃烧成，此时对 cBN 磨具抗折强度最大，达到 36.51 MPa。

3. 对 cBN 磨具微观结构的影响

比较 cBN 磨具的微观结构可以看出，含添加物陶瓷结合剂磨具微观结构中气孔数量明显少于无添加物结合剂的气孔数量。未添加物试样在断口处有很多大气孔，且分布不均匀，同时气孔的形状不规则，气孔顶端曲率半径小。添加纳米 Al_2O_3 的磨具试样的结构最密，气孔最少，孔隙均匀，气孔圆滑，结合剂能够很好地把持磨粒，cBN 磨具强度最高，达到 36.51 MPa。添加纳的米 ZnO 和纳米 TiO_2 的磨具内气孔数量多于添加纳米 Al_2O_3 的 cBN 磨具，使其强度降低。

不同形态纳米金刚石生长过程及机理综述

王光祖，张相法，位星/文

纳米金刚石薄膜呈现片状的组织特征，其生长过程：生长初期在单晶硅衬底上形成由纳米碳颗粒组成的球状碳团簇；随着沉积时间的增加，碳团簇逐渐增大，纳米碳颗粒定向排列或自组装，最终形成片状纳米金刚石膜。热力学的不稳定性决定其极易向其他碳形式转化，经过表面改性处理可实现纳米金刚石结构和表面状态精确调控。采用 HRTEM 原位观察爆轰纳米金刚石颗粒向纳米洋葱状富勒烯结构的演变和合并生长过程。洋葱碳转变为孪晶金刚石是一个非扩散过程，

(002)石墨层之间直接成键转变为金刚石(111)通过控制沉积气压和温度的变化研究了由石墨生长区向纳米晶微球形结构、再到具有良好结晶性的金刚石生长区的过渡过程。揭示了化学气相沉积金刚石不同生长区内二次形核机制与孪晶层错机制诱导的纳米金刚石微球的生长过程。

一、纳米片状金刚石膜的生长机理

用CVD方法制备的具有类似组织特征的纳米金刚石膜在其他文献中也有报道,基本可以分为以下三种类型:

(1)纳米金刚石片团簇。衬底为(100)织构的金刚石膜,反应气体为CH_4、N_2和H_2,反应温度高于1050 ℃。生长机理被认为是金刚石的表面缺陷提供了形成金刚石纳米片的生长路径,而高温条件下不利反应基团在(111)面的生长,晶体的各向异性生长导致生成了片状纳米金刚石片。

(2)山脊状纳米金刚石团簇。衬底为单晶硅,反应气体为CH_4、N_2和H_2,反应温度800 ℃。金刚石表面山脊状结构特征,被认为是纳米金刚石的生长和等离子体对纳米金刚石的刻蚀同时进行的结果。

(3)纳米金刚石棒团簇。衬底为单晶硅,反应气体为CH_4和N_2,反应温度800~950 ℃。金刚石纳米棒的生长机制被认为是由纳米金刚石、碳纳米管、石墨纳米线/纳米葱组装而成的。

以上三种金刚石膜在制备时反应气体中都含有N_2,但在文献中提到生长模型中没有指出N_2在生长过程中的作用,并且认为纳米金刚石膜整个生长过程的生长机制是不变的。本文的纳米片金刚石膜的反应气体只是有CH_4和H_2,反应基团应该和含有N_2气体有所不同。另外,从图1可以看出,在其生长过程中先生成纳米颗粒,然后再形成了片状结构。因此,生长模型应该包括纳米颗粒的定向排列或自组装过程,文献中还未见到相关报道,其详细的过程还需进一步的研究。

图 1　沉积不同时间纳米金刚石膜的扫描电镜图(插图为放大图)

二、纳米金刚石结构演变

爆轰纳米金刚石的小尺寸效应使得其表面悬键很大,表面能高,热力学不稳定性决定其极易向其他碳形式转化,在不同能源条件下纳米金刚石可向纳米洋葱状富勒烯(OLF)转化。采用高分辨透射电镜(HRTEM)实时观察其转变过程,如图 2 所示。转化初期,大部分颗粒仍为金刚石,纳米金刚石外部逐渐松动石墨化及非晶化。随着时间推移,外部石墨层逐渐有序、连续和完整化,内部金刚石逐渐转变为石墨条纹状结构、芯部金刚石结构减少。样品内部从金刚石结构变为短程有序结构最后形成环状有序结构。最终纳米金刚石颗粒完全转化为有序同心圆 OLF 结构。

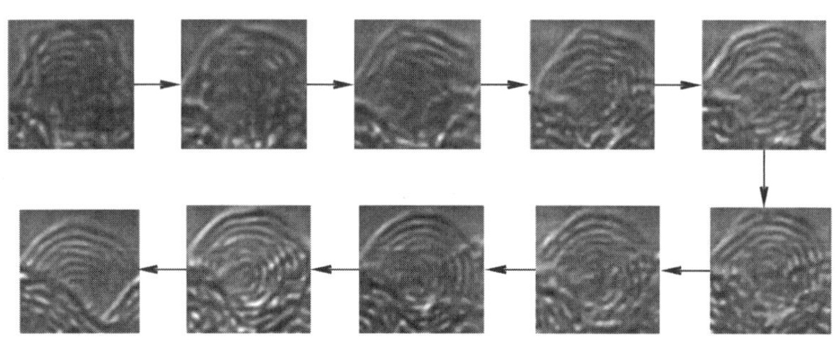
图 2　纳米金刚石单颗粒演变程

三、洋葱碳转变为孪晶金刚石的机理

王明智等通过实验揭示，洋葱碳转变为孪晶金刚石是一个非平衡态相变过程，(002)石墨层之间直接成键转变为金刚石(111)面。特定的(002)堆垛次序(ABC)是转变的前提。温度刺激(002)面的滑动，从而使得被压缩的洋葱碳从无序的(002)排列转变到有序的ABC堆垛。而洋葱碳中碳壳层的连续性限制了(002)面的滑移，导致应力积累。重孪晶的形成是由于转变过程中累积的应力释放所致。碳纳米葱经过一个马氏体过程转变到纳米孪晶金刚石和六方金刚石的相变示意图见二维码。

相变示意图

四、金刚石微球生长机制

HAUBNER 等，在对 CVD 金刚石膜早期的研究中发现，等离子能量密度、原子氢浓度、金刚石表面温度、气压等参数的增大，或碳离子过饱和的降低，都会引起金刚石由纳米晶的球形结构逐渐向(100)六面体、(100/111)六-八面体、(111)八面体的粗晶结构转变，这种转变过程是由石墨生长区逐渐向纳米晶的球形结构，再到具有良好结晶的金刚石生长长区的过渡。

金刚石形核后表面具有较高的表面能，晶体生长过程趋向球形表面以使表面能降到最低。较高碳离子过饱和和较低气压、温度范围内，金刚石具有极高的二次形核效率，金刚石晶体来不及长大即发生二次形核，并最终形成纳米–微米聚合的金刚石球形结构。由于二次形核限制了金刚石<110>取向的发展，生长速度仅次于(110)面的(100)面转变为高速生长面，因此，微球表面主要显露(100)面。

气压和温度升高后，原子氢对二次形核的抑制作用增强，开始出现金刚石的〈110〉取向发展，(100)面的快速生长使(100)面的显露区域减少，并且生长最慢的(111)面开始大量出现。由于(111)面是孪晶层错大量出现，并抑制了较大晶体的竞争性生长和对球形结构的破坏，微球长大后的球形结构得以保留，并最终呈现(111)面为主要的粗糙表面特征。

（节选超硬材料工程，2020，第32卷，第5期《不同形态纳米金刚石生长过程及机理综述》）

丰富多彩的纳米金刚石应用

王光祖，黄祥芬，卫凤午/文

一、防雾自清洁超薄金刚石纳米膜研究与应用前景

中科院深圳先进技术研究院功能薄膜材料研究中心唐永炳研究员团队，联合香港城市大学张文军教授，研究出从紫外到红外波段，具有高自透光率的超薄金刚石纳米膜，并具有防雾、水下自清洁和抗磨损特性。该金刚石纳米膜为光学透镜、海洋精密仪器、高清监控、红外传感器等重要领域提供了表面防护新策略。

唐永炳团队通过自主研发的自组装植晶气相沉积法，成功制造出厚度仅为45 nm的高致密金刚石纳米镀膜，镀膜石英玻璃在紫外–可

见光波段的透光率高达90%,在水下的透光率高达98%,接近无镀膜石英玻璃。金刚石纳米膜在红外波段具有增透的效果,镀膜石英玻璃的透光率高达85%,较无镀膜石英玻璃高10%。

进一步研究发现,表面处理后的纳米镀膜具有超亲水和水下超亲油特性,使镀膜玻璃在蒸气和温度剧变的环境下,仍具有透明防雾的功能,并且在水下能够抗油污黏附,实现水下自清洁功能。此外,这一种超薄金刚石纳米膜。具有优异的抗磨损性能,将高速运动的沙粒,撞击金刚石纳米膜表面后,其表面形貌和透电光率基本保持不变。并且发现镀膜后的石英玻璃具有超低摩擦系数和自润滑功能,摩擦系数比无镀膜的1/3还低。

目前,该宽波段高透光率的超薄金刚石纳米膜可在半导体、石英、玻璃等多种商用基体材料上制备,在光学镜头、光学元件、监控、红外传感、海洋精密仪器等领域具有良好的应用前景。

二、纳米金刚石解决高温废水净化难题

众所周知,地球上大部分地区都被水覆盖,但只有小部分水可以供人类使用。故此只要有可能,就必须对这样的资源进行回收再利用。目前的净化技术无法充分处理一些行业产生的极热废水,加拿大阿尔伯大学的研究人员提出了将纳米金刚石颗粒嵌入膜中的方法,可以解决这一难题。

乙酸乙酯溶液中,防止球体结块,然后加入一种单体与胺类反应,与传统的膜产生化学联系。胺类连接和乙酸乙酯处理的协同作用,使膜更厚,温度更稳定,有助于改变其性能。研究人员通过增加膜中纳米离子的含量,与不含纳米离子膜相比,即使在75 ℃条件下9个小时后,也获得了更高的过滤率,杂质被去除的比例更大。研究人员表示,新方法生产的膜可以更有效地处理高温下的废水。

三、掺硼纳米金刚石用作超级电容器电极实现高储能设备

一种称为超级电容器的电能储存设备,最近开始被认为是一种实用且更好的储能设备,可以代替目前广泛使用的锂离子电池等储能设备。超级电容充放电速度更快,能够持续工作,因而可用于车辆再生制动,可穿戴电子设备等各种应用。不过尽管超级电容器的潜力很大,目前仍有一些缺点阻碍其得到广泛应用。主要问题之一,就是能量密度低,即单位面积空间,所储的能量不足。

TAKESHI KONDO 表示:如果利用不易燃,无毒且安全,水电解质制成的高性能超级电容器,能够整合至穿戴设备和其他设备,为物联网带来好处。KNODO 博士与东京理科大学合作,探索利用导电材料,它将电解液与外部连线连接,将电流输送出系统。选择该电极材料是基于这样一种认识,即掺硼金刚石具有宽电位窗,能够让高储能设备在长时间内保持稳定。KONDO 表示,如果将导电金刚石用作电极材料,就可以让水基超级电容器产生大电压。采用 MPCVD 的技术来制造此类电极,通过测试验证发现,在含有水硫酸电解液,在双电极系统中,此类电极产生的电压比传统电池的高许多,因此,超级电容器的能量和功率密度也高很多。此外,他们还发现,即使经过一万次充放电循环,该电极仍然非常稳定。

试验获得成功之后,科学家们接着继续探索,如果将电解液变成饱和高氯酸钠溶液,此种电极材料,是否拥有同样的性能。众所周知,饱和高氯酸钠溶液能够产生比传统硫酸钠更高的电压。实际上该装置已经产生了更高的电压。因此,正如 KONDO 博士所说,掺硼纳米金刚石电极对于水基超级电容器非常有用,而此类电容器适合用作高速充放电的高储设备。

四、纳米金刚石自充电电池

一种小型的电路板安装设计，纳米金刚石电池有可能完全颠覆能源方式。因为它永远不需要充电，而且可以持续很久。加利福亚公司NDB表示，纳米金刚石电池将颠覆能源方程式，就像小型核发动机一样，它们可能持续10年至2.8万年无需充电。

NDB告诉我们，电池的辐射水平远低于人体自身产生的辐射水平，使其在各种应用中安全。从小范围内讲，这些应用可以包括心脏起搏器电池和其他电子植入物，它们的长寿命，将使佩戴者免于再次手术。它们也可以直接放置在电路板为延长设备寿命提供电力。同样大小的电池一小时可以五次把IPHONE从零到充满电池。

它可以扩展到电动汽车尺寸的应用，在电池组中提供超强的功率密度，可以持续供电90年，如果电池一部分出现故障，活性纳米金刚石，可以被回收到另一个电池中重新使用。

对于低功率的传感器来说，这种电池，可以供电长达2.8万年。

五、纳米金刚石电池

目前，研究纳米金刚石电池的是美国加利福尼亚的一家公司，正在研究开发的一种新型电池，它拥有的能量密度比锂离子还要高好多倍，在碰撞试验中绝对安全，更重要的是，这种电池经过封装，后续再不用充电。

大家知道，核废料是世界上一大难题，核反应堆每年产生的放射性物质超过2000吨，如果这些核废料被纳米金刚石电池加以利用的话，这将是人类的一大福音。

从电池的工作原理看，许多人认为，它就像一种微型核发电机，电池无需充电，如果安装于低功传感器中，理论上的寿命确实可以达到2.8万年。

可能许多人担心，电池产生的辐射会不会影响人体安全？科学家讲，这种辐射水平远低于人体自身产生的辐射水平，所以不会构成任何危险。

如果这种电池研究成功，很有可能解决地球上存在的碳排放问题，从根本上颠覆能源的使用，而且全世界也再不用争论能源了。与市场上的锂电池相比，纳米金刚石的优点就更明显了，先不说寿命，它能够彻底摆脱化石燃料的依赖，为地球节省大量能源。

六、纳米金刚石的生物应用

癌症治疗是医学领域的难题，而癌细胞的扩散是癌症患者常见的死因。由于癌细胞迁移机制复杂，至今对其了解甚少。纳米金刚石，由于其具有极良好的生物相容性和易于被功能化修饰的特性，使其作为药物载体材料在生物医学领域具有广泛的应用。

中科院物理所 2020 年开始研究基于纳米金刚石的癌症治疗体系，发现在酸性细胞环境内，纳米金刚石、顺铂体系可实现顺铂药物的缓释效果，能显著抑制 HeIa 细胞增殖。

此外，该课题组还对纳米金刚石对肿瘤细胞、迁移的抑制机制及其在体内的作用展开了深入的探讨，结果表明，羰基化纳米金刚石可以提高肿瘤细胞与基底的黏附能力，从而导致细胞运动受限。在分子机理上主要表现在羰基化纳米金刚石能够下调 NCa 蛋白、波形蛋白的表达，上调 ECa 蛋白的表达，通过 TGF……B 信号通路逆转 EMT 过程。通过 Phalloidin 染色实验证实了，羰基化纳米金刚石还损害 F 肌动蛋白细胞骨架的组织，减少应力纤维和板状伪足的形成，进而抑制肿瘤细胞的迁移。

未来，羰基化纳米金刚石有望作为简单的载体和探针，在生物医学领域作为肿瘤细胞迁移的新型抑制剂，在调控细胞行为方面发挥积极作用。

七、激光辐照纳米金刚石的奇妙作用

激光辐照纳米金刚石传感器可以同时作为加热源和温度计。

日本大阪大学、昆士兰大学和新加坡国立大学工学院的科学家，使用微型的涂覆有热释放聚合物纳米金刚石，来探测细胞的热性质。当被激光所发射的光照射时，传感器将同时作为加热器和温度计来进行工作，使得细胞内部的热导率可以被计算出来。

尽管细胞是所有有机生物体的基本单元，一些细胞在生物体内表现的物理性质依然很难研究，例如，细胞的热导率，以及热可通过一个目标从一边向另外一边传递（细胞一边是热的，而另一边是冷的情况下），依然保持着神秘的色彩，这一知识上的欠缺，对于诸如发展癌细胞的热疗法，以及关于细胞运行的基本问题等方面的应用都是非常重要的。

该团队发展了用来确定活体细胞的热导率技术，其测量的空间分辨率为 200 nm。他们制造一个微型的聚合物——多多巴胺的金刚石，该金刚石在激光照射下荧光并发/伴倍加热。试验结果表明，这一粒子是无毒的，可用在活体细胞中进行工作。当在一个液体或细胞内部时，热导致纳米金刚石的温度升高。在高热导率的介质中，纳米金刚石不会变得非常热。这是因为热会迅速地扩散掉，但在一个低热导率的环境中，纳米金刚石会变得非常热，关键性是发射光的性质取决于温度。因此，可通过传感器对环境的测量计算出热流的速率。

八、量子纳米金刚石正在进行新冠病毒试点

荧光纳米金刚石中 N 空位缺陷的量子自旋特性，在磁场量化、温度传感和生物标记等方向上也存在广泛的应用。与中性（NVO）中心不同，NV 中心的主要优势在于其荧光可通过自旋调控方式，进行选择性调节，从而在高背景环境中实现信号分离。

传染病对全球健康造成巨大挑战,而早期的诊断对于各种传染病,有效的治疗和预防至关重要。目前对传染病毒,如艾滋病病毒(HIV)或新冠病毒(Covid19)检测的方法较为关键(紧锁),且需要较长时间。而与妊娠测试相似的,纸基侧向流动测试这是一种便捷检查方法。其工作方式为,将纸的一端浸入样本中,通过颜色(或荧光信号)的变化与否进行诊断。这种方法敏捷且迅速,无需在实验室里处理结果。然而,当前基于纳米颗粒的生物传感器的灵敏度仍然欠缺。

英国伦敦大学的 BenjaminS. Miller 等与 Rachel. A. Mckedry 课题组合作,将荧光纳米金刚石用作体外诊断的超灵敏标签,并通过微波调节发射机强度与频域分析,将信号与背景、荧光信息号分离,突破了灵敏度的限制。基于该技术的低成本的试纸对生物素——亲和素模型的检测极限 8.2×10^{-19} mol。在对 HIV 病毒检测中,比传统使用的检测纳米颗粒的灵敏度提高了 98000 倍。此外,由于 HIV 病毒相对于抗原和抗体能够被检测到(提早七天与 16 天)现有的实验室核酸检测或即时蛋白检测相比该技术提供了更早诊断的潜力,除了 HIV 病毒之外,该技术还适用于 SARS´CoV2 病毒并正在进行新冠病毒试点。

九、纳米金刚石用于隐身材料

随着科学技术的发展,各种探测手段越来越先进。例如:利用雷达发射电磁波,可以探测飞机;利用红外探测器,可以发现放射红外物体。当前世界各国,为了适应现代化战争的需要,提高在军事对抗中的实力,也将隐身技术研究放在重要地位。用少量纳米金刚石悬浮在涂料中将其喷涂在飞机、坦克、导弹、军舰上,可以起到隐形防护作用。既简单高效又降低了生产成本,有助于新型半导体电子材料的快速量产。

为什么超细粒子,特别是纳米粒子,对红外和电磁波有隐形作用呢?主要原因有两点:一方面,由于纳米微粒尺寸远小于红外和雷达波波长,因此,纳米微粒材料对这种波长的透过率比常规材料要强得多,这就大大减少波的反射率,使得红外探测器和雷达接收到反射信号变得很弱,从而达到隐身作用。另一方面,纳米微粒材料的比表面积比常规粗粉大了 3 ~4 个数量级,对红外光和电磁波的吸收率比常规材料大得多。这就使得红外探测器和雷达得到的反射信号强度大大降低,因此很难发现探测目标,起到了隐身作用。

十、纳米金刚石增强型 3D 打印材料问世

芬兰纳米金刚石制造商 Carbodeon 和荷兰 3D 打印专家 Taimet3D 携手开发出了纳米金刚石增强型 3D 打印材料:uDiamond 材料。基于纳米金刚石的 PLA3D,打印材料可实现更快的 3D 打印,并能提高 3D 打印部件机械耐久性。纳米金刚石本身只有塑造 3D 打印材料,这是结构和性质的能力。

此外,纳米金刚石改善了 PLA 导电性。Carbondeon 的测试表明,使用消费级数 3D 打印机,纳米金刚石(uDiamond)材料也易于打印,并且可以提高打印速度到 500 mm/s,打印部件也具有更好的机械性能。

Carbonden 首席执行官 VesaMillymki 说,uDiamond 材料将以长丝和颗粒状两种方式进行出售。

纳米金刚石是由爆炸法产生的金刚石颗粒,且他们是目前已知的导热性最强和最硬的材料之一。研究表明,如果吸入纳米粒子会对人体有一些健康的影响,它们会对心脏、肺和大脑造成氧化应激。在良好的通风条件下进行加工时降低风险的一种方法。根据 EPA 和 REACH 的评估,Carbonden 的纳米金刚石已被证明是无毒的,适用于各种应用。

随着纳米金刚石的加入,塑料熔融加工变得更容易,机械特性也得到了改善。uDiamond 材料,与市场上已有的 PKA 材料相比,3D 打印测试件的模量最多提高到 200% 以上。

拓宽纳米金刚石应用领域

王光祖/文

纳米金刚石早在20世纪60年代,就已经被苏联科学家开发出来,美国随后也开放成功了,却因没有工业化量产,一直未能引起人们的关注。直到2000年以后,随着爆轰技术的成熟,俄罗斯、中国、日本和欧盟等相继实现了纳米金刚石的工业化生产,再加上纳米金刚石具有单晶金刚石的所有优点和纳米材料大的比表面所带来的纳米效应,使得这种材料超乎寻常的优异性能逐渐被人们所认识,如超高的表面硬度和力学强度、优异的电绝缘性、最高的导热系数、优越的化学稳定性和生物相容性。正是这些优异的性能,使得纳米金刚石在高强、耐磨复合材料、高精密研磨抛光、纳米流体、纳米润滑和生物医药领域具有无以替代的应用前景。

材料是基础,特性是内因,应用是动力。材料特性的多样性,决定着应用领域的多样性。我们所说的纳米金刚石包括纳米金刚石单晶、纳米金刚石多晶和纳米金刚石膜。综合现有关于纳米金刚石应用基础的研究结果可知,纳米金刚石的应用性能,主要取决于三个关键因素:金刚石的颗粒尺寸、碳原子的杂化状态与表面化学特性。本文仅着重讲述有关纳米金刚石单晶与多晶方面的应用技术问题。

一、在计算机磁头抛光中的应用

随着计算机工业的发展,特别是随着计算机磁盘密度的迅速提高,磁头/磁盘间隙已趋于10 nm以下,磁头和磁盘的表面粗糙度、划痕和杂质颗粒会对计算机磁盘造成致命的危害。目前,计算机磁头工业使用的微米级的抛光液已不能适应其发展,因为这种抛光液抛光的计算机磁头在高倍显微镜下观察存在明显的划痕和镶嵌颗粒，抛光后的计算机磁头表面粗糙度 Ra 为0.45～0.80 nm，因此急需开发新型的计算机磁头抛光液。

纳米金刚石可用作计算机磁头的超精密抛光，抛光后的磁头表面常见的划痕、镶嵌颗粒杂质消失，表面粗糙度小于0.2 nm。改善表面粗糙度50%以上。表面粗糙度的改善利于磁头镀 DLC 膜，提高了磁头防腐能力和磁头抗静电击穿能力，解决了计算机磁头的致命危害。

二、纳米金刚石润滑油在工程机械中的应用

工程机械广泛用于建筑、交通、能源、地质、矿山及国防等诸多领域，节能及环境友好已成为工程机械领域的重大研究课题。

我国装载机、挖掘机、推土机平均使用寿命6000～7000 h，而在先进国家达2000 h，国产机平均无障碍时间为300 h，而先进国家为500～1000 h。

我国的工程机械使用寿命和可靠度只及发达国家的1/2～1/3，究其原因，80%是由于用油不当，润滑不佳，造成零配件过度磨损，从而使整机过早报废。如何提高工程机械的可靠度并延长它的使用寿命，已成为行业内科研攻关的重大课题。

纳米金刚石改性润滑油在工程机械中的应用，将会对工程机械行业起着举足轻重的作用。纳米金刚石润滑油成本要比市售普通润滑油增加30%左右，但它给用户所带来的实际经济效益远远高于其投入，它可提高输出功率，节约燃油和润滑油，减少磨损，大大延长设备无故障工作时间和使用寿命，降低环境污染，从而我国工程机械与先进国家的差距大大缩短。

三、在复合镀方面的应用

纳米复合材料是纳米技术在纳米应用上一个最具应用性的方面。

纳米复合材料综合了其所含各组分的所有材料的优点,具有普通复合材料所不具备的优异性能,是一种全新的高技术新材料,因此,具有广阔的应用前景和巨大的商业开发价值。

1. 聚四氟乙烯与纳米金刚石的复合

聚四氟乙烯(PTEE)具有较低的摩擦系数,良好的自润滑性和优良的耐腐蚀性,是理想的减摩润滑材料。但是由于聚四氟乙烯表面性能极低,自身耐磨性差,因此在机械工程领域一般都以复合材料的形式使用。目前,常用玻璃纤维、石墨、二硫化钼等无机增强组分对聚四氟乙烯进行填充改性,以提高其强度、耐磨性和尺寸稳定性。但是,这些填充物与聚四氟乙烯的相容性较差,常引起复合材料的摩擦系数增大,弱化聚四氟乙烯的减摩作用,因而制约了聚四氟乙烯材料的广泛应用。

乔志军等利用纳米金刚石(ND)的抗磨减磨作用和聚醚醚酮(PEEK)良好的力学和耐磨性能,通过模压烧结法制备了 ND 与众不同 PEEK 填充改性的 PTFE 基复合材料。研究复合材料的摩擦磨损性能和增强改性机理,指出:1.0%(质量百分比)ND/20%(质量百分比)PEEK/PTEE 复合材料中 D 分布均匀,材料的减摩耐磨性能优良,与 PTEE 相比,该复合材料摩擦系数下降 20%,耐磨性能提高 120 倍。

2. Ni-P/纳米金刚石复合涂层

Hamed Mazaheri 等通过制备 Ni-P/纳米金刚石复合涂层,对其组织结构及耐腐蚀性能进行了研究,结果表明,金刚石纳米颗粒使镀层硬度增加,镀层结构并未发生变化,金刚石含量的不同对其耐腐蚀性和硬度影响很大。

陈哲等对纳米金刚石非晶态复合镀层的晶化转变过程及其硬度和耐腐蚀性进行研究,并与微米金刚石复合涂层的性能进行比较。结果表明,纳米金刚石复合涂层中,最佳的金刚石添加量为 12 g/L。复合涂层为非晶态,300 ℃时镀层开始晶化。随着温度的升高,镀层的显微硬度逐渐升高，到 400 ℃达到峰值，而后因弥散相聚集长大粗化，导致硬度下降，复合镀层的耐磨性也随着硬度的变化而变化。

3. 电刷镀纳米金刚石/镍复合镀层

纳米复合电刷镀技术是随着近些年纳米材料和科学的兴起而发展起来的，所制备的纳米复合电镀层具有优良的性能，在机械零件表面修复强化以及防腐方面已经取得比较广泛的应用。与电镀技术相比，电刷过程中高的过电位提高了晶核的形成速率；同时电刷镀笔在工件上的往复运动使电沉积成为一个断续结晶过程，这些将有利于得到更细颗粒的镀层。

李颖等对"电刷镀纳米金刚石/镍复合镀层纳米晶结构与摩擦性能关系研究"的结果表明，复合镀层为纳米晶结构，硬度明显比普通镍镀层要高。纳米金刚石的引入使镀层的晶粒超细化，同时纳米金刚石所具有的核壳结构在摩擦过程中起到耐磨减摩作用，因此复合镀层的耐磨性能明显高于快速镍镀层。

四、在冷阴极场发射显示器方面的应用

纳米金刚石的变温场发射。金刚石是近年来研究较多的一种电子场发射材料，它在某些晶向上具有负电子亲和势，有良好的化学稳定性、高硬度及高热导率等性质，作为阴极材料能满足场发射显示器低工作电压、高发射电流和高稳定性等要求。

杨延宁等研究了温度变化对沉积在钛基上的纳米金刚石场发射电流随温度和电场的升高而增大，场发射特性偏离了传统的 Fowler-Nordheim 理论，场发射的电流的稳定性基本上没有变化。

纳米金刚石是半导体材料，作为场发射材料温度对其场发射的影响还未见报道，研究纳米金刚石变温场发射有可能揭示金刚石场发射机理。同时作为显示器件，它的极限工作温度范围是一个重要的技术指标。研究金刚石的变温场发射是探索纳米金刚石场发射器应用领

域的基础。

近年来碳纳米管和纳米金刚石薄膜材料因突出的物理及化学性能引起了人们的广泛关注,这些性能来源于碳不同的成键结构和微观结构。碳纳米管主要有 sp^2 杂化的碳原子组成,具有优异的电子传输性能,纳米金刚石则主要由 sp^3 杂化的碳原子组成,具有较高硬度、高化学稳定性,且表面氢化的纳米金刚石具有负电子亲和势,碳纳米管、纳米金刚石因独特的力学性能和电学性能而成为具有应用前景的场发射材料。

值得关注的是,纳米金刚石薄膜的场发射机制不同于多晶金刚石,当金刚石的晶粒尺寸减少到 nm 量级时,晶界处的石墨所形成的导电能力比原来增加数倍。因此,鉴于纳米金刚石和碳纳米管在场发射的应用中都存在优缺点,设想制备出二者的复合物扬长避短,发挥它们的协同效应,从而获得更加优异的场发射性能。

徐强等利用 PECVD 技术,选取不同的沉积条件和基片分别合成了纳米金刚石颗粒、碳纳米管/纳米金刚石的复合物,以及碳纳米管,通过对比它们的场发射性能优于纯碳纳米管和纳米金刚石颗粒。

五、在医学/化学方面的引用

1. 提高婴儿试管成功率的纳米金刚石

“精子活力低”是试管授精面临的普遍问题。不过最新的研究结果表明,也许并不完全是这些小家伙的错。湿润的标准聚苯乙烯培养皿,其表面会软化变成一种有毒的黏性物质,可能对细胞造成伤害。覆盖了的纳米金刚石的水晶培养皿,则为细胞提供了安全港;在试管授精的过程中,能够存活 42 h 的精子百分比远高于聚苯乙烯容器。

研究者在美国材料研究学会的(在线程序库)中做了报道。试管授精中的精子需要尽可能的保护,将其转移到金刚石培养皿中可能提高成活率,这也能在一定程度上改善试管授精不尽人意的低成功率。

2. 药物传输工具和成像的新方法—丝纤维涂层纳米金刚石

任何人肯定无法想象丝纤维能和金刚石结合在一起。它们作为研发原料来制作出一种新型微型发光颗粒,能够提供给医生和研究人员一种新的生物成像和药物输送技术。

这种新型颗粒直径只有几十个纳米,由金刚石制成,且外部有丝纤维覆盖。它能够注射入活细胞中,并且因为它们在一定量的灯光照射下能够照亮呈现出来。生物学家可以使用它们观测细胞内部变化以及揭示出控制细胞活动的分子循环,或研究细胞如何与一种新型药物发生反应。该丝纤维涂附金刚石粒有朝一日能够应用在临床中,由医生作为抗感染的抗生素来应用与病人身体的某一病区。

对于病人身体安全有效,纳米纤维材料能够植入活体细胞中两周,不会出现任何炎症。

3. 纳米金刚石作为抗肿瘤药物的运转载体

纳米金刚石早期主要应用于涂料、润滑油、聚合物添加剂、电子器件、传感器和电化学等材料科学领域。近期其在生物学领域的应用引起了人们的极大关注。Schrand 等研究发现,纳米金刚石能够穿透多种细胞而不会引起炎症反应,细胞形态及增殖能力也不会受到影响,进一步研究发现纳米金刚石相比碳纳米管、炭黑等其他碳纳米材料具有更好的生物相容性。

Lin 等研究 6 种不同类型的细胞对纳米金刚石的摄取能力以及纳米金刚石对细胞分裂和分化过程的影响,发现在细胞有丝分裂过程中纳米金刚石不仅不干扰纺锤体的形成和染色体的分离,而且还能分成两半分别进入两个子细胞,表明羟基纳米金刚石在细胞分裂过程中没有毒性,且不影响细胞生长能力也未对内部器官如肝脏、心脏、肾脏、胰腺等造成损伤。

纳米金刚石通过注射的方式给予小鼠,发现小鼠的主要脏器未受到损害,其生理状况也显示正常。综合以上研究,想必其他纳米材料，纳米金刚石作为药物载体，具有独特的优势，它不仅能够以共价键的方式与药物结合并载送药物进入细胞或组织，而且具有较低的毒性和很好的生物相容性。

孙陶利等利用强酸氧化处理 ND，使其表面暴露出大量羟基基团，然后与鬼臼毒素 4 位活性较强的羟基基团通过酯键共价结合，制备得了羟基纳米金刚石（CND）-鬼臼毒素（PPT）复合物。该复合物的形成不仅增加了 PPT 的水溶性而且在低浓度时能够增强其体外抗肿瘤活性，表明 ND 可作为一种抗肿瘤药物载体。

4. 纳米金刚石传感器在细胞领域中的应用

金刚石中杂质不仅有颜色，而且可通过杂质使金刚石成为磁场和温度领域的精确传感器。

如果纳米金刚石内部的电子的连贯性能够保持足够长的时间，我们不仅可实现金刚石成为量子计算机的自旋载体材料之一，而且金刚石也会成为揭示神经细胞秘密信息的完美装置。

由于氮——空位中心会随着温度的变化而发出荧光，使得纳米疗法或极小（大约二千分之一开氏度）温度变化的测量，甚至在极小的空间（200 nm 范围）内测量都成为可能。

我们都知道，整个积极代谢的细胞内的温度环境是不一样的，像线粒体和中心粒这样的细胞活动是和局部细胞的热点区密切相关的，甚至神经元都有明显的热剖面峰值，其峰值热量首先被细胞吸收，然后再被释放出来。而利用纳米金刚石出现的问题是一旦放到细胞内就要保持原样不动。虽然用其他方法已经解决了温度测量的困难，比如基因编码热传感器。但是如果这些新纳米金刚石可以附在蛋白质上，那么金刚石作为观察和了解细胞秘密的完美工具就会实现。

六、纳米金刚石在光致发光领域的应用

美国罗切斯特大学研究人员首次在自由空间内的悬浮纳米金刚

石上测量到光致发光所发出的光束。该实验利用激光将纳米金刚石固置在空中,然后用另一束激光照射金刚石,使之以定频形式发光。

光学教授 Nick Vamivakas 领导这个实验项目,他说,激光势阱技术可以使 100 nm 尺寸大小的金刚石颗粒悬浮在自由空间。测量出来金刚石缺陷的光致发光。他支持的实验中振动系统就是被悬浮的纳米金刚石。

这种纳米结构的光学机械谐振器可用于高敏感力传感器,用来测量微芯片装置中的金属板和镜像的微小位移,并帮助人们从纳米概念上来理解摩擦力。

纳米金刚石悬浮技术要比传统的光学机械振荡器优越许多,因为这种技术不依附任何大的器件结构,从而更容易散热,而且敏感不稳定的量子相干在这种系统中会更持久,相关的试验效果会更好。

纳米金刚石发射出的光来自光致发光效应,金刚石内部缺陷吸收了激光发射的光子,从而激活了整个纳米金刚石悬浮系统并改变了自旋状态;系统变得松散并开始发出光子。

之前的试验已经证明了金刚石氮空位中心是很好的且较稳定的单光子来源,这也是研究者选择纳米金刚石作为悬浮对象的原因。

七、纳米金刚石制作耐磨和减摩材料

1. 纳米金刚石热浸技术对 20Cr2Ni4A 钢耐磨性的影响

渗碳技术是现阶段公认对该材料的硬度和耐磨性最有效的方法之一。但该方法对提高该材料耐磨性很有限。纳米金刚石热浸渗技术作为一门新技术,工艺方便简单,设备要求不高,对环境和操作人员无危害,渗透深度可达 20 mm 以上,淬硬性高,渗透时间短渗透速度超过 20 mm/h,经处理后的表层具有较高的硬度和耐磨性。

李增荣等的研究表明:

20Cr2Ni4 合金钢经纳米金刚石微粉热浸渗技术处理后其表面硬

度有了明显的提高;20Cr2Ni4 合金钢经纳米金刚石微粉热浸渗技术处理后晶粒组织有了明显的变化并出现了现在还不知名的新相和新的铁基合金,对提高硬度和耐磨性有很大的作用;纳米金刚石微粉热浸技术可显著提高 20Cr2Ni4 合金钢的耐磨损性能,起到了减摩延寿的功效。为材料表面改性剂提高易磨损零件的使用寿命提供了一条可靠的途径。

2. 解决易磨损件的耐磨难题

山东黄金集团金凯驰纳米科技有限责任公司与北京理工大学合作开发的纳米金刚石复合镀技术已在易磨损工件上成功应用,使工件寿命达到国际先进水平。

本技术是将纳米金刚石添加在电镀液或化学镀液中,金属或非金属零件经过渡附后,在工件表面上形成一层纳米金刚石弥散分布的金属镀层,可提高镀层的耐磨性和减摩性。

应用范围:可代替电镀硬铬及化学镀镍,在各种易磨损零件上应用;在机械工程钢铁易磨件上的应用;在配合偶件自润滑减摩件上的应用;在工模具上的应用;在提高铝合金耐磨件上的应用;在高分子材料制传动件及摩擦偶件上也可应用。

八、用作隐身材料

当前世界各国为了适应现代化战争的需要,提高在军事对抗中的实力,将隐身技术作为重要的研究课题,隐身材料在隐身技术中占有重要的地位。用少量的纳米金刚石悬浮在涂料中,将其涂在飞机、坦克、导弹、军舰上,可以起隐身防腐作用。

九、用于纳米表面工程

纳米表面工程技术作为在制造工程的关键技术,不但可以恢复零件表面尺寸和形状,而且可以显著提高共表面性能,达到对零件性能升级的目的。纳米表面工程技术在发动机再制造、机床再制造及装备贵重零部件、难修复零部件的应用中,均提升了产品性能,解决了原来无法解决或难以解决的难题,取得了良好的经济效益。采取纳米电刷技术再制造斯太尔发动机连杆、凸轮轴、曲轴、缸套等零件,可以显著提高零件表面性能,延长其使用寿命,并节约维修成本。

十、用于磁性录音系统

纳米金刚石在磁带和磁盘的铁磁镀膜中,可作为减磨的添加剂和物理变性剂。若将其添加到电化学的镀液中,可改善此行录音系统的稳定性。

与电化学或化学镀相比纳米金刚石硬磁多晶体的显微硬度提高20%,腐蚀电流减小37.5%,磁性录音载体使用寿命增大。

添加纳米金刚石时,无论是软磁非晶质还是硬磁镀层,它们的磁性都没有变化。

十一、引入电化学领域

由于纳米金刚石具有较大比表面积,而且表面具有较多的结构缺陷,使得它无需掺杂就已经具有较高的导电性。基于这些特性将纳米金刚石引入电化学领域,成为电极材料,便是一项极有意义的研究课题。相对于传统的玻璃碳、热解石墨和其他形式的电极,金刚石类电极具有三大优势:①在水溶液和非水溶液有很宽的电势窗口和很低的背景电流;②具有无可比拟的物理性能,包括高硬度、高空穴迁移率、高导热和良好的耐辐射性、耐腐蚀性;③很高的化学和电化学稳定性,没有有机物和生物化合物的吸附,其电化学响应在很长时间内保持稳定。这些独到之处使之在电化学领域有着广阔的应用前景,具体包括电解分析、废水处理、能量储存和产生装置(蓄电池和燃料电池),以及电合成过程。

总之，我们对纳米金刚石的分散技术、分级技术、纯净技术与表面修饰技术要引起高度重视，因为这是一项精细的、深层的、完整的系统工程，只有解决好这些技术问题，纳米金刚石才会迎来真正意义上的大发展。

（节选自超硬材料工程2015年第27卷第1期《拓展应用技术领域 促纳米金刚石发展》）

第三章

金刚石制备技术的一枝独秀

早在20世纪50年代和60年代,美国、苏联等国家的科学家已先后,在低压下实现了,金刚石多晶薄膜的气相沉积(CVD),虽然当时的沉积速率非常低,但无疑是奠基性的创举。80年代,成功地发展了多种CVD金刚石多晶薄膜的制备方法,薄膜的生长速率,沉积面积和结构性质已逐渐达到可应用的程度。研究证实,高质量的CVD多晶薄膜的硬度、导热、密度、弹性(以杨氏模量表征)和透光性物理性质已达到或接近天然金刚石,由于是相对低的成本和能够在衬底上生长连续的多晶薄膜,因而具有非常重要和广阔的应用前景。因此,80年代后期,“金刚石薄膜热”在国际上的兴起,绝不是偶然的。

CVD单晶金刚石的研究进展

王光祖/文

在CVD金刚石生长的众多方法中,由于MPCVD优势明显,合成的金刚石尺寸理论上不受限制,生长质量高,因此是合成大尺寸单晶金刚石的最有效方法。本文采用MPCVD法对高速、高质量单晶金刚石的生长工艺进行了探讨。

一、单晶金刚石生长工艺探索

高质量的CVD单晶金刚石的生长条件十分苛刻,在其合成过程中受诸多因素的影响并且生长参数之间也会相互影响,其中微波模式和微波功率密度、衬底基座与种晶温度、甲烷浓度、气压以及微量氮气或氧气添加等工艺参数对单晶金刚石形貌、质量和速率有重要影响。

1. 微波功率密度和微波模式的影响

在MPCVD合成金刚石的研究过程中,要想在较高的速率下获得高纯度的单晶金刚石,提高等离子体功率密度(MWPD)是最有效的，其大小通过微波输入功率和气压进行调节。然而，过高的 MWPD 产生高密度的原子氢会刻蚀石英窗，从而造成金刚石污染，同时在这种情况下腔体内热量的转移也是一个难题，特别是在生长过程中维持衬底温度不变，那么衬底基座结构的设计非常重要。总的来说，使用高的 MWPD，在较高的速率下获得高纯度的单晶金刚石的关键是解决腔体的过热和石英窗刻蚀问题。

微波模式对 CVD 单晶金刚石的生长也有重要影响。在 A. Tallaiare 等的实验描述中，连续微波（CW）和脉冲微波（PW）。在相同 MWPD 下，PW 模式比 CW 模式下的生长速率要高，而金刚石质量却没有变差，这与 PW 模式下衬底表面甲基和氢原子浓度的动态分布有关。PW 模式另一个优点是，在保证单晶金刚石质量和速率的同时，能够很好地限制腔体过热和石英窗的刻蚀问题。

2. 衬底和衬底基座的影响

衬底的表面加工状态对外延金刚石的质量也有重要影响。A. Tallaiare 等使用一种锥形衬底进行生长，锥形的表面能够使得位错弯向晶体的边缘，限制它在顶部表面出现。当生长到一定厚度时，这种锥形形状就会消失。运用这种方法，已将毫米级、低位错密度的单晶金刚石成功研制出来。O. Maida 等使用另一种表面加工技术，即加工成不同取向的衬底面，研究相对于{100}或者是{110}晶面法合成 2o 到 5o 的衬底面对外延单晶金刚石质量的影响，发现具有较大偏转角度的衬底面上能获得高质量的单晶金刚石。

衬底基座的结构对于金刚石的外延生长来说是一个重要因素。设计特别的基座有两个目的，即产生高微波功率密度和均匀的温度场，从众多设计的衬底基座来看，基本上归为“嵌入式”和“开放式”两类。使用“嵌入式”衬底基座能够产生一个均匀的温度场，从而能抑制多晶和孪晶的形成，但是微波功率密度较“开放式”低；“开放式”衬底基座能够产生高的微波功率密度，提高金刚石生长速率，但是其温度梯度相对于“嵌入式”基座来说，是比较大的。总的来说，在其他条件相同的情况下，使用“嵌入式”基座的生长速率比“开放式”基座要低，而且最佳生长温度也不一样，就质量来说，前者比后者要好。

3. 生长参数的影响

实验发现，气压为 32 kPa 时高质量的单晶金刚石生长速率可达 20～75 μm/h，在此压力下，最佳生长温度为 1030～1250 ℃，氮气浓度在 10 mg/L 以下，合成的金刚石比Ⅱa 型金刚石更好。而且在更高的气压下，在不添加氮气的情况下，获得 70～80 μm/h 生长速率是可能的；同时在其他条件相同的情况下，高气压比低气压下的生长速率随着氮浓度的增加而增加得更快。

衬底的温度对金刚石的表面形貌、晶体质量和生长速率来说是个重要参数，其大小通过输入功率气压和冷却系统进行调节。如果生长温度过高，衬底的表面缺陷很可能成为二次形核的中心，从而会发现在金刚石表面有锥形缺陷形成，这对生长毫米级厚度的单晶金刚石不利。

总之，在其他参数固定情况下，金刚石的最佳生长温度区间是非常窄的，一般都选择在 800～1200 ℃。

N_2 和 O_2 是添加在 CH_4/H_2 生长气氛下的气体，微量的 N_2 和 O_2 都能提高外延单晶金刚石的速率和质量，从众多的研究论文来看，生长毫米级单晶金刚石添加 N_2 是必须的，而想要沉积出高质量的单晶金刚石一般情况下都会添加 O_2。

N_2 对生长速率的影响与两个因素有关，N_2 的流量和气相中 N/C 的比率。N_2 对金刚石的影响中，以 CN 基团的作用为主。

低浓度的 O_2 在过量的含氢等离子体中能产生 OH 和 O，而这些基团将会促进 CH_4 分解，产生更多有利于金刚石膜生长的 CH_3 基团。同时，OH 比 H 更容易造成表面氢原子的脱附，所以能产生更多的悬键以促进金刚石膜生长。在金刚石的(111)面进行取向同质外延生长时，生成的金刚石容易开裂，当添加低浓度 O_2 后，这种情况得到明显改善。同时，添加 O_2 可以除去氮、硅和氢相关的杂质，从而提高晶体的质量。

二、生长后处理和扩大单晶金刚石尺寸的方法

1. HTHP 和 HTLP 退火处理

高速生长的单晶金刚石一般显现出棕色，这与在气相中添加氮有关。生长后处理将使得缺陷和杂质重新分布，改善金刚石的光学、机械和电子性能。HTHP(高温高压，温度 1800 ~ 2200 ℃，压力 5 GPa 左右)和 HTLP(高温低压，温度 2200 ℃左右，压力小于 30 kPa)退火处理是常用的两种方法。总的来说，通过 HTHP 处理的单晶金刚石，具有超高的硬度和极好的断裂韧性。HTLP 处理极大改善高速生长单晶金刚石的光学性能，大大减少可见光吸收。

2. 大尺寸晶圆的合成

金刚石在半导体产业的应用，需要较大尺寸的单晶金刚石。所以，自从高质量单晶金刚石成功制备后，人们最关注的问题是如何扩大单晶金刚石的尺寸。解决此问题的方法有两种，一种是马赛克拼接生长，马赛克拼接生长技术在最近几年吸引了很多研究者的注意。这对拼接技术的要求较高，任何相邻的两个单晶衬底有方位差、高度不一样或者形貌不一，都有可能造成应力和孪晶交界面处产生，最终导致晶体开裂。最近，H. Yamada 等发明一种新的马赛克拼接技术，在相同的一个衬底上克隆出多片单晶，将这些 CVD 单晶拼接在一起构成外延衬底进行生长，重复此过程，即可高效率地扩大晶体的尺寸。

另一种是在衬底的顶面和侧面进行重复生长，进行三维扩大，这两种方法都需要结合离子注入的剥离技术。

三、国内外 CVD 单晶金刚石获得的成果

1. 国外获得的成果

2010 年，日本产综署（AIST）使用 MPCVD 能够制备出尺寸达 12 mm 的单晶金刚石和 25 mm 的马赛克晶片。2013 年他们在一份首创声明中称，使用 MPCVD 能够制备出尺寸为 20 mm×40 mm 的自支撑单晶金刚石晶圆。

Apollo 公司 2005 年生长出约 2 ct 的宝石级金刚石。2010 年 Apollo 公司改组为 SCIO 公司能生产出高质量的Ⅱa 金刚石及进行多片单晶同时生长。

卡内基地质物理实验室 2004 年生长出了对角长 10 mm，厚 4.5 mm 的单晶金刚石，平均生长速率为 100 μm/h，这比传统生长速率高出 1 ~ 2 个数量级。2009 年他们已经生长出了厚度 10 mm 以上的克拉级单晶金刚石，生长速率为 50 ~ 100 μm/h。目前，该实验室已经能够让方形金刚石在 6 个面上同时生长，使得大单晶金刚石生长成为可能。2012 年卡内基的研究员称他们在制造克拉级无色的 CVD 金刚石方面取得重要进展，制造出无色单晶金刚石加工后重达 2.3 克拉，生长速率达 50 μm/h。

华盛顿金刚石公司使用卡内基实验室的 MPCVD 技术进行单晶金刚石的生产，2013 年该公司已能批量生产出达 1 克拉高质量无色钻石，在相同的尺寸和质量下，其成本只有天然金刚石的四分之一。最近他们的钻石得到美国宝石协会的认证，重达 1.026 克拉圆形透彻的钻石，现在已经通过他们的经销商进行网上销售。

元素六公司在 2004 年生长出边长 5 mm 的正方形单晶金刚石，其水平达到电子级水准。元素六人造单晶金刚石具有稳定一致且可预测材料特性，特别适合用于切割、光谱棱镜、电子器件和粒子探测器等多个高技术领域。

2. 国内的研究成果

我国的 CVD 金刚石大单晶外延长研究始于 2006 年前后，北京科大和北京普莱斯曼金刚石技术开发有限公司，采用旋转电弧等离子体炬和直流电弧等离子体喷射进行大尺寸 CVD 金刚石外延生长的工艺性验证研究，并获得 7.5 mm×7.5 mm×1.03 mm，重 1.014 ct 的金刚石大单晶，环绕四周的是一层厚度为 0.6～0.7 mm 的多晶金刚石。

金刚石薄膜制备技术的多样性

王光祖/文

国内在自主发展 CVD 金刚石膜的研究上与国外还存在差距。但是自 1987 年以来国家就对其给予了足够的重视。1987 年起，我国就将其列入国家高新技术研究与发展计划(863 计划)项目，“七五”“八五”“九五”计划均将其列入专项支持。在国家的大力支持和研究者的共同努力下，我国近年来在 CVD 法合成金刚石方面所取得的成就是有目共睹的。

早期的 DC-Arc Plasma jet 大都沿用高功率工业等离子体炬设计，采用了超声速等离子体炬，尽管金刚石膜生长速率早在 1990 年就曾达到创纪录的 930 mm/h(这个纪录至今仍然没有人打破)，但沉积面积很小(约 1～2 cm)，均匀性很差，没有任何实用意义。

为了尽可能扩大 DC-Arc Plasma jet 的金刚石沉积面积和沉积均匀性，曾经尝试过的技术方案包括：在低压下扩展超声速射流，设计多等离子体炬系统或多阴极系统；旋转衬底；等离子体炬相对于衬底做扫描运动；衬底相对于等离子体炬扫描运动(设计 X-Y 样品台)等方法，但取得的效果非常有限。直到 21 世纪初，这一技术还未在工业领域得到广泛应用。唯一值得一提的是 Norton 公司曾利用高功率 DC-

Arc Plasma jet 技术上制备大面积高质量的金刚石支撑膜。

北京科技大学和河北省科学院从 1992 年起就合作进行 DC-Arc Plasma jet 金刚石膜沉积技术研发,成功地研发了一种基于长通道直流旋转电弧等离子体炬和半封闭式气体循环技术的高功率 DC-Arc Plasma jetCVD 金刚石膜沉积系统。经过 20 多年的努力,已形成 100 千瓦级研究型,30 千瓦级研究、生产两用型,30 千瓦级生产型和 20 千瓦级研究型(直喷式,气体不循环)的 DC-Arc Plasma jet 设备系列。已能制备包括工具级、热沉级和光学级金刚石支撑膜,最大均匀沉积面积达 Φ120 mm,最大厚度超过 2 mm,最高热导率 20 W/(cm·K)。形成年产 1200 万 mm^3 以上金刚石自支撑膜产品的生产能力,成为我国目前 CVD 金刚石自支撑膜生产的两大主力之一(另一主力为热丝 CVD 技术),产品大部分销往国外。

目前,国内采用 DC-Arc Plasma jetCVD 金刚石膜生产技术的企业有 5 家。其中,规模最大的是河北普莱斯曼金刚石科技有限公司。该公司 2009 年由河北省科学院与北京科技大学合作建立。从 2009—2013 年的时间内产值从不到 1000 万上升到 3000 万,年增长率超过 40% 左右。最初的产品几乎全部出口欧美,近年来国内市场稳步上升,2013 年国内市场已占总销售量的 40% 左右。另一个趋势是从几乎单一的工具级金刚石自支撑膜产品,逐渐转变为工具级、热沉级和光学级产品。在 2013 年,高热导率的热沉级金刚石膜产品销售占总销售的 14% 左右,预示着金刚石膜高端市场一个好苗头。但光学级金刚石膜的销售量但仍然很小,仅限于国内外用户需求的试验样品。

DC-Acr Pasma Jet 技术生产的金刚石自支撑膜产品,目前已占国内金刚石自支撑膜产品的主流。据知,我国采用 DC-Acr Pasma Jet 技术生产的高质量金刚石自支撑膜已给国外知名厂商,细如 E6 和 SP^3 的具级金刚石自支撑膜市场造成了不小冲击。如果能够顺利实现采用 DC-Acr Pasma Jet 进行大尺寸金刚石单晶的工业化规模生产,可能对国外市场的冲击将会更大。

近年来我国在微波等离子体 CVD 设备研制方面终于开始取得进展,相继研制成功了椭球腔和下进气锅盖式 2.45 GHz 金刚石膜沉积设备,缩小了与国外先进水平的差距。此外,国内一些高校和研究单位纷纷引进了国外高功率高压力微波等离子体 CVD 金刚石膜沉积设备,因此在高质量金刚石膜制备方面已不再是 DC-Arc Plasma Jet 一枝独秀的局面,可以预见,电子级(探测器级)金刚石膜也会很快在国内出现。而采用 DC-Arc Plasma Jet 在气体循环条件下基本上不可能制备电子级金刚石膜。采用直喷式(气体不循环)DC-Arc Plasma Jet 虽已逼近杂质水平 1×10^{-6} 的界线,但要达到 1×10^{-9} 量级恐怕也不会那么容易。难以和高功率、高压力微波等离子体 CVD 竞争。但由于红外光学窗口要求的尺寸一般都很大,形状往往很复杂(球罩),而且对杂质水平的要求没有电子级(探测器级)那样高,因此 DC-Arc Plasma Jet 还会在光学窗口应用领域继续占有优势。

武汉工程大学朱金风等于 2008 年对同质外延金刚石沉积温度进行了探索、研究沉积温度对金刚石表面形貌的影响,随后在合适的温度和其他外延条件下以大约 10.3 μm/h 的生长速率成功地修复了一颗表面有裂纹的天然金刚石。

2009 年,他们利用两步生长法,即首先在异质基底表面进行金刚石自发形核,然后再在其上进行单晶金刚石的同质外延生长,研究了 O_2 流量对金刚石形核的影响和基片温度对金刚石生长的影响,在以上研究的基础上,在合适的外延条件下合成出了尺寸达 1000 μm 左右、生长速率约为 10 μm/h 的大颗粒单晶金刚石。

2011 年,他们利用基片的“边缘效应”,以大约 50 μm/h 的高生长速率合成出了尺寸约为 500 μm 左右的高质量单晶金刚石。

CVD 膜(或涂层)工业化应用是个内涵非常厚深的大话题,对于准备涉足或已经介入这个技术领域的人们又是个不可回避的话题,既然我们已经介入,那么就不得不对 CVD 膜工业化应用问题进行思考。因此,我们将就 CVD 金刚石膜的工业化应用现状与制约其发展的主要技术问题,以及我们对 CVD 金刚石膜工业化应用谈点看法。

尽管 CVD 金刚石膜仍有不尽人意之处,但为何还被人们所关注?因为金刚石是所知自然界中最硬的物质,其作为工程材料应用的成效是毋庸置疑的,而且,它在热、电、声和光等领域的应用开发同样是大有文章可作的。但我们深知,把这篇内涵丰富、涉及多学科、技术含量高的文章写好,并非易事。可是,我们也充分认识到,征途是坎坷的,但并非高不可攀。相信,经过工程技术专家们的辛勤耕耘,它将成为金刚石材料未来发展的主流。

金刚石因其在力学、电学、光学、化学、热学、生物学等方面表现出的优良特性,而受到广泛的关注。随着化学气相沉积技术的迅速发展,CVD 金刚石在各方面的性能已与天然金刚石相差无几。其中不同晶粒尺寸和结构特征的 CVD 金刚石薄膜,也因其不同的物理特性,在不同的领域获得了良好的应用。

对金刚石薄膜的可控性生长还着眼于高质量金刚石薄膜的大面积化和高速生长方面,以希望能提高高质量金刚石膜的沉积效率,满足各领域的需求。其中,对于沉积高质量金刚石薄膜的首选方法——微波等离子体化学气相沉积(microwave plasma CVD,MPCVD)法,高功率微波环境下的金刚石沉积,也是进行金刚石薄膜沉积研究的重点方向。

不同的理论目标和应用条件会对金刚石薄膜的附着性能、表面光洁度、表面硬度或表面可抛光性等特性及其摩擦性能提出不同要求。因此,如何结合已有的金刚石薄膜掺杂方法及沉积工艺,开发出具有不同特性的高质量金刚石薄膜,以满足不同耐磨减摩器件的工作需要,是促进金刚石薄膜推广应用需要重点解决的课题之一。其中,非常关键的一点是,金刚石薄膜表面可抛光性的提高往往意味着其表面耐磨性能的降低，综合性能的提升也常常意味着沉积成本的大幅增加，如何正确处理这一矛盾综合体，也成为产业化应用中亟待解决的一大难题。采用分步沉积的方法获得的复合金刚石薄膜可以综合不同金刚石薄膜各自的性能特点，成为解决该问题的有效方法之一。

在部分应用中，要求内孔金刚石薄膜具有较高的表面光洁度，这一点可以通过后续抛光加工以及制备具有纳米晶粒的细晶粒金刚石(fine grained diamond，FGD)薄膜的方法得以实现。但是对于微米金刚石(micro crystalline diamond，MCD)薄膜而言，由于其近似于天然金刚石的优异的硬度特性以及表面、化学稳定性好等优异性能，使得后续抛光工序所耗费的时间和精力远远超过了预期，这成为制约金刚石薄膜制品效率化、批量化生产的一大瓶颈；而纯 NCD 或 FGD 薄膜中金刚石纯度较低，石墨以及非晶碳成分较多，残余应力较大，薄膜和基体之间附着强度无法达到各类内孔极端工况下的应用需求，并且可沉积薄膜厚度也受到极大限制。

金刚石厚膜具有高硬度、高导热、低摩擦系数、极佳的化学惰性和从远红外区到深紫外区完全通透的优点，使得其在焊接刀具、大功率激光器、半导体热沉及 X 射线领域有着广泛的应用前景。

自 20 世纪 80 年代初日本 N Setaka 等用热丝化学气相沉积(CVD)法沉积出了高质量多晶金刚石薄膜以来，出现了许多不同化学气相沉积金刚石薄膜系统，其中以热丝 CVD 法、微波等离子体 CVD 和直流电弧等离子喷射 CVD 法最为常用。热丝 CVD 法制备金刚石厚膜技术成本较低，设备简单，而且易于大面积生长，因而被广泛使用。经过三十多年的开发，我国热丝 CVD 法制备金刚石厚膜技术基本成熟，已经开始小规模产业化生产，有批量产品进入国内外市场。但热丝 CVD 法制备金刚石厚膜仍存在许多问题，如生长速度低、热导率与理想值差距大等。

一直以来，金刚石涂层膜基界面结合强度不足，严重影响金刚石涂层工具的规模化生产及应用。传统实验研究发现,沉积工艺参数、预处理方法等因素都会对金刚石涂层膜基界面结合强度产生重要影响,但对于金刚石涂层界面结合强度影响的作用机制尚不清楚。

传统实验研究方法都是从宏观角度出发,采用实验方法来尝试提高金刚石涂层膜基界面的结合强度,存在实验周期长、条件难精确控制等限制。近年来,研究者开始尝试采用分子动力学的方法来研究众多影响因素的作用机制,试图在宏观和微观之间架起一座桥梁,为研究金刚石涂层膜基界面结合强度影响因素及其作用机制提供了新的思路。

CVD 金刚石涂层硬质合金工具在国外已实现了一定规模的产业化,国内也开展了一系列的产业化应用研究,但要真正实现金刚石涂层硬质合金工具的广泛应用,还需要跨越金刚石涂层膜基界面结合强度较弱及不稳定的障碍。

大量实验研究表明,选择合适的基体材料、优化沉积工艺参数、采用预处理技术以及添加合理的中间过渡层,是提高金刚石涂层与硬质合金基体结合强度的有效手段。在结合传统研究的基础上,可以采用分子动力学模拟仿真方法来研究金刚石涂层膜基界面结合强度影响因素及作用机制,以优化沉积工艺参数,获得更好的力学性能,促进金刚石涂层工具的产业化应用。

金刚石膜显露的晶面与各晶面的生长速度有关。因此,通常制备的化学气相沉积(CVD)取向比较杂乱,含有较高缺陷浓度的多晶膜,严重制约了金刚石膜的应用。

高取向金刚石膜与杂乱无织构的金刚石膜相比,具有更加优异的性能,从硬度上来讲,(111)取向的金刚石膜优于(100)取向的,适用于机械领域,(100)取向的金刚石膜表面光滑,缺陷较少、内应力较低、热导率较高、载腔流子收集距离较大,更适合于热学、光学、电子学等领域。

但是,高取向金刚石膜的制备还存在一定的难度。现如今制备的高取向金刚石膜,尽管薄膜表面由同一取向的晶面组成,但是晶面排列比较杂乱,无法得到广泛应用。国内外研究者通过向常规气源中加入含氧气体(如 CO_2,O_2)来提高金刚石膜的质量,含氧气体在等离子体作用下产生对非金刚石相有强烈的刻蚀作用的可原子氧和羟基自由基,达到提高金刚石薄膜质量的效果。

许多研究者仍在为高速沉积高质量 CVD 金刚石膜不断努力。如今制备 CVD 金刚石膜的方法主要有:热丝化学气相沉积(Hot FilamentCVD,HFCVD)、直流热阴极等离子体化学气相沉积(DC Hot Cathode CVD, DC - HCPCVD)、燃烧火焰法(Combustion - Flame Method)、直流电弧等离子体炬法(DC-Arc Plasma Jet)、微波等离子体化学气相沉积(Microwave PlasmaCVD,MPCVD)等,其中对于燃烧火焰法,其燃烧火焰中的电子密度一般在 10^6 ~ 10^8 cm^{-3} 量级,电子能量范围为 0.05 ~ 1 eV,这些高能电子高度离化工作气体以提高金刚石膜的沉积速率(50 μm/h)。直流电弧等离子体炬法为了高度离化工作气体,采用较高的直流源和较大的喷口以达到高速沉积(40 ~ 50 μm/h)高质量金刚石膜的目的。相对于其他 CVD 法,燃烧火焰法与直流电弧等离子体炬法可提高金刚石膜沉积速率的原因在于,它可使尽可能多的工作气体流经高能区域,使工作气体充分高效地离化成含碳活性基团,以提高金刚石膜的生长速率。但上述两种可高速沉积金刚石膜的方法都无法避免由于较高的火焰温度或弧丝温度而向金刚石膜中引入金属杂质的缺点。

MPCVD 法由于具有无极放电、功率大、沉积气压高等优点,而被广泛认为是制备高质量金刚石膜的首选方法。为了提高 MPCVD 法沉积 CVD 金刚石膜速率,同样需要充分、高效离化工作气体。这一方面需要提高微波的馈入功率以产生较高的等离子体密度,高度离化工作气体;另一方面需要改变工作气体的流动状态,使工作气体能在一定的微波产生的等离子体下充分离化。吴宇琼等通过在腔体内腔添加一个气体“限流环”。有效地改变了工作气体在沉积腔体中的流动状况,使工作气体强制通过等离子体活化区,从而使其被高密度等离子体充分离化成含碳活化基团,达到高速沉积高质量金刚石膜的目的。

影响 CVD 膜沉积和性能的若干因素

王光祖/文

不同的理论目标和应用条件会对金刚石膜的附着性能、表面光滑度、表面硬度和表面抛光性等特性及其摩擦性能提出不同要求。因此,如何结合已有的金刚石膜掺杂方法的沉积工艺,开发出具有不同特性的高质量金刚石膜,以满足不同耐磨减磨器件的工作需求,是促进金刚石膜推广应用需要重点解决的课题之一。其中关键的一点是,金刚石膜表面可抛光性的提高往往意味着其表面耐磨性能的降低,综合性能的提高也常常意味着沉积成本的大幅增加,如何处理这一矛盾综合体,也成为产业化应用中亟须解决的一大难题。

一、氮气体积浓度对高微波功率沉积金刚石膜的影响

在对金刚石膜的结构与晶粒尺寸的控制研究方面,研究者们发现,通入少量氮气能有效地影响金刚石膜的形貌、结构和尺寸。Locher等发现,少量的氮气能稳定金刚石(100)晶面的生长。Achard 等指出,在同质外延金刚石的过程中,氮气体积浓度与基片温度具有一定的耦合效应。Tang 等通过在工作气体中通入不同浓度的氮气,研究了微米级金刚石膜向纳米级金刚石膜转变的过程。同时相应的理论研究也指出,等离子体中引入少量氮元素对金刚石膜的主要生长基团没有重大影响,只是生长环境中 CN 基团会明显的影响金刚石膜的生长

状态。另外,对金刚石膜的可控制性生长还着眼于高质量金刚石膜的沉积效率,满足各领域的需求。其中,对于沉积高质量金刚石膜的首选方法——微波等离子体化学气相沉积(microwave Plasma CVD, MPCVD)法,高功率微波环境下的金刚石沉积,也是进行金刚石膜沉积的重要方向。

翁俊、刘繁等采用自制的多模圆柱形谐振腔式 MPCVD 设备,利用较高的微波功率,在 $CH_4/H_2/N_2$ 气氛下,分别进行了大面积微米级金刚石膜与纳米级金刚石膜的制备研究,以期系列探究在等离子体球具有较高等离子体密度时,氮气对金刚石膜生长的影响。通过实验研究,他们得出如下结论:

(1)利用较高的微波功率,在基片温度为 8700 ℃时,考察氮气体积浓度对金刚石膜沉积的影响。结果显示,随着氮气体积浓度的增加,金刚石膜沉积速率会出现极大值,但质量却一直呈下降趋势。

(2)氮气的引入会对金刚石膜的沉积同时起到提高沉积速率和增加二次形核的作用。在较高的沉积温度下,氮气的作用将主要表现在提高沉积速率方面。随着基片温度的降低,引入氮气的作用将明显的表现为增加金刚石膜的二次形核率,从而降低金刚石膜晶粒尺寸。

(3)在较低的基片温度下引入氮气沉积金刚石膜时,利用氮气体积浓度的控制能获得结晶度较高的纳米金刚石膜。在基片温度为 7500 ℃时,保持氮气体积浓度在 0.03% ~0.07% ,能获得晶粒尺寸为 50 nm 左右,结晶度较高的纳米金刚石膜。

二、二氧化碳对金刚石膜生长的影响

高取向金刚石膜与杂乱无结构的金刚石膜相比,具有更加优良的性能,从硬度上来讲,(111)取向的金刚石膜优于(100)取向的,适合用于机械领域;(100)取向的金刚石膜表面光滑、缺陷较少、内应力较低、热导率较高、载流子收集距离较大,更适合应用于光学、电子学等领域。

但是,高取向的金刚石膜的制备还存在一定的难度。现如今制备的高取向金刚石膜,尽管薄膜表面由许多同一取向的晶面组成,但是晶面排列比较杂乱,无法得到广泛应用。国内外研究者通过往常规气源中加入含氧气体(如 CO_2,O_2)来提高金刚石膜质量,含氧气体在等离子体作用下产生对非金刚石相有强烈刻蚀作用的原子氧和羟基自由基,达到提高金刚石膜质量的效果。Feng J 等用 MPCVD 系统研究了 $Ar-CO_2-CH_4$ 气源下不同工艺参数对超纳米金刚石膜形貌的影响,发现加入适量 CO_2 能明显提高金刚石膜沉积速率,但生长超纳米金刚的气源比较窄。

陈义、汪建华等采用 MPCVD 法,以 $H_2/CH_4/CO_2$ 为混合气源,研究了微波功率和 CO_2 含量对金刚石膜生长的影响,指出:

(1)微波功率的适当提高,可以减少金刚石膜生长过程中的二次形核,提高金刚石膜质量,并有利提高金刚石膜(100)取向生长。

(2)引入适量的 CO_2,能够提高金刚石膜质量,并保持金刚石(100)取向生长,随着引入 CO_2 浓度的提高,金刚石膜(100)取向变差,且刻蚀较严重。

(3)为了得到高质量、高取向,晶型较好的金刚石膜,适当提高微波功率和加入适量的 CO_2 是较为理想的方法。

三、不同沉积功率对 CVD 金刚石涂层性能的影响

金刚石膜具有表面硬度高、耐磨性好、化学性能稳定、耐热耐氧化、摩擦系数小和高热导率等特性。结合硬质合金硬度高、韧性好的特点,使得硬质合金金刚石涂层刀具具有优异的切削性能,切削时可比未涂层刀具提高刀具寿命 10 倍以上,提高切削速度 20% ~70%,提高加工精度 0.5 ~1 级,降低刀具消耗费用 20% ~50%。然而金刚石涂层刀具目前存在的主要问题就是膜基结合差、化学纯度低、表面粗糙难加工等,严重制约了其工业化应用。

邓福铭、陈立等通过扫描电镜对金刚石膜的表面形貌观察、附着力的测试以及 Raman 光谱分析,探讨沉积功率对涂层性能的影响。

1. 不同沉积功率金刚石涂层形貌 SEM 观察分析

从 SEM 观察可知,沉积功率较低(3.5 kW)时,金刚石的形貌不完整,并具有更多的非金刚石碳夹杂于金刚石晶体之中,晶形变差,晶粒大小不均,小晶粒在大晶粒之间相互聚集,晶粒取向主要沿着(111)、(100)面生长;当沉积功率为 4 kW 时,已经能够清楚地观察到金刚石的形貌,晶形完整,晶粒大小非常均匀致密,晶面主要呈金刚石典型的(111)面生长,少量晶粒呈现(100)面生长;随着沉积功率增加,到 4.5 kW 时,金刚石的晶粒变小,晶体的形状较好,晶面取向变差,呈现(100)、(123)面生长,在金刚石涂层晶粒之间存在少量的孔隙,金刚石结晶性稍差,说明此时沉积功率稍高。

2. 不同沉积功率金刚石涂层附着力测试

通过对金刚石涂层压痕形貌分析得知,沉积功率 3.5 kW 时的样品压痕呈规则的圆形,几乎没有裂纹,压痕直径最小,涂层表现出很好的附着性能,结合涂层表面 SEM 形貌观察,涂层表面颜色不均匀,而且粗糙度大,说明此功率下的涂层沉积不均匀,质量较差。当沉积功率为 4.5 kW 时,可以看到,压痕塌陷较深,且压痕部分涂层剥离,压痕直径较大,其基体附着力较差,同时表面有较大颗粒的突起。产生这种现象的原因是,较低的沉积功率,灯丝温度低,碳氢气体离解作用减弱,活性碳氢基团和原子氢含量低,造成较多非金刚石碳相夹杂于金刚石晶体之中,晶粒大小不均匀,同时由于温度较低,基体的热膨胀减弱,使得涂层的热应力减弱,两者的综合作用使得涂层具有较高的附着力。当功率过高时,原子氢大量产生,使已生成的金刚石膜刻蚀掉,产生较多的孔洞,同时高的温度使得基体膨胀率增大,在降温过程中产生较大的内应力,使得涂层承受一定的压力而产生裂纹,结合力变差。所以,在沉积金刚石涂层时,功率大小不能超过 4 kW,否则将导致涂层内应力增加，结合力变差。

四、高浓度氩气对金刚石膜质量、晶粒尺寸和硬度的影响

近年来超纳米金刚石的制备与应用得到了国内外学者广泛研究，其具有几乎完美的性能，主要包括：良好的化学惰性、高硬度、高导热率、超光滑的表面、高杨氏模量、较好的断裂韧性以及较低的摩擦系数，可在摩擦学、机械学、电学和生物学等方面得到广泛应用。

在制备不同晶粒尺寸金刚石膜方面，研究学者进行了很多探索。Liu Y K 等通过在 CH_4/H_2 中添加氩制备出微米级金刚石；Hu Q 等利用 N_2 和 Ar 制备出了纳米金刚石膜，并研究了膜中电子扩散规律；Lin C R 等将 N_2 和 Ar 添加到传统气源中制备出了超纳米金刚石膜。高浓度氩气对于微米、纳米以及超纳米金刚石生长的影响及晶粒尺寸变化背后的生长机制尚未有详细论述。

王小安、汪建华等采用微波等离子体化学气相沉积法，以 $Ar/H_2/CH_4$ 为气源，在高浓度 Ar 气条件下，探究 Ar 流量对生长不同晶粒尺寸金刚石膜（MCD、NCD、UNCD）的影响。通过对不同 Ar 流量下沉积金刚石膜的 SEM 分析得知，沉积金刚石膜表面呈现出“金字塔”形状，显露的晶面以（111）面为主，晶形完整，结晶质量好，样品中晶粒尺寸在 0.5 ~ 1.4 μm，与高功率下沉积的微米级金刚石晶粒尺寸（>2 μm）相比，样品的晶粒尺寸偏小。这是由于在较低功率条件下，等离子体能量不足以促使晶粒进一步长大。随着 Ar 流量增加，二次形核率上升，晶粒逐渐变小，晶形质量逐渐变差。从分析还可得知，当 Ar 流量为 95.0 cm^3/min 时，微米级尺度的晶粒消失，取而代之的是许多细小晶粒，各晶粒之间结合紧密，薄膜表面平整度很差，表现为典型的纳米金刚石形貌。当 Ar 标况流量增至 97.5 cm^3/min 时，沉积金刚石表面呈排列有序的“针状”结构，晶粒尺寸进一步降低，表面更加平滑，表现为超纳米金刚石结构。其原因在于，当 Ar 流水量较低

时，等离子体中 CH_x 基团占主导地位，有利金刚石晶粒长大，同时 H_2 含量较多，对表面非晶碳和石墨相刻蚀作用明显，平整度较差；随着 Ar 流量的提升，由 Ar 电离产生的大量 Ar^+ 与 CH_4 电离产生的 C_2H_2 发生反应生成 C_2 基团，取代 CH_x 基团，成为生长金刚石的主要基团，二次形核急剧上升，晶粒尺寸大幅减小，并且 H_2 的含量减少，对表面形貌刻蚀较差，平整度较好。

从不同 Ar 流量下沉积金刚石膜的拉曼光谱图可知，制备的 5 个样品均存在 1332 cm^{-1} 处金刚石特征峰及 1550 cm^{-1} 处单晶石墨峰，当 Ar 的标况流量由 80.0 cm^3/min 向 95.0 cm^3/min 变化时，金刚石特征峰强度逐渐减弱至不明显，单晶石墨峰相对强度逐渐增大。观察还发现，金刚石特征峰被 1350 cm^{-1} 处非晶碳峰所覆盖形成宽化峰且 1550 cm^{-1} 单晶石墨峰消失。由此可以判断，随着 Ar 流量的增加，薄膜中金刚石含量降低，金刚石膜质量下降。其原因是 Ar 标况流量增加使反应室中氢气浓度过低，等离子体中原子氢数目大大减少；同时低功率下原子氢活性降低，对晶界处非晶碳相和石墨相刻蚀不足，从而导致膜中非晶碳相含量增加，引起金刚石峰宽化，薄膜质量变差。

根据 Raman 光谱图中 1550 cm^{-1} 处 G 峰的漂移量 ΔG 与残余应力 σ 之间的关系：$\Delta G=5\sigma$，计算选取的 5 个样品中薄膜的残余应力，如表 1 所示。

表 1　不同 Ar 气流量下沉积金刚石膜的 G 峰位移与应力

试验编号	G 峰平均位置/cm^{-1}	G 峰偏移量/cm^{-1}	残余应力/GPa
A	1534.587	15.413	3.028
B	1535.551	14.449	2.889
C	1534.370	15.621	3.124
D	1533.623	16.377	3.275
E	1532.659	17.341	3.468

从表1中可看出，膜层内残余应力始终表现为拉应力，且随着 Ar 流量的增加，应力先减小后增大，总体呈上升趋势。分析拉应力的不断增大很可能与薄膜生长速率有关。

五、灯丝间距对 CVD 金刚石厚膜生长的影响

热丝 CVD 法制备金刚石厚膜技术成本低，设备简单，而且易于大面积生长，因而被广泛使用。经过三十余年的发展，我国热丝 CVD 法制备金刚石厚膜技术基本成熟，已经开始小规模产业化生产、有批量产品进入国内外市场。但是热丝 CVD 法制备金刚石厚膜仍然存在许多问题，如生长速度低、热导率与理想差距大。赵志岩、周明于等研究了灯丝间距及围挡对 CVD 金刚石厚膜生长的影响，其分结论是：

灯丝间距由6 mm 缩短为4 mm，同时增加围挡，使 CVD 金刚石厚膜的生长速度由4.1 μm/h 提高到7.5 μm/h；热导率由818 W/(m·K)提高到1028 W/(m·K)；CVD 金刚石膜形核面结构致密，孔洞较普通工艺明显较少，甚至无孔洞和透红光。

产生以上效果的主要原因是：缩短灯丝间距和增加围挡，提高了灯丝阵列的活化能力，产生更多的含碳基团和原子氢，促进了金刚石生长，加速了 sp^2 结构碳的刻蚀。

六、HFCVD 硼掺杂复合金刚石薄膜的机械性能研究

近年来，在金刚石薄膜的机械应用性中，得到一定程度关注与研究的硼掺杂技术可有效改善薄膜内的残余应力状态，膜基结合力及其相关机械特性。并且同步于沉积过程的动态硼掺杂技术工艺简单，不会导致金刚石薄膜沉积工艺的复杂化，成为解决金刚石薄膜基结合力不足的优选方案之一。

部分应用中，要求内孔金刚石薄膜具有较高的表面光洁度，这一点可通过后续抛光加工以及制备具有纳米晶粒的纳米金刚石(nano

crystalline diamond，NCD）薄膜，或具有近似纳米晶粒的细晶粒金刚石（fine grained diamond，FGD）薄膜的方法得以实现。但是，对于微米金刚石（micro crystalline diamond，MCD）薄膜而言，由于其近似天然金刚石的优异硬度特性，以及表面能大、化学稳定性好等优异性能，使得后续抛光工序所耗费的时间和精力远远超过了预期，这成为制约金刚石膜制品效率化、批量化生产的一大瓶颈；而纯 NCD 或 FGD 薄膜中金刚石纯度较低，石墨及非晶碳成分较多，残余应力较大，薄膜和基体之间附着强度无法达到各类内孔极端工况下的应用需求，并且可沉积的薄膜厚度也受到极大的限制。

王新昶、申笑天等采用分步沉积的方法获得的复合金刚石薄膜可以综合不同金刚石薄膜各自性能的特点，成为解决沉积成本大幅增加问题的有效方法之一。硼掺杂金刚石（boron-doped diamond，BDD）和薄膜具有较好的膜基结合力和较低的残余应力。将 CVD 金刚石薄膜沉积过程中的硼掺杂技术与传统的 MCD 和 NCD 薄膜沉积技术相结合，根据不同应用工况的使用需求，充分发挥传统 MCD 薄膜、BDD 薄膜和 NCD/FGD 薄膜各自的优良特性，开发具有不同特质和综合性能的复合金刚石薄膜，对于推动 CVD 金刚石薄膜在耐磨减摩工具器件领域的产业化应用，具有重要的理论意义和现实意义。

通过研究开发了两类基于硼掺杂的新型复合金刚石薄膜，主要得到如下结论：

（1）BDM-UMCD 薄膜中底层的 BDMCD 薄膜可有效提高其附着性能，降低薄膜的残余应力，而且复合工艺对表层 UMCD 薄膜其他特性的影响很小，该薄膜具有与单层 UMCD 薄膜类似的表面形貌、表面粗糙度和表面可抛光性，具有类似 UMCD 的表层高硬度，因此，BDM-UMCD 薄膜适用于对薄膜附着性能和硬度有较高要求但是对其表面光洁度要求不高的应用场合。

（2）BDM-UM-UFGCD 薄膜具有较好的附着性能、良好的表面光洁度和表面可抛光性,因此,该复合金刚石薄膜适用于对薄膜的附着性能和表面光洁度有较高的综合要求的应用场合。此外,由于表层UFGD薄膜较薄及中间UMCD薄膜层的作用,该复合薄膜还具有较高的表面硬度,尤其在持续应用过程中,表层UFGD薄膜层的逐渐磨损也会使该复合薄膜逐渐表现出接近UMCD薄膜的表层高硬度。

影响CVD金刚石涂层附着力的因素

王光祖/文

化学气相沉积金刚石薄膜涂层刀具是通过化学气相沉积法在硬质合金刀具材料(主要是基体材料)基体上沉积一层极薄(一般厚度为20 μm以下)的金刚石膜制成的刀具。由于CVD金刚石膜材料是一种超硬多功能材料,具有极高的硬度、耐磨性、导热率、弹性模量、杨氏模量、化学稳定性、低摩擦系数、低膨胀系数等优点,因而成为高速切削加工有色金属及其合金、复合材料和硬脆非金属材料的最佳候选刀具材料之一。

然而金刚石涂层刀具目前存在的主要问题就是膜/基结合力差、化学纯度低、表面粗糙难加工等,严重制约了其工业化应用,因此,展开影响金刚石涂层附着力因素的探讨就有必要。

一、影响CVD金刚石涂层附着力的共识

如何提高CVD金刚石在刀具基体上的形核密度、形核及生长速度,改善金刚石膜与基体的结合性能是必须需要解决的问题。

纵观众多共识,影响CVD金刚石涂层附着力的因素有:

(1)不同的预处理方法(研磨、去钴、加稀土等)对刀具基体所致的表面粗糙度、物理、化学性质的差异。

(2)金刚石与刀具表基体的热膨胀系数不协调,这种不协调通常导致膜基体之间弱的结合力和高的残余应力(热应力)。

(3)在金刚石沉积过程中,竞争生长的金刚石、非金刚石碳共同沉积、生长,从而导致金刚石与刀具基体的交界处,晶界处石墨、非晶质碳的形成。

(4)金刚石形核密度的高低将导致表面粗糙度的高低甚至岛状结构薄膜(金刚石内膜颗粒大小不均匀)的生成。

对基体材料为硬质合金 YG5(WC-Co)的金刚石涂层刀具,在基体沉积涂层之前的表面几何形状及性质,特别是基体的含 Co 含量、表面粗糙度、碳化物的含量等,都直接影响金刚石在基体上沉积质量及金刚石膜与基体的黏附性能。

二、提高膜基附着力的典型工艺

通过大量研究,总结出一系列的硬质合金刀具基体处理方法,其见成效的方法有:①表面的净化与粗化;②表面植晶处理;③在刀具基体与金刚石薄膜间施加过渡层;④去除或稳定刀片表面层中作为黏结相的 Co。

1. 表面预处理

(1)表面的净化与粗化　基体表面净化、粗化处理的主要目的是清除硬质合金刀具在制造过程中不可避免地残留在基体表面的污染物、吸附物、氧化物,以及改变基底的表面微观结构;去除表面附着强度较低 WC 颗粒,以增加反应气源与基体的接触面积增加基底表面的表面能,提高金刚石在异质基体上的成核密度,从而增强膜/基的附着力。

(2)表面植晶处理　由于金刚石的表面能较高,故一般很难在非金刚石基体上形核。但在基体表面上,采用金刚石粉研磨(金刚石膏),去除强度不高的 WC 颗粒,同时利用金刚石粉末研磨基体所产生的“种子”效应等,都可大大地提高金刚石的形核密度。采用纳米级的金刚石粉对硬质合金基体进行超声研磨,可获得较高的形核密度($2\times10^{11}/cm^2$),继而从很大程度上提高了薄膜与基体的附着力。

2. 去除或稳定刀具基体表面层中的 Co

大量实验结果表明,硬质合金基体中作为黏结相的 Co 不仅抑制金刚石的形核和生长,而且还会降低金刚石涂层的质量与基体的附着力。为了抑制黏结相金属 Co 的不利影响,国内外大量的实验表明,采酸刻蚀、等离子体刻蚀、化学试剂纯化、等离子体钝化。化学反应置换 Co、激光辐照等方法,基本上消除了黏结相不利影响。从而提高了金刚石膜与硬质合金刀具基体的黏结性能。

3. 施加中间过渡层

由于金刚石与大部分基体材料的物理性质差别较大,为了消除薄膜与基体因晶格失配,热膨胀系数差异而造成的内应力,同时阻止在沉积过程中薄膜与基底之间直接发生反应,防止碳过度渗入基底,并防止在沉积温度下从基底深处向表面扩散,从而影响金刚石的生长。为解决这一问题,可先在基体上生长一层或多层(厚度 0.01 ~1 μm)物理性质介于基体材料与金刚石薄膜之间过渡层。选用金属过渡层时应遵循以下几点原则:①热膨胀系数适中,可释放金刚石薄膜基体之间的热应力;②与金刚石薄膜和硬质合金要有较好的黏结性能;③化学性能稳定,具有一定的机械强度;④能与 Co 反应生成稳定的化合物,或阻止 Co 在高温下向涂层扩散,形成一个障碍。

目前在硬质合金刀具上沉积的过渡层有:钛粉和金刚石微粉烧结层、铌/银/铌过渡层、钨/金刚石成分梯度层、无序碳过渡层、类金刚石膜过渡层、W/WC 等。

陈胜利的研究结论是,目前金刚石涂层刀具的使用寿命是未涂层刀具的 30 倍左右。

三、预处理新方法的研究

大量研究表明,由于 Co 的催石墨化的作用和硬质合金与金刚石薄膜热膨胀系数差异等影响因素,一般情况下,很难在未经处理的硬质合金衬底上沉积出高质量的金刚石薄膜。如何提高金刚石薄膜与硬质合金基体之间的附着力一直是金刚石薄膜涂层工具研究开发的关键问题。然而广泛采用的预处理技术大多是针对一般形状的衬底预处理,对于复杂形状的工模具的预处理效果则不理想。研究开发既能适用复杂形状的硬质合金衬底又能保证金刚石薄膜附着力的预处理方法,是实现金刚石涂层在机械加工领域产业化的关键问题之一。马玉平等提出了硬质合金衬底表面预处理方法,同时将该工方法融入传统的两步处理方法中,即醇碱两步预处理方法。

1. 平面衬底

未处理的试样表面非常光滑,没有凹坑或凸起,而经过两步处理后的试样表面非常粗糙,高低不平,出现了很多凹坑,使得金刚石非常容易在这些部位形核,增强了金刚石薄膜与衬底之间的结合力,从而提高了附着强度。

2. 复杂形状衬底

未进行两步法预处理的螺旋槽表面粗糙度为 95.4 nm 左右。而经过两步法预处理后的螺旋槽表面变得凹凸不平,粗糙度达到 366 nm 左右,这些凹凸不平的地方对金刚石晶体生长来说具有很低的形核能力,提高了形核密度。由此可以看出,改进的两步预处理方法非常适合于复杂形状硬质合金衬底的预处理,可以省去传统的手工研磨等过程,能大大提高衬底预处理的效果。

四、Si的引入对附着力的影响

Endler I 等比较了 TiN、TiC、Si_3N_4、SiC、Si(C,N)、(Ti,Si)N 非晶 C 等过渡层对金刚石涂层附着力的影响。其研究表明,含有 Si 的过渡层,有助于提高金刚石涂层的附着力。Chii Ruey Lin 在硬质合金基体和金刚石涂层之间制备了 Ti 和 Si 的过渡层。其研究结果表明,能够形成 SiC、TiC 的 Ti-Si 过渡层可提高金刚石涂层对硬质合金基体的附着力。上述结果证明,Si 是可用来提高硬质合金金刚石涂层附着力的元素之一。

为此樊凤玲等向化学沉积系统中引入 Si 元素,即采用 H_2 和八甲基环四硅为原料气体,在适当的沉积条件下,在基底材料上可控制地沉积金刚石、SiC 等物相。实验结果表明,在金刚石涂层的沉积过程中向沉积系统中引入 Si 有利于提高金刚石涂层对硬质合金基体的附着力。

在化学沉积过程中,原料气体包括 H_2、CH_4 和八甲基环四硅(简称 D4)。D4 的分子式为$[(CH_3)_2SiO]_4$,其四对 Si—O 原子依次键合为环状,两个八甲基两两分别与 Si 原子形成键合。使用 D4 作为化学沉积过程的原料气体的目的是要利用其向化学沉积系统中引入 Si。同时 H_2、CH_4 气体一方面是沉积金刚石涂层所必需的,另一方面也有使 D4 得到还原的作用。

经过相同预处理的硬质合金基体上分别在使用 D4 和不使用 D4 两种工艺条件下沉积了金刚石涂层。金刚石涂层的具体沉积条件如表 1 所示。考虑到有机物中含有氧元素,因此使用 D4 的情况下,沉积金刚石涂层时 CH_4 的流量要高于不使用 D4 的对比工艺时的 CH_4 流量。

表 1　金刚石涂层沉积的两种工艺条件

工艺	压力	温度	H_2(Ⅱ)流量/sccm	CH_4 流量/sccm	H_2(Ⅰ)流量/sccm	时间/h
工艺Ⅰ	400	850	100	形核期 1 h：2.5 生长期 2.5 h:2.0	0.5	26
工艺Ⅱ	400	850	100	形核期 1 h：1.6 生长期 2.5 h:1.2	0	26

樊凤玲探索了在硬质合金金刚石化学涂层的化学沉积过程中引入 Si 对金刚石涂层附着力的影响。研究结果表明，与一般纯金刚石涂层时的情况相比，Si 引入可使金刚石涂层与硬质合金基体间的附着力得到一定程度提高。成分的分析表明，元素 Si 在涂层与基体间的界面处有富集的倾向，而这有助于抑制 Co 对涂层附着力的不利影响，从而提高金刚石涂层对硬质合金基体的附着力。

五、等离子体技术对附着力的影响

由于等离子体中含有大量的电子和离子、原子、分子，其中许多原子或分子处在激发态，内能很高，具有较高的反应活性。因而等离子体技术在材料合成与加工中有着广泛应用。等离子体技术除了在金刚石沉积方面有着重要应用外，在提高金刚石薄膜在硬质合金基体上附着力方面也有重要作用。

(1)SATIO 等分别采用 2.5% CO+97.5% H_2 等离子体、2.5% H_2O+97.5% H_2 等离子体以及 HCl 刻蚀 6% Co-WC 刀片表面 Co，发现 $CO+H_2$ 等离子体比 H_2O+H_2 更能有效刻蚀 Co，采用 $CO+H_2$ 等离子体处理的刀具获得了更好的附着力。

(2)刘亚深等将 YG6 硬质合金试样经酸处理后，再采用 H-Ar 等离子体刻蚀刀具表面 WC，产生一层纯钨或少量钴、碳、钨化合物，形成粗糙的活性表面，在随后的薄膜沉积过程中，这层纯钨层被重新碳化成细小的碳化钨，增加了金刚石薄膜与 WC 的接触面积，从而提高了金刚石薄膜的附着力。

(3)王传新等也研究了负偏压形核对金刚石薄膜与硬质合金刀具附着力的影响，结果表明，负偏压形核不仅能增加金刚石的形核密度，形核位置也与未加偏压时不完全相同。加负偏压时，形核优先发生在 WC 颗粒边缘与 WC 晶粒交界处，加负偏压后颗粒中部上也有许多晶核，分布也比较均匀，增加了膜基有效结合面积，从而增加了金刚石膜的附着力。

(4)Man 等采用 B_2O_3 作 B 源，NH_3 作 N 源，使用 H—B—N 等离子体对 YG8 硬质合金基体表面进行处理，结果表明，单纯的 H—B 等离子体处理试样，使表面出现多孔组织，其原因是 B_2O_3 裂解后产生的氧对基体表面有很强的刻蚀作用，CO 比 WC 更容易刻蚀，导致表面多孔，降低表面机械强度。当等离子体中加入 N 后，由于氮等离子体与氧等离子体有极强的反应倾向，中和了氧的不利影响，而 B 则和表面的 Co 反应，生成惰性的 CoB、Co_2B 等，一方面保持刀具基体表面机械强度；另一方面，由于表面 Co 被 B 钝化，从而抑制金刚石薄膜生长时 Co 的不利影响，显著提高了金刚石薄膜与基体的附着力。

六、硬质合金表面粗糙度的影响

陈磊等利用金刚石粉研磨硬质合金基体表面，然后采用酸碱两步法处理，研究和分析硬质合金基体处于不同的表面粗糙度情况下，对金刚石涂层附着力的影响。

采用 YG6(WC+6% Co)硬质合金刀片作为涂层体材料，分别用粒度 320#、200#、140#、80#的金刚石粉对基体表面进行研磨，然后采用酸碱两步法粗化表面和去 Co，最后使用酒精超声波清洗。

利用不同粒度金刚石粉对硬质合金基体表面研磨得到不同的表面粗糙度。其中采用80#金刚石粉研磨的基体表面粗糙度 *Ra* 达到1.783 μm,为五个样品中的最大值,而仅经过表面平磨处理的样品,经酸碱腐蚀后粗糙度 *Ra* 为0.052 μm,随着金刚石粉粒度增大表面粗糙度也随之提高,处理后数据结果见表2。

表2 各种金刚石粉研磨处理对硬质合金表面粗糙度的影响

编号	基体处理方法	粗糙度/μm
a	平磨	0.052
b	320	0.085
c	200	0.828
d	140	1.205
e	80	1.783

七、形核密度对附着力的影响

影响CVD金刚石硬质合金刀具质量的两个关键问题是涂层与硬质合金基体附着力和表面粗糙度高。

化学气相沉积金刚石由形核和生长两步组成,形核是金刚石涂层沉积的首要环节,直接影响着金刚石涂层的性能,如晶粒尺寸、定向生长、透明度、附着力和粗糙度等。对金刚石形核的研究可以很好地控制金刚石涂层生长和金刚石涂层的质量,所以极其重要。通常我们是要最大限度地提高金刚石形核密度,因为高的密度可以提高涂层的致密性,从而提高金刚石涂层的附着力。邓福铭等拟重点考察不同形核工艺参数对金刚石涂层的附着力的影响。采用热丝CVD法在硬质合金基体上进行金刚石形核,对比寻找最优形核的工艺参数,并在此最佳工艺条件下沉积金刚石涂层,采用不压痕法对该金刚石涂层附着力进行研究。

研究结论是：

(1)碳源气体浓度是影响金刚石形核密度的重要参数。金刚石形核必须在一定浓度下才能进行，碳源浓度太低形核无法进行，而碳源浓度太高将造成石墨和非晶碳的生成，使金刚石不纯。当碳浓度达到3%时，表面形核密度最高约为$107/cm^3$。浓度增大为4%时，表面有二次形核，形核密度降低，且此时金刚石已进入生长阶段。

(2)形核密度最高时，获得的金刚石涂层压痕最浅，压痕直径最小，涂层表现出优越的附着性能。碳浓度较低时，形核密度低，不仅会增大沉积涂层的粗糙度，还会使得金刚石涂层/基体处形成空隙，造成金刚石涂层相附着力降低；碳源浓度过高时，形核密度反而降低，沉积得到的涂层非金刚石成分升高，也会对金刚石涂层附着力产生负面影响。

金刚石膜功能应用的奇异性

王光祖/文

何谓功能材料？功能材料是指那些用于工业和技术中的有关物理和化学功能，如光、磁、电、声、热等特性的各种材料，包括电功能材料、磁功能材料、光功能材料、超导材料、生物医学材料、功能膜等。

何谓功能膜？它都有哪些特点？

功能膜是指具有电、磁、光、过滤、吸附等物理性能和催化、反应等化学性能的薄膜材料。

薄膜材料的特点：薄膜材料是典型的二维材料，即在两个尺度上较大，而在第三个尺度上很小。与一般常用的三维块体材料相比，在性能和结构上具有很多特点。最大的特点是功能膜的某些性能可以在制备时通过特殊的薄膜制备方法实现。这是薄膜功能材料成为人们关注和研究的热点材料的原因。

作为二维材料,薄膜材料最主要的特点是所谓尺寸特点,利用这个特点可以实现各种元器件的微型化、集成化。薄膜材料很多用途都基于这一点,最典型的是用于集成电路和提高计算机存储元件的存储密度。

由于尺寸小,薄膜材料中表面和界面所占的相对比例较大,表面所表现的有关性质极为突出,存在一系列与表面界面有关的物理效应:

(1)光干涉效应引起的选择性透射和反射;

(2)电子与表面碰撞发生非弹性散射,使电导率、霍尔系数、电流磁场效应等发生变化;

(3)因薄膜厚度比电子的平均自由程小得多,且与电子的德布罗意波长相近时,在膜的两个表面之间往返运动的电子就会发生干涉,与表面垂直运动的相关能量将取分立值,由此会对电子输运产生影响;

(4)在表面,原子周期性中断,产生的表面能级、表面态数目与表面原子数有同一量级,对于半导体等载流子少的物质将产生极大影响;

(5)表面磁性原子的邻原子数减少,引起表面原子磁矩增大;

(6)薄膜材料各向异性。

由于薄膜材料性能受制备过程的影响,在制备过程中多数处于非平衡状态,因此可以在很大范围内改变薄膜材料的成分、结构、不受平衡状态时限制,所以人们可以制备出很多块体难以实现的材料,得到新的性能。这是薄膜材料的重要特点,也是薄膜材料引人注目的重要原因。无论采用化学法还是物理法都可以得到设计的薄膜。

一、金刚石膜材料的功能应用

众所周知,金刚石薄膜具有包括力学、电学、光学、声学和化学在内的许许多多其他材料无法比拟的优异性能。正是这些优异性能诱导科学技术工作者,对其在现代科学和现代工业中的应用进行探索的极大兴趣。本文将收集到的与功能技术应用的部分事例列出,以期得到广大读者更多的关注,以推动 CVD 金刚石在我国产业化的进程。

例一 红外光学材料。金刚石是一种性能优异的红外光学材料,从紫外到远红外波段均具有良好的透过性,但在 3.0 ~ 5.0 μm 波段显示出吸收性。随着 CVD 技术的不断发展,所制备的高质量金刚石薄膜的透过率和热导率与最好的天然金刚石(Ⅱa 型)非常接近,而且能够实现大面积和曲面化。但大多数金刚石薄膜研究集中在 8.0 ~ 14.0 μm 波段的红外光学性能。在多种红外传感器共用一个窗口时,要求光学透射波段要宽,其中包括 3.0 ~ 5.0 μm、8.0 ~ 14.0 μm 等重要波段,因此,金刚石薄膜必须通过与其他红外材料的组合膜系以达到双波段的红外增透效果。尽管在材料硅上制备类金刚石薄膜的红外透过波段宽,红外透过率接近 90%。但较金刚石薄膜的机械力学性能低,在恶劣环境条件下的适应性较差。

例二 高功率激光器材料。业界对工作在理想光谱区域和功率范围的紧凑型固态金刚石激光器的追求,澳大利亚的一个研究小组最近报道了一种光泵浦外腔 CVD 金刚石拉曼激光器。Richard Mildren 表示:“长期以来,人们一直认为金刚石是非常好的拉曼材料。但是直到过去的几年,由于 CVD 生长方法能够以合理的价格重复制造这种材料,才使我们可以实际进行这方面的研究”。

金刚石的拉曼增益系数比金属钨酸盐、硝酸钡以及硅等其他可替代的拉曼材料至少要高出 40%。在所有的材料中,金刚石具有最大的拉曼频移以及最宽的透光范围,大约从紫外的 225 nm 到远红外的

100 nm。而在如此宽的范围内，有许多光谱区域是目前的激光技术无法很好做到的，如医学使用的黄光，这也是目前金刚石拉曼激光器研究的主要推动力之一。此外，金刚石的热导率比其他大多数激光材料约高出两个数量级，这为高功率激光器应用提供了巨大潜力。

例三 光盘信息存储材料。为了建立文件、视频信息以及图表等档案，越来越迫切需要一种密集的大容量的信息储存手段。目前用的激光盘如 DVD 其信息容量只有 4.7 GB，而称为 Blu-Ray 的第二代光盘的信息储存量可达 25 GB，但仍不能满足电脑发展的需求。要增加光盘的信息容量就必须在降低激光波长的同时提高透镜的数值孔径(NA)。在所有可透过紫外线的材料中，金刚石的折射率最大。但是，高温高压合成的金刚石和普通的 CVD 金刚石都不适用于制作可见光和紫外线的光学器件，原因是前者含有杂质氮，后者为多晶质。元素六公司于 21 世纪初研制出一种单晶 CVD 金刚石供制造近红外线(波长 0.75～2.5 μm)和可见光用的器件。用单晶 CVD 金刚石制作的高数值孔径透光镜用于近场光信息储存可使光盘的信息容量大大提高，有可能提高到 150 GB 以上。据称，理论信息容量可高达 550 GB。

例四 导弹红外视窗。目前比较常用的红外窗口材料有 ZnS 和 ZnSe。这两种材料虽然有很好的红外线透过能力，但容易受损伤。在军事用途上，对于红外窗口的要求非常严格。这些设备经常工作在非常恶劣的条件下。例如，用于导弹的红外窗口在导弹发射后，不但运行于高速状态，同时还要经受风沙雨雪的考验。金刚石膜是一种优质的表面材料，金刚石具有红外增透特性，同时金刚石膜又可作为红外窗口的一种良好的减反射膜材料。此外，金刚石的高导热、耐磨等物理特性也可以很好地保护红外窗口免受外界冲击。因此，在红外窗口表面镀金刚石膜，完全解决了军工航天领域对红外窗口应用的各种问题。

例五 半导体器件。近年来,采用等离子体化学气相沉积法合成出单晶质金刚石即半导体级 CVD 金刚石,具有异常高的绝缘性和极优的载流子迁移率等综合性能,所以在高电压和高频率的应用方面特别引人注意。在现代航天航空和汽车工业以及输电和配电系统均有潜在市场需求。

半导体级 CVD 金刚石的能带隙、绝缘(耐压)除强度、载流子迁移率、导热率等均远远超过其他半导体材料。

目前,具有长使用寿命的电气设备的一般绝缘温度限是 220 ℃,未来的绝缘材料的温度限至少应达到 400 ℃。采用已有的半导体技术很难做到减小动力电子变换器的质量和体积并将它紧凑地与引擎合并为一体。减小动力电子设备中散热和冷却元件的质量和体积并使它在高温下工作,关键是耐高温的问题。宽能带隙半导体如 CVD 金刚石具有能够比目前使用的硅功率器件达到的工作温度高得多的条件下工作的特点。用 CVD 金刚石这种宽能带隙材料制造的固体电路器件具有不同于硅器件的优越特性,有可能改善现有电气设计与电路布局。从而影响宇航工业未来动力电子设备的结构。

例六 CVD 金刚石膜散热性。电子设备趋于微性化的同时其功率却在不断增长,由此所产生的散热问题成为微电子封装技术的关键问题。面对传统封装材料的各种限制,发展起来越来越多的新型散热材料,它们具有低热膨胀系数、超高导热率以及很轻的质量。CVD 金刚石膜作为上述材料的代表,其热导率可达到 2000 W/(m·K)的水平,同时还具有优异的力学、光学、电学、声学和化学性质,与天然金刚石相比,结构一致,性能基本无差异,且成本低廉,使其在高功率光电器件散热的优势明显优于其他材料。目前,CVD 金刚石膜在国外已经有一热管方面的应用例子,主要解决高功率大热流密度元件导致的系统散热问题,包括高功率激光二极管阵列、二维多芯片组装(MCM)以及固态微波功率器件的散热应用。我国目前在 CVD 金刚石膜散热领域的研究与开发水平与国外有很大差距,基础性研究开展较少。

例七 微波技术中的应用。众所周知,微波技术广泛应用于测量、雷达、遥控、电视、射电天文学、微波波谱学、微波接力通讯、粒子加速器等领域。值得注意的是,金刚石微波透射窗,是目前德国和日本正在进行的核聚变试验的关键部件。元素六公司与世界上主要的核聚变研究机构合作研制的金刚石微波透射窗可应付超过1 MW的微波功率,其能力比任何其他材料的透射窗大1倍以上。由于CVD金刚石对微波能的吸收率低,但热导率高,而且介电常数小,因而在微波应用中是至关重要的。

目前,DMD和INEX合作正在研究采用元素六公司生产的单晶CVD金刚石制造金属半导体场效应晶体管的可能性。金属半导体场效应晶体管一直被认为是用CVD金刚石制造的最有发展前景的器件之一。因为金刚石与传统的半导体相比具有在更高温度和更高击穿压力下工作的是能力。

金刚石除了具有极高的硬度、热导率、断裂强度和很好的化学惰性之外,它的高介电强度以及很高的空穴电子迁移率和宽能带隙引起了广泛注意。因为与电子线路中应用的具有竞争力的材料(如硅和砷化镓)相比,单晶CVD金刚石的内在固有性质显然更为优越,在高科技中的应用有强劲的需求。DMD和世界设计与制造多种微波器件及电子系统的一流企业Filtronic联合,在原料、半导体器件以及电路设计互补的科技力量研究新型的金刚石器件以期改进微波功率电子设备,有可能引起微波功率电子设备的大变革。

例八 新型固态激光器。将金刚石用作固态激光器材料为设计小而紧凑的固态激光器带来了新的机遇,这些激光器将具有更强的功率承载能力,并在当前无法获得的波长下进行,因而会开辟新的应用领域。金刚石拥有独特的光学和热学综合特性,因此非常适合于这些应用,通过元素六生产的最新单晶CVD材料可以利用这些特性。例如,拉曼激光器已经利用硅等材料被开发出来,而且正被用于电信领域,而利用金刚石则可以将其性能提升至新的功率水平和更多的波长。

由于热量问题,目前的几代连续波固态拉曼激光器被局限于区区几瓦功率。金刚石具有很强的导热性和较低的热膨胀系数,因而拥有更大的功率承载能力。Kemp 博士指出:"激光工程中最不受关注但却最普遍的问题是如何处理热能,尤其是当你希望在小封装中实现高性能的时候。在高功率拉曼激光器中这一问题尤为突出,因为能够成为很好的拉曼转换器的晶体通常导热性很差,于是金刚石便有了它的用武之地。金刚石的导热性比常用的拉曼旋光晶体高出 2 ~ 3 个数量级,它应是一种出色的拉曼介质,我们能够实现更高的输出功率"。此外,与目前使用的拉曼旋光晶体相比,金刚石改变波长的能力更强一些,这可能会增加它的应用潜力。Chris Wort 说:"与传统的拉曼介质相比,金刚石拥有更高的拉曼增益系数和更大的拉曼位移"。

例九 热沉应用。CVD 金刚石具有和单晶Ⅱa 型金刚石同样的最高热导率,使它在最活跃的电子、光电子、光通信等领域中作为高功率密度的高端器件的散热元件得到广泛的应用。主要应用在激光二极管及阵列、高速计算机 CPU 芯片多维集成电路、军用大功率雷达微波行波管导热支撑杆、微波集成电路基片、集成电路封装自动键合工具 TAB 等高技术领域。

当前集成电路,激光二极管列阵等大功率功率密度器件的应用越来越广泛,但随着管芯温度的升高,使用寿命和性能则大为缩短。而高热导率的金刚石热沉可以尽快将热量导出,从而减小温升。

例十 高温、高频半导体材料应用。CVD 金刚石是一种性能优异的高温、宽带隙半导体材料,其电子和空穴载流子迁移速度极高。CVD 金刚石半导体其工作最高温度达到 600 ℃以上,这是金刚石材料被定格的终极应用。CVD 代替目前最广泛应用的锗、硅和砷化镓半导体材料，将成为半导体材料和技术发展的里程碑。因此，材料学家预测，CVD 半导体器件的问世是电子技术的一场革命。目前 CVD 金刚石二极管、场效应二极管以及在恶劣环境下使用的多种光敏-压敏-热敏半导体器件已研制成功，并开始应用和进入市场。

二、愿望与潜力

（1）值得注意的是，单晶 CVD 金刚石制作的超高强度砧座可用于新材料合成与基础科学研究的新一代高压试验装置。元素六公司作为研制 CVD 金刚石的领先企业，目前正积极开发利用这种材料的尖端性能，这可能对 21 世纪科学技术的发展产生巨大而深远的影响。

（2）用 CVD 金刚石这种宽能带隙材料制造的固体电路器件，具有不同于硅器件的优越特性，有可能改善现有电气设计与电路布局，从而影响宇航工业未来动力电子设备的结构。

（3）金属半导体场效应晶体管一直被认为是采用 CVD 金刚石制造的最有发展前景的器件之一。因为金刚石与传统的半导体相比，具有在更高温度和更高击穿电压下工作的能力。与电子线路中应用的具有竞争力的材料（如硅和砷化镓等）相比，单晶 CVD 金刚石的内在固有性质显然更为优越，在高科技中的应用具有强劲需求。新型电子器件的应用以期改进微波功率电子设备，有可能将引起微波功率电子设备的大变革。

（4）用单晶 CVD 金刚石制作的高数值孔径透镜，用于近场光信息存储可使光盘的信息容量大为提高。

（5）值得提及的是，金刚石微波透射窗是目前德国和日本正在进行的核聚变试验的关键部件；也是正在法国建造的国际热核试验反应堆的重要部件。由于 CVD 金刚石对微波能的吸收率低，但热导率高，而且介电常数小，因而在微波应用中是至关重要的材料。

（6）如果量子级超高纯度单晶质 CVD 金刚石，在量子计算机的应用获得成功，将极大地提高计算机的运算速度，快速搜索查找浩如烟海的数据库并建立复杂的计算模型，就有可能迅速破译极其复杂的密码。目前各国军事机构均不遗余力支持量子计算机的研制，可以说，这种超纯度各向同性量子单晶质 CVD 金刚石的研制成功，标志着 CVD 技术合成金刚石发展的一个里程碑。

(7) ADT 公司成功研制的 UNCD Horigon，是迄今世界上最光滑的 UNCD 薄膜，标志着 CVD 金刚石技术水平一个划时代的跃进，使金刚石薄膜的表面光洁度达到了电子级硅晶片的水平，开创了金刚石薄膜在电子器件和生物医学器件上多样化应用的新时代。

(8) 在 21 世纪，世界各国的具有开拓创新、勇于挑战自我的科技工作者，都不约而同地把目光投向一种新型材料——纳米材料。纳米金刚石是纳米材料家族中的一个非常珍贵的成员。纳米和纳米以下的结构是未来科技发展的一个重点，它既是一次技术革命，又是一次产业革命。由于纳米金刚石具有奇特的物理-机械性能，因此，它是一种具有重要理论研究和应用研究价值的材料。相信，其开发应用一定会推动人类科技迅速的发展，给人们带来更多的物质利益和福音。从已开发的应用领域，就不难预言其前景是美好的。

金刚石涂层的应用技术

王光祖/文

金刚石涂层广泛应用在各种切削刀具、模具、工具和摩擦零件中。CVD 方法制备的以硬质合金为衬底的金刚石薄膜涂层工具，具有硬度高、自润滑性好、使用寿命长、不受形状限制、成本低等优点，特别适用于非铁材料，如硅铝合金、金属基复合材料、陶瓷、碳纤维和玻璃纤维等制品。

金刚石涂层必须与基体具有良好的结合力，低的表面粗糙度和良好的均匀性，需要金刚石涂层均匀、致密、颗粒尺寸细小。金刚石涂层的制作需要经过形核和生长两个阶段，其中形核阶段尤其重要，决定了金刚石涂层的颗粒尺寸和均匀性，制作工具、模具使用的金刚石涂层需要高密度和均匀的形核。

一、用于煤液化减压阀关键部件

煤直接液化工艺系统高压高温分离器下游排放残渣用减压阀，在实际工作时需要面对高温（约 455 ℃）、高压（约 20 MPa）、高流体速度（约 107 m/s）和高固态浓度固体颗粒浓度高达 50% 以上流体冲蚀的极端工况条件，对其阀座、阀芯等关键部件受冲蚀表面的抗冲蚀磨损性和使用稳定性提出了非常高的要求。目前，这些关键部件主要依赖进口，即使价格昂贵的进口部件，其平均使用寿命也只有不到 400 h。在煤液化工业生产过程中，需要频繁进行设备性能检测及部件更换，严重影响生产效率和经济效益。因此，研究开发具有自主知识产权的，抗冲蚀磨损性能良好的煤液减压阀阀座和阀芯部件具有重大意义。

王新昶等采用热丝 CVD 法在硬质合金阀芯及阀座主要受冲蚀表面沉积获得了金刚石涂层，为保证沉积过程中温度分布及制备获得金刚石涂层厚度分布的均匀性，针对阀芯及阀座的不同结构，分别采用了直拉热丝穿孔和平行阶梯式排列两种不同的热丝排布方式。

将 CVD 金刚石涂层煤液化减压阀关键部件应用在实际煤液化工况条件下试运行，其使用寿命超过了 1200 h，比普通同类部件的使用寿命提高了 3 倍以上。

二、整体式刀具

CVD 金刚石涂层在硬质合金工模具领域有广阔的应用前景。

CVD 金刚石薄膜的制备不受基体形状的制约,非常适合于作为耐磨减磨涂层直接沉积在复杂形状的硬质合金刀具表面,以达到提高刀具使用寿命,改进加工质量等目的。

然而,复杂形状整体式刀具自身的结构特点和性能要求使得它对刀具基体表面的预处理工艺、CVD 金刚石薄膜沉积装置以及制备技术均有特殊要求。在复杂形状硬质合金基体表面沉积附着强度高、表面光滑好的 CVD 金刚石薄膜的制备技术一直是制约 CVD 金刚石薄膜涂层刀具大规模产业化应用的技术难题之一,这极大限制了 CVD 金刚石薄膜的应用范围。

沈彬等针对具有复杂形状外表面的硬质合金整体式刀具,采用特殊的热丝排布方式,开发了专用的 CVD 金刚石薄膜沉积装置,在复杂形状整体式刀具表面沉积了高质量的金刚石薄膜,并采用石墨以及碳化硅铝基增强复合材料(Al/SiCMMCs)作为工件材料,对比考察了金刚石涂层铣刀和未涂层硬质合金铣刀的切削性能。

实验结果表明,在硬质合金铣刀表面沉积一层 CVD 金刚石薄膜能够有效增强其耐磨性。在加工石墨的试验中,经过 88 m 的铣削后,金刚石涂层刀具后刀面磨损宽度仍不到 30 μm,仅为未涂层硬质合金铣刀的一半左右。在加工 Al/SiCMMCs 工件材料时,经过 50 min 的铣削后,其圆周切削刃后刀面的磨损量仅 0.07 mm,而未涂层的硬质合金铣刀的圆周切削刃后刀面的磨损达到了 0.17 mm。揭示了金刚石涂层作为耐磨材料应用在硬质合金刀具表面的优越性,为金刚石涂层的进一步产业化应用奠定了基础。

三、金刚石涂层 PCB 钻头

纳米金刚石技术是国家重点支持的高新技术项目,它的研究及高端工具产业化有助于提升国内金刚石涂层领域的研究水平和超硬工具的应用能力。

该项目研究团队与深圳大学材料学院展开合作。开发纳米金刚石涂层的研究及工具应用。应用领域涵盖线路板、手机制造、石墨、义齿、汽车、航空复合材料等领域。

以惠州市戴尔蒙德科技有限公司研发的金刚石涂层PCB钻头为例,它的直径最小可达0.15 mm,处于行业领先地位。它可用于PCB线路板钻孔,可大幅提高钻头寿命和加工精度,因此有着广阔的市场。该技术的产业化将推动电子产品智能化、轻薄化和微型化。

四、CVD金刚石涂层的小孔径拉丝模

对于孔径较大的拉丝模,通过控制热丝参数以保证热丝和基体温度比较简便,对于热丝对中性的要求也相对较低,但对于小孔径的拉丝模,热丝和内孔表面距离很小,因此如何同时达到热丝温度尽量高和基体温度控制在合适的温度范围内这两个必要条件,是亟待解决的工艺难题,此外,小孔拉丝模有限的内孔空间也对热丝对中性提出了极高的要求。

近十年来,王新昶课题组则系统地针对各种不同的拉拔模、紧压模、焊接套等圆孔模进行较为系统的内孔常规、纳米或微纳复合金刚石薄膜制备与应用研究,长期致力于各类普通圆孔模具的产业化推广应用,研制的各类金刚石薄膜涂层模具制品的使用寿命可以达到传统硬质合金模具的10倍以上,并且在拉拔过程中可以有效保证拉拔制品的表面光洁度和尺寸稳定性,但仍未完全解决金刚石薄膜涂层小孔径拉丝模制备难题。

选定了直径为1.3 mm的小孔径漆包线拉丝模作为研究对象。在HFCVD金刚石薄膜沉积过程中存在两个关键的温度数值,其一是热丝温度尽量高,以保证反应气体分解效率。其二是基体温度范围要控制在700~900 ℃,这一温度相对于热丝温度而言较低。对于普通孔径的模具而言,合理控制热丝直径和热丝温度即可较好地满足这两个

条件，但当孔径较小时，这两个关键的温度值却为一对非常尖锐的矛盾制约体，当热丝温度达到 200 ℃以上时，基体温度往往也会超过 100 ℃，而要使基体温度满足沉积需求，热丝温度就无法达到气源分解所需要的温度，因此需要采用辅助手段来加快基体散热从而在热丝和基体表面之间形较大的温度梯度。

此外，在小孔径内孔涂层过程中，采用与普通孔径类似的直拉热丝法进行穿孔时，对热丝的对中性提出了很高的要求，因为对小孔径模具而言，热丝稍有偏离模孔轴线就会使基体内孔表面温度场分布的不均匀性迅速增加，并且在沉积过程中的温度变化会导致热丝热胀冷缩，致使热丝下垂等更严重的偏离轴线的情况出现，严重影响金刚石薄膜生长的质量均匀性，甚至出现热丝碰触基体表面从而导致基体表面烧伤或短路的情况发生，因此需要采用新型的热丝排布方式或热丝张紧装置来保证金刚石薄膜沉积过程中热丝的对中性。为了保证沉积过程中热丝的对中性不发生改变，王新昶提出了一种菱形的新型辅助热丝张紧装置。

五、CVD 纳米金刚石涂层工具

当前，切削工具、拉丝模、滑动轴承以及许多抗摩擦复合件的基体材料主要采用硬质合金。传统的切削工具由于存在摩擦磨损严重且寿命短等缺点，难以满足高速高效切削的需要，因此，在硬质合金基体上沉积金刚石涂层就成为改善或解决这些问题的一种有效方法。金刚石涂层硬质合金工具非常适合于高效和高精度非铁系金属合金、金属复合物材料和硬脆非金属材料（如陶瓷、石墨和增强型塑料）的加工，与非沉积涂层硬质合金相比，现实的应用表明金刚石涂层硬质合金大大提高了工具的使用寿命。同时由于薄膜金刚石涂层切削工具的低成本和高效能，使之在商业化应用中极具潜能。

与聚晶金刚石（PCD）工具相比，CVD 纳米金刚石工具具有制备工艺简单,而且可以做成各种复杂的几何形状的优点,但因金刚石薄膜与硬质合金基体间附着性较差的缺点限制了 CVD 纳米金刚石涂层刀具的大规模化工业的应用。

近几年,随着研究的深入开展,基体与薄膜附着力问题取得了很大进展,并且开发出表面平整、不需刃磨的纳米金刚石涂层工具而使人们将注意力重新转向纳米金刚石涂层刀具的研究。以下是刘书军等对其发展趋势和应用前景的展望。

CVD 纳米金刚石涂层工具既具有硬质合金的强韧性,又兼具了纳米金刚石表面平整光滑、摩擦系数小和容易研磨抛光等优点,在切削加工领域的需求日益广泛。但是从发展水平来看,目前国内外纳米金刚石涂层的研究,还处于基础性研究阶段,还有不少关键问题亟待解决,如纳米金刚石涂层沉积效率较低,涂层附着力较低,薄膜质量有待进一步提高等。纳米金刚石涂层的应用研究刚刚起步,尚未形成成熟产品,距产业化还有很大距离。不过随着新型的纳米金刚石复合涂层技术的开发,不仅能大幅度提高模具和工具的使用寿命,有效降低成本和提高生产效率,而且能从根本上改进加工质量,提升产品档次,具有广阔的应用前景。

由于 CVD 纳米金刚石涂层通过二次形核增强了刀具表面的平整性,使得在实际生产中的应用前景非常广阔。虽然存在 CVD 纳米金刚石涂层工艺的不稳定性不成熟的缺点,但是随着科研工作者的继续努力,相信不久的将来,CVD 纳米金刚石涂层不论在技术、设备还是工艺上将会得到很大进展。随着能源经济节约意识的加强和绿色经济的推广,CVD 纳米金刚石涂层的应用前景将是十分广阔的。

六、BDM-UM-UNCD 的研发

结合不同的单层金刚石薄膜的不同特点开发多层复合金刚石薄膜是获得高性能金刚石薄膜的有效途径,在现有文献中,两层和多层

未掺杂微米和未掺杂纳米复合金刚石薄膜(UM-UNCD),以及基于UMCD和UNCD开发的超光滑复合金刚石薄膜已经得到了系统研究,证明了微米金刚石晶粒与基体之间具有较紧密的机械锁合,而复合薄膜表层的UNCD薄膜或超光滑薄膜则表现出低的表面粗糙度。

王新昶等在上述研究基础上进行了BDM-UM-UNCD薄膜在铝塑复合管(PAP)拉拔模具内孔表面的制备及应用研究,验证了复合金刚石薄膜在油润滑及水润滑拉拔PAP过程中的应用效果,得到的结论是:

(1)采用仿真优化后的沉积参数,在硬质合金PAP拉拔模具基体整个内孔表面沉积了厚度比较均匀的BDM-UM-UNCD薄膜,其中主要工作区域沉积的复合金刚石薄膜具有较高的表面质量和均匀的薄膜厚度,在次要区域沉积的薄膜厚度较小,表面质量有所下降,但不会影响模具使用。

(2)采用侧锥孔抛光机,内孔抛光机、超声研磨抛光机和磨料流体抛光机相结合的系列化机械抛光工艺可高效地将BDM-UM-UNCD薄膜涂层拉拔模具内孔表面不同区域(入口区、压缩区、定径带和出口区)的表面粗糙度*Ra*抛光至44.7 nm、22.2 nm、33.1 nm和30.8 nm,抛光效率明显高于传统的UMCD、BDMCD和BDM-UMCD薄膜涂层拉拔模具。

(3)BDM-UM-UNCD薄膜涂层拉拔模具在油润滑应用试验条件下的使用寿命仅次于BDM-UMCD薄膜涂层拉拔模具。考虑到抛光效率,BDM-UM-UNCD薄膜涂层拉拔模具更具实用性;在油润滑条件下,BDM-UM-UNCD薄膜涂层拉拔模具表现出明显优于硬质合金及其他类型金刚石薄膜涂层拉拔模具的综合应用效果。

(4)BDM-UM-UNCD薄膜涂层PAP拉拔模具在水润滑条件下同样表现出极高的使用寿命和良好的应用效果,有助于推动水润滑技术在拉拔生产中的应用,推进实现绿色生产。

七、无油缝纫机零配件金刚石涂层技术

无油化技术成为缝纫机技术发展的一个重要方向。近几年,国内一些有实力的缝纫机生产企业也加入了无油缝纫机的生产行列。而国外品牌的无油缝纫机均采用缝纫机零部件表面进行纳米自润滑涂层来实现无油化。国内有部分厂商采用外发至日本加工涂层,但是成本高,交货期得不到保证。

目前,国内有些企业经过多年研制,在普通类金刚石(DLC 涂层,也就缝纫机行业所说的黑金刚石涂层)的涂层基础上经过不断的工艺创新,研制出了适合于缝纫机行业的各类专用类金刚石涂层,因其适中的价格,优良的性能,目前已被国内几大缝纫机厂所采用。

DLC(类金刚石)涂层特点:具有很高的硬度(HV2500),优良的耐磨性,摩擦系数极低(低至 0.06),膜层 4 μm 厚,与基体结合力很强,具有优异的耐蚀性,能耐各种酸、碱等腐蚀,对金属、塑料、橡胶、陶瓷等均有良好的抗黏结和防咬合性能,表面粗糙度低(可达镜面级),可在各种钢铁、钛合金、铝合金、硬质合金等材料上沉积。

金刚石膜的功能应用

王光祖,崔仲鸣/文

功能材料是指通过光、电、磁、声、热等作用后具有特定功能的材料,包括电功能材料、磁功能材料、光功能材料、超导材料、生物医学材料、功能膜等。那么金刚石膜材料都有哪些功能应用呢?

一、热性能的应用

CVD 金刚石极高的热导率,特别是可以得到具有片状大尺寸的材

料，它将成为迄今为止最理想的热沉材料。它的最重要应用是高功率密度电子器件的散热。研究表明，激光二极管工作区温度每升高10 ℃，其寿命下降50%。用CVD金刚石做热沉材料，可以提高输出功率、降低二极管结温，从而大大提高了器件的寿命，并使器件的输出光放波长更稳定。

CVD金刚石在热沉方面另一个具有代表性的应用是大规模集成电路组装的TAB(tape automated bonding)工具。TAB工具用于IC卡、计算器、液晶显示器等多管脚集成电路芯片的键合工艺。它的特点是耐热、耐磨、抗腐蚀，特别是具有优异的导热性。

随着CVD技术的不断发展，所制备的高质量金刚石薄膜的透过率和热导率已与最好的天然金刚石(Ⅱa型)非常接近，而且能实现大面和曲面化。尽管在材料硅上制备类金刚石薄膜的红外透过波段宽，红外透过率接近90%，但较金刚石薄膜的机械力学性能低，在恶劣环境条件下的适应性较差。

CVD金刚石膜具有非常好的散热性，电子设备趋于微型化的同时其功率却在不断增长，由此所产生的散热问题成为微电子封装技术的关键问题。目前，CVD金刚石膜在国外已经有热管方面的应用的例子，主要解决高功率大热流密度元件导致的系统散热问题，包括高功率激光二极管阵列、二维多芯片组装(MCM)以及固态微波功率器件的散热应用。

CVD金刚石具有和单晶Ⅱa型金刚石同样的最高热导率，它在最活跃的电子、光电子、光通信等领域中作为高功率密度的高端器件的散热元件得到广泛的应用。主要应用在激光二极管及阵列、高速计算机CPU芯片多维集成电路、军用大功率雷达微波行波管导热支撑杆、微波集成电路基片、集成电路封装自动键合工具TAB等高技术领域。

为退烧而生的超级散热新材料。电子产品的性能越高，热管理就越困难，因为随着半导体元器件功率密度不断提高，热通量会越来越大,有些甚至高达数十 kW/cm^2,是太阳能表面的5倍。半导体的发展方向已不仅仅是提升性能而已,发热量和散热表现也成为半导体设计中相当重要的因素。发热量主要与芯片制造工艺和温度控制方法有关,而散热表现则可以在材料和产品结构上下功夫。

CVD 金刚石作为全新高级热管理解决方案,它尤其适用于射频功率放大器。CVD 金刚石散热器经证实能够降低整体封装热阻,其性能远超目前其他常用粘贴方法,CVD 金刚石散热器可为半导体封装提供可靠的热管理解决方案。

二、声表面波和声学器件的应用

金刚石具有极高的弹性模量,是自然界声速最高的材料,它在声学领域的应用格外引人瞩目。

虽然金刚石本身不具电压效应,但它可以和其他压电材料复合,制造高频复合压电器件。例如,在金刚石表面沉积一层压电(晶体)薄膜材料可获得10000 m/s 甚至更高的 SAW 速率,可以在不改变叉指电极线宽的情况下得到极高频(2 ~ 5.5 GHz)声表面波器件。SAW 滤波器将用作射频带通滤波器,ISM 波段最高频率将达到5.0 GHz以上。因此,人们正在有计划地规划和有效地利用珍贵有限的无线电波谱自然资源,这些通信系统使用频率将在1 ~ 6 GHz,特别是极高频率的3 ~ 6 GHz 波段重点开发的区域。性能稳定的极高频声表面波器件的研究开发将是极高频率电波资源开发的关键。而金刚石膜将为极高频声表面波器件提供了理想的基片材料。

三、光学应用

金刚石宽的光透过特性是其他光学材料无法比拟的。高质量CVD 金刚石膜,除了2.5 ~ 6 μm 窄小的由于双声子振动的吸收带以外,从紫外直至远红外毫米波均是“透明”的。光学级金刚石除了在

0.2 μm 以上的窄小紫外波段外，与单晶Ⅱa 型金刚石几乎完全相同，而且在红外波段中则有更好的透过率，接近金刚石的理论数值。

光学级金刚石膜应用一般采用 200 μm 以上厚膜材料，某些应用的要求甚至达到 1mm 以上，大功率的微波等离子体技术已经实践证明了它是制备优质光学级金刚石厚膜最有效的手段。而且大晶粒以及(110)取向是优质金刚石厚膜生长的重要特征之一。

实践研究表明，它是一种理想的多光谱光学应用的光学材料。而且，由于纯金刚石高的禁带宽度，不像锗晶体窗口材料，即使在激光以及强辐射光照情况下也不会产生热电荷和非线性现象。它的优异综合性能，对于高功率密度和极端条件下使用的光学元件来说，金刚石显示出的“王者风范”被材料科学誉为极限光学材料。

高功率激光器应用作为密集的大容量的信息储存手段。用单晶 CVD 金刚石制作的高数值孔径透光镜用于近场光信息储存，可使光盘的信息容量大大提高，有可能提高到 150 GB 以上。据报道，理论信息容量可高达 550 GB。

导弹红外视窗。目前比较常用的红外窗口材料有 ZnS 和 ZnSe。这两种材料虽然有很好的红外线透过能力，但容易受损伤。

在军事用途上，对于红外窗口的要求非常严格。例如，用于导弹的红外窗口在导弹发射后，不但运行于高速状态，同时还要经受风沙雨雪的考验。金刚石膜是一种优质的表面材料，金刚石具有红外增透特性，同时金刚石膜又可作为红外窗口的一种良好的减反射膜材料。此外，金刚石的高导热、耐磨等物理特性也可以很好地保护红外窗口免受外界冲击。因此，在红外窗口表面镀金刚石膜，完全解决了军工航天领域对红外窗口应用的各种问题。

将金刚石用作固态激光器材料为设计小而紧凑的固态激光器带来了新的机遇。这些激光器将具有更强的功率承载能力，并在当前无法获得的波长下运行，因而会开辟新的应用领域。

由于热量问题,目前的几代连续波固态拉曼激光器被局限于区区几瓦功率。金刚石具有很强的导热性和较低的热膨胀系数,因而拥有更大的功率承载能力。在高功率拉曼激光器中这一问题尤为突出,因为能够成为很好的拉曼转换器的晶体通常导热性很差,于是金刚石便有了它的用武之地。金刚石的导热性比常用的拉曼光晶体高出两到三个数量级,它应是一种出色的拉曼介质。

光谱棱镜在傅里叶变换红外光谱仪的构件中,试样架就是由人造金刚石制作而成。装式 CVD 单晶金刚石衰减全反射(ATR)棱镜具有最广泛的透射光谱,从 200 nm 到 50 nm 的范围,从而极大提高了棱镜的测量灵敏度、分析并范围和精确度。同时,人造金刚石耐刮和生化惰性的特点可以使 CVD 金刚石光谱仪在环境恶劣的条件下使用,其耐用性要比传统光谱棱镜优越许多。

四、电子学及其相关应用

金刚石材料的任何一个性能指标均超过了硅电子材料。其中禁带宽度、介电常数和产生电子对的能量数据是材料中最高的和最好的。而且,目前 CVD 金刚石实现了商业化。除此,金刚石还具有电负性和优异的抗强辐射特性和化学惰性,具有包括力学性质在内的其他综合特性,使得 CVD 金刚石作为电子学材料在探测器的应用方面比硅或砷化镓有更高的价值和更宽广的应用前景。

半导体器件。近年来,采用等离子体化学气相沉积法合成出单晶质金刚石即半导体级 CVD 金刚石,具有异常高的绝缘性和极优的载流子迁移率等综合性能,所以在高电压和高频率的应用方面特别引人注意。在现代航天航空和汽车工业以及输电和配电系统均有潜在市场需求。由于解决了耐高温的关键问题,使得动力电子设备的散热冷却元件的重量和体积减小,并能在高温下工作。宽能带隙半导体如 CVD 金刚石能够在比目前使用的硅功率器件所达到的工作温度高得多的条件下工作。用 CVD 金刚石这种宽能带隙材料制造的固体电路器件具有不同于硅器件的优越特性,有可能改善现有电气设计与电路布局,从而影响宇航工业未来动力电子设备的结构。

由于 CVD 金刚石对微波能的吸收率低,但热导率高,而且介电常数小,因而在微波应用中是至关重要的。因为与电子线路中应用的具有竞争力的材料如硅和砷化镓相比,单晶 CVD 金刚石的内在固有性质显然更为优越。所以,DMD 和世界设计制造多种微波器件及电子系统的一流企业 Filtronic 联合,利用在原料、半导体器件以及电路设计方面互补的科技力量优势,开发新型的金刚石器件以期改进微波功率电子设备。此举有可能引起微波功率电子设备的大变革。

美国伊利诺伊州 Advanced Diamond Technologies 公司,研制出低温(400~600 ℃)下生长掺硼金刚石薄膜,并成功将其镀覆在多种电子设备上。通过降低温度并调整甲烷和氢气比例的方法,成功研制出了高质量的金刚石薄膜;且薄膜的传导性和平滑性跟高温下生长的薄膜相比,均未出现明显变化。

“沉积温度越低,我们能够应用的电子设备越多”,Hongjun Zeng 如是说,“这将使得电子产品类型向超薄、光滑、传导性好的金刚石镀覆方向发展”。

掺硼人造金刚石电极新进展。元素六与英国华威大学合作研制出电解级金刚石膜——DIAFILMEA。用这种固态掺硼 CVD 金刚石电极有望被应用于遥感技术,其可能用于发展新一代电解传感系统,对生物医学、环境、药品以及石油天然气工业都大有裨益。

元素六公司的 Adrian Wilson 说,我们制造出了具有理想导电性的 A 级掺硼 CVD 金刚石,以及有市场需要的 100% 纯度,以它得天独厚的特性,必然引起传感系统发展的飞跃。

由于透光性极好,这种物质有望被用在电子设备的屏幕上,还可以通过调整激光处理的参数而产生结构、物件性不同的 Q-Carbon,除了工业领域的应用,新物质还存在许多医学方面的应用前景。

可以用纳米金刚石做出微型针头、薄膜,在临床上可用于药物输送,在 Q-Carbon 出现已之前,纳米金刚石已经是医学研究的前沿课题。

五、愿望与潜力

(1)值得注意的是,单晶 CVD 金刚石制作的超高强度砧座可用于新材料合成与基础科学研究的新一代高压试验装置。元素六公司作为研制 CVD 金刚石的领先企业,目前正积极开发利用这种材料的尖端性能,这可能对 21 世纪科学技术的发展产生巨大而深远的影响。

(2)用 CVD 金刚石这种宽能带隙材料制造的固体电路器件,具有不同于硅器件的优越特性,有可能改善现有电气设计与电路布局,从而影响宇航工业未来动力电子设备的结构。

(3)金属半导体场效应晶体管一直被认为是采用 CVD 金刚石制造的最有发展前景的器件之一。因为金刚石与传统的半导体相比,具有在更高温度和更高击穿电压下工作的能力。与电子线路中应用的具有竞争力的材料如硅和砷化镓等相比,单晶 CVD 金刚石的内在固有性质显然更为优越,在高科技中的应用具有强劲需求。新型电子器件的应用以期改进微波功率电子设备,有可能将引起微波功率电子设备的大变革。

(4)用单晶 CVD 金刚石制作的高数值孔径透镜,用于近场光信息存储可使光盘的信息容量大为提高,有可能提高到 150 GB 以上。据称,理论信息容量可高达 550 GB。

(5)值得提及的是,金刚石微波透射窗是目前德国和日本正在进行的核聚变试验的关键部件,也是正在法国建造的国际热核试验反应堆的重要部件。由于 CVD 金刚石对微波能的吸收率低,但热导率高,而且介电常数小,因而在微波应用中是至关重要的材料。

(6)如果量子级超高纯度单晶质 CVD 金刚石,在量子计算机的应用获得成功,将极大地提高计算机的运算速度,快速搜索查找浩如烟海的数据库并建立复杂的计算模型,就有可能迅速破译极其复杂的密码。目前各国军事机构均不遗余力支持量子计算机的研制,可以说,这种超纯度各向同性量子单晶质 CVD 金刚石的研制成功,标志着 CVD 技术合成金刚石发展的一个里程碑。

(7) ADT 公司成功研制的 UNCD Horigon,是迄今世界上最光滑的 UNCD 薄膜,标志着 CVD 金刚石技术水平一个划时代的跃进,使金刚石薄膜的表面光洁度达到了电子级硅晶片的水平,开创了金刚石薄膜在电子器件和生物医学器件上多样化应用的新时代。

金刚石涂层拉拔模具制备、性能与优化

王光祖/文

金属线材行业是我国的主要传统产业,拉拔模具是金属线材生产企业重要的易消耗品,拉拔模具的性能决定了金属线材的质量、生产效率和生产成本。

硬质合金表面添加金刚石涂层可增强工具的耐磨性能,使其使用寿命大幅提高。应用化学气相沉积技术可实现在形状复杂工具上直接沉积金刚石膜,且成本低廉,易于实现批量生产,市场前景极佳。

金属(尤其是硬金属及合金)的拉拔要求拉丝模孔表面具有高硬度、高耐磨性,以满足金属制品的尺寸精度和光洁度,并提高拉丝模的工作寿命。在传统拉丝模行业,硬质合金模具以其成本较低而得到广泛应用。但该模具易磨损,工作寿命较短,难以适应高速拉拔的发展趋势。金刚石涂层拉拔模具则以其优异的机械和摩擦学特性被逐渐应用于金属线材及管材的高速拉拔领域。

一、制备与性能

目前,线材行业所用的模具主要为硬质合金模具和聚晶金刚石模具两大类。硬质合金模具寿命短,易粘料,生产效率低;聚晶金刚石模具价格高,制作较大尺寸模具和异形模具非常困难,且韧性较差。应用 CVD 金刚石涂层技术,制成金刚石涂层拉拔模具,克服硬质合金拉拔模具不耐磨和聚晶金刚石拉拔模具韧性较差的缺点,成为新一代拉拔模具。本文拟用热丝法制作金刚石涂层拉拔模具,用于气体保护焊丝和不锈钢丝拉拔,并检测其使用性能,对其失效方式进行分析。

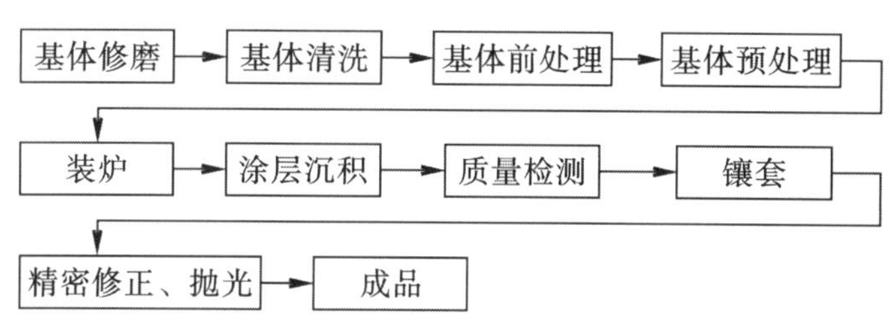

图 1　金刚石涂层拉拔模具制作工艺程

金刚石涂层拉丝模具在金属制品生产厂家生产线进行实际使用性能测试,以拉制合格丝材的模具使用寿命和丝材的尺寸稳定性为主要指标。

1. 焊接丝材料拉拔

金刚石涂层拉拔模具用于气体保护焊丝拉拔,从其性能特点看,金刚石涂层拉拔模具的使用寿命远超过硬质合金模具,且单产拉拔丝材量达到 1000 t,同规格的硬质合金模具单次拉丝材量仅为 20 ~ 40 t。另外,丝材生产效率也有一定提高,废品率降低。金刚石涂层拉丝模具用于镀铜焊丝拉拔同样使用寿命高,单只规格为模具在测试中可拉制丝材量超过 50 t,是同规格硬质合金模具的 50 倍。

2. 不锈钢丝拉拔

金刚石涂层拉拔模具用于不锈钢丝拉拔,同样具有优良的性能,金刚石涂层拉拔模具的单次拉拔丝材量是同样规格硬手质合金的15 倍,所拉制的克材尺寸稳定性良好。

3. 金刚石涂层拉拔模具的失效模式

经观察,金刚石涂层拉拔模具在实际使用中,金刚石涂层拉拔模具的失效并非由于磨损导致尺寸变化过大,而是金刚石涂层部分脱落后暴露的粗糙面使丝材表面划伤导致失效,与普通硬质合金模具和聚晶金刚石模具的失效方式有本质区别。

胡东平等,通过实践与分析得到以下几点结论:

(1)以硬质合金拉拔模具为基体,表面沉积金刚石涂层,金刚石压痕仪测试显示,涂层的抗压能力达 1.5 kN,表明结合力良好。

(2)金刚石涂层经扫描电镜和原子力显微镜观察结果表明,涂层颗粒的平均尺寸为 0.1 μm,加工后的粗糙度

(3)制作的金刚石涂层拉拔模具用于拉制焊接金属丝和不锈钢丝,使用寿命达硬质合金模具的 15 ~ 50 倍,性能明显优于硬质合金和聚晶金刚石拉拔模具。

(4)金刚石涂层拉拔模具的失效主要是金刚石涂层部分脱落后暴露的粗糙面使丝材表面划伤导致失效,其主要原因是硬质合金基体和涂层以及界面存在的缺陷和内应力在超长周期的应力作用下演化成为裂纹。

二、优化分析

随着化学气相沉积金刚石薄膜技术的日益成熟,以硬质合金拉拔模具为衬底,在其内孔表面涂覆一层均匀的、附着力能满足实际拉拔要求的金刚石薄膜技术已应用于生产。

但目前为止,有关金刚石涂层拉拔模具有限元仿真优化的研究却比较缺乏。于是杨晓静等着重研究线材不同压缩率时,金刚石涂层拉拔模具孔型参数对其拉拔过程的影响。并利用弹塑性有限元模型对

铜材的整个拉拔过程进行模拟仿真，得到了铜材及金刚石涂层模具的轴向和径向应力分布规律。

1. 正交试验分析

（1）因素选择。在金刚石涂层线材拉拔模具的拉拔中，为延长模具使用寿命，获得高质量的拉拔线材，就必须深入研究涂层模具孔型参数对线材拉拔过程的影响。

（2）极差分析。极差的大小反映了相应影响因素作用的大小，极差大的因素表示不同水平下对分析结果的影响较大，是主要因素。无论压缩率大小，工作锥半角都是影响铜材表面残余应力的主要因素，过渡圆弧半径是影响模具涂层上最大等效应力的主要因素。

在相同拉拔条件下，随着铜材压缩率的增加，各因素铜材表面残余应力的极差值在增加，这表明压缩率越大，各因素对铜材表面的残余应力的影响越显著。

在直径相近的同一材质线材的拉拔时，线材压缩率越大，工作锥角也越大。同时考虑到线材表面残余应力随压缩率的增加而减小，因此在拉拔条件允许时尽量选取较大的线材压缩率。

（3）方差分析。无论线材压缩率大小，合理的工作锥半径过渡圆弧半径的选择可显著减税小铜材表面残余应力及模具涂层上最大等效应力，从而获得高质量的拉拔线材凹及延长模具寿命。

2. 拉拔实验

对不同压缩率下优化后的金刚石涂层模具进行拉拔实验，传统的硬质合金模具铜材约为 400 t，而相同拉拔条件下，优化的金刚石涂层模具的铜材产量为 4000 t。因此，相对于硬质合金模具而言，在铜材拉拔中金刚石涂层模具的寿命可以提高 10 倍。同时，由于金刚石涂层的优异性能，拉拔铜材的表面光洁度也有很大改善。

3. 结论

采用正交试验法模拟分析了不同压缩率下金刚石涂层模型孔型

参数工作锥半角、过渡圆弧半径、定径带长度远对铜材拉拔过程的影响，得出以下结论：

（1）通过正交试验分析得到不同压缩率下金刚石涂层拉拔模具的最佳孔型参数：压缩率为13.7%时，模具工作锥半角为60°，过渡圆弧半径为4 mm，定径带长度为4.5 mm；压缩率为25.8%时，模具工作锥半角为70°，过渡圆弧半径为3 mm，定径带长度为4.5 mm。

（2）由极差分析知，当铜材拉拔直径相近时，无论铜材压缩率大小，工作锥半径都是铜材表面轴向残余应力的主要影响因素；过渡圆弧半径是模具涂层上最大等效应力的主要影响因素。

（3）由方差分析得知，随着铜材压缩率的增加，过渡圆弧半径及定径带长度对铜材表面轴向残余应力的影响程度在增加，但工作锥半径的影响仍是最大。在模具涂层上最大等效应力的影响因素中，过渡圆弧半径的影响程度始终最大，其他因素由于方差较小，其影响可忽略。

（4）随着材料压缩率的增大，拉拔后铜材表面轴向残余应力及涂层模具上的最大等效应力在减小，因此，在拉拔条件允许的情况下，适当增加线材压缩率有利于获得高质量的拉拔丝材及提高模具使用寿命。

（5）对参数优化后的金刚石涂层模具进行实际拉拔实验。实验表明，在相同拉拔条件下，相对于硬质合金模具而言，优化后的金刚石涂层铜材拉拔模具的工作寿命可提高10倍。

第四章 超硬材料家族中的新宠

立方氮化硼是继人造金刚石问世后出现的又一种新型高新技术产品。由于它具有高的硬度、高的热稳定性和高的化学惰性,以及良好的透红外性和较宽的禁带宽度等优异性能,所以在工业发达国家中它不仅作为工程材料已得到广泛应用,并取得明显的经济效益,而且被视为一种具有潜在发展前景的功能材料。立方氮化硼的出现促使磨削技术的第二次飞跃,大量事实还证明其刀具基本上符合当今刀具发展的主要方向。可见扩大立方氮化硼磨具,刀具的开发,生产和应用,是促使机械加工的重要举措。

立方氮化硼制备、性能与应用技术机理探讨

王光祖/文

本文是一篇集立方氮化硼制备、性能与应用技术机理探讨的综述性文章。

高压熔渗法有利于 cBN 晶粒塑性形变和晶粒间孔隙的闭合,从而在 Si 触媒渗入 cBN 层后促进 cBN-cBN 晶粒间的键合。以铜钛为原料,采用真空热压法制备 Cu-Sn-Ti 金属结合剂,形成了以钛为中心,Cu-Sn 相为壳的核/壳结构。探讨了纳米陶瓷结合剂的增强增韧机理。研究成孔剂对陶瓷结合剂 cBN 磨具结构与性能的影响。为深入分析窄深槽加工机理,将成形电镀 cBN 砂轮切削部位划分为顶刃区和侧刃区。在此基础上推导出顶刃区单颗粒 cBN 磨粒最大切削厚度的计算公式。

一、高压熔渗法烧结过程中晶界键合机理

通常情况下先将 cBN 和触媒或黏结剂均匀混合,然后进行高温高压烧结,然而,此种混合法在高压烧结过程中不易形成 cBN 晶粒间的键合。

四川大学原子与分子研究所刘银娟等,利用 Si 做触媒,采用熔渗法和常用的混合法进行了多晶立方氮化硼的高压烧结对比实验研究,并分析了高压熔渗法烧结过程中的 cBN 晶界键合机理。

在足够高的温度和压力下,cBN 晶粒之间可直接键结合在一起,为了降低反应条件利用 Si 做触媒,通过熔渗法在 5.5 GPa,15000 ℃条件下制备出含有大量 cBN-cBN 晶粒直接键合的 cBN-Si 烧结体。在熔渗法中,初始材料组装时 cBN 颗粒之间有大量直接接触,开始加压后 cBN 颗粒之间相互挤压,随着压力的升高,cBN 颗粒首先将通过破碎、塑性变形发生致密化。在此过程中,cBN 颗粒之间接触面积增大,这时整个样品腔里形成 cBN 颗粒接触处的高应力区以及 cBN 中颗粒未接触处的低应力(空隙)区。开始加热后,在低应力区,样品处于 hBN 的稳定区,而且随着温度的升高,部分 cBN 可能向 hBN 转化。

当温度达到 Si 的熔点时,液态 Si 扩散到 hBN 层。在 Si 的触媒作用下,cBN 样品颗粒之间的高应力区域开始形成 cBN-cBN 晶粒间键合。与此同时,前述低应力区通过逆转化形成的 hBN,在 Si 触媒的作用下亦可在高应力区域重新转化成 cBN,进一步促进了 cBN-cBN 晶粒间键合。在混合法中,初始材料中 cBN 和 Si 是均匀混合相间的,分布于 cBN 颗粒间的 Si 阻碍了 cBN 颗粒之间的直接接触,在烧结过程中很难形成 cBN-cBN 直接挤压接触所导致的高应力区,不利于 cBN 颗粒之间的直接键合。上述 cBN-Si 体系在高压下熔渗法和混合法烧结过程机理示意见二维码。

机理示意

邱琦研究了高速/超高速磨削加工原理，结果表明，普通磨削是通过磨粒切削刃对材料的剪切作用实现去除材料的目的，而高速/超高速磨削是通过磨料对材料的高速冲击，形成一椭圆形的高温高压流动体，流动体内的流动物质在磨粒的高速挤压下从磨粒的前端溢出来，同时随磨粒的运动被带出磨削区域，从而形成磨屑。该技术用于加工钛合金材料为代表的高黏度、高韧性的工件时，也能获得良好的加工效果。

二、Cu-Sn-Ti 金属结合剂的形成机理

采用真空热压法制备 Cu-Sn-Ti 金属结合剂，并对其微观结构的形成机理进行探讨。

表 1　原料的性能参数

金属名称	元素符号	纯度	密度/(g/cm^3)	熔点 t/℃	粒度尺寸 d/μm	原子半径 R/A
铜粉	Cu	99.9%	8.94	1083	≤37	1.57
锡粉	Sn	99.9%	7.30	232	≤37	1.72
钛粉	Ti	99.9%	4.51	1660	≤37	2.00

在实际的烧结过程中，往往伴有变形颗粒的回复和再结晶，粒子间的扩散、活流动、溶解、化合等一系列的物理化学变化。从表 1 中 Cu-Sn-Ti 金属结合剂所用原料的基本参数可知，所用的原料粒度相同，而 Ti，Sn 和 Cu 的原子半径逐渐减小，因此当粒度相同时，其对应的比表面积逐渐增大。同时，比表面积越大，其对其他原子的吸引作用就越大，所以 Sn 和 Cu 对 Ti 有一定的吸附作用，且 Sn 对 Ti 的吸附作用大于 Cu 对 Ti 的吸附作用。因此，在烧结初期，以 Ti 为中心周围会聚集大量的 Sn 原子和 Cu 原子。

从热力学角度分析，粉末的烧结是系统自由能减小的一个过

程,并依靠物质的传质和迁移来实现。由于 Sn 的熔点较低,当温度达到其熔点时,Sn 开始由固相向液相发生转变。在热压烧结初期,Sn 发生固液转变,液相 Sn 对固相的润湿状况较差,如图 1(a)所示。由于固体颗粒之间存在空隙,在压力的作用下,液相 Sn 就会沿着固相发生体积扩散,即液相 Sn 开始向外迁移,此时 Ti 周围的 Sn 逐渐减少。伴随温度和压力的增加,固相间的接触面积逐渐增大,如图 1(b)所示,同时固相烧结程度随着增加,其空隙也逐渐减小,所以 Sn 沿固体间隙的体积扩散会逐渐减弱;Ti 周围的 Sn 趋向消失,Sn 从内到外呈逐渐减少的变化趋势。当压力和温度达到最大值时,固液相间结合达到最大,如图 1(c)所示,固液界面将在浓度差的驱动下发生界面扩散,同时 Ti 和 Cu 的固-固界面也在浓度差的驱动下发生扩散。随着烧结的结束,便形成了以 Ti 为中心 Cu-Sn 相为壳的结构,即 Ti/Ti-Cu/Cu-Sn-Ti/Cu-Sn。

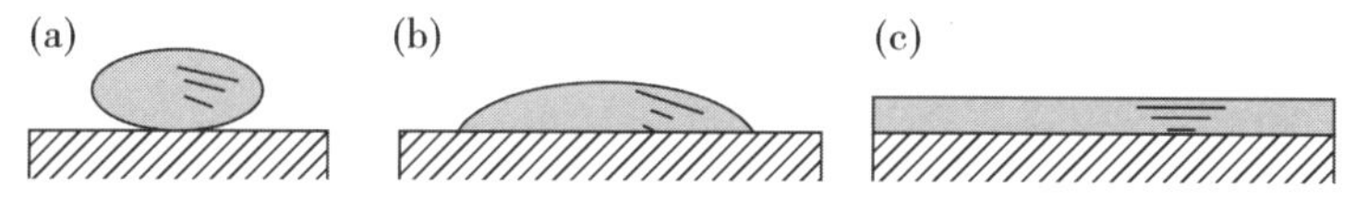

图 1　液相 Sn 在烧结过程中与固相的润湿情况

三、纳米陶瓷结合剂的增强增韧机理

自 1987 年德国 Karch 等首次报道了纳米陶瓷的高韧性、低温超塑性能后,世界各国对利用纳米颗粒以解决陶瓷材料脆性和难加工性寄予厚望。当把直径为纳米级的颗粒加入陶瓷中时,其强度和韧性大大提高。纳米陶瓷由于晶粒的细化,晶粒数量会极大增加,同时纳米陶瓷的气孔和缺陷尺寸减小到一定尺寸就不会影响材料的宏观强度,结果可使材料的强度、韧性显著增加。有关纳米陶瓷复合材料的增韧增强化机理目前很不清楚,说法不一,归纳起来大致有以下几种:

第一种是细化理论,该理论认为纳米相的引入能抑制其基体的异常长大,使基体均匀细化,是纳米陶瓷复合材料强度和韧性提高的一个原因。

第二种是穿晶理论,该理论认为基体颗粒以纳米颗粒为核发生致密化而将纳米颗粒包裹在基体晶粒内部,因此,在纳米复合材料中存在晶内型结构,而纳米复合材料性能的提高与晶内型结构的形成及由此产生的次界面效应有关。晶内型结构能减弱主晶界的作用,诱发穿晶断裂,使材料断裂时产生穿晶断裂而不是沿晶断裂。

第三种是钉扎理论,该理论认为存在于基体晶界的纳米颗粒产生钉扎效应,从而限制晶界滑移和孔穴、蠕变的发生。氧化物陶瓷高温强度衰减主要是由于晶界的滑移,孔穴的形成和扩散蠕变造成的,因此钉扎效应是纳米颗粒改善氧化物高温强度的主要原因。

四、成孔机理

陶瓷结合剂 cBN 磨具由磨料、结合剂和气孔组成。气孔具有容屑、排屑、储存冷却液、增强散热和冷却的作用,在磨削加工中能减少堵塞和降低工件的烧伤。因此,气孔控制对磨具结构与性能具有重要影响。

陶瓷结合剂 cBN 磨具中的气孔可以在成型和烧结中形成,也可以通过添加成孔剂产生。不加成孔剂时,磨具中气孔的形成是随机的,其数量和分布均为不可控状态。加入成孔剂后,可以实现气孔的人为调控,通过调节成孔剂的尺寸、含量及其加入方式来控制气孔的数量、形态与分布。

根据成孔机理的不同,常见的成孔剂有两种类型,一种是燃烧类型成孔剂(记为 A 类),磨具压制成型过程中自身占有一定尺寸空间,在磨具烧结过程中碳化燃烧,部分或全部燃尽后形成气孔,如核桃壳、聚甲基丙烯酸甲酯等;另一种热分解类成孔剂(记为 B 类),本身不能燃烧,但在一定温度下会发生分解反应,产生气体,在磨具烧成时形成气泡，冷却时保留下来成为气孔，如 $CaCO_3$ 等。

除上述两种成孔剂外，侯永改、路继红等又探寻一种新的可溶性盐类成孔剂（记为 C），它在磨具成型时占据一定的尺寸空间，但在磨具烧成过程中也不分解氧化，在磨具使用过程中，它可溶解于水溶性冷却液中，自身占有的位置形成气孔。

五、侧刃区工件材料去除机理

由材料力学基础理论和磨削机理可知，当加工过程中工件材料、磨粒以及砂轮基体的弹性变形量小或等于单颗 cBN 磨粒最小极限切深时，cBN 磨粒对该区域材料只产生弹性变形作用，工件材料的去除方式是经多个磨粒多次滑擦作用后出现疲劳点蚀面最终断裂，进而从工件上脱落，完成剩余工件材料的去除。

为便于分析计算，假设参与切削的 cBN 磨粒粒度完全一致，所有磨粒都处于同一个等高面上，则过渡区成形砂轮廓形可描述为如二维码所示的理论廓形。

cBN 成形砂轮过渡区域廓形模型

EF 即为 cBN 砂轮在进行窄深槽加工时磨粒产生弹性滑擦的分界线长度，即单颗粒的最小切深极限。当顶刃区未加工材料进入分界线 *EF*，且砂轮进给量很小时，在此区域内材料可能以疲劳断裂而剥落。

六、Cu-Sn-Ti 钎料钎焊立方氮化硼界面微观分析

由于 cBN 磨粒尺寸较小，通常需要固结才能使用。固结的方法主

要有电镀或烧结两种:电镀制品因电镀过程温度低,不会有化学冶金结合,不能实现高强度连接;而烧结制品制造温度较高,但 cBN 非常稳定,对其连接强度也较低。因此,烧结、电镀 cBN 砂轮在使用过程中,常会因磨粒与基体结合力低而导致磨粒过早脱落失效。

近年来,通过活性钎料对磨粒进行钎焊,可以在 cBN 表面产生界面反应,从而实现高强度连接,在高速磨削、工具寿命、绿色环保方面具有很大优势。通过磨粒的排布和调节钎料比例,可以实现有效调控磨粒的有序排列颗粒和出刃高度,所以采用活性钎料钎焊 cBN 制造各种制品受到研究人员的关注。现有文献对 cBN 钎焊多采用 Ti 活性元素或 Ti 基的合金化钎料,如 Ag-Cu-Ti、Cu-Sn-Ti、Cu-Ni-Sn-Ti、Ti-Zr-Ni-Cu 等,对钎焊工艺、界面化合物类型、数量、分布等进行了细致分析。

目前,多采用合金化的 Cu-Sn-Ti 具有成分均匀、熔点低的优点,但同时增加了工序及成分调整较为复杂,可以选择 Cu、Sn、Ti 粉混合后作为钎料进行 cBN 的钎焊。另外,cBN 的热稳定性和化学稳定性都较高,即采取含活性 Ti 粉的钎料在钎焊过程中实现合金化,随后活性 Ti 元素与 cBN 发生界面反应,最终实现高强度连接,选择含有适量 Ti 元素的 Cu、Sn 三种元素混合后进行 cBN 在真空钎焊。这对研究活性钎料的润湿机理,提高连接强度等具有重要的意义,并且对于制造 cBN 工具有一定的现实意义。

苏州科技学院机械工程学院卢金斌、贺亚勋等采用 Cu、Sn、Ti 单质金属粉混合制备了活性钎料,在真空炉中对 cBN 进行了钎焊连接,实现了 cBN 与 Q235 钢基体的高强度连接。运用 SEM、EDS 分析了 cBN 与钎料的界面微观组织、元素分布。结果显示,混合金属粉实现了钎料合金化,对 cBN 的润湿性较好,钎料与 cBN、钢基体发生了界面反应,生成了含 Ti 的化合力物,钢基体中的少量 Fe 元素随 Ti 扩散到 cBN 并形成白色块状 TiFe 化合物。

七、结语

(1)通过 cBN-Si 体系熔渗法与混合烧结 PcBN 的对比，得到高压熔渗法烧结过程中 cBN 的晶界法键合机理。

(2)烧结工艺参数、原子特性、热力学以及动力学行为的共同作用形成了以 Ti 为中心向 Cu-Sn 过渡的结构，即 Ti/Ti-Cu/Ti-Cu-Sn/Cu-Sn 的化学结合。

(3)纳米陶瓷结合剂是一种超硬磨具结合剂，它显著降低了磨具烧结温度，大幅度提高了制品强度、韧性和耐磨性，且气孔可控，并为其应用开拓了一个崭新的领域。

(4)A 类成孔剂的造孔效果更加显著，但其加入对试样韧性的降低较明显。B 类成孔剂的加入造孔效果比 C 类明显，但对磨具试样的抗弯强度影响较大。C 类造孔剂中，成孔剂 C1 的造孔效果较好，对试样的抗弯强度降低较少，且能增加试样的冲击韧性。

(5)通过建立数学模型推导出侧刃区内磨粒产生弹性滑擦的分界线长度，且当砂轮进给量很小时，顶刃区未加工材料转移进入分界线后，在此区域内磨粒对工件材料作用方式为弹性滑擦，工件材料表面出现脆性裂纹直至剥离脱落，进而形成蚀坑，切削痕迹不明显。

陶瓷结合剂 cBN 砂轮的研究综述

一、发展的动力 高效与高速

随着现代工业技术和高性能科技产品对机械零件的加工精度、表面粗糙度、表面完整性、加工效率和批量化质量稳定性的要求越来越高。

高速/超高速、高效率、自动化/数控化/智能化、超精密等既是当前先进磨粒加工工艺技术的主要内容，也是先进加工制造工艺与装备的重要学科前沿。

磨削加工按砂轮线速度的高低可将磨削分为普通磨削（v_s<45 m/s）、高速磨削（45 m/s≤v_s<150 m/s）和超高速磨削（v_s≥150 m/s）。日本普遍将砂轮圆周速度超过100 m/s的磨削工艺称为超高速磨削，在当前生产实践中，高速和超高速磨削速度一般在100～200 m/s，超高速磨削技术是磨削工艺本身的革命性跃变。高速超高速磨削工艺有以下主要特点：①大幅度提高磨削效率，减少设备使用台数；②磨削力小；③加工质量好；④砂轮磨损少，使用寿命长；⑤实现对难加工材料的磨削加工。

超高速磨削砂轮应具有良好的耐磨性、高的动平衡精度、机械强度高、抗破碎能力强、高的刚性和良好的导热性。超高速砂轮主要用超硬磨料（cBN，金刚石）。基体材料常用合金钢或铝合金。日本和欧洲开发了弹性模量/密度高、热膨胀系数低的CFRP复合材料的cBN砂轮。日本在400 m/s的超高速磨床上，采用CFRP为基体直径250 mm的陶瓷结合剂cBN砂轮，已实现300 m/s的磨削试验。目前，工业生产中广泛采用金属结合剂cBN砂轮和单层电镀cBN砂轮，使用速度可达250 m/s，试验中已达340 m/s。

超高速磨削技术是现代新材料技术、制造技术、控制技术、测试技术和实验技术的高度集成，是优质与高效的完美结合，是磨削加工工艺的革命性变革。通常将砂轮线速度大于45 m/s的磨削称为高速磨削，而将砂轮线速度大于150 m/s的磨削称为超高速磨削。超高速磨削在欧洲、日本和美国等发达国家发展很快，被誉为“现代磨削技术的最高峰”。瑞士Studer公司开发的cBN砂轮磨削线速度在60 m/s以上，并向120～130 m/s方向发展。

1993年，美国的Edgetek Machine公司首次推出的超高速磨床，采用单层cBN砂轮，圆周速度达到了203 m/s，用以加工淬硬的锯齿等可达到很高的切除率。2000 年关美国马萨诸塞州立大学的 S. Malkin 等，以 149 m/s 的砂轮速度，使用电镀金刚石砂轮通过磨削氮化硅，研究砂轮的地貌和磨削机理。目前美国的高效磨削磨床很普遍，主要是应用 cBN 砂轮，可实现以 160 m/s 的速度，75 m^3/(mm · s)的磨除率，对高温合金 Incone1718 进行高效磨削，加工后 *Ra* 1 ~2 μm，尺寸公差±13 μm。另外，采用直径 400 mm 陶瓷 cBN 砂轮，以 150 ~200 mm/s 的速度磨削，可进达到 *Ra* 0.8 μm，尺寸公差±2.5 ~5 μm。美国高速磨削的一个重要方向是低损伤磨削高级陶瓷。

20 世纪 90 年代日本推出了 120 m/s 和 250 m/s 的高速磨床。日本广泛地用 cBN 砂轮取代一般砂轮，其目的是达到加工的高效率化、省力和无人化。至 2000 年日本已进行 500 m/s 的超高速磨削试验，而 1000 m/s 则是迄今公开报道的最高磨削进速度。

制造业在生产过程中，一方面要消耗大量的有限资源，另一方面对环境造成污染。面对人类社会可持续发展的需要，实施绿色制造已经势在必行。在机械制造领域，磨削是对环境和资源影响最大的一种加工工艺。磨料磨具本身的制造、磨料在加工中的消耗、磨削加工所造成能源及材料的消耗，以及加工中大量使用的磨削液等都对环境和资源产生了严重的影响。目前，世界上一些工业发达国家都在力图降低或停止超硬磨料磨具的产量和消耗，以保护本国资源。

我国是世界上起硬磨料磨具生产及消耗的第一大国，超硬磨料资源有限，因此大幅度提高磨削加工的绿色意义重大。近年来出现的快速点磨削技术特点鲜明，特别是磨削力极小，磨削温度低，接近冷态加工，可减少、无磨削液的干式或准干式加工，砂轮使用寿命长，符合绿色制造的发展趋势。

快速点磨削是由德国 Junker 公司 Erwin Junker 于 1994 年开发并取得专利的一种先进的超高进行磨削技术，它集成了超高速磨削、cBN 超硬磨料及 CNC 柔性加工三大先进技术，具有优良的加工性能，是超高速磨削技术在高效率、高柔性和大批量生产入高质量稳定性方面的又一新发展，是新一代数控车削和超高速磨削的极佳结合。目前，已在国外汽车工业、工具制造业中得到应用，我国一汽大众汽车有限公司和上海大众汽车有限公司已引进了这一工艺和设备，用于汽车发动机凸轮轴等轴类零件加工，并取得了显著的经济效益。在齿轮加工、机床制造、纺织与印刷机械制造、陶瓷加工、电子工业中应用前景广阔。其 cBN 或人造金刚石砂轮在该技术上也有用武之地。德国目前在这项新技术的研究开发上处于领先地位。

Konig W 指出，对于超高速砂轮的设计和应用必须具有一个崭新的砂轮概念。在正确的使用条件下，超高速砂轮的磨削非常小。即使是高效深磨工艺超高速砂轮的磨削比也可达到 2000 甚至更高，而且随着砂轮速度的提高磨削比有上升趋势。高强度及半永久性是超高速砂轮的两大基本特征。

超高速砂轮必须满足以下基本要求：①安全性能好，②加工精度高，③良好的磨削性能。其中，砂轮的安全性是最重要的。超高速砂轮的安全性很大程度上依赖于超高速砂轮的基盘强度，对磨料层强度、基盘与磨料层的结合强度也有很高要求。

高效深切磨削（High Efficiency Deep Grinding，HEDG0）技术是近几年发展起来集砂轮高速度（100 ~ 250 m/s）、高进给速度（0.5 ~ 10 m/min）和大切深（0.1 ~ 30 mm）为一体的高效磨削技术。目前，欧洲企业在高效深磨技术应用方面居领先地位。高效深磨可直观地看成是缓进给磨削和超高速磨削的结合。采用陶瓷结合剂 cBN 砂轮以 120 m/s 的速度磨削，比磨削率可达 500 ~ 1000 mm^3/（mm · s），比车削和铣削高 5 倍以上。英国用盘形 cBN 砂轮对低合金钢 51CrV4 进行了 146 m/s 的高效深磨试验研究，材料切除率超过 400 mm^3/（mm · s）。高效或成形磨削作为高效深磨的一种也得到了广泛应用，并可借助 CNC 系统和 cBN 成型砂轮完成更为复杂型面的加工，表面质量与普通磨削媲美。

我国高速磨削起步较晚，1958 年开始推广高速磨削技术。1964 年郑州磨料磨具磨削研究所和洛阳拖拉机厂合作进行了 50 m/s 高速磨削试验。1982 年，湖南大学进行了 60 m/s 高速强力凸轮磨削工艺试验研究。20 世纪 80 年代初，以东北大学为主开发的 YLM-1 型双面立式半自动修磨生产线，磨削速度达到 80 m/s。1995 年，汉江机床厂使用陶瓷 cBN 砂轮，进行了 200 m/s 的超高速磨削试验。20 世纪 90 年代至今，东北大学一直在开展超高速磨削技术研究，并首次研制或成功了我国第一台圆周速度 200 m/s，额定功率 55 kW，最高砂轮线速度达 250 m/s 的超高速试验磨床，并先后进行了 200 m/s 电镀 cBN 超高速砂轮设计与制造、超高速单颗粒 cBN 磨削试验研究、超高速磨削砂轮表面气流场的研究等。

二、必然的趋势 最佳的选择

瓷结合剂 cBN 砂轮不仅具有切削锋利、磨削力小、生产效率高、使用寿命长、易于修整与修锐、磨削精度高等优点，而且还具有磨削时工件温度低，能消除残余拉应力而产生残余压应力，使工件耐用度提高 30% ~50% 的特点。基于陶瓷结合剂 cBN 砂轮的优点：磨削锋利，生产效率高；良好的砂轮磨削型面的保持性；极大地减少砂轮的修正和更换次数；保证磨削工件不被烧伤。陶瓷 cBN 砂轮已经被广泛应用在实际生产中。超高速磨削时，砂轮基体材料的选择和形状、大小设计与砂轮的磨料、结合剂、气孔一样是非常关键的。因此，陶瓷结合剂 cBN 砂轮获得高速发展，1980—1993 年，在世界范围内，cBN 砂轮的结合剂构成比例中，陶瓷结合剂由 4% 增加到 37%，呈大幅度上升趋势。

近年来，在一些发达国家，陶瓷结合剂超硬磨具的发展非常迅猛，其发展速度远远超过树脂结合剂和金属结合剂，具体表现在产品的系列化、品牌化和普及化，陶瓷结合剂 cBN 磨具已普遍使用，陶瓷结合剂金刚石磨具也得到了快速发展,使我们看到陶瓷结合剂超硬磨具应有的光明前途。

基于陶瓷结合剂 cBN 砂轮的优点:磨削锋利,生产效率高;良好的砂轮磨削型面的保持性;极大地减少砂轮的修正和更换次数;保证磨削工件不被烧伤。陶瓷 cBN 砂轮已经被广泛应用在实际生产中。超高速磨削时,砂轮基体材料的选择和形状、大小设计与砂轮的磨料、结合剂、气孔一样是非常关键的。

与普通磨削相比,超高速磨削显示出极大的优越性:大幅度提高磨削效率,减少设备使用台数;磨削力小,零件加工精度高;降低加工工件表面粗糙度;砂轮寿命延长,可实现硬脆性和难加工材料的一高性能加工。因此,德国著名磨削专家 T. Tawakoli 博士将其誉为“现代磨削技术的最高峰”。国际生产工程学会(CIRP)将它确定为 21 世纪的中心研究方向之一。

在日本工具制造厂的磨削加工车间,已难见到普通磨料磨具的使用痕迹,而在我国机械加工中很少见到先进的 cBN 磨削加工(表 1)。棕刚玉磨具磨削加工的 GCr15 零件,精度和表面粗糙度不易保证,成品率低,工作环境较差,材耗和能耗大,生产效率较低。

表 1　棕刚玉和 cBN 磨具磨削加工效果对比

对比项目	尺寸及形状精度等级(IT)	表面粗糙度/μm	生产件数/(个)16 h	成品率/1000(个)	单次修整/磨具寿命(件数个)
棕刚玉磨具	IT8 ~ IT10	*Ra*0.4 ~0.6	10 ~ 12	600 ~ 700	5 ~ 8
cBN 磨具	IT5 ~ IT6	*Ra*0.1 ~0.2	180 ~ 220	982 ~ 998	12 ~ 200

由表 1 可见,GCr15 轴承钢制件经 cBN 磨具磨削精度与棕刚玉磨具相比,由 IT8 ~ IT10 稳定提高到 IT5 ~ IT6 级范围内,磨削粗糙度由 *Ra*0.4 μm 降低到 *Ra*0.2 μm 左右。cBN 磨具的耐磨性也很好,修整

砂轮次数大大减少，生产效率提高 20 倍以上。因此，cBN 磨具在 GCr15 轴承钢的精密磨削制件的磨削加工生产和应力方面，具有极广的实际意义和推广价值。

三、低温结合剂 发展的方向

陶瓷结合剂性能的好坏直接关系到 cBN 磨粒优良性能能否得到充分的发挥，从而最终影响到 cBN 砂轮的磨削效果。所以，陶瓷结合剂是研究陶瓷结合剂 cBN 砂轮的关键因素之一。

陶瓷结合剂的性能：结合剂的耐火度、结合剂强度、热膨胀系数与抗冲击强度。

结合剂的强度包括结合剂本身的强度（抗拉强度与抗折强度）和结合剂对磨粒的黏结强度。影响结合剂强度的因素很多，其中主要是：结合剂的化学成分、烧结工艺、cBN 的镀覆处理等。

国外，陶瓷结合剂配方主要以化学成分进行配比，选择硼玻璃或铅玻璃体系作为理论研究对象。国内早期陶瓷结合剂配方以长石、黏土、石英等矿物成分以及外加助熔剂进行配比。长石、黏土、石英等矿物的主要化学成分为 SiO_2、Al_2O_3，外加助熔剂 B_2O_3、碱金属氧化物（R_2O）、碱土金属氧化物（RO）、氟化物等。

超高速磨削是陶瓷结合剂 cBN 砂轮的发展趋势，这就意味着对陶瓷结合剂性能，尤其是强度、硬度选择，线膨胀系数等提出了新的更严格的要求。同时，由于 cBN 在高温下容易受到热损伤，特别是在结合剂中添加 R_2O、RO 等助熔剂后，1000 ℃以上的高温，cBN 磨粒将受到较为严重的侵蚀。因此，开发低熔点（1000 ℃以下）陶瓷结合剂是解决 cBN 免遭损害的重要技术措施。低熔点，高强度陶瓷结合剂是充分发挥陶瓷结合剂 cBN 砂轮磨削特性的前提，是研制陶瓷结合剂 cBN 砂轮的热点。

国外，陶瓷结合剂配方主要以化学成分进行配比，选择硼玻璃或铅玻璃体系作为理论研究对象。俄罗斯对铅玻璃结合剂进行了较为深入的研究,但由于铅是一种有毒物质,高温下易于挥发,因此,其他国家对此研究甚少。当前,较为广泛研究的是玻璃结合剂。以 Na_2O、B_2O_3、SiO_2 为基本成分的玻璃,称为硼硅酸盐玻璃。它的特点是热膨胀系数小。具有良好的热稳定性和化学稳性。这些特点与 cBN 的优异性能相匹配,能较好地满足 cBN 对结合剂的要求。因此,硼硅酸盐玻璃体系已成为陶瓷结合剂 cBN 砂轮的首选目标。

单纯含有 B_2O_3 和 SiO_2 成分的熔体是不可混熔的。当加入 R_2O 或 RO 时,硼的结构会发生变化。通过 R_2O 或 RO 提供游离的氧,硼氧三角体[BO_3]转变成完全由桥氧组成的硼氧四面体[BO_4],使硼的结构由层状转变为与硅氧四面体[SiO_4]相似的三度空间架状结构,从而加强了网络。

由于传统的陶瓷结合剂烧结温度高、强度低、抗冲击、抗疲劳性能差,为改善其性能和避免高温烧结对超硬脆料的伤害,目前大家纷纷在研究低温高强陶瓷结合剂。实践证明,采用纳米材料作为结合剂显著降低了烧结温度,大幅度提高了制品强度、韧性和耐磨性,并成功获得了工业化应用。

高的磨削速度才能实现高的磨削效率,并且磨削速度的提高对于磨削质量的提高极为有利,要实现高速磨削,必然要求砂轮有较高的强度,而砂轮的强度又取决于结合剂的组成,因而开发微晶玻璃体结合剂势在必行。

要使玻璃形成微晶结构必须满足两个条件,一是玻璃本身要有形成晶体的条件,这就要求微晶玻璃的组分不同于普通玻璃,以便在适当条件下某些成分能够析出形成晶体;二是要有适当的外部条件,比如适宜的温度和一定的时间,在玻璃体内能够形成晶体的组分只有在某一温度下达到过饱和时,晶体才能析出形成晶核,而晶体的长大又不断需要物质的补充和物质的迁移,这一过程必须在适当的条件下和一定的时间内才能完成。

万隆等的观测发现，采用适当的原料配比和工艺，可控制微晶玻璃中的晶粒径为纳米级。这种微晶玻璃可作为结合剂，采用适当的晶化条件时，该结合剂制作的砂轮强度要比目前使用的高速砂轮结合剂高 40% 左右。

在第九届中国国际机床展览会上，温特苏尔公司提出的具有“纳米技术概念”的 NandWin 磨具发人深思，其结合剂是带有纳米涂层的重结晶玻璃结合剂 602 W，在陶瓷结合剂磨具制造过程中，在结合剂内生成类似玻璃纤维的“晶链”，不仅可以提高磨具的强度，适应高速磨削，而且更重要的是可以减少磨具中的结合剂，提高磨具气孔率，同时还可以避免磨屑的黏附，使磨具性将得到很大提高。

研制纳米陶瓷结合剂是采用纳米级的颗粒、晶片、晶须和纤维等形成的一种纳米复合材料。其主要性能特点是：烧结温度低，用于金刚石磨具的陶瓷结合剂烧结温度 700 ~ 850 ℃；用于 cBN 磨具的陶瓷结合剂烧结温度 800 ~ 900 ℃；结合剂抗折强度高于 100 MPa。纳米陶瓷结合剂与金刚石和 cBN 超硬磨料润湿性良好、结合力强，在烧结过程中与超硬磨料不发生反应、不腐蚀伤害超硬磨料、磨料与结合剂分布均匀、浸润良好。纳米陶瓷结合剂适用于各种粒度，尤其是制造、精细研磨工具与刃磨工具，具有普通陶瓷结合剂不可比拟的优势。

稀土元素具有良好的表面活性，对陶瓷材料表面有润湿性能从而降低陶瓷材料的熔点；在加热过程中可抑制晶粒生长，有利于致密结构的形成；掺入稀土氧化物可以进入晶界玻璃相，使玻璃相的强度得到提高；加入稀土氧化物易于形成低熔点的液相，并通过颗粒之间的毛细管作用，促使颗粒间的物质向孔隙处填充，使材料孔隙率降低，致密度提高。

四、添加剂的影响与作用

向坯料中加入 $\alpha-Al_2O_3$ 粉会使陶瓷结合剂抗冲击强度、抗弯强度、热稳定性、密度、化学稳定性都得到提高。750 ℃烧结后，$\alpha-Al_2O_3$与陶瓷结合剂中的 Li-Si-O 相发生反应生成 $LiAl(SiO_3)_2$ 晶相，该晶相在陶瓷结合剂中形成的微晶玻璃相起到钉扎裂纹的作用，防止其扩散、延伸有助于增强陶瓷砂轮的强度。

随着 Li_2O 添加量的增加，结合剂的耐火度显著降低；在 0～6wt% Li_2O 添加量范围内，结合剂耐火度下降较快，之后耐火度变化趋于平缓。随 Li_2O 添加量的增加，结合剂的流动性增大。随着温度的升高，相同组成结合剂的流动性明显增大。当添加 6% Li_2O 时，磨具试样抗弯强度出现一个最大值。当添加量低于 6wt% 时，随着 Li_2O 含量增大，结合剂玻化程度逐渐改善，结合剂与磨粒结合紧密，磨具试样强度增大；Li_2O 含量高于 6wt% 时，会因结合剂本身结构的变化和磨具显微结构的破坏，使磨具强度降低。

马文闵等的研究表明，在硼玻璃体系的 cBN 砂轮陶瓷结合剂体系中，结合剂的耐火度随 Li_2O 含量的增加而降低，在碱金属总量不变的情况下，结合剂的耐火度随 Li_2O 含量的增加反而有所上升。结合剂中的碱金属氧化物含量较低时，随着 Li_2O 的加入，结合剂的强度逐渐增加，在 $(Li_2O+Na_2O)/(B_2O_3+Al_2O_3)=1.03$ 时结合剂的抗折强度达到最大。Li_2O 含量的增加有利于改善结合剂和 cBN 之间的润湿性。

候永改等的研究显示，加入合金粉对结合剂和对砂轮的影响不同，具体表现：①加入低熔点合金粉，陶瓷结合剂的耐火度降低，由 700 ℃降至 650 ℃；②加入合金粉后，砂轮的硬度和冲击强度均有较大的提高，砂轮硬度测定值最大为 112，冲击强度最大值为 931.40 $kg\cdot m^{1/2}$；③加入合金粉后，砂轮的抗折强度提高，采用纯玻璃为结合剂时，砂轮的抗折强度为 45.5 MPa，结合剂中加入合金粉(8%)时，抗折强度为 76 MPa。

张习敏等认为，气孔是陶瓷结合剂砂轮的三个基本要素不可缺少的重要组成部分。他们的试验结果显示，添加石墨制得的砂轮强度受到石墨颗粒形状、加入量、烧结温度的影响，砂轮强度随加入量的增加而下降；添加 $CaCO_3$ 制得的砂轮强度高，生成气孔形状多为球形，分布均匀，在允许的范围内随加入量的增加气孔尺寸增大；石墨与 $CaCO_3$ 的造孔机理不同，$CaCO_3$ 的造孔效果比石墨好。在磨削过程中起容屑、断屑、存储磨削液的气孔，对提高生产效率和改善加工质量都是非常有益的，在实际生产中，磨削目的和加工工件的不同对气孔状态的要求也不同，因此，在基本不影响磨具其他性能的前提下实现对气孔状态的设计，可以进一步发掘目前还较为昂贵的 cBN 磨料的使用潜力，提高性价比。

陶瓷结合剂的要求是低熔高强，低熔的目的在于避免 1200 ℃以上 cBN 转变为类石墨的六方结构而失去其超硬性；高强可提高线速度，有利于发挥砂轮优良的加工性能；而低熔陶瓷结合剂由于低熔的要求，往往含有较多的起熔剂作用的碱金属氧化物（Na_2O、K_2O、Li_2O），在 800 ℃以上将强烈腐蚀 cBN，这使得 cBN 陶瓷结合剂砂轮的选择陷入矛盾中。

王明智等通过 cBN 表面镀覆不同性质材料镀层对低熔陶瓷结合剂砂轮力学性能的影响进行了探讨，其结果列入表 2。

表 2　抗弯强度及密度测试结果

试样编号	抗弯强度/MPa	提高幅度	密度/(g/cm^3)
1	48.76	-6.8	2.36
2	62.38	19.2	2.36
3	84.20	60.9	2.37
4	49.79	-4.9	2.36
5	64.68	23.6	2.37
6	80.40	53.6	2.37
7	52.33	0	2.25

注:7 号为不加磨料的参比试样

从表 2 数据可见，当 cBN 表面无镀覆处理时，试样的抗弯强度有不同程度的下降，比空白试样下降 5% 左右；cBN 表面镀覆 Ti 后，其抗弯强度有显著提高，3 号和 6 号试样分别提高了 19.2% 和 23.6%；而 cBN 经表面涂覆刚玉的试样其提高程度更明显，比未镀覆试样提高 53.6% 和 60.9% 密度则几乎没有什么变化。

为什么 cBN 表面涂覆刚玉后力学性质会产生如此大的变化？王明智等认为，当 cBN 磨粒通过表面刚玉涂层与结合剂良好结合后，cBN 磨粒将成为整个截面的强化质点，这个强化质点的强度大小就影响了整个试样的抗弯强度；反之，如果 cBN 磨粒与结合剂没有结合，磨粒在试样做抗弯强度试验时将相当于孔洞，降低了截面真实尺寸，当然也就降低了抗弯强度。需要指出的是，Ti 镀层表面与结合剂的结合程度不如表面涂覆刚玉的好。

这里还需提供一个信息，就是从 SEM 的照片上不难发现，未经表面处理的 cBN，在烧结过程中，其表面遭受来自结合剂中 Na、Ca 等碱金属氧化物的强烈腐蚀，表面出现严重的圆钝化；在高温氧化和腐蚀介质的共同作用下，cBN 将与 K、Na 等发生如下反应：

$$BN+Na_2O+O_2 \longrightarrow Na_2O \cdot B_2O_3+N_2 \uparrow$$

$$BN+Na_2O+H_2O \longrightarrow Na_2O \cdot B_2O_3+NH_3 \uparrow$$

不仅使 cBN 棱角圆钝化，有效尺寸缩小，而且在反应过程中放出 N_2 和 NH_3，使 cBN 磨粒周围形成气隙，造成 cBN 与结合剂脱离，在磨削过程中磨粒极易脱落。可是涂刚玉后情况则截然不同，在温度达到一定时，结合剂中硼玻璃逐渐软化，其中 K_2O、Na_2O 等碱金属氧化物活性增强，由于刚玉与结合剂之间存在很强的反应能力，使结合剂与 cBN 磨粒结合良好，形成的液体黏度不断下降，cBN 表面的刚玉在这种条件下与硼玻璃与刚玉之间的反应能力提高，使这一部分结合剂中的 Al_2O_3 含量增加，从而使结合剂黏度又下降，这样一个过程不仅由于 cBN 周围的结合剂中 Al_2O_3 含量增加使强度提高，cBN 磨粒与结合剂结合能力提高，同时也阻止了高温下硼玻璃对 cBN 磨粒表面的侵蚀。

陶瓷结合剂砂轮是一种由晶体相（cBN 磨料、辅助磨料、结合剂中的微晶粒）、玻璃相（结合剂主体）和气孔组成的。cBN 磨料颗粒之间由结合剂作为桥梁而连接。

为了达到超高速磨削，最近砂轮基体已经使用轻而延伸率小的碳素纤维强化塑料（CFRP）。表 3 中是目前有代表性的几种超高速砂轮基体材料。

表 3　有代表性的几类超高速砂轮基体特性

材料	CFRP	铍	铝合金	钛合金	钢
密度/(g/cm^3)	1.5	3.025	2.8	4.5	7.8
抗冲强度/MPa	490	130	500	1030	882
泊松比	0.3	0.18	0.35	0.30	0.31
杨氏模量/GPa	53	400	71	113	192
比模量	35.3	133	25	25	24.4
比强度	306	43	178	229	112

从表 3 可见，CFRP 比模量和比强度最好，具密度小，是超高速砂轮基体最好的材料。日本用该材料制作的陶瓷 cBN 砂轮在 200 m/s 的超高速下已经用于生产。目前，我国用该材料制作基底盘的技术还不成熟；钢成本低，但密度大，同等体积下质量最重，对主轴有负面影响；金属铍虽然性能也不错，但是，该材料是一种有毒的材料；铝合金和钛合金相比，钛合金更好一些，因为钛合金的热稳定性和抗疲劳性要比铝合金好。用于超高速陶瓷 cBN 砂轮的黏结剂必须要有很高的抗拉强度和抗剪强度，成键性能好，毒性小甚至无毒。

超高速磨削是陶瓷结合剂 cBN 砂轮的发展趋势，这就意味着对陶瓷结合剂性能,尤其是强度、硬度选择,以及线膨胀系数等提出了新的更严格要求。

五、结语

高速/超高速磨削可以大幅度提高生产效率和加工质量并降低成本,德国、美国、日本等国家已经把该技术应用在航空、汽车、模具等领域。超硬磨料砂轮已经在一高速/超高速磨削中得到广泛的应用,带来了巨大的经济效益。

高速超高速磨削加工是先进制造方法的重要组成部分,集粗精加工于一身,达到可与车、铣和刨削等切削加工方法相媲美的金属磨除率,而且能实现对难磨材料的加工。

在我国现有条件下,大力加强高效磨削加工技术的研究、推广和应用,对提高我国机械制造业的加工水平和加快新产品开发具有十分重要的意义。如今超硬材料的应用日益广泛,实施高速高效磨削是加工硬质难加工材料的优选加工工艺。

由于超硬磨料磨具的应用,高速、大功率精密机床及数控技术的发展、新型磨削液和砂轮修整等相关技术的发展、高速超高速磨削和高效率磨削技术的应用,必将促使陶瓷 cBN 砂轮进入高速发展的轨道。

陶瓷结合剂性能的好坏直接关系到 cBN 磨料优良性能能否得到充分的发挥,从而最终影响到 cBN 砂轮的磨削效果。所以,陶瓷结合剂是研究陶瓷结合剂 cBN 砂轮的关键因素之一。现有一个较为普遍的共识,那就是陶瓷结合剂 cBN 砂轮宜采用低熔陶瓷结合剂。

目前,世界发达国家的高速 cBN 砂轮产量正以每年 15% ~20% 的速度递增,尤其是金属单层(电镀)结合剂和陶瓷结合剂 cBN 砂轮为主,以其磨料利用率高、气孔大、形状保持性好、不需修整或容易修整等优点。

陶瓷结合剂 cBN 砂轮具有较高的磨削效率,越来越多地应用于轴承、汽车、航空和工具制造业。陶瓷结合剂 cBN 砂轮磨削不仅能提高零件的加工精度、表面质量和生产效率,尤其具有高的综合效益,值得大力推广应用。

cBN 表面涂覆刚玉可大大提高 cBN 磨粒与 Si-B-Na 陶瓷结合剂的结合强度,从而提高了陶瓷结合剂 cBN 砂轮的整体强度,对提高砂轮工作线速度作出了巨大贡献。cBN 表面涂刚玉可防止磨粒表面遭受结合剂有害元素的侵蚀,使烧成后磨粒仍保持其可贵的锋利棱角,对膨胀系数梯度过渡也是有利的。

添加物对立方氮化硼合成及其特性的影响

王光祖/文

立方氮化硼(cBN)是继美国 GE. Co. 于 1954 年开发出人造金刚石之后,由该公司的 R. H. Wentrof 研制成功的,这种材料是没有天然资源的,其硬度仅次于金刚石,但其热稳定性却远高于金刚石,研究结果显示,它对铁族金属及其合金的加工特别有效。因此,解决了金刚石工具不能加工铁族金属及其合金的难题。随着机械加工工业的日新月异,难加工材料的不断出现,cBN 因而得到迅速的发展。反过来,随着 cBN 合成技术不断创新其产品品种的不断扩大和产品质量的不断提高,对机械加工工业的技术创新所作出的贡献也就越来越大。所以众多的材料专家对 cBN 合成技术的研究所给予更多的关注是情理之中的事。本文就添加物对 cBN 合成技术及其特性影响做一下简要综述。

一、硅参与下 cBN 结晶的研究

本部分就原始的六方氮化硼(hBN)中硅的浓度不同是 cBN 结晶

中心的成核过程和结晶体的平均生长速度与合成时间的关系进行了研究。cBN 晶体是在 4～4.3 GPa 的压力和 1810～2310 K 的温度和时间为 1～30 min 的条件下合成的。反应的混合料由 hBN 和触媒溶剂（MgB_2）所构成。自发结晶时的平均生长速度以同一试验中合成得到的最粗晶体的平均线尺寸与其完成生长的合成时的比例关系来确定的。

研究表明，在 1910～2210 K 时，用添加硅或不添加硅的 hBN 所制的晶体的平均生长线速度随合成时间的增长而减小。在第一个 5～10 min 的时间内，生长的平均速度有较大的变化。往后，晶体生长的平均速度趋于稳定；不过在合成时间为 1～5 min 阶段，向原始的 hBN 中的硅引入将导致平均生长速度的减小。温度由 1910 K 提高到 2210 K 时在合成的第一分钟，生长的平均速度增大，而 10 min 后期生长的平均速度实际上与温度和 hBN 中硅的含量无关。

由此，可以认为当平衡线以上的压力超过某一值时，cBN 晶体从过饱和的氮和硼原子溶液中进行自发形成及其生长的初期。所以观察到了晶体较高的平均生长速度。往后，由于 hBN 的相变和溶液过饱和度的减小，反应腔体中的压力下降，生长的平均速度减小。提高温度导致压力和 hBN 在溶液中的溶解度增加，并伴随晶体生长的平均速度增大。向混合料中引入硅时，平均生长速度的降低被解释为溶液黏度的提高，硼原子和氮原子的迁移率和触媒材料中 hBN 溶解度的减小。

在 1910 K 进行的试验表明，晶体在合成初期成核，而当时间小于 5 min 时结晶的新中心没有形成或部分新的结晶消失。当时间等于 5～10 min 时结晶的数量相同。在 2010 K、2110 K 和 2210 K 的温度下，结晶中心数目与合成时间的关系实际上是相同的。

在不同条件下所得到的 cBN 中，用中子活化分析的方法测定了 Si、Mg 和 Al 的含量，由分析结果可见，cBN 中硅的含量的变化与原始的 hBN 晶体中的硅的浓度成比例，cBN 晶体中硅的含量比原始材料小 50% ~60%，合成时间和温度的变化实际上对硅进入晶体没有影响。显然硅进入晶体中主要是在合成初期，这时生长的平均速度和结晶中心数目变化最明显。

由含 0.5wt% Si 和 0.3wt% Si 的材料所得到的 cBN 晶体中铝的数量稍大于由没有添加物的 cBN 合成的晶体。由于不采用含铝的硅做添加物，可以认为，硅促使铝进入晶体，所发现的硅和铝的偏差超过分析的灵敏度误差，可见，这个偏差主要取决于原始 cBN 中这些元素分布的不均匀性，镁进入 cBN 晶体中数量平均为 0.8%。

二、hBN 中氧含量与 cBN 的合成

用两种不同氧含量的 hBN 为原料，用 99.9% 的镁粉作触媒溶剂进行 cBN 的合成，研究结果表明，用含氧的 hBN 作起始原料时，cBN 生长的 $p-T$ 区的温度明显的降低。用 R 型（含氧量为 1.9wt% + 0.1wt%）hBN 获得的 cBN 生长的 $p-T$ 区接近真实的生长区。在 6 ~ 8 GPa 压力下，用 R 型 hBN 制取 cBN 时低温限约为 1653 K，此限与 $BN-Mg_3B_2N_4$ 体系的共晶点接近。用 N1 型（含氧量为 7.9wt% + 0.4wt%）hBN 制取 cBN 时，其生长区的温度要比用 R 型 hBN 高 573 K，其低温限在 6 GPa 时约为 1973 K。MgO 或 $Mg_3(BO_3)$ 以半生物存在。$Mg_3B_2N_4$ 是 hBN 的溶剂。在反应体系中，所含的氧（特别是 B_2O_3）与 $Mg_3B_2N_4$ 的反应如下：

$$Mg_3B_2N_4+3/2O_2 \longrightarrow 3MgO+2BN+2N_2$$

$$\text{或 } Mg_3B_2N_4+3O_2 \longrightarrow Mg_3(BO_3)+N_2$$

因为 $Mg_3B_2N_4$ 被上述反应所消耗，cBN 形成被减少或停止。在大大高于 $BN-Mg_3B_2N_4$ 的共晶点的温度时，液体量增多，没有被氧所消耗的剩余液体能起溶剂触媒作用，所以按此推理：在含氧量高的体系中，cBN 形成的低温限向较高的温度区移动，N1 型 hBN 即属此。

用R型hBN所得之cBN表面光滑，通常只用含氧量低的hBN才能获得好的cBN晶体。而用N1型hBN合成cBN是观察到$Mg_2(BO_3)_2$与cBN共存，cBN表面粗糙度可能是由于氧化物造成的，氧化物妨碍了cBN表面的生长。

三、cBN晶体生长于hBN中的B_2O_3的关系

采用两种不同的hBN：A型hBN含0.7%的B_2O_3，B型hBN含4%的B_2O_3。触媒分别为Mg_3N_2、Mg和MgB_2。合成压力为3.7～5.2 GPa，温度为1273～1873 K。在给定的温度和压力下维持2 min。

cBN晶体的X射线分析表明，采用Mg_3N_2作溶剂触媒时，MgO是唯一的杂质物相。在BN-Mg和BN-MgB_2体系中，MgB_2和MgB_4作为杂质进入所得cBN晶格中。在cBN晶格中，发现了MgO和其他产物——MgB_2。由此可见cBN晶格中的杂质含量与原始的hBN中B_2O_3含量有关。

四、掺VB族等价杂质对cBN结晶动力学及单晶机械特性的影响

Шипило等在MgB_2-BN体系中引入VB族等价杂质，对cBN晶体的形成和长大过程以及其单晶机械特性进行了比较系统的研究。

实验条件：压力为4.23 GPa；温度分别为1840 K、1940 K和2080 K；维持时间分别为3 s、5 s、10 s、15 s、20 s…60 s、90 s、120 s、180 s、240 s和300 s，不包括达到等温条件下所需的时间（2～5 s）。

原料：采用高温热解的hBN，颗粒尺寸为0.1～0.2 μm的MgB_2触媒，尺寸为1 μm级的半导体纯Sb粉，在MgB_2-BN体系中添加0.1wt%～1.0wt% Sb。

研究表明，引入3wt%和7wt% Sb时，与含有0.1wt%、0.5wt% Sb的熔体相比，结晶中心数目减少。这个差异随着温度的增加而增加；

当温度为 1940 K 和 2080 K，且含有 3wt% 和 7wt% Sb 时，结晶中心数目下降，甚至低于没有掺 Sb 的体系。

由文献得知，无论是难熔杂质，还是已经融入熔体中的杂质，对成核的动力学度可能产生强烈的影响。非均匀成核时，由于难熔杂质——熔体界面表面能的减少，临界成核功 A 降低，因而成核速度增大。

当 Sb 含量低于(0.1wt% ~1.0wt%)时，其溶解部分对熔体黏度的影响不大，这时成核速度主要取决于热力学因素在 Sb 高密度的难熔集合表面上临界晶核型成功的变化。提高 Sb 的含量(超过 1.0wt%)，其在熔体中未溶解部分数量增加大，这时熔体的黏度增大。在此情况下，动力学因素变化超过热力学因素变化，成核速度将减小。

当 Sb 含量低于 1.0wt% 时，体系中较高的过饱能保证制得比没有添加物的 MgB_2-BN 体系中所培育的晶体更粗；但在 1940 K 和 2080 K 时，熔体 Sb 浓度提高的情况下，晶体线尺寸减小。

众所周知，强度、显微硬度和破坏韧性是 cBN 单晶体的主要机械特性。Шипило 等就添加 P、As、Sb 和 Bi 等杂质元素对 cBN 单晶的抗压强度、破坏韧性和显微硬度的影响进行了探讨。指出，往 BN-MgB_2 体系中引入的 1.0wt% 的添加物，抗压强度、破坏韧性和显微硬度增大，同时发现位错密度有 $5.5\times10^5 cm^2$ 增大到 $3.5\times10^6 cm^2$，X 射线变宽，顺磁缺陷浓度明显地减少，而且在 BN-MgB_2 体系中等价杂质数量的增加，则在其 cBN 单晶体中的数量同样增加。由研究还得知，添加 P 原子的单晶体的强度和破坏韧性最大，与其在 cBN 晶体中的溶解度有关，与 As、Sb 和 Bi 比较，它们的原子四面体半径：$r_P=0.110$ mm，$r_{As}=0.118$ mm，$r_{Bi}=0.146$ nm。P 原子的最小。

五、添加物和气氛对 cBN 合成的影响

hBN 是非常纯的(>99.8%)、结晶度很高(L_c>400 nm)的层状晶

体。AlN 粉纯度>99%，将原始粉末经过称量、混合，在空气、O_2、Ar 或 N_2 气流中装入铂容器中，在还原的条件下进行实验；向试样中提取添加 20wt% 的甲苯，并密封于上述容器中，在 5～7 GPa 压力下和 1073～1973 K 的条件下进行实验。

(1) AlN 添加物和气氛共同影响 cBN 的合成

在温度为 1873 K，压力为 6.5 GPa 和合成时间为 15 min 的条件下，没有 AlN 的参与不能合成 cBN。当原料在非氧化气氛下时，能清楚观察到 AlN 对 cBN 合成的催化作用，而添加 20wt% 甲苯的试样其作用增大。

实验表明，在空气和氧气中处理试样时，发现有氧化铝生成。由于氧化生成氧化铝，其催化作用降低。试样中加入 20wt% 甲苯，在氮气流中组装，所有 hBN 全部转化为 cBN。甲苯受热分解成甲烷或氢和无定性炭，从而保持还原性气氛，防止 AlN 氧化生成氧化铝。

(2) 用 AlN 触媒形成 cBN 的压力和温度条件

以 80% mol BN-5AlN 中加入 20wt% 甲苯为原料所确定的 cBN 形成压力和温度区域，在 15 min 内，hBN 完全转化为 cBN。表明在 AlN 参与下，cBN 的形成区域靠近理论的 hBN-cBN 平衡线的高温侧，下限压力为 7 GPa 时，cBN 合成的最低温度为 1273 K，该温度为活化 hBN 使之转化为 cBN 所必需的最大限值。

在 1873 K、5.6 GPa 的条件下，用 AlN 可合成出 cBN，但在同样条件下用纯铝则没有发现 cBN 生成。

六、铅锌矿氮化硼参与下由 hBN 形成 cBN 的动力学

对 hBN 转化为 cBN 的动力学问题，人们给予了较圆满的论述，但对 wBN 参与下，由 hBN 形成 cBN 的规律性研究的很少，本节阐述在 6.3 GPa 压力和 2000～2400 K 温度下，并在 10wt%～80wt% 的细小分散 wBN 参与下 hBN-cBN 的动力学问题。研究表明，在 wBN 参与

下,hBN-cBN 的转变速度超过没有添加的 hBN-cBN 的速度,而且是随着原始料中 wBN 含量的增加而加快,这可能是由于 wBN 添加物降低了 hBN-cBN 转变过程的活化能,并起着新相形成中心的作用。研究还显示,在 wBN 参与下,hBN-cBN 转变速度随着合成温度的升高而加块,在此情况下原始的混合料中 wBN 含量对转变速度影响很小,即 wBN 微粒作为新相优先形成中心的作用降低了。

七、用水和尿素为触媒合成 hBN

研究表明,在用水做触媒合成 cBN 的压力下限为4.8 GPa,随着合成时所用的 hBN 尺寸减小到0.05 μm 时,合成温度下限降低约 373 K 左右。在6.0 GPa 时,合成 cBN 的低温限为 1073 ~ 1273 K,这个温度比用 Li、Ca、Mg 作触媒时合成 cBN 低约 773 ~ 973 K。当压力为5.6 GPa,温度为 1773 K 时,保温 3 min 时转化率为 80%,当保温时间为 10 min 时转化率为 100%。这一结果是从 X 射线中 hBN 与 cBN 的强度关系得到的。

在使用尿素和硼酸作触媒时的压力下限比水低,分别为 4.3 GPa 和4.6 GPa,低于该压力后未能合成 cBN。

当用尿素为触媒时,随着压力的增加和 cBN 晶体尺寸减小,在合成温度为 2073 K 条件下,压力为 5.6 GPa 时,cBN 晶体的尺寸在0.13 μm 左右,而在压力增加到6.0 GPa 时,晶体尺寸减小到0.05 μm 左右。但 cBN 的晶体形态——四面体晶体在这一过程中没有变化。晶体的尺寸随着温度的升高而增大,如果在 5.6 GPa、2073 K 条件下,晶体尺寸在 0.7 μm 左右。在高温下可以看到圆形边界的四面体,而在较低的温度下可看不到完整的四面体和表面凹陷的不规则晶体。在用 Mg、Li 为触媒时,可通过合成温度变化而改变晶体外形,如低温时为八面体,高温时为四面体。当用尿素为触媒时,晶体外向随着温度变化,在合成晶体中未见八面体出现。

用尿素合成 cBN 时，cBN 晶体的尺寸随着合成时间的延长而减小，如合成时间为 3 min 时，cBN 晶体为 0. 34 μm 左右，而当合成时间延长至 10 min 后，晶体尺寸减小到 0. 15 μm。

立方氮化硼/钎料钎焊界面微观结构及形成机理

王光祖，黄祥芬，张相法，位星，王永凯，王大鹏/文

钎焊超硬材料工具是从金属冶金学入手实现了磨料与合金钎料的化学冶金连接，从材料结构方面加强了对磨料的把持能力，磨料的出露高度可达65% ~80%，从而在高效加工、精密制造和安全生产等领域具有很大的优势。

立方氮化硼（cBN）是硬度仅次于金刚石的超硬磨料。研究表明，采用钎焊方法制作 cBN 磨具有结合力强、磨料出露高、磨具寿命长等诸多优势，在钛合金、高温合金等难加工材料的高效磨削中具有广泛的应用前景。

对于传统的电镀和陶瓷结合剂磨具而言，由于磨粒与结合剂层之间仅仅通过机械镶嵌作用结合，在重负荷磨削过程中磨粒容易从胎体材料或电镀层中脱落，这会影响 cBN 磨具的加工质量和工具寿命。积极研发新一代单层钎焊 cBN 磨具，期望借磨粒、活性钎料、磨具基体之间的高温化学和冶金反应，实现结合剂层对磨粒的牢固把持，从而满足重负荷高效磨削加工要求。

一、cBN/合金钎焊显微组织分层结构

丁文锋等采用扫描电镜、能谱仪探测了应用最普遍的加热工艺下，钎焊磨粒表面的新生化合物形貌和微观组织分层现象。通过观察得知，磨料与钎料界面由 cBN/TiB_2/TiB/TiN/含 Ti 合金的分层过渡结

构组成。需特别指出的是，在磨粒与钎料界面显微组织中，层与层之间并没有严格的界限，而是在一定的区域内，存在相邻层化合物交错分布区。经分析，这种界面分层过渡结构主要有以下两方面优势：首先，磨粒表层的 TiN 在与磨粒具有强力化学结合的同时扩大了磨料与金属钎料层的结合面积，中间层间网络状结构的 TiB 可在磨料与钎料间发挥近似于金属基复合材料中的纤维增强作用，而内层紧贴表面生长的 TiB_2 则对磨粒提供充足的把持力。其次，随 B 含量的增加，Ti-B 化合物中共价键的比例逐渐增加，使其共价性逐渐增强，而金属键性不断降低。由于 TiN 具有与 Ti 金属相同的结构，属间隙相，有主要的金属键性，因此从 cBN→TiB_2→TiB→TiN→含 Ti 合金层共价键性逐渐减弱，而向金属键性转化，这有利于磨粒晶体与合金钎料的逐层化学键过渡。

综合以上分析，微观组织分层结构带来的结构界面平滑，有利于性能渐变，因此这种结构在提高 cBN 磨粒与合金钎焊接头性能方面有很大的优越性。由于合金钎料通过界面反应层包裹住了 cBN 磨粒根部，因而阻止磨粒被连根拔出，这反映出界面强度已高于磨粒自身强度，而这正是钎焊 cBN 磨具具有一系列潜在优势的基础。

二、界面反应及化合物生长机理分析

一般认为，Ag-Cu-Ti 钎料能够与 cBN 磨粒实现润湿，是因为液态钎料中 Cu 和 Ag 元素的存在使金属 Ti 处于 β 相。而 β-Ti 与 B、N 等非金属元素有较强的亲和力，使得活性金属 Ti 被 cBN 磨粒表面选择性吸附，Ti 从靠近磨粒表面的液态 Ag-Cu-Ti 钎料合金中分离出来，在磨粒与液态钎料的接触面上富集，进而与 cBN 表面的 B、N 元素发生相互扩散和化合，最终生成化合物。

TiN 的晶体构造为面心立方晶系，属于是 NaCl 型结构，晶格常数 a 为 0.4235 mm。化合生成的 TiN 晶体通常呈不规则颗粒状。TiB_2 是

B-Ti 之间最稳定的化合物，属于六方晶系 C32 型结构的准金属化合物。其完整的晶体结构参数 a 为 0.3026 nm，c 为 0.3228 nm。TiB_2 具有优良的导电性和金属光泽，其常温电阻率约为 $8.2\times10^{-8}\Omega\cdot m$ 和一般合金属相当。由于 TiB_2 晶体各向异性，极容易沿[0001]和<1100>晶向择优生长，因此，TiB_2 晶体通常呈棒状或须状。

研究表明，随着界面反应时间的增加，超高频感应连续钎焊 cBN 磨粒表面首先生成颗粒状 TiN 层，然后在 TiN 层外围形成柱状 TiB_2 层，最终形成 cBN/TiN/TiB_2/钎料结构。柱状的 TiB_2 进入钎料层内部，对 cBN 磨粒与钎料间的连接起到纤维增强效果，从而有利于提高界面的结合强度。

cBN 磨粒与活性元素 Ti 的界面反应是原子体积较小的 N、B 原子向 Ti 晶格内扩散约的过程。Ag-Cu-Ti 合金在真空炉中钎焊条件下进行。当温度达到 605 ℃时，TiN 先在 cBN 表面析出，由于温度变化缓慢，新生的 TiN 有足够的时间向钎料层内部生长，从而形成比较厚的 TiN 层，阻碍了 B 原子的扩散。随着温度逐渐上升到 807 ℃以上，在 cBN 与新生 TiN 层界面处积累的 B 与 TiN 发生置换反应，形成 TiB_2 层。

超高频加热产生的交变磁场对熔融的钎料具有强烈的电磁搅拌作用，能够加速原子在 cBN 磨粒与液态钎料界面的扩散。因此，在温度迅速上升到 940 ℃时的较短时间内，TiN 首先在 cBN 磨粒表面形核。然而，B 原子在液相 Ti 层中的溶解度和扩散系数均稍微大于 N 原子。TiN 生成之后，B 原子在电磁搅拌作用的驱动下，不会在新生的 TiN 层附近积累，而是透过新生的 TiN 层迅速扩散出来，与 Ti 原子化合生成 TiB_2。由于界面反应在较短的时间内结束，因此，界面最终生成 cBN/TiN/TiB_2/钎料结构，且新生化合物层更薄。

cBN 磨粒界面处的新生化合物层是实现钎料对磨粒牢固连接的纽带。然而，新生的 Ti-N 作和 Ti-B 化合物是脆性相，如果界面新生化合物较厚，则在磨削过程中磨粒受到冲击时，容易在界面处产生裂纹，形成断口。相对于真空炉中钎焊获得的较厚新生化合物层，超高频感应连续钎料焊工艺在更短的时间内形成了 cBN 磨粒与 Ag-Cu-Ti 合金的化学冶金结合，且更利于提高磨粒界面处在磨削过程中的抗冲击能力。

三、钎焊金刚石及立方氮化硼磨粒界面特征及反应机理分析

刘思幸等采用铜锡钛（Cu-Sn-Ti）一种合金钎料将混合金刚石和 cBN 的超硬磨料在铜基体上进行真空钎焊的实验研究，分析了超硬磨料 Cu-Sn-Ti 合金钎料/钢基体钎焊后的结合界面微观结构。通过观察发现：①磨料通过钎料固结在钢基体表面，表明合金钎料对磨粒有良好的浸润性。②金刚石与 cBN 磨粒被合金钎料充分包裹，结合处无明显的裂纹孔洞现象。③活性元素 Ti 在金刚石结合界面和 cBN 结合界面呈现了扩散富集效应。④钢基体与合金钎料的结合界面结合很紧密，无明显裂纹出现，说明这两种材料结合完好。⑤在金刚石与合金钎料层的界面处可明显得出 Ti 元素与 C 元素发生了偏析现象，可以推断在金刚石表面发生了化学冶金反应。

金刚石和 cBN 属于两种超硬材料，用一种合金钎焊时会出现一定的差异性，与其晶体结构的不同有关。为此，对金刚石和 cBN 与 Cu-Sn-Ti 合金钎料钎焊界面反应机理进行研究，可以得出如下结果：①Ti 的碳化物比金刚石有更高的热稳定性，Ti 的氮化物和硼化物比 cBN 有更高的热稳定性。②在高温钎焊过程中，金刚石表面的 C 原子与钎料合金的 Ti 原子相互扩散，发生了化学反应，产生 TiC（$C+Ti \longrightarrow TiC$）。③cBN 表面的 N 和 B 原子与钎料合金的 Ti 原子也相互扩散，发生反应，根据热力学数据推断先生成 TiN 和 TiB_2（$2BN+3Ti = TiB_2+2TiN$），随着反应的进行业，在 Ti 和 TiB_2 化合物层中间存在扩散

的 Ti 和 B 原子，发生反应用生成 TiB（Ti+B ══TiB）。④在钎焊过程中，钢基体与合金钎料的界面，随着熔融合金钎料与钢基体中元素的相互扩散，生成 Cu-Ti 和 Fe-Ti 二元金属间化合物。可以推断钢基体和合金钎料间生成化学冶金结合界面，这也是钢基体能够牢固把持金刚石及 cBN 磨料的原因。

四、结论

（1）通过 Ag-Cu-Ti 或 Cu-Sn-Ti 合金钎料中活性的 Ti 原子，其对 B、N 原子有较强的化学亲和力，使钎料与 cBN 之间发生化学反应，实现 cBN 与金属基体的连接。钎焊 cBN 磨粒表面首先生成颗粒状 TiN 层，然后在 TiN 层外围形成柱状 TiB_2，最终形成 cBN/TiN/TiB_2/钎料结构。

（2）应加强对钎焊超硬磨料工具所涉及的制作工艺、合金钎料组分、结合界面微观形貌及钎焊机理等诸多方面开展深入研究。

钎焊立方氮化硼焊接性影响因素与微观结构

王光祖，张相法，位星，王永凯，王大鹏/文

立方氮化硼（cBN）超硬磨料具有“三高一好”（硬度、热稳定性和化学惰性高、导热性好）的优点，因而由该种磨粒制作的各型固结砂轮在镍基高温合金、钛合金等难加工材料的磨削加工中得到了应用。但是 cBN 超硬材料表现出非常稳定的电子配位，很难被熔化的液态金属所润湿，一般焊接材料很难实现 cBN 与金属的连接，目前 cBN 制品和超硬耐磨涂层多采用烧结或电镀工艺制作，制品在使用过程中磨粒极易脱落，降低了其有效使用寿命。为了充分发挥立方氮化硼磨粒的超强耐磨性，开发新型单层钎焊 cBN 砂轮，期望借磨粒、钎料、基体之间

的化学和冶金结合实现对磨粒的牢固把持,从而满足高效重负荷磨削加工对砂轮的要求,采用钎焊技术连接 cBN 与金属制造 cBN 制品成为焊接界研究的热点之一。

国外关于 cBN 超硬材料钎焊技术研究的最初报道是在 1997 年,白俄罗斯学者 Igor L Pobol 等采用真空钎焊技术,使用 Cu 基钎料钎焊 cBN,作者发现 Cu 基钎料对 cBN 材料表现出良好的润湿性,Cu 基钎料对 cBN 之间的润湿角可达 11°~35°。2001 年 Jan. Felba 等使用 Ag 基钎料在 1123~1323 ℃下将 cBN 钎焊到碳化钨的表面上,发现 Ag 基合金钎料可以较好地润湿 cBN。

国内关于采用钎焊技术制备 cBN 制品的研究发展比较晚,2002 年肖冰等使用 Ag-Cu-Ti 合金钎料和真空钎焊方法制备了 cBN 砂轮,实验发现 Ag-Cu-Ti 合金钎料可以较好地润湿 cBN 超硬材料。2004 年丁文峰等针对肖冰等制备的 cBN 砂轮进行了界面微结构分析。2005 年王乾等对钎焊制备 cBN 砂轮的工艺及性能进行了初步的探索。2010 年 DING 等利用 Ag-Cu-Ti 钎料对钢基体进行,得到的 cBN 磨粒的强度损失可以避免,且磨粒的磨削性能相对稳定。

钎焊 cBN 技术采用的钎料合金基础材料主要为 Ag 和 Cu 金属,这主要是 cBN 颗粒耐高温程度决定的,为了提升钎料的钎焊效果,多采用添加活性元素提高钎料的润湿性进而达到钎焊效果。本文针对国内外关于 Ag 基和 Cu 基钎料的焊接性、钎料状态、添加活性元素提升的钎焊效果以及钎焊条件设定的发展情况进行概述。

一、Ag 基和 Cu 基钎料合金基础对 cBN 的焊接性影响

cBN 是以硼、氮原子沿四面体杂化轨道形成的共价键结合,电子配位非常稳定,很难被熔化的液态金属所润湿,一般焊接材料很难实现 cBN 与其他金属的连接。要使 cBN 表面被金属键的液态钎料所润湿,在钎料与 cBN 之间必须要有化学反应发生,通过反应在 cBN 表面

分解形成新相，产生化学吸附，才能形成强的界面结合。提高温度能够促进钎焊在一定程度上促进钎焊效果，但是钎焊温度过高，会导致 cBN 颗粒的晶型、抗冲击强度受到影响。

由于钎焊温度的限制，常用钎料合金基础主要为 Ag 基钎料和 Cu 基钎料。Ag 钎料较常用于钎焊陶瓷、金刚石、立方氮化硼，常见的 Ag 基钎料有 Ag-Cu-Ti、Ag-Cu-Ti-Sn 等。通过在 Ag 基钎料中加入活性元素，可以提高钎料的活性，促进钎料与 cBN 之间的化学反应，提高钎焊效果，如图 1 所示。

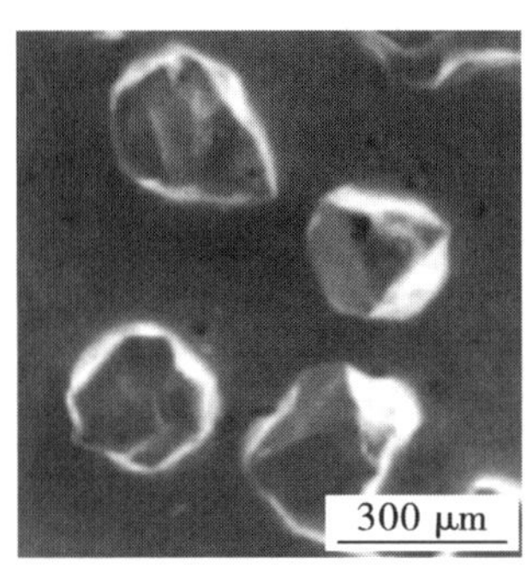

图 1　Ag-Cu-Ti 钎焊 cBN 后的表面形貌

采用 Ag 基钎料钎焊的接头，当工作温度低于 300 ℃时，抗拉强度可达 400 MPa，而当工作温度高于 300 ℃时，接头强度急剧下降，仅约 140 MPa 左右。因此，采用 Ag 基活性钎料不能完全满足 cBN 作为高温耐磨材料的要求。同时，Ag 基钎料价格较昂贵，导致制品的成本较高。而 Cu 作为钎料合金基础成分，具有熔点适中、成本低、力学性能好等特点，可以配合其他元素的金属粉混合后制备钎料，能够弥补 Ag 基钎料钎焊中的不足，常见的 Cu 基钎料有 Cu-Sn-Ti、Cu-Ni-Sn-Ti 等。

二、钎料状态对 cBN 的焊接性影响

钎料状态主要分为粉末状钎料和熔炼后的钎料。制备钎料采用

的方法主要有将不同的金属粉末按照设计的比例进行球磨混合,混合均匀后将混合粉末作为钎料;也可以将混合均匀的粉末钎料在高真空钎焊炉中进行熔炼。

采用活性钎料钎焊 cBN 的关键问题是保证活性元素的活性和对活性元素的保护,只有活性元素与 cBN 在界面处形成类金属化合物,才能实现液态钎料与 cBN 连接。添加 Ti 元素的活性钎料经过熔炼之后,较粉末状钎料的焊接性会有明显降低,焊接试件结构疏松,对 cBN 的把持力较低。这主要是因为钎料熔炼的高温过程中,钎料中的 Ti 会与 Ag、Cu 元素发生冶金反应,形成新的金属间化合物,主要物相为 α-Ag、α-Cu、TiAg、$CuTi_3$ 等,化合后的 Ti 元素很难向 cBN 表面偏聚与 cBN 反应生成反应层;另一方面,高温过程中 Ti 元素极易发生氧化反应,生成致密的 TiO_2,阻碍钎料对 cBN 的润湿,而且 Ti 元素氧化后不能再钎焊过程中起到活性元素的作用。而粉末钎料中 Ti 金属粉末为单质形态,能够很好地与 cBN 发生化学反应,从而达到较好的钎焊效果。

三、钎料成分对 cBN 的焊接性影响

调整钎料中活性元素的配比,对活性钎料的焊接性有着直接影响。如通过向钎料中添加适量的 Sn 元素能够降低钎料的熔点、增加流动性;添加活性元素 Ti 元素能够增加钎料对聚晶中陶瓷相、cBN 的润湿性,提高钎料的高温性能。

例如对于 Ag-Cu-Ti8、Ag-Cu-Ti8-Sn1 和 Ag-Cu-Ti8-Sn2 三种活性钎料,通过调整 Sn 元素的添加量,可以发现 Ag-Cu-Ti8 的润湿面积为 72.9 mm^2,Ag-Cu-Ti8-Sn1 的润湿面积为 61.3 mm^2,Ag-Cu-Ti8-Sn2 的润湿面积为 72.9 mm^2,显然 Sn 能够提高 Ag-Cu-Ti 活性钎料的润湿性,且当 Ag-Cu-Ti 活性钎料中添加 Sn 元素以后,钎焊试件基体表面的润湿环消失,如图 2 所示。

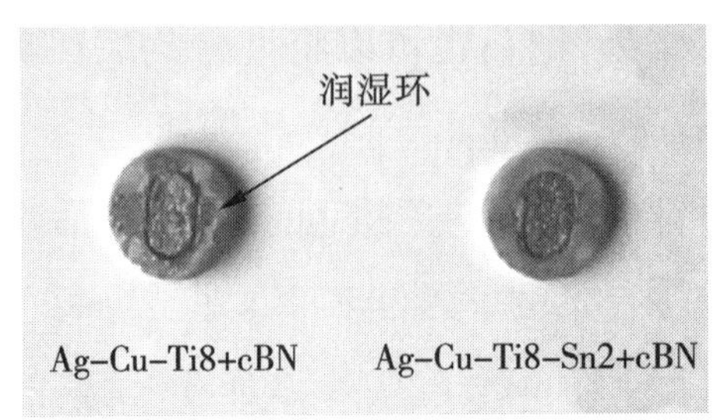

图 2　不同添加 Sn 元素的钎焊效果

含有活性元素 Ti 元素的 Cu-Ni-Sn-Ti 钎料对 cBN 和基体钢都具有较好的润湿性能。测试发现，随着钎料中 Ti 含量的提高，润湿角不断降低，如图 3 所示。随着 Ti 元素质量分数的增加，润湿角逐步减小，当 Ti 元素质量分数在 10% 时，润湿角小于 20°，这是因为高温活性钎料中 Ti 能与 cBN 反应，在界面形成新相，降低钎料与 cBN 界面的表面能，Ti 含量越高反应越充分，从而提高 CuNiSnTi 活性钎料对 cBN 的润湿性。但是随着 Sn、Ti 元素含量的增多，钎料的韧性降低而脆性提高，易形成成分偏析，因此应该控制 Sn、Ti 等活性元素的比例。

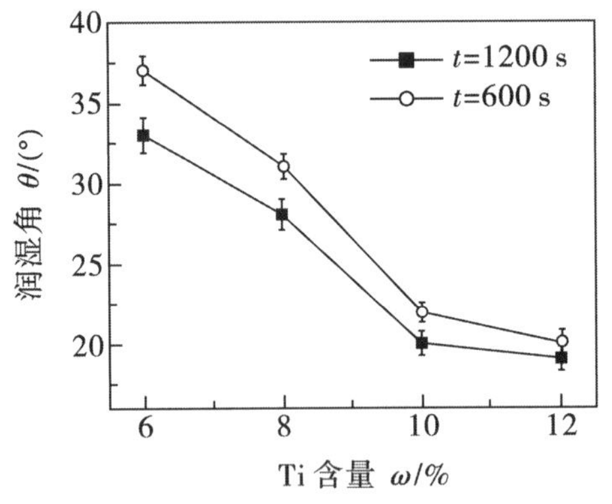

图 3　Ti 含量对润湿角的影响

四、真空度对 cBN 的焊接性影响

在钎焊过程中，合适范围内的真空度对提高钎焊效果有着重要作用。一方面，当真空度较低时，钎料中的金属在高温作用下极易与氧气发生氧化反应，降低活性元素的活性，另外，钎料中的活性元素 Ti 元素极易氧化生成稳定致密的氧化膜 TiO_2，阻碍钎料对 cBN 的润湿，同样降低钎料的钎焊效果；另一方面，当真空度过高时，会导致钎料中 Ag、Cu 元素的大量挥发，由于钎料中金属元素的大量挥发，从而改变了钎料的化学成分，导致钎焊试件表面和内部出现空穴和钎焊不彻底等缺陷。

采用 Ag 基钎料进行钎焊，在钎焊温度为 940 ~ 950 ℃、钎焊时间为 20 min 的钎焊条件，当真空度低于 8.9×10^{-3} Pa 时，钎料对 cBN 的润湿性较差，钎焊试件呈灰色，当真空度在 $(3.4\sim8.9)\times10^{-3}$ Pa，钎焊试件表面呈现金黄色，cBN 涂层结构紧密，cBN 颗粒分布匀称，如图 4 所示。当真空度超过 3.4×10^{-3} Pa 时，钎焊效果呈现下降趋势。在钎焊实验结束后，该实验在加热炉内的加热片和炉膛内发现了沉积的 Ag、Cu 元素也证实了真空度过高能够导致钎料中金属元素的加速挥发。

(a) $<8.9\times10^{-3}$ Pa

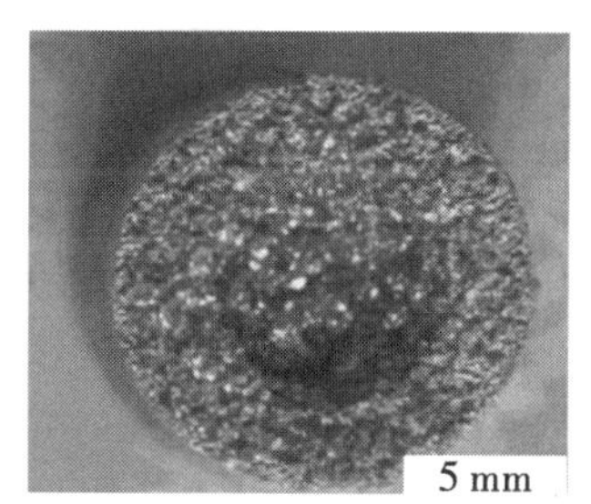

(b) $(3.4\sim8.9)\times10^{-3}$ Pa

图 4　真空度对焊接性的影响

对于采用 Cu-Sn-Ti 金属粉末制备的活性钎料，在钎焊温度为 970 ℃、保温时间为 3 ~ 5 min 条件下，当真空度为 10^{-3} Pa 时，也可以将钎料充分熔化，达到较好的钎焊效果。

也有采用 Ag-Cu-Ti 金属粉末作为活性钎料，当钎焊温度为 920～980 ℃、钎焊时间为 20 min 时，在真空度为 1.9～6.9×10^{-3} Pa 的条件下可以进行钎焊，实验表示当真空度达不到 10^{-2} Pa 时，将很难进行钎焊。

五、钎焊温度对 cBN 的焊接性影响

在钎焊过程中，通过一定温度，才能促使钎料在 cBN 表面形成新相，产生化学吸附。当温度过低时，钎料金属呈现固态或者液态钎料表面张力过高，导致化学冶金结合反应难以进行。随着钎料温度的升高，液态钎料的表面张力和液态钎料与 cBN 的界面张力逐渐下降，液态钎料的流动性、润湿性不断增强，润湿角不断减小，促使钎料中的 Ti 原子和 cBN 中的 B、N 原子在界面处发生反应就越完全，界面反应层的厚度和均匀程度会越高，钎焊后基体对 cBN 颗粒的把持力越高，如图 5 所示为 CuNiSnTi 活性钎料对 cBN 的润湿性随温度变化的曲线，从图 5 中可以看出，润湿角随着温度的升高在逐渐降低。但是，当钎焊温度过高时，会导致钎料的黏度下降，造成钎料流散现象，同时钎料对金属基体的溶蚀中，金属基体的晶粒在高温下也会长大；另一方面，温度过高时，真空炉内加热片等吸附的气体会膨胀挥发，导致真空度下降，影响钎焊效果。

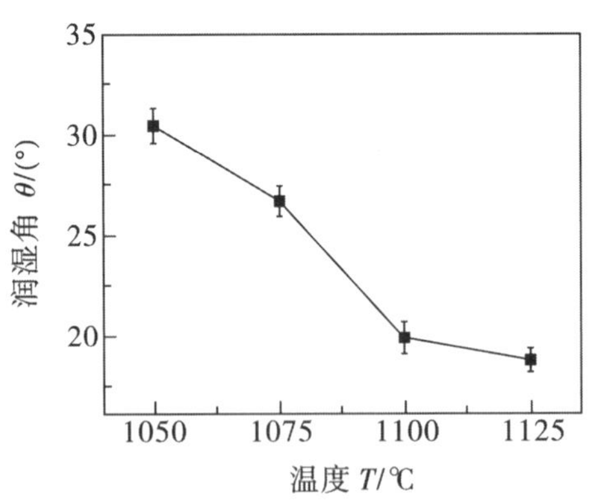

图 5　温度对润湿角的影响

采用 Ag 基钎料进行钎焊，当钎焊温度为 940 ~ 950 ℃时，钎焊试件的表面呈金黄色，涂层结合致密。当钎焊温度低于 940 ℃或高于 950 ℃时，钎焊试件的成型差，结合强度低。

当使用 Cu-Ni-Ti5 和 Cu-Ti10 两种活性钎料进行钎焊试验，当钎焊保温时间为 20 min，钎焊温度低于 1050 ℃或高于 1100 ℃时，钎焊试样表面呈现黑褐色，结构疏散，焊接不牢固，温度在 1050 ~ 1100 ℃时，钎焊试样呈现土黄色，涂层结构紧密，如表 1 所示。

表 1　钎焊温度对焊接性的影响（T/℃）

钎焊温度/℃	1000	1050	1100	1150
润湿性/mm^2	<50	50 ~ 65	70 ~ 80	<50
成型	差	一般	好	差
结合强度	低	高	高	一般

六、保温时间对 cBN 的焊接性影响

在合适的温度条件下，保温时间过长或者过短均不利于 cBN 的焊接，当保温时间过短时，钎料融化不充分，液态钎料的流动性和润湿性较差，不能获得良好的焊接质量；但是钎焊试件过长时，不仅加高生产成本，还会导致钎料流失，降低钎焊质量。

表 2 是 Ag-Cu-Ti 钎料在钎焊温度为 950 ℃，保温时间对 cBN 焊接性的影响规律。由表 2 可见，在使用 Ag-Cu-Ti 钎料在钎焊温度为 950 ℃的条件下，保温时间在 20 min 时焊件成型好，结合强度高，保温时间过长或过短均不利于 cBN 的焊接。

表 2　保温时间对焊接性的影响(t/min)

保温时间/min	10	15	20	25
润湿性/mm^2	<60	60 ~ 70	80 ~ 90	60 ~ 70
成型	差	一般	好	一般
结合强度	低	一般	高	一般

七、钎焊立方氮化硼的微观结构

采用扫描电子显微镜对钎焊试件进行观察发现，当钎焊效果较好时，cBN 颗粒被钎料完全包裹，表明液态钎料对 cBN 进行了完全润湿，钎料与 cBN 在界面结合处生成了 Ti 的硼化物或氮化物。

采用 Cu-Ni-Ti 钎料，钎焊温度为 970 ℃，保温时间为 5 min 时，对 cBN 磨料进行钎焊，钎焊后 cBN 磨粒的形貌如图 6 所示。

图 6　钎焊 cBN 磨料形貌

由图 6 可以看出钎料充分熔化，且钎焊效果较好，cBN 与钎料界面交界处有白色颗粒状化合物产生。通过对 cBN 颗粒界面进行 EDS 分析，结果显示 Ti 元素的质量分数明显高于钎料中 Ti 元素的质量分数，说明钎焊过程中 Ti 元素在基体、cBN 表面均有富集，Ti 与 cBN、钢基体均有界面反应,并在界面处形成多种化合物。

对于采用 Ag-Cu-Ti10 钎料焊接的试样,通过扫描电镜高倍下观察 Ag-Cu-Ti10 钎料与 cBN 的做微观结构如图 7 显示,cBN 颗粒被钎料完全包裹,表明液态钎料对 cBN 完全润湿,钎料与 cBN 在结合界面处形成了一定厚度的反应层。能谱分析证实,在界面处元素呈梯度分布,活性 Ti 发生了明显富集,在靠近 cBN 一侧的界面区 Ti 元素有较高的浓度分布,达到了 19.70%,高于 Ag-Cu-Ti10 活性钎料中 Ti 元素的含量。Ti 元素从钎料中分离出来并在 cBN 界面富集形成富 Ti 层,Ti 与 cBN 相互作用形成冶金结合层。随着钎焊温度的提高,活性钎料与 cBN 的作用量增大,反应层变宽。Ag-Cu-Ti10 钎料与 cBN 这种界面冶金结合,对提高 Ag-Cu-Ti10 钎料与 cBN 界面结合强度非常有利。

图 7 采用 Ag-Cu-Ti10 钎焊 cBN 界面微观结构

如图 8 所示,通过 X 射线衍射分析,发现其主要物相为 cBN、TiB_2、TiN、TiAg 和 $CuTi_3$,在排除原有相 cBN 和钎料中的金属间化合物 TiAg 和 $CuTi_3$,证实界面反应产物主要是 TiB_2 和 TiN。

随着对钎焊技术的深入研究,我国钎焊技术的发展已经趋于成熟,Ag 基、Cu 基钎料在钎焊 cBN 生产中均得到了广泛的应用。根据生产需求,调整活性元素的配比、控制合适的真空度、钎焊温度以及保温时间,对高质量钎焊 cBN 有着重要意义。

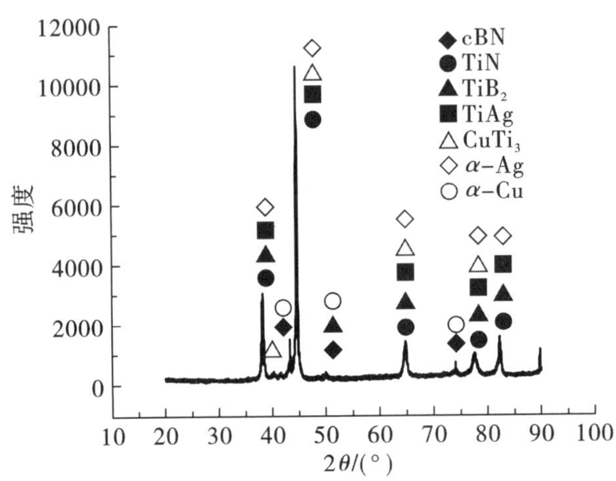

图 8　钎焊后 cBN 的 X 射线衍射分析曲线

为了满足对磨削工具的精密程度、使用寿命、加工效率等要求的日益发展，钎焊技术还有进一步发展的空间，特别是对钎焊条件的精密掌控、钎焊方法的新型创新、新型钎料的研发等方面，仍需广大学者进行精密研究。

立方氮化硼工具在现代工业中的应用

张相法，位星，王永凯，王光祖/文

随着机械制造业的高速发展，越来越多难加工材料被广泛应用，随之机械加工刀具也面临严峻的考验，研究各种耐磨性好、热稳定性强、抗冲击性优良的超硬切削刀具是必然趋势。高效加工、硬加工、干式加工、超精密加工和新型难加工材料加工是刀具行业的发展方向。

一、立方氮化硼刀具

(1)PcBN 的制备方法　目前,PcBN 的制备主要分为以下三类:有结合剂、纯 PcBN 和表面镀覆 PcBN。

(a)有结合剂 PcBN　根据 PcBN 含有结合剂不同,分为金属及其合金组成的金属结合剂,这种结合剂对提高的韧性起到良好的作用,但在高温条件下结合剂软化,对耐磨性起到副作用;纯陶瓷结合剂型,尽管可以解决在高温下软化问题,但是这种抗冲击性能差,使用寿命短;陶瓷与金属或金属合金组成的结合剂,由陶瓷和金属组成的混合剂的结合剂,则弥补了纯金属结合剂和纯陶瓷结合剂的各自缺点。世界先进国家的公司如美国公司、英国公司,以及日本住友公司等,在金属陶瓷复合聚晶立方氮化硼研究与应用方面投入大量的人力和物力,对其进行不断试验研究,产品已经大量商品化。

(b)纯 PcBN　由于有结合剂的 PcBN 中存在非 cBN 的组分,降低了 cBN 的硬度和强度,从而直接导致其耐磨性降低,因此纯 PcBN 应运而生。日本住友公司 2000 年研制了几乎全部为 cBN 的纯 PcBN,其 cBN 含量大于 99.9%。由于它是采用六方氮化硼(hBN)有催化剂及高温高压下直接转变为 cBN,因此其硬度和热稳定性远远大于普通的 PcBN。虽然在体系中几乎不存在其他化合物,表现出接近于单晶的性质与特点,但其制备条件要求苛刻,目前只有少数公司能够合成,距离大规模的商品化还需要进行更多的研究。

另外一种是利用六方氮化硼通过超高温高压直接转化而成纳米聚晶立方氮化硼,由于其颗粒更细,且颗粒间是各向同性,无解离面。但是制备条件较为苛刻。通常需要在高温 2000 ℃,压力 7.7 GPa 以上。因对烧结条件要求十分严苛,不适合应用于工业生产,因此采用适宜的黏结剂黏结 cBN,仍为目前应用广泛的制备 PcBN 的方法。

(c)表面镀覆 PcBN　表面镀覆主要指在 PcBN 的表面,通过物理气相沉积的方法，表面镀覆一层 1～3 μm 左右的陶瓷镀层，如氮化物等。刀具除了使用切面外，其通常在切削刃刀口上提供一个“磨石”。对于高的负倒棱角，大的刀口磨石会产生较大的应力和较多的热量。据报道在加工的表面产生大量的残余应力，解决这一问题的方法就是通过表面镀层延长疲劳寿命。有充分的证据说明，镀层能够提高切割工具的性能。表面镀覆在应用过程中，表现出不同的摩擦化学磨损。当加工的钢中含有不同粒度的淬火碳时，镀层易于磨损，对切割工具的性能有不利的影响，因此确定镀层的厚度范围很困难。

（2）cBN 刀具的结构形式

（a）整体式 cBN 刀具　具有良好的耐磨性和抗冲击特性，加工含铁素体少于 10% 的铸铁材料尤为突出。可大余量粗加工，也可精加工，很大程度地提高了加工效率和降低了加工成本，随着越来越多的高硬度铸件的产生，这种刀具会受到更多客户的青睐，未来市场占有率也会有很大的突破。

PcBN 整体刀片近年来在国内发展迅速，甚至有超过欧美日发达国家的趋势，其在轧辊、渣浆泵、雷蒙机等重型机械加工行业做出了重要贡献。与传统刀具相比其单个刀片寿命提高了 4～6 倍，表面粗糙度达到 $Ra0.2 \sim 0.4$，实现了以车代磨；加工效率可达硬质合金刀具的 3～5 倍。

（b）复合式 cBN 刀具　复合式 cBN 刀具是选择较好的硬质合金基体，在刀片的刃口部位焊上 cBN 材料，其耐磨性较好，主要用于硬度 HRC45 以上余量小的精加工工序，可获得良好的光洁度和尺寸精度。

（c）镶嵌式 cBN 刀具　所谓镶嵌式刀具是有一个完整的顶面，烧结在一个硬质合金基底上，只在刀具的一边提供多切削刃，这种刀具较复合式刀具便宜一些，可做成多刃口的，很大程度上降低了加工成本，但主要用于精加工工序，单边吃刀深度控制在 0.3 mm 以内为好，可实现高速车削，光洁度可达 $Ra0.8 \sim 0.4$。

(3)PcBN的应用　PcBN刀具主要用于加工HRC45以上的硬质材料,如各种淬硬钢(碳素工具钢、合金钢、轴承钢、模具钢、高速钢等)、铸铁(钒钛铸铁、高磷铸铁、冷硬铸铁、镍硬铸铁等)、高温合金(镍基合金Inconel、Monel、Incoloy、Waspaloy等,钴基合金Stellite、Colmonoy等)、硬质合金、烧结铁、表面热喷涂(焊)材料等高硬及耐磨材料,粉末冶金制品、高钴硬质合金等,还可用于钛合金、纯镍、纯钨及其他材料的加工。

可以预测,今后切削高速化的发展会更加迅猛,当1000 m/min以上的超高速切削时代到来时,将是最强有力的刀具材料,具有极大的优势。在未来5~10年内国内的刀具材料研究将向工艺精细研究、提高稳定性、强度,加工淬火钢复合片开发以及片径扩大的方向发展;国内的PcBN刀具材料最终必须进入高端市场并在铸铁、粉末冶金、高温合金、淬火钢、航空不锈钢等材料加工迎来广阔的前景。纳米粉料、亚纳米粉料的应用,粉料细化和均匀化是刀具的一个发展趋势。

二、立方氮化硼磨具

(1)不同结合剂cBN砂轮的特点

(a)金属结合剂cBN砂轮　具有强度高、韧性好、耐热性好、使用寿命长等优点。但是其最大的缺点是自锐性差,磨削热较高。研究发现,在金属结合剂中加入陶瓷、树脂和石墨等第二相,可以明显改善金属结合剂cBN砂轮的自锐性差等缺陷,所以近年采用陶瓷、树脂等材料与金属进行复合,从而使金属结合剂的性能得到很大改善。

(b)电镀和钎焊型cBN砂轮　具有磨粒裸露高度在40%以上,大大增加了容屑空间且能使磨粒获得更理想的锋利形貌,故单层的金属结合剂cBN砂轮可适用于高速高效磨削。

近些年来发展的砂轮有序化使得磨粒在砂轮表面形成规则化、有序化排布,其优点是有效磨粒比例,可以增加砂轮的容屑空间,降低磨削热，提高加工工件的质量，采用有序排布磨粒的超硬砂轮的寿命是随机排布的数倍。

(c)树脂结合剂 cBN 砂轮　具有自锐性好，不易堵塞，具有一定弹性，磨削热少，磨削力小以及加工工件表面质量高等优点。但是，目前应用于超硬材料行业也的树脂结合剂主要有聚酰亚胺和酚醛树脂等普遍存在耐热性差，磨削过程中容易软化或分解，致使黏结力下降，磨粒大量脱落的问题。于是，近年来研究者致力开发具有耐热耐磨性高、韧性好、机械强度高的树脂结合剂。而提高树脂结合剂耐热性和韧性的方法是相互矛盾的，两者很难同时满足，因此通过不同方法促使树脂结合剂同时满足耐热性和韧性是今后树脂结合剂的一个重要研究方向。

(d)陶瓷结合剂 cBN 砂轮　由于其具有与 cBN 磨粒较好结合的优点，且制成砂轮磨削率高、自锐性好、耐热性高、易于修整、使用寿命长，并且可以保持工件表面完整性，所以近些年来得到迅速发展。

与其他结合剂 cBN 相比，陶瓷结合剂 cBN 砂轮具有如下特性：①具有可控的气孔率，有利于排屑，因而使磨削温度较低，减少或避免磨削烧伤；②砂轮磨削力小，比磨削能低，磨削性能好；③良好的耐热性能使 cBN 磨料得到充分利用，砂轮使用寿命长；④热膨胀系数小，刚性好，磨削时让刀小，适合高精度低粗糙度磨削；⑤容易修整，可一次完成，维修费用较低；⑥自锐性较好，修整间隔较长，减少了修整频度；⑦化学稳定性好，对磨削液的适应范围较广；⑧磨削工件表面完整性好，工件质量高，使用寿命长。

三、立方氮化硼的应用

立方氮化硼(cBN)砂轮在高技术制造业中的应用相当广泛，本文仅仅选用若干实例以佐证：

(1)在船舶曲轴磨削中的应用 船舶曲轴是船舶发动机的关键零

部件，被视为船舶柴油机的“心脏”，对船舶的安全起着至关重要的作用，其加工质量和加工效率直接影响发动机的质量与成本。为提高曲轴的质量和加工效率，采用高速 cBN 砂轮加工成为普遍趋势之一。国家从中长期科学和技术发展的角度出发，由工信部支持了两项与曲轴高速磨削加工相关的国家科技重大专项项目。

（2）在航空发动机零件高效精密加工中的应用　近几年来，航空业对发动机性能的要求不断提高，零件的结构越来越复杂，所用的材料性能也在不断提高，加工难度越来越大。高速、高效、高精度的 cBN 砂轮在航空发动机零件磨削加工中的应用，可以大大提高加工效率和零件的质量，成为高效精密加工领域研究的方向之一。

作为高效精密磨削加工中的重要工具，cBN 砂轮具有导热性好、稳定性好、耐用度高等特点，特别适合于钛合金、镍基高温合金等难加工材料的加工。所以，越来越多的专家学者关注 cBN 砂轮在航空零件高效精密磨削中的应用。

（3）在磨削轴承内圆的应用　轴承被誉为装备制造的“心脏”部件。砂轮是轴承磨削加工的关键工具，既决定轴承精度和表面质量，也决定磨削工序节能、环保和效率。与普通砂轮相比，cBN 砂轮加工效率可提高近一倍，使用寿命提高约 100 倍，修整间隔时间延长近 200 倍，废渣减少约 90%。

（4）高速 cBN 砂轮在机械加工中的应用　陶瓷 cBN 砂轮，原材料生产过程，砂轮制造过程及砂轮的使用过程，对能源和资源的消耗都是极低的，属于节能型的高技术产品，是其他工具无法比拟的。

1）节约原材料和能源，以加工凸轮轴和曲轴为例进行分析：

磨削凸轮轴加工，从实际生产过程来看，普通砂轮的更换频繁，修整次数多，采用高速陶瓷 cBN 砂轮可替代刚玉砂轮提高生产率 30%以上。

磨削曲轴加工，高速 cBN 砂轮耐用度较高，修整频次很小，而刚玉砂轮修整频次是高速 cBN 砂轮的 100 倍左右。因此,使用高速 cBN 砂轮可以极大地减少砂轮修整次数,使得砂轮修整中所产生的粉尘污染大幅度降低。

2)减少加工工序,缩短生产周期,降低生产成本。同样,以加工凸轮轴和曲轴为例进行分析:

凸轮轴磨削,cBN 砂轮较高的生产效率减少了劳动费用和企业管理费用,综合生产成本比普通刚玉砂轮降低了 60%。

曲轴磨削,采用陶瓷 cBN 砂轮加工,不仅节省了车削、车铰等粗加工工序,同时也缩短了粗、精加工之间所需热处理时间,使生产周期大为缩短。

四、结语

超硬刀具的广泛应用将会进一步推动高技术制造业发展,同时也将给超硬刀具材料生产者和超硬刀具制造者带来前所未有的机遇和挑战。而同样作为高速 cBN 砂轮是实现绿色加工目标(加工时间少、生产效益高、环境污染小、综合成本低)的有效手段,是实现绿色加工,促进绿色制造发展的利器。随着我国航天航空、汽车制造工业高速发展,立方氮化硼作为加工工具的地位将不可取代,应用将更广泛。

中国立方氮化硼的产业发展与展望

王光祖,张相法,位星/文

1957 年美国 GE 公司的 R. H. Wentorf 采用超高压技术合成出立方氮化硼(cBN)以来,20 世纪六七十年代,苏联、德国、日本和英国也相继材成功合成出 cBN,郑州磨料磨具磨削研究所于 1966 年在国内率先合成出了中国第一颗 cBN,从而中国也拉开了 cBN 研究与工业化生产序幕。

cBN 除其硬度仅次于金刚石外，更为重要的是 cBN 还具有与金刚石不同的电、光、声、热与化学特性，正是这些不同的特性为其开发新的应用领域奠定了技术基础。而与磨料级 cBN 不同，纳米 cBN、WBN 和 cBN 膜除具有共同的特性外，它们都还有其自身的特性，正是其特性为开辟更新、更广的应用提供可能。由此可见，cBN 材料制备及其应用技术的研究工作是大有可为的。

到目前为止高温高压触媒法合成 cBN 是工业生产 cBN 的主要方法，也是我国 cBN 产业发展的基础，从 20 世纪 90 年代末启动的 cBN 单晶快速发展，经过 20 多年历程无论从合成技术、产品品种、生产能力及产量、市场占有等诸方面都已成为 cBN 的生产大国及强国。

一、诞生和发展

(一)诞生

根据郑州磨料磨具磨削研究所 1978 年 3 月的内部资料，1978 年第1 期《人造金刚石》第 4 页记载，中国第一颗立方氮化硼是于 1966 年 11 月 10 日由郑州磨料磨具磨削研究所第六研究室，依靠自身的技术力量试验成功的。

1963 年，我国第一颗人造金刚石研制成功以后，进入了中间试验，为了赶超世界先进水平，填补我国的空白，在人造金刚石中间试验的同时，也开始了立方氮化硼的试制工作。王光祖与卢飞雄一起，用硅碳棒管状管炉，开展了以硼酸为初始原料，通氮气试制六方氮化硼的工作，并成功获得了纯度很高的白色六方氮化硼，预示立方氮化硼的研发工作已经启动了。

1966 年整个试验工作是在 300 吨两面顶上进行的。经过多次试验第一颗立方氮化硼获得成功。为了扩大合成新型材料的成果，根据国家科委人工晶体七年科研规划及磨料磨具行业有关规划中研制立方氮化硼的安排,对立方氮化硼的生成条件及其使用性能于 1966 年 4 月至 1968 年 6 月,进一步进行了试验研究。

(二)发展

自 1966 年我国立方氮化硼试制成功以后的开始 20 多年中,虽然取得了一定的成绩,但总体来讲其发展是很不理想的,产品品种少、品级不高、合成技术进展缓慢。当时国内生产 cBN 的单位只有第六砂轮厂、哈尔滨砂轮厂、天津宏坻 232 厂、辽宁金刚石厂、三河市燕郊金刚石工业公司、磨料磨具磨削研究所等。

而今天,以国内 cBN 行业龙头的三家代表公司的基本产品系列为例(见表 1),基本产品种已多于国外公司的产品种类,如果加上派生或定制产品,则更多。取得这样的成绩是经过了一个艰苦创业过程。

表 1　国内几个厂家的 cBN 基本产品系列

产品系列	中南杰特	富耐克	飞孟	国际产品
黑色系列	cBN110 cBN115 cBN116 cBN120	cBN810 cBN815 cBN850	cBN-FI cBN-B1500 cBN-B2000	cBN100 cBN300
琥珀色	cBN210A cBN210B cBN230	cBN901 cBN950	cBN-A3 cBN-B1800	cBN200
棕色系列	cBN280 cBN286	cBN980	cBN-B2700	

注:表中产品信息来自各公司网站

发展初期立方氮化硼在我国的发展并不顺利的原因很多,主要是由于当时技术稳定性的限制,加上当时我国基础工业薄弱,机械工业落后，工业需求不如金刚石那么迫切，到1970年也仅在部分刀具的加工中得到了一定的应用。用于合成立方氮化硼的触媒材料仅有单一的金属镁，合成技术和生产发展非常缓慢，只能生产一种灰黑色、晶型差如煤渣状的Ⅰ型产品；合成腔体小，最大腔体直径只有14 mm，产量低、合成和稳定性差。到1980年，10年间全国立方氮化硼总产量才仅为60余万克拉，产量与应用水平与国外差距明显。

从20世纪80年代中期到90年代中大约10年，则进入了cBN产业发展活跃期。

进入20世纪80年代，随着汽车、航天航空、机械电子和微电子工业的发展，为我国立方氮化硼的发展注入了新的活力。对外技术交流开始活跃，与日本、美国、苏联等技术交流频繁。

1983年，日本国立无机材质研究所的福长修来到郑州三磨所访问，进行了立方氮化硼合成技术的讲座及交流，对新型化合物的触媒，如何合成好的立方氮化硼晶体等内容做了专题讲解。

1987年，同为日本国立无机材质研究所的远腾忠来到郑州三磨所做了立方化硼技术报告，指出合成高品级的cBN必须用高化纯度的复合触媒，如 $Mg_3B_2N_4$、$Ca_3B_2N_4$、$Sr_3B_2N_4$、$Ba_3B_2N_4$ 等，并在铰链式六面顶压，机上进行了合成试验，对我国的研究启发很大。

郑州三磨所、吉林大学和中科院长春应用化学研究所等几个国内超硬材料骨干研究单位，开始重视和加大对立方氮化硼合成技术研究的投入。通过对原材料、触媒及合成技术等进行开发研究，采用新的触媒技术陆续取得进展，产生了一系列科研成果，合成出各种色泽的高品级立方氮化硼，并逐渐由实验室向小批量中试过渡。

二、优秀的创新研究团队

(一)优秀团队

在cBN产业的发展过程中，锻造出了一批强有力的团队，分别是：

郑州三磨所王光祖教授的研究团队。王光祖教授指导研究生张相法开展了六方氮化硼性能对立方氮化硼合成影响的系统研究,研制新型氮硼化物触媒,合成出琥珀色、黑色等品种的立方氮化硼。1991 年和 1993 年王光祖、张相法等在第六届和第七届全国高压学术讨论会上发布,包括:“六方氮化硼结晶度对立方氮化硼合成的影响”“Mg-BN 系中 B_2O_3 时对 cBN 晶体生长的影响”“国内外几种典型 hBN 的性能特点”“高压高温下水白色 cBN 晶体的合成”“高压高温下 hBN 的再结晶”等成果;还有徐国泰高级工程师、刘祥慧工程师的生产及科研团队,开展镁基多元合金触媒的研究,于 1989 年 12 月成果“优质 cBN 合成系统工艺”通过机械部科技成果鉴定,黑色Ⅱ型 cBN 投入生产。

吉林大学张铁臣教授、马文骏讲师等的研究团队。研究成果在 1991 年和 1993 年第六届和第七届全国高压学术研讨会上集中发布,包括:“不同颜色立方氮化硼的合成及耐热性的研究”“大颗粒立方氮化硼单晶的合成”“六角氮化硼的氧化特性对立方氮化硼合成的影响”“立方氮化硼合成中的金属膜”“Me-B-N(Me=MgCa)体系中 cBN 的生长机制”“MgO 对使用 Mg 系触媒合成 cBN 的影响”“Mg-B-N 系中毫米级单晶的合成”“高压合成 cBN 的颜色”“提高立方氮化方硼产量的一种新的组装方式”等。

中科院长春应用化学研究所闫学伟研究员、崔硕景研究员等的研究团队。1988 年发表了“高压高温下 hBN-cBN 转化行为的研究”“立方氮化硼的振动表光谱与反射光谱的研究”“立方氮化硼高压合成腔体中压力和温度的分布、动态过程及其对产物影响的研究”“乳白色立方氮化硼的高压合成”等成果。

上述三个研究单位无论从理论、实际,还是理论与实际结合等方面,所做的研发工作是卓有成效,为立方氮化硼规模化生产奠定了良好的技术基础。

(二)领军人物

20 世纪 90 年代初,王光祖和时任郑州二七超硬材料厂的总经理吴志英连续召集、组织了郑州、重庆三峡及九江等三次全国立方氮化硼合成及应用研讨会,会上展示了琥珀色 cBN 样品,会议纪要称,“吉林大学、长春应用化学研究所、三磨所首先合成出了琥珀色 cBN 单晶,结束了立方氮化硼产品单一,长期徘徊不前的状态,使立方氮化硼的研究和生产上了一个新台阶”。

1991—1993 年,为了帮助读者对国外立方氮化硼及其多晶的研究内容、水平及发展动态有较全面系统的了解,应《磨料磨具与磨削》杂志主编卫凤午的邀请,王光祖撰写了《国外立方氮化硼研制技术》系列学术论文连载 12 期,分别是《立方氮化硼在工业中的应用》《立方氮化硼产品及其特性》《立方氮化硼的结构和性质》《立方氮化硼及其在高压高温下的结构转化》《B-N-Mg 体系中 cBN 的合成》《在不同触媒-hBN 体系中 cBN 的合成》《MgB_2-BN 体系中 cBN 结晶过程及其生长机制的研究》《影响 cBN 晶体生长及其特性的若干因素》《cBN 大单晶的培育》《影响 cBN 聚晶物理机械特性的若干因素》《立方氮化硼聚晶的制造》《高温高压下纤锌型氮化硼(WBN 的合成及其结构转变)》等。

由张铁臣、邹广田编著的《立方氮化硼合成》(吉林大学出版社出版)和由王光祖、李刚、张相法《立方氮化硼合成与应用》(河南科学技术出版社)的出版,对促进我国立方氮化硼的科研、生产的技术进步起到了明显的推动作用。

1999 年中南钻石求贤若渴,与当时在行业崭露头角的张奎、张相法、梁浩等走到一起。创立了专业研究生产 cBN 的企业——中南杰特,当时这 16 名平均年龄不足 30 岁的年轻人,满怀着干一番事业的决心,在那片不足 5 亩的小院内,开始了艰辛的创业历程。

2004 年至 2010 年中南钻石和中南杰特几乎同步进入快速度发展

期，产量连年翻番，市场占有率逐年扩大。2005 年，中南杰特的产品 cBN 实现销售收入超过 1000 万元，到 2011 年实现跨越式发展，年销售收入超过 1 亿元。

经过 10 余年的发展，中南钻石已成为中国乃至世界金刚石行业的龙头老大，中南杰特也在国内立方氮化硼行业傲立潮头。

创新能力是决定企业持续竞争能力的核心。创新是企业兴旺发达的生命源泉和不竭动力。由张奎、张相法带领的富有朝气的年轻科技创新队伍，承担着超硬材料制造技术的科研任的务。

他们带领研究团队突破关键技术难关、提高竞争力，瞄准国内外市场，开发 cBN 新产品，完善 cBN 产品的品种体系。目前中南杰特已成为全面掌握 cBN 核心技术的企业，依托中南杰特建立了省部级超硬材料研发中心。中南杰特大批量供应于市场的品种有黑色 cBN110、黑色 cBN115、亮黑色 cBNM-B、琥珀色 M-A 系列 cBN 微粉。

2009 年新厂建成投产，形成 cBN，生产能力 2 亿克拉。

2010 年 cBN 大单晶研究团队入选郑州市科技创新团队，卢灿华、张奎、张相法三人当选郑州市创新骨干。

张奎，原中南杰特总经理，教授级高级工程师，科研项目中“UDS-I 高压装备以及工艺”荣获河南省技术进步二等奖；“粉体触媒法高品级人造金刚石工艺的研究”荣获河南技术进步三等奖；“立方氮化硼系列优质超硬材料制备和应用技术”荣获河南省技术进步二等奖。他不但从实际生产中，而且从理论上为推动我国超硬材料行业的发展做出了显著的贡献，他也荣获郑州市五一劳动奖章，河南青年科技奖。

张相法，中南杰特总工程师，教授级高级工程师，中国兵器集团科技带头人，中国超硬材料协会专家委员会委员；中国材料研究学会超硬材料制品专业委员会委员。从事超硬材料行业三十多年，参与多项省市级及国家科研项目研究并获奖，设计开发了中南杰特主导 cBN 产品十多个品种，“棕色高韧性立方氮化硼晶体研制”将我国立方氮化硼行业提升到了一个新的档次，其技术水平经专家鉴定，达到国际先进水平。1995 年主笔者合作出版专著《立方氮化硼及其应用》，先后在国家核心期刊和全国性学术会议上发表论文 40 余篇，取得 80 多项国家发明专利和实用新型专利授权。

马文骏，原吉林大学 cBN 项目主研人员，多年来一直从事 cBN 触媒及 cBN 单晶的工业合成研发，曾为多家 cBN 生产企业提供触媒及技术支撑。

三、产业集群的发展

1991 年 9 月《磨料磨具与磨削》杂志报道，郑州三磨所对立方氮化硼进行了多年的研究，解决了一系列技术难题，取得了突破性进展，研制的立方氮化硼质量达到 20 世纪 80 年代国际水平。

20 世纪 90 年代末，大合成腔体降低了生产成本，加上六方氮化硼原料价格降低，cBN 价格下降。张相法、张奎等研发了直径 25 mm 腔体高韧性 cBN 的合成技术，并在河南黄河集团公司投入生产，单产达到 12 克拉以上，产品以较好的性价比出口日本等国际市场。

进入 21 世纪，六面顶压机的大型化及其控制技术的自动化程度显著提高，两大基础材料六方氮化硼和触媒的深入研究取得了成果，合成工艺的逐渐完善，立方氮化硼生产集群发展等，加之，汽车工业、航天航空工业的高速发展对立方氮化硼及其磨具、刀具的市场需求动力，都为立方氮化硼进入 21 世纪的大发展起到了鸣锣开道、推波助澜的作用。

河南富耐克超硬材料股份有限公司的前身是始建于 1988 年的河南武陟县超硬材料厂，由郑州三磨所技术转让后开始生产 cBN，1995 年迁往郑州高新区，是我国新一轮 cBN 发展大潮中涌现较早的 cBN 专业生产企业。该公司凭借其出色的经营能力、较高的产品性价比开始打入国际市场，21 世纪初数年其产品曾经一度供不应求，寻找代加工扩充产能，现在产量超过1亿克拉。企业核心研究成员吴建中任该公司cBN磨料总工程师，为富耐克的cBN发展作出了重要贡献。公司在许多方面取得了成果，比如：①致力于cBN产品研发，为我国cBN产品成为世界强国贡献了力量，实现了产量大、品种多，国外有的品种我国有，国外没有的我国也有；②跟踪掌握国外cBN产品的发展趋势，研发新产品；③建立了国内cBN产品种分类及cBN产品应用指导规范；④开展技术服务型销售，为应用企业提供应用技术指导；⑤主持制订cBN产品国家标准；⑥在全行业范围内对cBN磨具各企业进行了如何正确使用cBN磨料的培训。

此外，河南飞梦、郑州沈发、开封贝斯科、信阳德隆等公司也以各自不同的方式取得新的进展，在河南形成了集群式发展。

从规模看，cBN单晶年产量稳定6亿克拉以上；cBN微粉产量随着精密超精密加工及PcBN的发展稳步提高，年产1亿克拉以上；cBN表面镀覆分别镀镍、镀钛，作为派生晶种，cBN镀覆产品发展也很快，年产量近亿克拉。

在此要告诉大家的是，超硬材料中国黄埔军校——郑州磨料磨具磨削研究所，不仅开创了中国cBN研发的新纪元，而且为我国cBN产业化的建立与发展中起到了孵化器、播种机的作用，功不可没、将永载超硬材料发展史册。

四、展望

（一）发展前景良好

《全球行业分析》发表的全球战略业务报告：cBN磨料指出，cBN已正在成为大部分磨削加工的首选磨料，因为它有助于获得精确的几何形状和尺寸、更好的表面光洁度和表面完整性以及缩短加工时间。为了获充分利用cBN的磨削优势，获得更好零件表面光洁度、表面完整性和更长的使用寿命，越来越多的汽车制造商已选用cBN砂轮来替代传统磨料砂轮。

随着 cBN 大单晶的研究开发,cBN 单晶形状不规则、尺寸小等问题严重限制 cBN 晶体的基础性质研究和应用的状况得以改变。一方面,大尺寸的优质 cBN 单晶制备性能优异的单晶刀具;另一方面,在功能材料研究方面,大尺寸的 cBN 单晶是研究其热、电、光等基本性所必需的材料,也是制备热沉、高温半导体器件乃至特殊光器件所必需的材料。

大颗粒立方氮化硼单晶的进展同近几年开展得如火如荼的金刚石研究及生产不同,cBN 大单晶的研究表现则是波澜不兴。

张铁臣认为,立方氮化硼大单晶在光电器件方面的研究有着重要的意义。郭增印等指出,制备大尺寸、高质量的 cBN 单晶存在的问题,比如原料提纯和触媒的选择及纯度的控制、反应腔体温度的精确控制、缩短反应时间等方面将有望得以解决。

郑州中南杰特公司以承担郑州创新团队项目为契机开展了 cBN 大单晶的研究,内容包括:立方氮化硼生长原料及提纯技术研究;新型复合型触媒制备技术研究;设计大颗粒 cBN 晶体成核与生长的高压腔体结构,设计改进大颗粒 cBN 晶体生长的超高压高温检测与控制系统,cBN 成核与生长以及 cBN 合成工艺技术研究。已取得完整晶体达 1 mm 以上,透度较好的 0.5 ~ 0.6 mm 的 cBN210 型单晶,已提供给吉林大学陆续进行了真空紫外光电探测器、非外线性光学材料、紫外发光器件等研究,都取得了比较理想的结果。

(二)加强研发　拓展品种

1)以往合成 cBN 晶体的方法是建立在相变的基础上的,也就是在高压高温下使 hBN 相变为 cBN 晶体。相关研究表明,可以完全脱离原有的转变模式,用含硼和氮的化合物或用硼单质和氮化合物经化学反应制备 cBN 晶体。

2012 年燕山大学的田永君利用高压高温技术成功地合成出超高

硬的纳米孪晶结构立方氮化硼块材。他们采用一种具有特殊结构的洋葱氮化硼为前驱物,成功地合成出透明的纳米孪晶结构立方氮化硼,孪晶的平均厚度仅为3.8 nm,其硬度达到甚至超过人工合成的金刚石单晶,而断裂韧性高于商用硬质合金,抗氧化度高于立方氮化硼本身。这些优异的综合性能表明,纳米孪晶结构立方氮化硼是一种工业界期盼已久的超级刀具材料。

2)我国超高压技术包括一级压腔和二级压腔技术的进步,在工业生产条件下使 hBN 直接向 cBN 转化成为可能,可以很方便得到纳米结构及微米结构的 PcBN,用于 PcBN 刀具和微晶磨料产品。

3)立方氮化硼薄膜是立方氮化硼合成领域的重要发展,并成为新的研究热点,为 cBN 开辟了一个全新应用领域。

4)爆炸法是使 hBN 在冲击波的高温作用下相变产生 WBN 和 cBN 的方法。这个方法产生的压力很高,但设备简单、成本低,所得到 cBN 产品粒度为亚微米和纳米量级。用爆炸法制得的 cBN 既有较高的硬度,又有较好的韧性,是用来制造 cBN 研磨膏和抛光液的理想之材。

5)与传统的制备 cBN 的方法相比,水热法合成 cBN 具有成本低、反应过程易于监控、污染少和反应体系均匀性好等优点,特别是对大单晶体生长十分有利。水热法制备 cBN 微晶成功,为 cBN 的制备开辟了一种新的技术路线。

五、结语

中国的 cBN 行业仍然在继续前行,本着“安全、高效、高标、节能、生态”发展的理念,响应国家“十四五规划”建设制造强国、高质量的发展战略的号召,充分发挥集群发展的技术优势、人才优势、品牌优势,按照绿色、智能的全新理念,构建数字化、信息化、智能化的“生态型”工厂的工作正在推进。

百舸争流千帆竞，借海扬帆奋者先，中国的 cBN 从诞生到发展壮大经历了五十五载。从创业初期的品种单一、应用市场不畅，到市场繁荣品种超过国外知名品牌；从生产厂家零落，到行业发展壮大形成龙头企业；从跟随国际产品性能，到出现领军人物和优秀团队，引领行业潮流。从跟随者到领跑者，在 cBN 单晶、聚晶生产中成为全球的产量大国、制造强国和研发引领者，铸就了中国 cBN 行业的辉煌。在发展绿色制造的趋势引领下，cBN 材料已经从磨切加工等工程应用转向更广阔的声光电基础材料领域的功能应用发展，cBN 晶体的美丽散射光环还向我们预示着更加神秘的王国，等待我们去探索，祝愿中国 cBN 产业的明天更加辉煌。

立方氮化硼未来发展大家谈

王光祖/文

低碳、绿色、环保是全球性的永恒话题。高速、高效、超精细以及机械化、自动化和智能化是现代工业企业追求的远大目标。作为发展中的高技术的超硬材料，在这场宏伟的现代工业革命中是大有用武之地的。现在摆在我们面前的问题是如何服务好现代工业，并做出更大、更新的贡献。今年是我国第一颗立方氮化硼研制成功五十周年，恰逢第十三五规划的开局之年，围绕上述的远大目标和国家大政战略方针，我们把未来的发展目标具体化。下面引用若干超硬材料行业专家的观点，他们从不同的专业视角出发，对未来几年或更长时间内，应该去做些什么提出了不同的想法或建议。

＊针对高速、超高速磨削技术发展

吕智、蒋燕麟等认为：国内磨具的研究应注重以下几个方面进行技术创新。

(1)结合剂的技术创新。在考虑低温高强的基础上,还应该考虑结合剂的耐磨性和形状保持性。目前,国内有采用纳米技术来提高结合剂的强度,以及与磨粒更好地进行结合。国外也有报道,在陶瓷结合剂的基础上利用特殊树脂来增强结合剂的强度,以改善磨粒周围的结合剂在反复加载后的疲劳性能。

(2)成型技术的创新。不同的成型方式,磨粒及结合剂在成型过程中受挤压程度不同,形成的组织均匀性也不同。

(3)检测技术创新。目前,高速、超高速磨具的检测和传统常规时磨具检测的手段基本相同,甚至更少。比如硬度检测目前还没有看到相关的标准。

*针对国内 PcBN 产品发展

张莉丽、林峰等提出以下几点建议。

(1)扩大 PcBN 产品的直径。PcBN 产品直径的扩大,不仅仅是产品尺寸的问题,而且是对 PcBN 合成的综合体技术提出了更高的要求。扩大 PcBN 产品的直径带来一系列技术上的难题,包括要求设备大型化以及腔体空间的扩大,导致的腔体内温度差和压力差增加,继而产生的产品性能均一性的问题。

另外,扩大的腔体空间需要更长的烧结时间,因而对腔体组装的稳定性要求更高,扩大 PcBN 产品的直径,必须保证 PcBN 产品具有良好的可切割性,可以将 PcBN 产品切割成所需要的任何形状,从而降低单位面积成本,提高综合效益。

(2)细化 cBN 的粒度。cBN 晶粒的细化,可以提高 PcBN 耐磨性、抗冲击性和可加工性。但随着晶粒的细化,也会给生产工艺带来困难,如混料不均匀,使得黏结剂在 PcBN 中出现富集和偏析现象,造成 PcBN 组织不均匀,性能不稳定。

另外，由于 cBN 颗粒越小，cBN 颗粒之间的间隙就会越小，从而使得黏结剂很难渗透，造成烧结渗透不均匀，影响 PcBN 的整体性能。

(3)加强产品系列化研究工作。西方发达国家的 PcBN 产品向系列化、多样化方向发展，根据不同的被加工材料、不同的加工方式提供不同性能的 PcBN 产品，粒径从 0.3 μm 到数十微米，cBN 含量从低含量到高含量，结合剂从金属到非金属混合材料等。国内虽已开展 PcBN 产品系列化工作多年，但由于国内开展该项工作的研究院所和高校并不多，生产企业又没有这方面的技术实力，导致国内 PcBN 产品的应用基础研究不够深入、不够系统。

因此，国内必须加强 PcBN 产品系列产业化的基础研究工作，加速 PcBN 产品的系列化进程，制定全国统一的 PcBN 工业标准，实行产品标准化、系列化管理，使其在加工不同材料、在不同条件下发挥最大的优势，满足国内不同材料加工的要求。

(4)重视刀具涂层的作用，加大刀具涂层技术的研发力度。由于涂层刀片的综合性能良好，故涂层刀片有较好的通用性。国外发达国家的刀具涂层技术发展迅速，应用广泛。国内与之相比，差距很大，涂层刀具的数量也差得很远，大致占全部刀具的 20%。其中数控机床和加工中心上使用得多一些，在普通的非数控机床上则少得可怜，原因是认识问题和价格等因素。我们应该努力提高刀具涂层技术和应用技术的水平，大力推广应用涂层刀具，促进切削加工和机械制造水平的提高。

＊PcBN 未来的发展方向

寇自力、李瑜等谈及 PcBN 未来的发展方向时指出，回顾我国超硬材料发展史，仔细思考我国 PcBN 刀坯材料发展缓慢及高速切削超硬刀具技术难以推广的原因，未来 PcBN 刀坯的发展方向应有以下特点：

(1)首先要加强超硬材料烧结理论、超硬刀具切削理论方面的研究;

(2)进一步提高国产六面顶压机的压力、温度极限,更好地掌握高温高压腔体的精密控制技术等;

(3)PcBN 刀坯材料要向尺寸大型化、产品系列化发展,且保证质量的稳定性及性能的均一化。

超硬刀具的发展:①加大进口数控超硬刀具制造设备的引进与消化,实现微米级精密超硬刀具的制造;②加强超硬刀具的推广应用研究,开发超硬刀具的新的应用领域,实现中国制造到中国创造的转变;建立 PcBN 刀具的业标准与国际接轨。

*陶瓷结合剂 cBN 磨具现状及发展对策

李志宏、冯丹丹等指出:陶瓷结合剂磨具发展是必然趋势。为适应 cBN 磨具发展需要,应做好以下几方面工作:

(1)继续进行高性能结合剂的开发工作,适应超高速磨削发展需要;形成结合剂系列化,适应不同磨削用途的需要。结合剂的开发研究工作应遵循已总结出的几个基本原则。

(2)加强磨料和结合剂结合机理的进一步研究,探索 cBN 磨料表面改性的新方法,争取实现结合剂和磨料结合界面的合理设计和可控性。

(3)加强 cBN 磨具在超高速磨削、航空航天等难加工材料磨削的研究,拓宽国内 cBN 磨具的应用范围。

(4)加强产学研用几个方面的协同创新研究。一方面,磨削是一个系统工程,需要机床、磨具、磨削应用几个方面的良好配套合;另一方面,国内没有一家研究单位和砂轮生产单位具有相当水平的磨削试验中心,许多性能验证都需要在用户方进行。对于大批量磨削生产经验证,磨具研究和制造单位即使有磨削试验平台但一般也不会有足够的工作，仍然要依靠磨削生产单位。若用户试验不及时就会延误磨具开发调整的进程。

*高品质立方氮化硼单晶的现状及发展趋势

张相法、张奎提到:我国 cBN 发展前景良好。

《全球行业分析》发表的“全球战略业务报告:cBN 磨料”指出，cBN 正成为大部分磨削加工的首选磨料，因为它有助于获得精确的几何形状和尺寸、更好的表面光洁度和表面完整性，以及缩短加工时间。由于它非常适合在数控磨床上使用，因此其用量正在不断增加。为了充分利用 cBN 磨削的优势，获得更好的零部件表面光洁度、结构完整性和更长的使用寿命，越来越多的汽车制造商已选用 cBN 砂轮来替代传统磨料砂轮。

cBN 产品最大的应用是在制造 cBN 砂轮方面，在 cBN 砂轮的四种结合剂（树脂、陶瓷、金属、电镀）中，以陶瓷结合剂的 cBN 磨具发展最快。在世界范围内，陶瓷 cBN 磨具的比例已由 20 世纪 80 年代的 4% 上升到现在的 50% 以上，增速迅猛。由于陶瓷 cBN 磨具具有磨削效率高、形状保持性好、耐用度高、易于修整、磨料利用率高（为 75% 以上，其余类型结合剂为 50% ~60%）、砂轮使用寿命长等优势，因而成为高效、高精度磨削的首选磨具。应用领域涵盖汽车、航空航天、油泵油嘴、压缩机等。近年来，cBN 应用推广取得长足进步，使用厂家增加很快，据不完全统计目前国内使用 cBN 单晶的大小厂家在 500 家以上，单个厂家使用最多在 400 万克拉以上。

再者国内 PcBN 刀具经历了多年的发展，目前已形成一定的规模，尤其是整体 PcBN 刀具快速发展带动 cBN 微粉使用量的大幅增加，几家生产 cBN 单晶的厂家不同程度的加入合成整体 PcBN 的行列，这也带动了 cBN 单晶生产量的稳定增加。综上所述，我国 cBN 发展前景将持续向好。

* PcBN 刀具将会有更为广阔的市场前景

陈永杰,王海阔等认为,随着工业化进程的进一步发展,新型难加工材料的不断出现,PcBN 刀具的优势越来越明显,PcBN 刀具将会有更为广阔的市场前景,其必须朝着以下方向发展:

(1)新的制备工艺和方法主要是对传统的制备工艺和方法进行升级换代,以满足新形势下对制备工艺和方法的要求;

(2)更低的制造成本和低碳环境主要是提高各生产环节原材料的利用率,以及刀具的回收利用,力争做到成本最低、无污染;

(3)新领域随着新材料的不断出现,对刀具的各种性能必将提出更高的要求,因此其应用领域也必将得到进一步的发展。

* 立方氮化硼膜的研究进展与应用

殷红指出:cBN 具有极高的硬度和良好的耐磨性,其硬度仅次于金刚石,而热稳定性及化学稳定性远优于金刚石。此外,cBN 禁带宽、热导率高、绝缘性好,从紫外到红外包括可见光范围内具有良好的光透过性。cBN 在机械、电子、光学等领域有巨大的应用潜力。但是,目前 cBN 的研究仍然存在一些基本的问题亟待解决,如薄膜内应力高、膜基黏附性差、沉积温度高、沉积率低和立方相含量不稳定等问题。近年在 cBN 厚膜的沉积、外延生长等方面取得了很大的进展,但是在超硬制品方面的应用仍然以共聚晶微粉的形式为主,因此开发高端 cBN 涂层制品是工业应用方面需要专注的主要问题之一。此外,也需积极开发 cBN 膜在其他新兴领域中的应用,诸如生物、光电、半导体等。

* 合成高质量 cBN 单晶推进功能特性研究

张铁臣认为:展开立方氮化硼电流控制微分负阻、二阶非成线性光学特性、线性电光系数和立方氮化硼单晶-金刚石膜异质 P-N 结的研究,将拓宽立方氮化硼单晶的研究领域,对立方氮化硼晶体在光电器件方面的应用的研究有着重要的意义。但是,由于立方氮化硼单晶尺寸的限制,很多工作尚无法进行,因此,合成高质量、大尺寸、形状规则的立方氮化硼单晶体仍然是亟待解决的问题。谁先突破这一障碍,谁就抢占了这一先机。让我们共同努力争取这一天早日到来!

* 超硬材料制品金属结合剂的发展现状及未来展望

董书山、周小彦等认为:“高效节能,绿色环保”将是今后超硬材料制品行业发展的主旋律,其发展基础是依靠材料的进步,推动制品在制备机理及工艺装备方面的创新突破,由单一依靠温度为驱动力向以“压力+温度”双相驱动力的方向转变,强化压力为驱动力,弱化温度为驱动力。“细颗粒、高活性、易压制、稳定化、功能化”将是金属结合剂今后的发展方向。金属结合剂的开发内容应围绕“把持力”和“磨损性”两条主线展开,在成分设计、细化手段、活性控制、粒度分布、压制性调控等方面开展创新研究,并深入开展胎体的微观结构、组织性能、烧结机制与材料特性相关的基础研究,进而带动相关工艺装备的开发。

* 未来发展的思考

围绕着上述的远大目标和国家大政战略方针,笔者认为在未来的发展目标归纳起来有如下方面。

(1)向“三高一低”(即高速度、高效率、高精度、低成本)方向发展

随着现代工业技术和高性能科技产品对机械零件的加工精度、表面粗糙度、表面完整性、加工效率和批量化质量稳定性的要求越来越高。

超高速磨削技术是现代新材料技术、制造技术、控制技术、测试技

术和实验技术的高度集成，是优质与高效的完美结合，是磨削加工工艺的革命性变革，被誉为“现代磨削技术的最高峰”。

高速/超高速、高效率、自动化/数控化/智能化、超精密等既是当前磨粒加工工艺技术的主要内容，也是先进加工制造工艺与装备的重要的学科前沿。

陶瓷立方氮化硼砂轮是高速、高效、高精度、低磨削成本、低环境污染的高性能磨具，成为世界上竞相研究开发的热点和当代磨具产品发展的一个重要方向。在美国、日本、德国、英国等工业发达国家的航天航空、轴承、汽车、工具等行业已进入规模应用或普及阶段。因此，必须加大高档 cBN 陶瓷砂轮的研究与开发力度，扩展其应用领域。

(2)向“三高一专”的方向发展

航空航天工业被称为“工业皇冠上的一颗明珠”，因航空产品的零件形状和结构复杂，材料多种多样，加工精度要求严格等因素一直是先进技术高度密集的行业之一。

金属切削刀具作为数控机床必不可少的配套工艺装备，在数控加工技术的带动下，进入了“数控刀具”的发展阶段，显示“三高一专”(即高效率、高精度、高可靠性和专用化)的特点。

以高速切削为代表的干切削、硬切削等新的切削工艺已显示出很多优点和强大的生命力，成为航空发动机制造技术提高加工效率和质量、降低成本的主要途径。航空难加工材料切削加工的主要矛盾已从是否能够切削加工转向如何高效率、低成本地进行加工。

先进发动机的叶片、盘轴、机匣等主要结构件，大量采用新型超高新耐高温合金、单晶合金、金属间化合物及轻质高强复合材料，这给机械切削加工增加了更大的难度，对切削技术提出了更高的要求。因此，我们的航天飞机、太空飞船、空间探测器等凝聚着人类的勤劳和智慧的伟大发明要想飞得更高、飞得更远，就不得不依赖于高精密刀具这对翎羽了，所以，开发新一代 PcBN 刀具并产业化是时代赋予的使命。

(3)向功能应用方向发展

立方氮化硼的晶体具有64 eV最宽的带隙,是一种十分优异的半导体材料,在高温、高功率宽带器件微电子学领域有着广泛的应用前景。立方氮化硼能产生二阶非线性光学效应,可以用于光的高次谐波发生器、光电调制器、可见紫外光转换器、光学整流器、光参量放大器等。此外,立方氮化硼与金刚石一样还具有很强的抗辐射能力,可以用于抗辐射器件。因此,对立方氮化硼材料功能性研究与开发有着重要的现实意义。

随着cBN大单晶的研究开发,cBN单晶形状不规则,尺寸小等严重限制cBN晶体的基础性质研究和应用的状况将得以改变。一方面,大尺寸的优质cBN单晶制备性能优异的单晶刀具;另一方面,在功能材料研究方面由于大尺寸的cBN单晶是研究其热、电、光等基本性质所必需的,同时也是制备热沉、高温半导体器件乃至特殊光学器件所必需的。

(4)加强产品系列化研究工作

西方发达国家的PcBN产品向系列化、多样化方向发展,根据不同的被加工材料、不同的加工方式提供不同性能的PcBN产品,粒径从0.3 μm到数十微米,cBN含量从低含量到高含量,结合剂从金属到非金属混合材料等。而因国内虽然已开展PcBN产品系列化工作多年,但由于国内开展该项工作的研究院所和高校并不多,生产企业又没有这方面的技术实力,导致国内PcBN产品的应用基础研究不够深入、不够系统。

因此,国内必须加强PcBN产品系列产化的基础研究工作,加速PcBN产品的系列化进程,制定全国统一的PcBN工业标准,实行产品标准化、系列化管理,使其在加工不同材料、在不同条件下发挥最大的优势,满足国内不同材料加工的要求。

(5)立方氮化硼涂附磨具的研发及其产业化

我国是涂附磨具的生产大国,但立方氮化硼涂附磨具所占比例甚小,为适应现代磨削技术的发展,硬脆材料磨削和抛光加工的需要,必须大力开发立方氮化硼涂附磨具,并使其产业化

(6)加强应用技术的研究

加强 cBN 磨具在超高速磨削、航空航天等难加工材料磨削的研究,拓宽国内 cBN 磨具的应用范围。

加强超硬刀具的推广应用研究,开发超硬刀具的新应用领域,实现中国制造到中国创造的转变。

随着现代切削技术的发展,要想提高切削速度、降低切削成本,在所有加工用因素中最经济的办法就是应用新材料和新工艺。表面涂层是提高刀具寿命、降低切削成本的有效手段,不仅可以提高刀具的表面硬度,增强其耐磨性,而且可以减小刀具的表面摩擦系数,增加润滑能力,提高切削速度,减少换刀次数,提高被加工零件的精度和表面质量,从而提高生产效率。

鉴于目前所合成的 cBN 涂层的质量和组分,仅可用于涂层要求较低的刀具制品。美国、日本的许多企业已经在此方面进行了大量投资,预计近年超硬涂层工具的市场将继续扩大,其应用领域主要集中在汽车工业。

纳米陶瓷结合剂由于其粒度小、比表面积大、烧结温度低、强度高、韧性好等优点,有望解决目前传统陶瓷结合剂低烧结温度和强度之间的矛盾问题,提高陶瓷结合剂 cBN 砂轮的性能,进一步拓宽 cBN 砂轮的应用范围。

(7)加强工艺技术理论的探索

cBN 在半导体、光电子器件以及平板显示等领域有潜在的应用前景。由于本征 cBN 的电阻率非常高,接近绝缘体,因此要想将其应用到电子领域,就必须要进行合适的掺杂以调节其电学性能。理论计算

表明,Be 和 Mg 替代 cBN 中的 B 原子,会到形成 p 型导电,而 Si 和 C 替代 cBN 中的 B 原子会形成 n 型导电。

随着 cBN 薄膜外延生长的成功实现使得 cBN 应用于高温高频半导体器件成为可能,伴随而来就是探索高品质、无缺陷、少杂质、掺杂可调的 cBN 外延膜的有效制备途径。

首先要加强超硬材料烧结理论、超硬刀具切削理论方面的研究。

(8)结合剂的探索

结合剂作为超硬材料磨具的主要组成部分,其发展核心是改善烧结胎体的组织性能,包括微观组织结构、烧结致密度、烧结强度、烧结硬度、磨损性能、对超硬材料的浸润性、高温硬度等。

近年来有人对纳米陶瓷结合剂进行了探索。纳米陶瓷结合剂应该是以纳米尺寸无机粒子为主相的结合剂。纳米材料由于它的粒度小、比表面积大、而表现出明显的小尺寸效应、量子尺寸效应以及表界面效应。与传统的陶瓷结合剂材料相比,纳米陶瓷结合剂的强度应该高,韧性应该好,烧结温度应该比较低。但由于其密度低,可能对磨具成型带来一定的困难。另外,纳米陶瓷粉体很容易制备,但由于陶瓷颗粒在烧结过程中存在长大现象,要获得真正意义上的纳米陶瓷结构材料并不容易。因此真正的纳米陶瓷结合剂市面上很难见到。

(9)建立具有国际水平的高技术标准

我们现在的 cBN 基本品种加上派生出品种已达到数十种,但目前国家标准 cBN 品种只有 2 个,远远低于实际产品品种数量,已经造成磨料生产厂家与砂轮制造商沟通、验收的不便,急需扩展我国 cBN 产品标准系列。

国内必须加强 PcBN 产品的系列化基础研究工作,加速 PcBN 产品系列化进程,制定全国统一的 PcBN 工业标准,实行产品标准化、系列化管理,使其在加工不同材料,在不同条件下发挥最大的优势,满足国内不同材料的加工要求。

(10)建立协调发展的联动机制

加强产学研用几个方面的协同创新研究。只有几个方面通力配合协作,才能实现磨床、磨具与磨削技术的快速创新,才能快速实现机床、磨具的产业化进程,同时为磨削应用单位带来高速、高效、高精、低成本的磨削效益。

可见,集中各军团的优势兵力才能打歼灭战、速决战,实现共同发展、共同提高、共同收益的共赢良好大结局。

第五章

超硬材料产品性能的辅佐之臣

掺硼金刚石薄膜的制造技术

王光祖,卫凤午/文

金刚石膜是优良的绝缘材料,其电阻率可以达到 10^{10} Ω·cm 以上,通过掺硼可改变其电学性能,由绝缘体变为半导体或者导体,表现出了金属的电导率。掺硼金刚石膜具有良好的导电性能和半导体光电性能,可沉积到电极基体,如石墨、硅片等表面上,得到的金刚石膜电极在物理化学生物等领域已显示出广阔的应用前景。

由于硼的原子半径很小,可替代或进入金刚石晶格,参与到 CVD 金刚石的生长过程,导致金刚石晶体颗粒的生长产生一定的变化,胡东平等通过实践制备不同掺硼浓度的 CVD 金刚石,观察其表面形貌,研究其浓度对形貌的影响。本文引用三种制备方法,供读者参考。

一、热丝 CVD 法

掺硼源主要有三类,固体硼源如三氧化二硼、气体硼源如硼烷,以及液体硼源如硼酸三甲酯、硼酸三乙酯、硼酸三丙酯。可利用硼的气、固、液三种形态在金刚石生长的同时进行原位掺杂。采用三氧化二硼固体硼源,直接置于反应室内,进行固态原位掺杂。

将钼材加工出矩形槽,面积为 4 mm×6 mm,用于存放氧化硼固体粉末。利用金刚石沉积过程中基体温度对氧化硼加温,使之变成气态并在热丝高温作用下分解,以原子态进入生长的金刚石膜中。由于在 CVD 生长过程中衬底温度基本上保持不变,矩形槽面固定,因此每个矩形槽对金刚石膜的掺硼浓度基本上保持不变,可采用增加或减少存放氧化硼的矩形槽数量改变金刚石膜的掺硼浓度。

胡东平、丰杰等，金刚石膜制备全采用自制的热丝 CVD 金刚石沉积设备。

二、微波等离子体 CVD 法

游学为立等利用微波等离子体化学沉积法制备掺硼金刚石薄膜。通过 2.45 GHz 微波电激励甲烷和氢气，使之电离分解产生大量的中性碳活性基团（C+CH_3、C_2H_2 或 CH_2）和氢原子，在基片表面形成一层连续膜层。掺硼是通过氢气携带液态硼酸三甲酯进入反应腔体实现的。加硼过程中，B 原子进入金刚石结构取代部分 C 原子，并有三个价电子 B 原子与周围四个 C 原子形成共价，但形成共价键时因缺少一个电子，需从 C 原子处夺取一个价电子，而在 C 原子价代留下一个空穴，故加硼金刚石膜具有 p 型半导体特性，可用作电极。

金刚石膜的图形化主要利用半导体技术中的光刻工艺。光刻的基本工序是首先利用旋涂法在硅片表面涂覆一层光刻胶薄膜，高压汞灯的紫外光通过掩膜板对光刻胶进行选择性曝光；再对光刻胶显影，将掩膜板图形转移至样品上。本文设计的指 BDD 微电极结构，叉指微电极包括 2 组平行的微带电极，两组微带中面对面的排列部分长为 3 mm，另外为平行部分，长 2 mm，叉指宽度设计为 200 μm 和 100 μm。

三、HFCVD 法

近年来，在金刚石薄膜的机械应用中，得到一定程度的关注与硼掺杂技术可有效改善薄膜内残余应用力状态、膜基结合力及相关技术特性。同步于沉积过程的动态硼掺杂技术工艺简单，不会导致金刚石薄膜的沉积工艺复杂化，成为解决金刚石薄膜基结合力不足的优选方案之一。

在部分应用中，要求内孔金刚石薄膜具有较高的表面光洁面度，这一点可以通过后续抛光加工以及制备磨展在线触达全球磨展在线入口二维码 Technology 技术具有纳米晶粒的纳米金刚石薄膜或具有近似纳米晶粒的细晶粒金刚石薄膜的方法得以实现。

不同的理论目标和应用条件会对金刚石薄膜的附着性能、表面光洁度、表面硬度或表面可抛光性能提出不同的要求。因此如何结合已有的金刚石薄膜掺杂方法及沉积工艺,开发出具有不同特性的高质量金刚石薄膜,以满足不同耐磨减摩器件的工作需求。

因此,如何结合已有的金刚石薄膜掺杂方法及沉积工艺,开发出具有不同特性的高质量金刚石薄膜,是促进金刚石薄膜推广应用需要重点解决的课题之一,其中非常关键的一点是,金刚石薄膜表面可抛光性的提高往往意味着其表面耐磨性能的降低,综合性能的提升也常常意味着沉积成本的大幅提升,如何正确处理这一矛盾,也成为产业化中亟待解决的一道难题。采用分步沉积的方法获得的复合金刚石薄膜可以综合不同金刚石薄膜各自性能的特点,成为解决该问题的有效方法之一。硼掺杂金刚石薄膜具有较好的膜基结合力和较低的残余应力。将 CVD 金刚石薄膜沉积过程中的硼掺杂技术与传统的 MCD 和 NCD 薄膜沉积技术相结合,根据不同应用工况的使用需求,充分发挥传统 MCD 薄膜、BDD 薄膜、NCD/FGD 薄膜的各自优良特性,开发出具有不同特质和综合性能的复合金刚石薄膜,对于推动 CVD 金刚石薄膜在耐磨减摩工具器件领域的产业化应用,具有重要理论意义和现实意义。

王新昶等选用反应碳化硅(SiC)作为基体材料,综合现有的未掺杂 MCD(undoped MCD, UMCD)薄膜、硼掺杂 MCD(borod doped MCD, BDMCD)和未杂 FGD(undoped FGD, UFGD)薄膜各自的性能特点,采用无毒硼掺杂工艺,开发了基于硼掺杂的高性能掺杂微米-未掺杂微米复合金刚石(BDM-UMCD)薄膜及硼掺杂微米-未杂微米-未杂细晶粒复合金刚石(BDM-UM-GCD)薄膜。

SiC 陶瓷材料是常用于沉积 CVD 金刚石薄膜的基体材料,相比其他常用基体材料,SiC 陶瓷具有接近金刚石薄膜的热膨胀系数,材料内不存在影响金刚石薄膜沉积的杂质元素。

在反应烧结 SiC 陶瓷基体表面沉积金刚石薄膜时，采用的反应气源主要为丙酮和过量氢气，硼掺杂源为解在丙酮液中的硼酸三甲酯 fFGD 薄膜生长过程中另外加了过量氩气作为辅助气体。

所有沉积均在热丝 CVD 装备上进行，采用参数如表 1 所示。

表 1　用于 SiC 基体表面各类金刚石薄膜制备的沉积参数

类别	总流量 Q 标况/cm^3	Ar 流量 Q_{Ar} 标况/cm^3	丙酮/氢气体积比	B/C 原子比/$\times 10^6$	反应压力 P_r/Pa	热丝温度 t/℃	基体温度 t_s/℃	偏压电流 I/A
形核	1200	0	2% ~4%	5000	2000	2200 ~ 2300	800 ~ 900	3.0
BDMCD	生长	0	1% ~3%	5000	3000	2200 ~ 2300	800 ~ 900	2.0
UFGD	生长	2400	2% ~4%	0	1300	2200 ~ 2300	800 ~ 1000	3.0
UMCD	生长	0	1% ~3%	0	3000	2200 ~ 2300	800 ~ 900	2.0

并以上述三类常规金刚石薄膜作为对比样品，对比研究了不同类型的金刚石薄膜机械性能，其结论是：

（1）MBD-UMCD 薄膜中底层的 BDMCD 薄膜可以有效提高附着性能，并降低薄膜的残余应力，而且复合工艺对表层 UMCD 薄膜其他影响很小，该薄膜具有与单层 UMCD 薄膜类似的表面形貌，表面粗糙度和表面可抛光性，具有类似 UMCD 薄膜表层高硬度，因此，BDM-UMCD 薄膜适用于对薄膜附着性能和硬度有较高要求但对其表面光洁度要求不高的应用场合。

（2）BDM-UM-UFGCD 薄膜具有较好的附着性能，良好的表面光洁度和表面可抛光性，因此该金刚石薄膜适用于对薄膜附着性能和表面光洁度有较高的综合要求的应用场合，此外由于表层 UFGD 薄膜较薄及中间 UMCD 薄膜层的作用，该复合薄膜还具有较高的表面硬度，尤其是在持续使用过程中，表层 UFGD 薄膜层的逐渐磨损也会使该复合薄膜逐渐表现出接近 UMCD 表层高硬度。

对类多晶(堆积或固结)磨料性能影响因素的研究

王光祖/文

一、磨料尺寸对石英玻璃加工性能的影响

当前石英玻璃的研磨加工工序的材料去除效率不稳定,尤其是使用金刚石聚集体固结磨料垫、聚集的粒径及其加工性能影响的研究仍是空白。于是凌顺志等探索金刚石聚集体磨料中一次颗粒尺寸和二次颗粒尺寸、研磨压力和研磨液流量等对固结磨料研磨石英玻璃特性的影响。

为此选取金刚石聚集体磨粒的原始粒径(一次颗粒尺寸)和烧结后的粒径(二次颗粒尺寸)两个影响因素。

1. 金刚石聚集体磨粒一次尺寸

当金刚石聚集体磨粒一次颗粒尺寸由水平(0.5 ~ 1 μm)变化到水平(1.0 ~ 2.0 μm)时,工件材料的去除率由 393.2 nm/min 增加到 2541 nm/min,去除率提高了 5.2 倍,表面粗糙度 *Ra* 由 0.077 μm 增加到 0.087 μm。

初始颗粒为 0.5 ~ 1.0 μm 的金刚石是通过破碎工艺制造的,过小的颗粒棱角的稳定性差,杂质含量通常较高,使用该粒度金刚石制备的金刚石聚集磨料垫加工石英玻璃时,对石英玻璃的切削作用弱,工件表面的划痕较浅,去除量少。当采用初始粒径为 1.0 ~ 2.0 μm 的金刚石颗粒时,其棱角和晶体完整性优于前者,用其制备的金刚石聚集体磨料垫加工石英玻璃时,工件的材料去除率显著增加,同时磨料切入工件的深度增加,工件的表面粗糙度变大。

2. 金刚石聚集体磨粒二次颗粒尺寸

随着二次颗粒尺寸的增加,工件的材料去除率先增加后减少。

二、磨粒对 TC4 钛合金研磨的影响

王健杰等采用不同种类及粒径磨料制作球形固结磨料磨头对钛合金研磨材料去除率及表面质量等的影响进行了研究分析,发现:

(1)金刚石磨头研磨后工件表面划痕的宽度更宽,工件表面存在一定的研磨凹坑,金刚石磨料的粒径越大,工件表面的凹坑越明显。由于金刚石的硬度较高,研磨时不易发生磨损及破碎,整颗脱落的金刚石磨粒尺寸较大,容易在工件表面发生滚压作用,产生的一定的研磨凹坑。

(2)金刚石与碳化硅磨料的粒径越大,材料的去除率越高,同时相同的粒径时,金刚石和碳化硅引起的材料的去除率差别不大。

(3)金刚石与碳化硅磨料粒径越大,研磨后工件表面的粗糙度值越大。这是因为磨料粒径越大,研磨时磨粒的压入深度越深,研磨的划线也越宽,因此粗糙度值也越大。同时相同的粒径时金刚石引起的表面粗糙度值较大,表面质量差。

综合 TC4 钛合金研磨后的材料去除率,表面粗糙度等指标,研磨选择粒径 20 ~ 30 μm 的碳化硅磨料较好,此时研磨后工件表面凹坑少,划痕较细,去除率最高,表面粗糙度较小。

三、不同抛光液组分对铜加工性能的影响

铜材的抛光主要有化学抛光、电化学抛光、机械抛光等。化学抛光在加工时会出现 NO、NO_2 等有害气体,对操作人员及环境危害严重;电化学抛光后的工件表面光亮度不均匀,表面会残留有凹坑和条纹;机械抛光容易引起金属表面扭曲和组织性、构造性的不规范。化学机械抛光技术(CMP)作为新型抛光技术,利用机械与化学的复合作用实现对材料的微量去除。化学机制抛光主要有游离的磨料的抛光技和固结磨料的抛光技术。游离磨料加工过程中磨粒分散不均匀,磨

粒运动具有不可控性，造成工件面型精度难以保证；同时，有磨粒利用率低、污染严重、加工成本高等缺点。固结磨料加工技术则克服了以上缺点，将磨料固结在抛光盘上，磨料分散均匀，保证了材料去除的均匀性，抛光液中只加少量的简单化的试剂，大大减少了对环境的污染。

1. 双氧水体积分数对铜材料加工性能的影响

试验结果显示：不加过氧化氢时，即加工过程中只有磨粒对工件的机械去除作用，摩擦系数呈现出增大的趋势并逐渐稳定。主要是由于抛光垫表面有大量的细小孔隙，降低了树脂的连续性，增强了铜屑对抛光垫的磨蚀性，确保抛光过程连续稳定进行，同时，磨钝的金刚石，由于出露高度过高及时脱落，抛光垫表现出良好的自修整性能。抛光液中加入过氧化氢后，摩擦系数随着时间的变化逐渐减小，且双氧水体积分数越大摩擦系数越小。过氧化氢具有较强的氧化性，在铜片表面形成一层氧化膜，在磨粒的剪切作用下被去除的铜的氧化物磨屑较纯铜屑对研磨垫的磨蚀性稍差，抛光垫的表面孔隙被一部分废屑所堵塞，使抛光表面钝化，当时的切入深度减小、剪切的减小、摩擦系数减小，随着过氧化氢体积分数的提高，上述过程得到加强，抛光垫钝化越严重，摩擦系数减小，过氧化氢体积分数为 0 时，材料去除速率达到 278 nm/min，明显大于添加过氧化氢的材料去除率。使用过氧化氢抛光过程中，抛光垫表面发生了钝化现象，且金刚石的出露高度减小，材料去除率降低，随着过氧化氢体积的增加，过氧化氢体积分数越大，铜片表面氧化物厚度越大，而氧化膜与钢基体之间的结合力差，且该层氧化物的硬度较基体有较大程度的下降，易于被磨粒去除，因此，去除效率反而有增大趋势。

2. 乙二胺体积分数对材料加工性能的影响

(1) 抛光液中添加乙二胺后表面粗糙度值增大，且随着乙二胺体积分数的增大略为下降。乙二胺对铜的氧物的腐蚀作用使得工件表面变得凹凸不平；致密的氧化物薄膜变得疏松有孔洞，金刚石磨粒切入工件的深度增大,表面粗糙度增大。不同体积分数乙二胺抛光后铜片表面都有很明显的划痕出且凹凸不平,说明乙二胺对铜离子的络合作用明显。

(2)乙二体积分数为0.3%和0.5%时,摩擦系数变化趋势一致。乙二胺体积分数较低时,过氧化氢的氧化能力强于乙二胺对铜离子的络合能力,使得氧化物磨屑的表面变得疏松下,对抛光垫的磨蚀性增强,但仍低于纯铜屑对抛光垫的磨蚀性。随着时间的延长,抛光垫表面出现了钝化-自修整-钝化的特点,对应地,摩擦系数呈现出先增大后减小的现象。乙二胺体积分数为0.8%时,摩擦系数随时间的变化基本趋于稳定。此时,乙二胺对铜离子的络合作用与过氧化氢对铜取的氧化作用基本保持平衡,使得氧化物磨屑的数量减少,纯铜屑的数量递增,磨屑对树脂基体的磨蚀性增强,抛光垫表面出现优越的自修整性,摩擦系数基本保持稳定。

四、基体硬度对固结料抛光YAG晶体的影响

钇铝石榴石(YAG)晶体的透光性好、熔点高、热导率高、光转效率高、长时间工作不产生色心、吸收系数大、可进行高浓度掺杂等。YAG晶体固态激光器在雷达测风、激光测距、导弹拦截、轨道空间碎片清除、氢能量循环、激光核聚变、激光点火等领域具有广的应用前景。但YAG晶体硬度高、脆性大,是典型的难加工材料,加工过程中易出现去除率低、加工表面不均匀、崩边等现象。然而,应用于高能激光器的YSG晶体表面则要求超光滑、无损伤。

固结磨料抛光技术具有选择性强、平坦化效率高、工件表面不易釉化、环保等优点,代表着光整技术加工未来的发展方向。明舜等对不同基体硬度的固结磨料垫抛光YAG晶体后的材料去除率和表面粗糙度时得到以下结果:

(1)随着固结磨料垫硬度越大,YAG晶体的材料去除率越高。随

着基体硬度的增大,弹性基体的退让性下降,相同尺寸的金刚石磨粒切入工件的深度变大,同时基体对金刚石的把持力随之增大,金刚石磨粒脱落减少,抛光中有效磨粒数增加,磨粒对工件表面的机械作用越来越显著,材料去除率也持续变大。

(2)随着基体硬度的增大,YAG 晶体的表面粗糙度先减小后增大。当基体硬度较小时,抛光过程中的机械作用以摩擦和耕犁为主。由于亲水性基体的未损,抛光过程中的有效+粒数量减少,抛光去除不均匀。所以当基体硬度较小时,工件的表面粗糙度 Ra 值反而不小。当基体硬度偏大时,随着基体硬度的增大,磨粒切入工件深度增加,工件表面产生脆性断裂,划痕和凹坑的数量不断增加,YAG 晶体表面粗糙度变大。当硬度适中时,在磨粒的切削作用下,磨粒切入工件的深度适中,此时工件表面划痕少且浅,表面粗糙度 Ra 值最小。

五、砂浆对研磨 SiC 工件的影响

1. 材料去除率

SiC 是一种典型的耐磨和耐腐蚀材料。添加砂浆对精研 SiC 时材料去除率的影响如下:

使用未加砂浆的研磨液,材料去除率下降明显,由 0.26 μm/min 迅速下降至 0.02 nm/min 基本失去研磨能力;使用添加砂浆研磨液,其材料去除率提高了 5 倍左右,且整个实验过程的材料去除率稳定在 1.42 μm/min 左右。

2. 表面质量

加工后 SiC 表面容易产生微裂纹。添加砂浆精研 SiC 时表面粗糙度的影响如下:

工件表面的粗糙度都呈下降趋势。其中,未加砂浆的研磨液的表面粗糙度从开始的 75.3 nm 下降到 64.1 nm。添加砂浆研磨液的表面粗糙度从开始的 93.2 nm 下降到 81.5 nm,未加砂浆的研磨液的表面

质量比添加砂浆研磨液的好。这是因为未添加砂浆的研磨垫，其金刚石磨料磨钝后切入深度小，造成的划痕浅，钝化的金刚石磨粒起到部分抛光效果，得到的工件表面的粗糙度小，而加砂浆的精研过程中，研磨垫具有自修整能力，金刚石磨料更新快，可有效保持磨粒锋利，划痕较深，表面粗糙度较大。当受上道工序影响的表面被去除后，工件的表面质量基本上稳定。

六、对 YAG 晶体表面质量的影响

当固结磨料垫基体硬度较小时，在抛光的浸泡下，亲水性树脂基体网格的结合力偏小，在与工件的摩擦和抛光液的冲刷下，基体磨损的速度较快，基体包裹的磨粒比例下降，此时基体对金刚石磨粒的把持力下降，脱落的金刚石磨粒随着抛光液直接从抛光的沟槽中流出，使有效磨粒数减少，同时由于弹性基体的退让性，磨粒在接触到工件后，会出现下陷和向后倾斜的现象，磨粒切深减小，此时的材料去除以耕犁作用为主，材料在划痕两侧形成堆积，所以抛光后的表面划痕数量较多，且较宽。基体硬度适中，基体对磨粒的把持力适中，磨粒对工件表面的机械作用以切削为主，有利于 YAG 晶体表面软化层的去除，工作表面划痕少且浅。当基体硬度较大时，基体不易磨损，对磨粒的把持力变大，磨粒对工件表面的机械作用增强，而被抛光表面的化学软化层不能及时产生，从而致使 YAG 晶体表面划痕变多且深，当基体硬度最大时，磨粒的机械作用进一步增强，磨粒切入工件的深度变深，在抛光过程中，发生脆性去除，部分材料产生崩碎现象，从工件表面剥落，产生小凹坑。

影响陶瓷结合剂 cBN 磨具性能的因素

王光祖,王芸/文

由于陶瓷结合剂具有热稳定性较好、脆性、刚性较高和气孔率可控等优点,使得陶瓷 cBN 砂轮具备了强度较高、自锐性好、易于修整、容屑能力强等优势,因此广泛用于汽车、航天、航空及精密切削工具制造等行业。陶瓷结合剂砂轮的强度主要取决于陶瓷结合剂本身的强度和结合剂与磨粒间的结合强度。结合剂的组成是影响陶瓷结合剂强度和结合剂与磨粒界面结合强度的重要因素。

一、纳米稀土氧化物增强增韧

陶瓷结合剂 cBN 磨具具有高速、高效率、高精度、低磨削成本、绿色环保等优异性能,是近年世界各国科研人员研究热点,其发展速度非常快。cBN 磨具的性能很大程度上取决于陶瓷结合剂的性能,但陶瓷结合剂的脆性大,会降低 cBN 磨具的使用寿命,提高加工成本。因此,需对陶瓷结合增强增韧,改善 cBN 磨具的微观结构,提高其综合性能。

陶瓷结合良剂的增韧方法很多,如相变增韧、金属增韧、纤维增韧、第二相颗粒弥散增韧等。除上述增韧机制外,还有引入稀土氧化物的方法。在这方面有大量研究成果,例如:

栗正新探索了 Li_2O_3、CeO_2、Y_2O_3 对陶瓷结合剂耐火度和抗折强度的影响,发现 La_2O_3 对陶瓷结合剂的耐火度影响较大,Y_2O_3 对陶瓷结合剂的强度有较好的提高作用。

侯永改等发现,在钙铝硅微晶玻璃体系中引入一定量的 Y_2O_3,可以降低陶瓷结合剂的耐火度,增加流通性,同时 Y_2O_3 具有诱导析晶作用。

XIA 等在陶瓷结合剂中引入适量的 Y_2O_3,不仅提高了结合过程中结合剂的流动性,还可以增加结合剂中 β-石英固溶体的含量,提高其机械性能。

目前,采用稀土氧化物提高陶瓷超硬磨具结合剂的断裂韧性的研究文献较少。在本研究中,以 $Na_2O-B_2O_3-Al_2O_3-SiO_2$ 体系为基础陶瓷结合剂,通过添加不同的纳米稀土氧化物(CeO、Sm_2O_3、Y_2O_3、La_2O_3、Er_2O_3)对结合剂进行增强增韧处理,探索不同稀土氧化物对陶瓷结合剂微观结构及断裂韧性的影响规律。

通过研究分析得出如下结果:

(1)添加体积分数为 2% Er_2O_3 时,结合剂试样的抗折强度最高,达到 194 MPa,比基础结合剂的抗折强度提高 17.6%。

(2)CeO、Sm_2O_3、Y_2O_3、La_2O_3、Er_2O_3 均对基础结合剂有增韧效果,其中添加体积分数 2.5% 的 Er_2O_3 时,结合剂试样的断裂韧性最高为 2.7 $MPa \cdot m^{1/2}$,比基础结合剂提高 108.2%。

(3)含体积分数 2% Er_2O_3 的复合结合剂对 cBN 磨粒润湿良好,其抗折强度为 102 MPa。

(4)通过 XRD 分析可以看出,基础结合剂主相为方石英,其对应的衍射峰强度很高。纳米稀土氧化物的掺入改变了试样主晶相,使部分膨胀数较大的立方结构石英相转变成膨胀系数较小的六方结构石英相。这可能是添加纳米稀土氧化物后试样断裂韧性明显提高的原因之一。

(5)通过 SEM 观察,进一步对比发现,含有 CeO_2、Sm_2O_3、Y_2O_3 试样有较多的孔洞,而 Li_2O_3 和 Er_2O_3 试样表面孔洞较少,这可能是导致试样断裂韧性存在差异的原因之一。

(6)从观察添加 Er_2O_3 的陶瓷结合剂 cBN 磨具断口形貌可以看出,添加 Er_2O_3 的陶瓷结合剂对 cBN 磨粒的润湿结合比较理想,结合剂在磨粒之间铺展均匀，结合剂分布有大小较为均匀的气孔。这些气孔在 cBN 磨具磨削工件时，将发挥容屑、容纳冷却液和降低工件表面温度的作用，防止工件出现烧伤。

二、不同润湿剂对成型性能的影响

陶瓷合剂磨具中的结合剂、磨料、填料大多是颗粒或粉状物，都属于瘠性料。混料时，为使成型料具有一定的成型性，需加入起临时润湿和黏结作用的润湿剂。常见的陶瓷结合剂 cBN 磨具用润湿剂有多种类型：如糊精液、聚乙烯醇（PVA）溶液、羧甲基纤维素钠（CMC）溶液等，均属于有机物类型，润湿性能好，在磨具烧结过程中能被烧尽，但黏结性差，磨具湿坯强度较低，也有水玻璃等无机物类型，该类型润湿剂黏结性能好，成型磨具湿坯强度高，但会对陶瓷结合剂成分造成污染，且不易控制。

近年来，针对陶瓷结合剂磨具用润湿剂及混合料的成型性能等方面，学者们开展了诸多研究。卓俭明等研究了一种新型改性油乳化液润湿剂，获得了松散性、保存性好的成型料，成型制品具有自硬性，湿坯固结干燥速度快，干强度高。

王学涛等选定甘油作为成型料松散度调节剂，对加入甘油后成型料的松散性、流动性以及成型料压制出的湿、干坯强度进行研究，结果显示成型料添加甘油后，其松散性、流动性均有大幅提升，年度组织不均废品率由原来的 5.40% 降至 2.00% 。

俞才兴对影响陶瓷磨具坯体湿干强度的因素做了对比分析，结果表明润湿剂对坯体湿干强度影响最大。

李鹤南等以糊精液作对比，探讨聚乙烯醇（PVA）溶液、聚乙二醇（PEG-6000）溶液、异丁烯马来酸酐共聚物（ISOBAM-110）溶液等新型润湿剂对陶瓷结合剂 cBN 磨具成型料混合均匀性、松散密度、湿坯强度和组织均匀性的影响。其结果是：

(1)成型料松散密度对比　成型料松散密度对磨具的成型性有明显影响,松散性越好,流动性也越好,磨具在成型过程中投料也比较容易。5 种润湿剂成型料松散密度测试结果如下图所示。

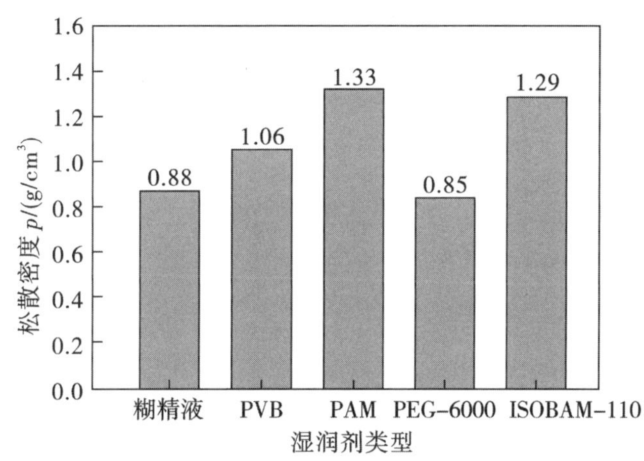

不同类型润湿剂成型料松散密度对比

从上图可看出,用 PAM 混合的成型料松散密度最大,较糊精所混成型料的松散密度提高了 51.14%;使用 ISOBAM-110 混合料次之,较糊精提升了 16.59%;PEG-6000 所混成型料最低。这是因为用 PAM 和 ISOBAM-110 作为润湿剂时,结合剂在磨料表面形成均有匀的包裹层,没有出现结合剂或结合剂与磨料形成的结团,混合料颗粒大小均匀一致,在自然堆积的过程中流动性好,可以均匀填充空隙;而使用 PEG-6000 所混成型料出现了结合剂团聚现象,且磨粒之间粘连严重,造成成型料内部颗粒大小不一,流动性差,因此松散密度也较小。

(2)cBN 试条湿坯强度对比

衡量润湿剂性能的另一个重要指标就是磨具的湿坯强度。磨具在制作和搬运的过程中如果湿坯强度不够就会造成磨具的直接损坏或隐形损伤。下图为不同类型润湿剂 cBN 试条湿坯强度测试结果。

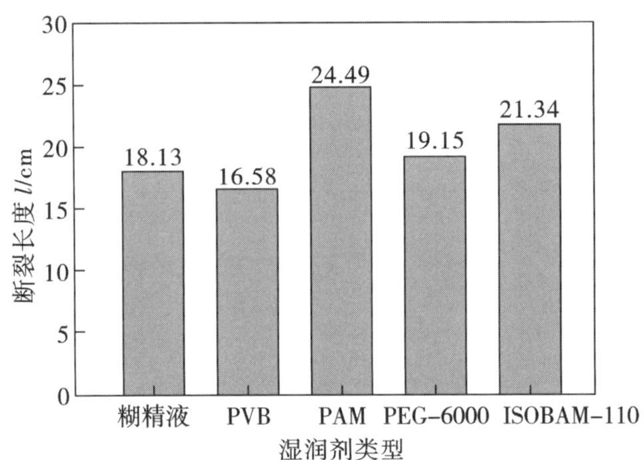

不同类型润湿剂 cBN 试条湿坯强度

从上图可看出，糊精为润湿剂的 cBN 试条湿坯可承受的断裂长度为 18.13 mm；PAM 的断裂长度为 24.49 mm，较糊精的提升 35.08%。ISOBAM-110 的断裂长度次之，较糊精提升 17.71%，PVB 的断裂长度最小。这表明使用 PAM 和 ISOBAM-110 作为润湿剂，可以较为有效地提升湿坯的强度，大大改善磨具的成品率，而 PVB 作为润湿剂对磨具湿坯强度有降低的趋势。

三、添加 Li_2O 的影响

在陶瓷结合剂砂轮的制备过程中，碱金属氧化物往往作为催熔剂引入结合剂中，从而有效降低结合剂的耐火度，增大结合剂的高温流动性。由于过度添加碱金属氧化物增大结合剂的热膨胀系数，降低磨具结合的强度。因此，碱金属氧化物的添加量要控制在较低的范围内。

王鹏飞等选取 $Na_2O-B_2O_3-Al_2O_3-SiO_2$ 系陶瓷结合剂作为基础结合剂，研究了添加 La_2O 对基础结合良剂的耐火度、流动性、磨具的抗折强度，以及结合剂与磨粒界面结合情况的影响。以下引用添加 Li_2O 对结合剂耐火度及流动性以及对结合剂强度的影响。

(1)随着 Li_2O 的含量增加，结合剂的耐火度比未添加时显著降低；添加 Li_2O 在 0～6wt% 范围内结合剂的耐火度变化剧烈，之后耐火度变化趋于平缓。这主要是因为 Li_2O 作为网络改变体，使玻璃网络中 Si—O 键断裂，玻璃网络的结构紧密度下降，所以玻璃的软化温度和结合剂的耐火度相应下降。

(2)结合剂的流动性随着 Li_2O 含量的增加而增大，相同组分的流动性随着温度的升高而增大。添加 Li_2O 使结合剂的耐火度降低，使结合剂熔融出现液相，黏度降低，从而使结合剂的流动性提高；相同组分的结合剂，随着温度升高，其高温黏度到降低，所以其流动性进一步增大。

(3)分析发现，试条的强度先增大后减小，当 Li_2O 含量为 5wt% 时强度出现最大值。这可能是因为随着 Li_2O 含量的增大，结合剂的耐火度显著降低，结合剂在烧成温度下的流动性逐渐改善，从而有利结合剂在磨料周围均匀分布，改善了结合剂与磨料结合，提高了磨具试条的强度。

但是当 Li_2O 含量超过一定值之后，作为网络改变体的 Li_2O，其对网络的破坏作用增强，会使结合剂强度降低。另一方面，较多的 Li_2O，使结合剂的耐火度过低，流动性过大，容易导致磨具过烧而结构疏松，从而使磨具试条的强度降低。

氧化物对陶瓷结合剂超硬磨具性能的影响

王芸，王光祖/文

一、$\alpha-Al_2O_3$ 对陶瓷结合剂强度的影响

影响陶瓷结合剂磨具性能的因素很多，例如结合剂、附加填料、烧

成温度以及磨具中形成的气孔等。

已有研究表明，向坯料中加入 α-Al_2O_3 粉会使陶瓷结合剂的抗冲击强度、抗弯强度、热稳定性、密度、化学稳定性都得到提高。通常烧成温度越高，结合强度越大，但过高的烧结温度会使陶瓷制品变形，所以针对给定的陶瓷结合剂应掌握烧成温度与流动度及结合强度的关系，以确定适当的烧成温度。

魏征等针对一种适于制造超硬磨具的低温陶瓷结合剂，研究 α-Al_2O_3 填料在不同烧结温度下对结合剂强度的影响及规律，分析 α-Al_2O_3 填料与陶瓷结合剂之间的反应，探讨了 α-Al_2O_3 填料的作用及机理。

通过分析得到如下结论：

(1)通过加入 α-Al_2O_3 提高结合剂的黏度，可有效防止试条在烧结过程中变形的发生；随着 α-Al_2O_3 加入比例的增加，黏度持续增加，结合剂强度呈现先升后降的趋势，这表明在某一特定黏度下结合强度将达到最大值。

(2)不同温度下烧结的试条强度的峰值所在位置发生偏移，这是由于随着烧结温度的升高，需要加入更大比例的 α-Al_2O_3 粉来调节其黏度，使其结合剂强度达到最大值。

(3)750 ℃ 烧结后，α-Al_2O_3 与陶瓷结合剂中的 Li-Si-O 相发生反应生成 $LiAl(SiO_3)_2$ 晶相，该晶相在陶瓷结合剂中形成的微晶玻璃相起到钉扎裂纹的作用，防止其扩散、延伸，有助于增强陶瓷磨具强度。

二、Na_2O 对陶瓷结合剂性能的影响

陶瓷结合剂性能的好坏直接关系到金刚石磨粒优良性能否得到充分发挥，从而最终影响金刚石砂轮磨削效果。所以陶瓷结合剂是研究陶瓷结合剂金刚石砂轮的关键因素之一。

刘小磐等研究了 Na_2O 含量对金刚石砂轮陶瓷结合剂的耐火度、抗折强度和膨胀系数等性能影响。

1. 对耐火度的影响

随着结合剂中 Na_2O 含量的增加结合剂的耐火度迅速降低，且结合剂中 Na_2O 含量越高，增加相同量的 Na_2O 耐火度降低越大。这主要是因为，陶瓷结合剂中存在大量的[SiO_4]结构，这些硅氧四面体相互连成网络结构，构成了结合剂中骨架。将 Na_2O 引入结合剂中，Na_2O 提供了"自由氧"，部分"自由氧"将会与硅氧四面体网络中的硅成键，断开了硅与硅之间的桥氧键，破坏了硅氧三维网络结构，因此降低了结合剂的耐火度。同时结合剂中还存在着硼氧三角体和铝氧八面体，它们倾向于夺取 Na_2O 中的自由氧而变成硼氧四面体和铝氧四面体，而这些铝氧四面体和硼氧四面体与硅氧四面体相连，参与三维网络的构成，这会提高结合剂中玻璃结构的致密度，但对结合剂的耐火度影响不大。因此，当 Na_2O 含量较低时，大部分自由氧被硼氧三角体和铝氧八面体夺取，与硅成键的"自由氧"相对减少，耐火度下降较慢。

2. 对抗折强度的影响

一般认为，当结合剂中 $Na_2O/(B_2O_3+Al_2O_3)$ 的摩尔比为 1 时陶瓷结合剂的本征强度最高，绝大部分 B_2O_3 和 Al_2O_3 都转变为四面体参与网络结构成，因此强度高。实验结果表明，当结合剂中 $Na_2O/(B_2O_3+Al_2O_3)$ 的摩尔比为 0.5 时，试样抗折强度最高为 70 MPa。这主要是因为，陶瓷结合剂砂轮的抗折强度不仅与陶瓷结合良剂的本征强度有关还和其他许多因素有关。金刚石与结合剂界面处产生了大量的气泡，这表明结合剂与金刚石磨料发生了化学反应，并有气体产生。从热力学角度来看在烧结温度下单纯的 Na_2O 化合物相当稳定，不可能与金刚石起反应。但是，在结合剂中 Na_2O 提供了"自由氧"，这类"自由氧"在结合剂中一端与 Na 相连，一端与 Si 相连，这种不对称结构必然导致氧原子的化学势升高，反应活性增强，在烧结温度下部分“自由氧”与金刚石反应产生 CO_2 气体,在烧结体内留下气泡。因此,结合剂中 Na_2O 含量越高,结合剂与金刚石磨料的反应越剧烈,烧结体中的气泡越多,强度大幅度下降。

3. 对膨胀系数的影响

在以往的研究中已有一些文献对碱金属氧化物对结合剂性能的影响做出了讨论,大致规律是,随着碱金属氧化物含量的提高,膨胀系数增大。由实验分析我们可以得出这样的结论:Na_2O 是从两方面对结合剂膨胀系数产生影响。一方面结合剂中 Na_2O 含量的提高,增加了结合剂体系中“自由氧”的含量,破坏了结合剂中 Si、O 网络结构使膨胀系数增大;另一方面当结合剂中 Na_2O 含量较低时,Na_2O 加入可以抑制结合剂中析出磷石英,这有利于结合剂膨胀系数减小。两方面共同作用的结果:当 Na_2O 含量较低时结合剂平均膨胀系数随 Na_2O 含量的提高,增加缓慢,当 Na_2O 含量较高(摩尔比大于 0.2 时),膨胀系数随 Na_2O 含量的提高迅速增加。

三、金属氧化物对结合剂性能的影响

万隆等研究了添加 Li_2O、ZnO、MgO 对陶瓷结合剂性能的影响,发现单独添加 Li_2O 能降低结合剂的耐火度提高结合剂的抗折强度,Li_2O 的添加量与结合剂耐火度以及抗折强度的关系如图 1 所示;另外还发现,在降低耐火度方面 Na_2O 比 Li_2O 效果更显著;在研究 ZnO、MgO 与 Li_2O 比例时发现,当(摩尔比)Li_2O ∶ ZnO = 2 ∶ 1 时,MgO ∶ Li_2O = 0.67 ∶1 时,结合剂性能比较好。

钟彦征等对添加 BaO 的结合剂进行了研究,发现少量添加 BaO 能够增大结合剂的流动性,当 BaO 质量分数为 2% 时,陶瓷结合剂的流动性最佳。

樊雪琴等对添加了 V_2O_5 的结合剂进行了研究,发现少量添加 V_2O_5 能够降低结合剂的热膨胀系数,同时发现结合剂的强度、硬度随

着 V_2O_5 添加量的增加，出现先增大后减小的趋势，当 V_2O_5 的质量分数为 0.8% 时，各项力学性能指标最优。

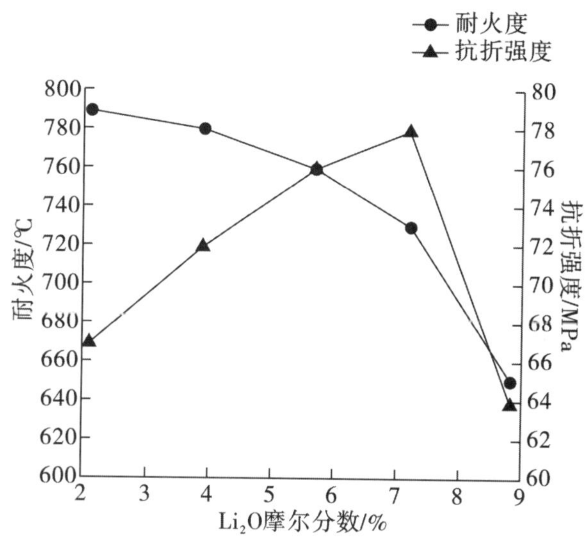

图 1　Li_2O 摩尔分数对结合剂耐火度及抗折强度的影响

候永改等研究了 ZrO_2 对陶瓷结合剂性能的影响，发现 ZrO_2 添加使得陶瓷结合剂的耐火度提高，流动性变差，但是能够提高结合剂的抗折强度；当 ZrO_2 的质量分数为 1% 时，结合剂出现最大的抗折强度，此现象行得益于 $ZrSiO_4$ 细晶的析出。

李志宏等研究了 CaO 的添加量对陶瓷结合剂性能的影响。研究表明，添加 CaO 能够降低结合剂的耐火度，但是同时也会降低结合剂的强度，少量的添加是允许的。

王鹏飞等研究了 Li_2O、K_2O（碱金属）、MgO、CaO、SrO、BaO（碱土金属）、ZnO、TiO_2、Ba_2O_3 等添加剂对陶瓷结合剂性能的影响，研究发现，碱金属氧化物对陶瓷结合剂性能的影响比碱土金属氧化物显著，碱土金属氧化物比其他氧化物影响显著；碱金属氧化物中 Li_2O 对结合剂性能要大于 K_2O；碱土金属氧化物对结合剂耐火度和流动性有一定的改善，对结合剂的强度有一定提高，其中对结合剂耐火度和流动性的影响顺序是 CaO>SrO>BaO>MgO,对结合剂强度的影响顺序是 CaO>MgO>BaO>SrO;ZnO、Bi_2O_3 的添加有利于降低结合剂耐火度,改善结合剂的流动性,TiO_2 使结合剂的耐火度升高,对结合剂的耐火度的影响不明显;另外此三种氧化物对结合剂的强度和显微硬度影响不大。

宋鹏涛等采用正交试验的方法研究了 MgO、P_2O_5、$CaCO_3$、ZnO 四种添加剂对陶瓷结合剂熔融温度(与耐火度相关联系)和结合剂强度的影响,研究表明,在耐火度影响方面 P_2O_5>MgO>ZnO>$CaCO_3$,在抗折强度方面 MgO>ZnO>$CaCo_3$>P_2O_5,综合考虑四种氧化物对结合良剂耐火度壳强度两个方面的影响,添加 MgO 可获得性能相对较优的陶瓷结合剂,并且 MgO 的添加量要控制在 1% ~3%。

四、稀土氧化物

稀土作为添加剂、稳定剂、烧结助剂作用于各种陶瓷材料,可以极大地改善其性能,降低生产成本。稀土元素具有良好的表面活性,对陶瓷材料表面有润湿性能从而降低陶瓷材料的熔点;在加热过程中可以抑制晶粒生长,有利于致密结构的形成;掺入的稀土氧化物可以进入晶界玻璃相,使璃相壳强度得到提高;加入稀土氧化物易于形成低熔点液相,并通过颗粒之间的毛细管作用,促使颗粒之间的物质向孔隙中填充,使材料的孔隙率降低,致密度提高。因此栗正新通过正交试验研究稀土氧化物对陶瓷磨具结合剂耐火度和强度影响过程并得到如下结论。

(1)Y_2O_3 的含量从 0%、2.5% 到 4.5% 变化时结合剂耐火度的变化很小,说明 Y_2O_3 含量的变化对结合剂耐火度的影响不大

(2)CeO_2 的含量从 0%、1.5% 到 3.5% 变化时,结合剂耐火度变化很小,说明 CeO_2 含量对结合剂耐火度的影响不大。

(3)La_2O_3 的含量从 0%、0.75% 到 2.5% 变化时结合剂耐火度变

化较大,降低了 100 ℃,说明 La_2O_3 的添加对耐火度有明显的降低作用。但从 0.75% 到 2.5% 变化时,变动值很小,可以认为是随机误差造成的,说明在 La_2O_3 含量大于 0.75% 时结合剂的耐火度不再发生变化。

(4) La_2O_3、CeO_2、Y_2O_3 对强度的影响的极差分别是 0.99、1.16 和 2.92,说明对强度的影响显著性顺序是:$Y_2O_3>CeO_2>La_2O_3$。

添加金属对结合剂性能的影响

王光祖,王芸/文

一、镁对铝基结合剂性能影响

铝基结合剂对金刚石有很好的润湿性,寿命长,有一定的自锐性,磨除速度快,有一定的吸振性,磨削效果好。铝基结合剂烧成温度低,是理想的环保结合剂,可以降低砂轮成本和改善加工环境。铝基结合剂最主要的问题是强度偏低,需要继续不断提高其硬度和强度,这是黎克楠等研究的主要目的。

1. 对力学性能的影响

镁有较强的韧性和延展性,对铝基结合剂的强化是非常明显的。根据航天航空铝合金研究,增加质量分数 1% 镁,抗拉强度就提高 34 MPa;如果加入质量分数 1% 以下的锰,可以补充强化作用。

在铝基结合剂中加入适当的镁,可以减少对石墨模具的黏模,实验表明,加镁可以防止 Al 和 Sn 的流失,收缩程度增加,改善铝合金的耐热强度,同时铝基结合剂的强度和硬度也随着镁含量的增加而增加。在 Mg 含量质量分数为 3% 时,硬度达到最大值,HRB 为 82;Mg 含量为 2% 时,铝基结合剂试样的抗弯强度和弹性模量达到最大值。但是镁的含量过大，容易产生低温脆性，试样容易掉边，抗弯强度随之下降。镁粉的密度较小，为 1.738 g/cm^3，所以镁含量的增加导致铝基结合剂的试样密度减小。

2. 对烧结性能的影响

镁的熔点约为 650 ℃，有良好的导电、导热性，镁活性比较高，而且容易燃烧，铝基结合剂中加入镁有利于烧成温度的降低。铝的价电子比镁多，原子半径比镁小，所以铝单质中存在的化学键比镁的强。但是镁和铝都是比较活泼的金属，均有较强的还原性，所以镁粉可以用作还原剂，去置换铜、钛等金属中的氧，作为脱氧剂使用，同时镁与结合剂中的 Cu、Ni、Ti、Co 等有很好的相容性。

3. 对微观组织的影响

镁的原子半径比铝大，镁加入铝基结合剂中，可以使结合剂的组织变得致密。

金属化合物和纯金属相比，具有很高的熔点、很高的硬度和较大的脆性，是合金中的强化相，它的出现可提高铝基结合剂试样的抗弯强度、硬度和耐磨性。

4. 增强机制分析

镁为密排六方结构，铜和铝为面心立方结构，镁可以和 Al、Cu 等相互扩散在界面结合处形成固溶体，Al 和 Cu 晶格类型虽然保持不变，但是晶格常数却因为晶格发生畸变的正负不同，Al 和 Cu 晶格常数却因为发生晶格畸变而变化。对于置换固溶体来说，大小溶质原子不同会引起畸变的正负不同。Al 和 Cu 晶格常数会随畸变大小而相应增大或减小；对于间隙固溶体例如 N、B、C 等，晶格总是发生正畸变。随着溶质原子 Mg 浓度的提高，Al 和 Cu 的晶格畸变程度不断提高，所以晶格常数变大。当铝中增加 5% 质量分数的镁原子时，Al 发生了正畸变，晶胞参数由 0.404 nm 增加到 0.406 nm；当铜中增加 4% 镁原子时，Cu 也发生了正畸变，晶格参数由 0.361 nm 增加到

0.363 nm，晶格畸变增大了位错运动的阻力，导致 Al 和 Cu 的塑性变形更加困难，所以加镁后铝基结合剂的硬度和强度增加。

二、钛对铜基金属结合剂性能的影响及微观结构分析

随着工业的发展，对加工精度和加工效率的要求不断提高。因此，对金刚石磨具的性能也提出了更高要求，而影响金刚石磨具性能的一个重要因素就是结合剂。Cu 基金属结合剂是目前较为常用的一种金属结合剂。而 Ti 在金刚石表面改性、Ti 合金金刚石工具和钎焊方面的应用，使得磨具性能得到很大改善。

为了进一步提高和改善 Cu 基金属结合剂的性能，陈锋等采用添加 Ti 元素的方法，研究其对 Cu 基金属结合剂性能的影响并进行微观结构分析。

1. Ti 对 Cu 基金属结合剂性能的影响

(1)密度　随着 Ti 质量分数的增加，Cu 基金属胎体的密度呈逐渐减小的变化趋势。

(2)抗折强度　Cu 基金属结合剂的抗折强度随着 Ti 质量分数的增加，呈先增大后减小的变化趋势；当 Ti 的质量分数为 3% 时，其抗折强度最大。

(3)洛氏硬度　随着 Ti 质量分数的增加，Cu 基金属胎体试样的(HRB)呈现逐渐增大的变化趋势。

(4)冲击韧性　随着 Ti 质量分数的增加，Cu 基金属试样的冲击韧性呈先增大后减小的变化趋势。其中，当 Ti 质量分数为 3% 时，Cu 基金属胎体试样的抗冲击韧性最大为 14.39 kJ/m^2；与 Cu-Sn 金属胎体相比，冲击韧性提高了 20.89%。

2. 微观结构分析

从 SEM 观察可见：

当 Ti 质量分数为 1% ~3% 时，所形成的核/壳结构均匀分散在

Cu 基金属结合剂中,起到了强化作用,从而造成 Cu 基金属结合剂测试试样的抗折强度逐渐增大。

当 Ti 质量分数在 4% 时,开始出现核/壳结构的聚集现象,且均一性较差,使得 Cu 金属结合剂试样的抗折强度开始下降。

Ti 质量分数的增大,Cu 基金属结合剂试样的冲击韧性呈现先增大后减小的变化趋势,主要是由于 Ti 的加入取代了部分 Cu 的位置,使得 Cu 扩散到体系中,进而使得其冲击韧性呈现增大的变化趋势。

Ti 质量分数大于 3% ,硬脆相核/壳结构逐渐增多。一方面使得 Cu 的消耗量增大,基体 Cu 的含量减小,造成试样冲击韧性的降低;另一方面,硬脆相核/壳结构的增多,也增加了基体的脆性,进而使得其冲击韧性降低。以上两方面的综合作用使得其冲击韧性呈现减小的变化趋势。

三、金属 Co 对低温铁基金属/陶瓷结合剂性能和结构的影响

低温金属陶瓷结合剂是将金属结合剂和陶瓷结合剂的优点加以综合,对超硬磨具结合剂的发展具有重要的理论意义,对满足现代化磨削加工的需要有重要的应用价值和社会经济效益。

金属陶瓷结合剂兼具有金属和陶瓷两种结合剂的优良性能,具有导热性好、耐腐蚀性好、耐磨性好、硬度高、韧性好等优点,不会因温度骤变而脆裂。以往的低温金属陶瓷结合剂一般加入金属单质或多种混合金属来达到对陶瓷体系的改性,马加加等则是在陶瓷体系中加入含钴的铁预合金粉,通过改变 Co 含量来研究金属 Co 对低温金属陶瓷结合剂力学性能和微观结构的影响。

1. Co 含量对铁基金属陶瓷结合剂强度的影响

(1) Co 含量对铁基金属陶瓷抗冲击强度和抗弯强度的影响　由

测试的结果可知,抗冲击强度和抗弯强度都随 Co 的加入量增加而呈先增加后减少。在 Co 质量分数为 17% 时,两者都取得最大值,分别为 133.55 MPa 和 4.33 kJ/m^2。王志起等研究发现,Co 的质量分数超过 20% 时,会对耐火度产生显著的影响。Co 含量过高导致金属预合金粉出现了生烧现象,所制备的结合剂样条强度降低。

(2)温度对含 Co 铁基金属陶瓷抗冲击强度的影响　在 650 ~ 750 ℃时,铁基金属陶瓷结合剂的抗弯强度和抗冲击强化度都随着温度升高而先增大后减小;在 700 ℃时,抗弯强度和抗冲击都达到了最大值,分别是 130.55 MPa 和 4.33 kJ/m^2。因为在 700 ℃以前温度不高,铁基金属陶瓷结合剂会出现生烧现象,700 ℃以后温度过高,会出现过烧现象。铁基金属陶瓷结合剂的抗弯强度和抗冲击强度最高,达到最佳烧结点。

2. 铁基金属陶瓷结合剂扫描电镜分析

根据文献可知,要得到良好性能的低温金属陶瓷结合剂,金属和陶瓷两相的化学组成及性质是核心,两相复合后的结合状态是关键。一般两相组分的选择应兼顾润湿性好、无化学反应和热膨胀系数接近,得到的低温金属陶瓷结合剂才具有较高的使用性能。

表 1　铁基预合金粉中 Co 含量的变化

编号	1#	2#	3#	4#	5#	6#	7#
Co 质量分数	0	2%	7%	12%	17%	22%	27%

通过扫描电镜断面形貌观察可见:

3#金属陶瓷复合结合剂中,两者的润湿性和结合能力较差。3#结合剂中 Co 的质量分数为 7%,预合金粉中能够与陶瓷结合剂反应,起到润湿作用的物质减少,导致两者结合状态不好,结合强度低。

$5^{\#}$金属陶瓷两者结合非常好，Co 的加入促进了 Co 和 Ni 与陶瓷的反应。

从高倍下看到的断面形貌，可以更加清楚地看出金属相和陶瓷相之间发生了相互渗透，表现出很好的润湿性。

张志飞等的研究表现明，在烧成温度下，Ni 和 Co 与陶瓷结合剂接触，会夺取陶瓷结合剂内部的氧，形成 NiO 和 CoO，在界面处形成 Ni-NiO-陶瓷结合剂和 Co-CoO-陶瓷结合剂，从而提高了金属和陶瓷的结合强度。从分析中可以看出陶瓷已经完全熔融，但是 Co 含量过多，金属预合金熔点过高，金属相的烧结温度也随之升高，导致金属和陶瓷两相结合性和润湿性不好，结合剂强度降低。

四、陶瓷复合结合剂

采用单一材料结合剂制备的金刚石磨具已经不能满足日益苛刻的加强条件对金刚石磨具的高性能要求，如何制备性能优良的复合结合剂，已经成为高性能超硬磨具制造中的研究热点。

金属-陶瓷结合剂是由延性金属和脆性陶瓷相组成的一种典型的复合剂。其兼具金属和陶瓷的性能特点，采用该结合剂制备的金刚石磨具，不仅具有良好的磨削性能，同时还具有自锐性好，易于修整，不易堵塞与发热，使用寿命长等特点。

候永改等在陶瓷结合剂中添加适量的金属或合金粉，研究了金属及合金粉对陶瓷结合剂的耐火度、流动性、热膨胀系数、强度等的影响规律。实验结果表明，合金粉的加入能改善结合剂的强度和韧性。

程利霞等通过向 Na_2O-B_2O_3-Al_2O_3-SiO_2 系基陶瓷结合剂中添加 3% ~10% 摩尔分数的金属 Al 粉，高延性金属 Al 颗粒均匀分布在陶瓷结合剂中对磨具起到颗粒增强、增韧的作用。另外，金属 Al 部分氧化形成 Al_2O_3 也对度磨具强度的提高有促进作用。

马加加等尝试将全金属 Co 粉及含 Co 的铁基预合金引入到低温

烧结陶瓷结合剂中,获得了性能优良的金属-陶瓷复合结合剂。经 700 ℃烧结,试样的抗弯强度和抗冲击强度都达到了最大值,分别为 130.55 MPa 和 4.33 kJ/m^2。

FENG 等研究了 Cu 对陶瓷结合剂的增强、增韧作用,Cu 的引入不仅使每 cBN 砂轮的导热率提高了 62.1%,而且其抗弯强度也提高 16.1%。

YU 等研究了 Ni 在强磁场条件下对陶瓷结合剂的烧结的影响。实验结果表明,Ni 的添加改善了陶瓷结合剂的高温流动性,同时提高了结合剂的抗弯强度。

余诺婷等在陶瓷结合剂粉体中引入金属铬粉,其添加质量分数为 20% ~50%,利用机械合金化对全金属铬粉与陶瓷结合剂粉体的混合粉末进行高能球磨处理,获得金属-陶瓷复合结合剂粉体,并考察了复合结合剂的烧结特性及相关性能:

(1)抗弯强度和相对密度金属 Cr 粉分别为 20%、30%、40%、50% 的试样的最高抗弯强度分别为 160 MPa、187 MPa、140 MPa、128 MPa,随着温度的上升,不同金属 Cr 粉质量分数试样的抗弯强度均呈先增后减的变化趋势,其中前三者的抗弯强度值在 700 ℃时达到最大;与此同时,各试样的相对密度也同步达到最大值。

(2)在上述几组试样中,含 30% 质量分数 Cr 的试样获得了相对最高的密度,且其强度也达到了最大值,三者保持了良好的一致性;此后,随着金属 Cr 粉质量分数的继续增加,试样的抗弯强度和相对密度均下降,最高强度值也出现在较低的温度时。说明金属粉末在无压非真空条件下,由于粉末表面的氧化,难以烧结致密,使样品的组织结构疏松,从而导致其强度下降和相对密度降低。

固结磨料研磨在脆硬材料加工中的应用

王光祖，崔仲鸣/文

研磨抛光加工是一种传统精密超精密的磨粒加工技术，通常用于对磨削加工后的表面进一步提高加工表面精度的工序，将平面度降低至微米或亚微米，去除前道工序产生的损伤层，为化学机械研磨、抛光获得超光滑表面做准备。

传统的研磨加工是采用游离磨料研磨方法，通过自由磨粒在研磨盘和工件之间的作用，通过划擦、滚压去除材料。传统研磨是采用进化法形成加工表面的，可以取得非常高的形面精度和极低粗糙度的超光滑表面，但是由于游离磨粒的运动有很大的随机性，存在研磨过程中磨粒团聚、磨粒运动不可控等因素，容易造成切削量的不均匀、磨粒嵌入等现象，影响工件被加工表面质量，同时，游离磨料研磨存在效率比较低，磨粒利用率低，工艺成本高，污染工件和环境等问题。

把研磨系统中的研磨盘换成像固结磨料磨具那样的盘，就形成了固结磨料研磨抛光技术，可以通过对磨粒排布的控制实现有规则分布，实现研磨过程均匀切削，同时磨粒固结在基体中，提高了脱落的难度，虽然降低了研磨盘的自修整能力，但提高了研磨盘的精度保持性，另外最大的优势是大大提高了研磨效率，近年来在一些难加工材料加工应用中得到了快速发展。

一、固结磨料研磨原理及优势

研磨是一种传统的磨粒加工方法，与磨削相比磨粒切削工件的速度比较低，通常速度只有几米/秒，属于低速磨削范畴。由于切削速度低，产生的切削热量少，可以获得更好的表面质量。传统研磨原理如

图1所示,磨粒采用游离非约束状态进入研磨区,通过研磨盘、工件和游离磨粒之间的相互作用去除材料。由于研磨盘和工件的材料硬度都低于游离磨粒,所以在研磨过程中研磨盘和工件能形成互相修正形成进化式加工,向提高加工精度方向发展。由于游离磨粒研磨过程中在研磨盘的滑压下多以滚压形态作用于材料表面,以压裂方式去除材料,因此容易造成硬脆材料工件表面裂纹、凹坑等缺陷。

固结磨料研磨是将研磨盘表面采用结合剂固结磨粒形成研磨工作层(图2),通过研磨盘中的固结磨粒切削工件形成加工。由于研磨盘中有硬质点的磨料,所以研磨盘不易被修整,形不成进化式加工系统,研磨盘的精度需要靠专门的修整工序维持。但是固结研磨盘磨粒粒度比较粗切削能力比较强,研磨效率可以大幅度提高。

固结磨料研磨抛光技术适合应用于加工一些比较容黏堵塞磨具、易嵌入的金属和硬脆性高的材料,以及要求加工效率比较高的场合。如目前光学元件、半导体、精细陶瓷、蓝宝石等工件的超精密加工。

通过应用表明,相比传统游离磨料研磨加工,固结磨料研磨技术具有更高的磨削效率和更低的成本。此外固结磨料研磨研抛过程中,研磨盘表面磨粒有一定的凸起裸露高度,除了增加磨粒的锋利性之外,还可以起到容屑输送研磨液排屑的作用,也有效避免了传统游离磨料抛光中常见的釉化现象,研抛液中不需要配置磨粒,加工表面不容易嵌入磨粒等异物,废液处理简单,复合绿色环保的要求。

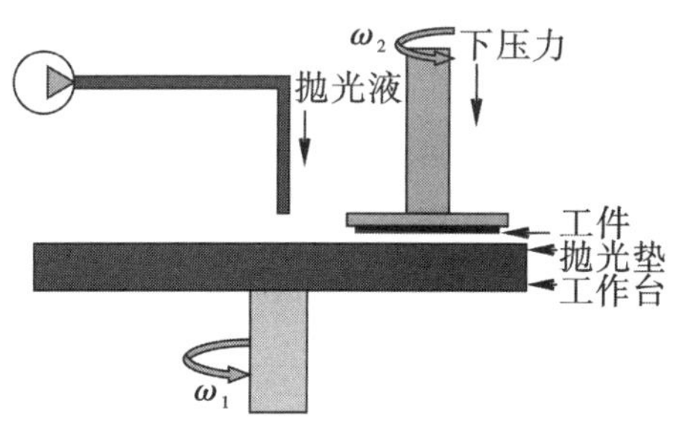

图1　传统自由磨粒研磨抛光原理

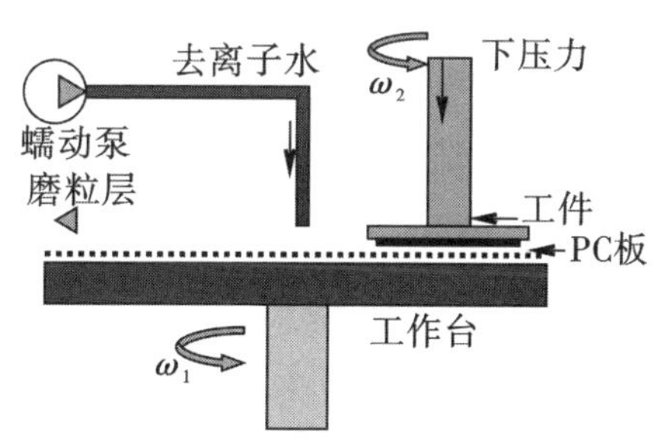

图2　固结磨料研磨抛光原理

二、固结磨料的应用

1. 用于石英玻璃的研磨

石英玻璃在光谱中具有更好的渗透性、可透射的光谱频带宽、热膨胀系数低、优良的电绝缘性、抗腐蚀等优点，因而被广泛应用于航天、光电、激光、通信等工业领域。石英玻璃属于高硬度的硬脆材料，磨粒加工技术是石英玻璃器件的表面精密超精密加工的主要方法。但是由于石英玻璃这类材料具有脆性大、断裂强度和屈服强度比较接近的特点，在对其表面采用传统的游离磨料超精密研磨过程中，由于游离磨料的滚压效应，容易在其表面一定深度范围内产生裂纹，凹坑等缺陷。此外由于自由磨粒粒度非常细导致研磨抛光效率极低。

由于固结磨料研磨加工硬脆材料时具有很多优点，所以在很多难加工材料特别是光学玻璃加工中得到了广泛应用。在选用合适的磨粒粒度和组织结构时固结磨料研磨相比于游离磨料研磨可显著提高石英玻璃加工的材料去除率，同时获得质量更好的纳米级光滑表面。固结磨粒的研磨盘通常采用树脂结合剂，磨料采用单颗粒磨料或多颗粒磨粒团结构磨料见二维码。多颗粒团状磨料磨具也可以称之为团簇式磨粒超硬磨料磨具，这种磨具制造过程中利用陶瓷结合剂和树脂结合剂结合强度差异，采用团簇式构造磨粒技术制造超硬磨料磨具，先采用脆性的陶瓷结合剂将数粒超硬磨粒黏结成大一点粒度的团簇式构造磨粒，再采用柔性的树脂结合剂与团簇式构造磨粒混合制造树脂结合剂团簇式构造磨粒超硬磨料磨具（图 3），这种多颗粒团磨料相比于单晶磨料具有更大的磨粒裸露高度和微细的磨刃，既提高了磨具的磨削能力，同时又保持了磨削的精密性。

由于固结磨料研磨抛光中的材料去除机理是磨粒对工件的切削作用实现了材料去除，因此磨料的类型和粒径直接影响着加工效果。

因此，为提高石英玻璃加工材料的去除率、改善其表面质量，研磨垫的固结磨粒种类、粒度、结合剂以及磨料层的组织等因素是影响其加工效率和表面质量的关键因素。

固结磨料研磨抛光系统

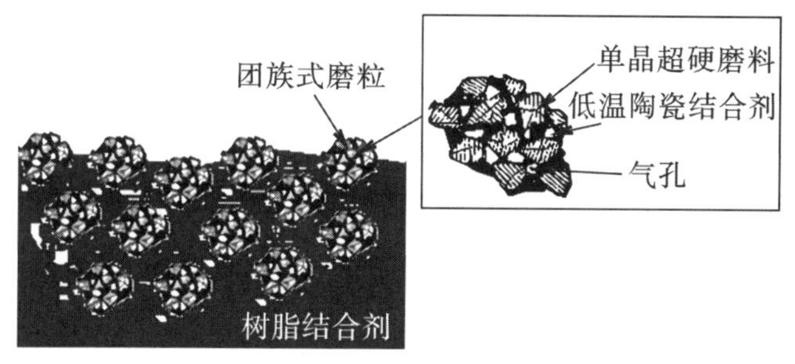

图3　多颗粒团状磨粒磨具

王文泽、李军等对单晶磨料固结研磨垫的磨粒粒径对加工石英玻璃的效率和表面质量进行了试验研究，采用不同粒度的金刚石均匀分布固结磨料研磨垫加工石英玻璃，结果表明磨料的粒度对研磨效率和表面粗糙度均有显著影响（图4），研磨效率和磨料粒径成正比，磨粒粒度越细粗糙度越低，其中用粒径14 μm的金刚石固结磨料研磨垫加工石英玻璃，获得了材料去除率为5.65 μm/min，表面粗糙度值 Ra 值为66.8 nm结果。

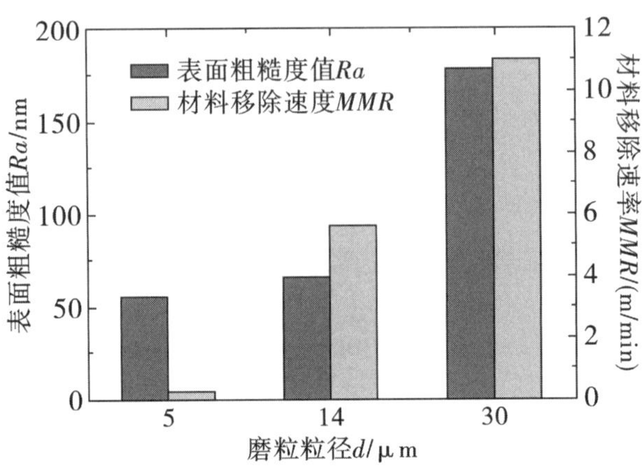

图4　固结磨料研磨粒度对效率和粗糙度影响

朱永伟对单颗粒和多颗粒磨粒团结构磨料式磨粒固结研磨进行了对比研究，将 3 ~ 5 μm 的单晶金刚石和由 3 ~ 5 μm 制成的（类）多晶金刚石（粒度 270/300 目）用同样的配方分别制成固结磨料研磨垫对石英玻璃进行精研。试验结果表明，多颗粒聚集磨粒的研磨效率和表面质量好于单颗磨粒固结研磨垫（图 5），获得了材料去除率为 2.5 ~ 3.0 μm/min，表面粗糙度 Ra 值为 26.6 nm 的良好表面。

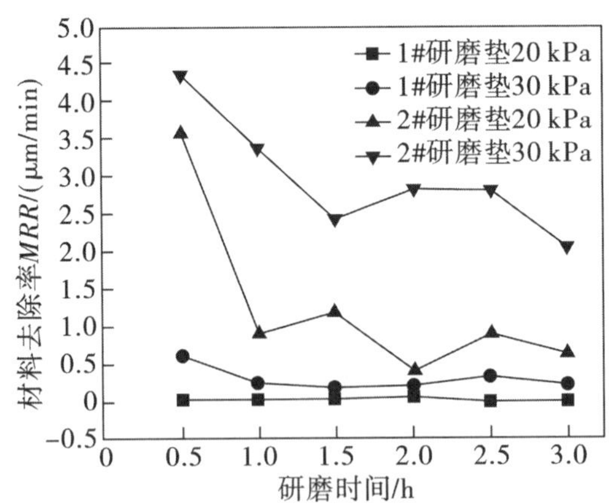

图5　不同磨粒固结研磨垫的效率比较

2. 用于高效研磨氟化钙晶体

CaF_2 晶体是典型的萤石型的立方结构（图 6），具有良好的光学性能、机械性能和化学稳定性，是一种非常重要的光功能晶体，可以用做光学晶体、激光晶体和无机闪烁晶体。因而被广泛应用于航空航天，光刻，激光等领域。

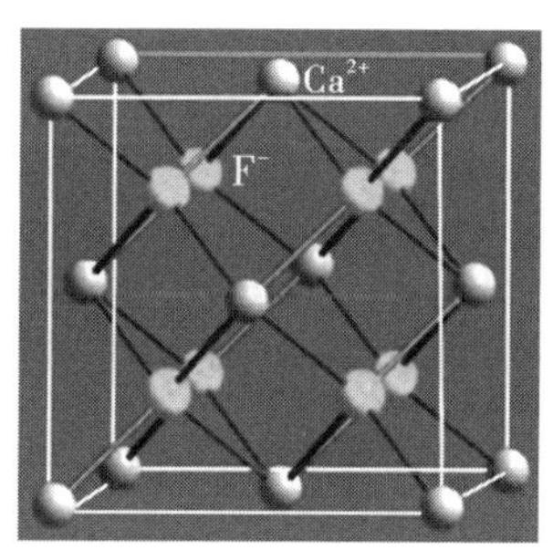

图 6　CaF_2 晶体结构示意图

CaF_2 晶体的热导率低、热膨胀系数高、硬度低，加工过程中容易边缘碎裂和整体断裂，表面抛光困难，容易残留抛光痕迹。目前，CaF_2 的加工流程是切割、粗磨和研抛，其中研磨抛光是 CaF_2 材料表面精密超精密加工的主要方法。

沈功明、顾群飞、王科荣等较为系统的研究了采用单晶金刚石磨料和多颗粒磨粒团金刚石磨料研磨 CaF_2 晶体。试验中采用树脂结合剂制成单颗粒和多颗粒磨粒团两种固结金刚石磨料研磨盘，其中采用单晶金刚石磨粒的研磨垫中磨粒的粒经尺寸 3 ~ 5 μm；多颗磨粒团颗粒直径尺寸 50 ~ 75 μm，磨粒团由 3 ~ 5 μm 的单晶金刚石加结合剂烧结形成，采用相同的工艺参数对试件进行研磨。结果表明 2 种 FAP 的性能差异很大，比如单晶金刚石固结磨料垫的材料去除率随着加工时间的延长有持续走低的现象，且总体效率低。

对比单晶金刚石 FAP 和多颗粒金刚石磨粒团与 CaF_2 工件的接触模型（图 7 和图 8）。可以看出，在研磨过程中多颗粒团金刚石 FAP

中,每颗有效磨粒球所承受的研磨压力远高于单晶磨料的 FAP 中每颗磨粒所承受的压力,所以多颗粒团状磨粒研磨垫研磨时磨粒有更深的切深和更高的突出高度,因此具有更高的切削效率,这也是多颗粒团状磨粒固结研磨盘在加工中的优势。

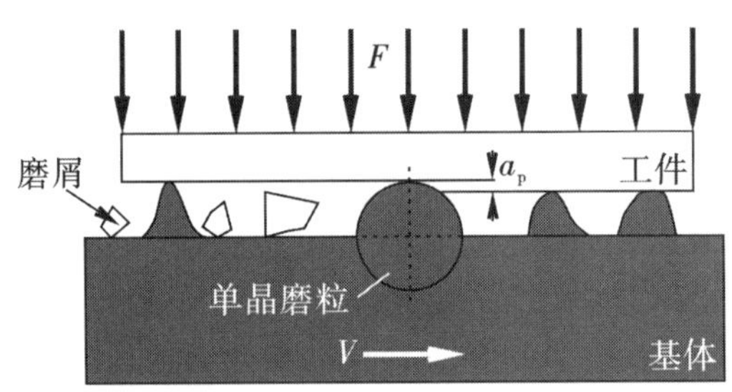

图 7　单晶金刚石 FAP 与工件的接触模型

研究结果显示:采用初始粒度尺寸 3 ~ 5 um 的单晶金刚石制备磨粒尺寸 30 ~ 75 μm 多颗粒金刚石磨粒团 FAP,与粒径 3 ~ 5 μm 的单晶金刚石磨粒制备的 FAP 对比研磨 CaF_2 晶体。前者具备较高的材料去除率,且去除效率稳定。在 10 kg 压力下,用多颗粒金刚石团 FAP 研磨 CaF 晶体时,材料去除率稳定在 13.0 μm/min,表面粗糙度 *Ra* 为 130 nm,且可以实现 FAP 的自修整过程。但无论是 5 kg 还是 10 kg 压力下,多颗粒体金刚石磨粒团 FAP 加工 CaF_2 晶体表面粗糙度均远高于单晶金刚石 FAP 加工的。

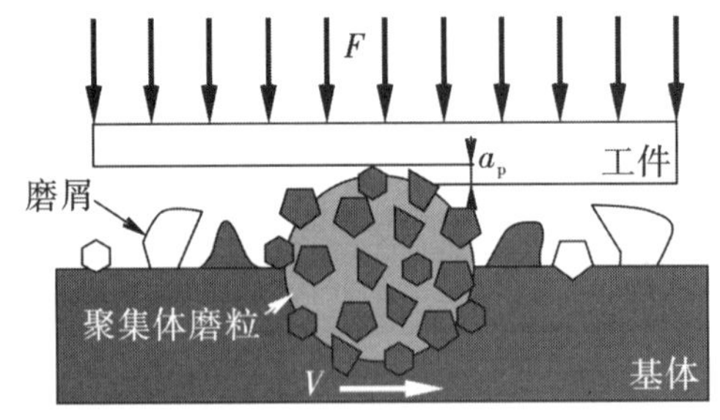

图 8　聚集体金刚石 FAP 与工件的接触模型

3. 用于研磨 TC4 钛合金

钛材料主要指钛合金、钛铝金属间化合物和钛基复合材料，钛合金的弹性模量低、密度低、导热系数低等特点，具有优良的综合力学性能、耐高温腐蚀性能等。目前，钛合金材料的表面精密制造的主要加工方法是刀具切削和磨粒研削，在传统加工中，容易出现加工变形、刀具损耗快、表面热损伤、表面污染和残余拉应力等问题。

TC4 钛合金强度水平≥895 MPa，密度低、导热系数低，抗腐蚀与蠕变性能好，工作温度 400 ℃，是航空发动机轮叶片的主要材料之一。目前的加工方法主要是切削和磨削，由于钛合金低的热导率使切削热很难传出，弹性模量低使工件材料弹性变形大，这些造成刀具的大加速磨损和工件表面热影响层变厚，降低零件的力学性能。研削的切削低速特性，有利于钛合金加工表面质量，是一个值得探索的领域。

王健杰等开展 TC4 钛合金研磨实验，利用球形固结磨料磨头开展了不同粒径，磨料种类对 TC4 钛合金研磨材料去除率及表面质量的影响试验研究。图 9 为球头研磨试验原理，球形研磨头上磨粒露出结合剂层的部位与工件产生机械作用，对工件材料产生塑性或类塑性去除，由于研磨时磨粒切削速度低，切削应力小，可以显著降低材料表面及亚表面损伤，可有效解决 TC4 钛合金难切削、工件表面易烧伤等问题。

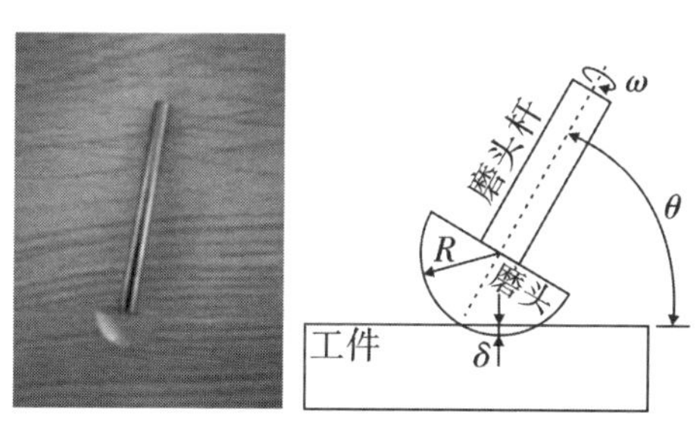

图 9　球头研磨工具和研磨原理

试验分别采用粒径 1 ~ 3 μm、5 ~ 10 μm、20 ~ 30 μm 的碳化硅以

及粒径 12 ~ 22 μm、20 ~ 30 μm 的金刚石磨粒制作球形固结磨料磨头。磨头转速(ω)1500 r/min,研磨夹角(θ)30°,研磨时间(t)1 min,研磨进给量(δ)0.3 mm。

通过实验发现,:随着磨料粒径增大,工件表面磨痕的宽度及深度逐渐增加。金刚石磨头研磨后工件表面划痕的宽度更宽,且工件表面存在一定的研磨凹坑,金刚石磨料粒径越大,工件表面凹坑越明显。图 10 为不同磨粒的磨头研磨 TC4 钛合金工件时去除率及表面粗糙度。从图 10(a)中也可看出,金刚石与碳化硅磨料的粒径越大,材料去除率越高。因为磨料粒径越大,研磨时磨粒切入工件表面的深度越大,磨粒单次刻画所造成的材料去除越多,在磨头转速相同的情况下,其材料去除率也就越高。从图 10(b)可看出,金刚石与碳化硅磨料的粒径越大,研磨后工件表面的粗糙度值越大。这是因为磨料粒径越大,研磨时磨粒的压入深度越深,研磨的划痕也越宽,因此粗糙度值也越大。同时,相同金刚石粒径的磨粒引起的表面粗糙度值较大,表面质量差,由于金刚石磨头研磨后工件表面除了线磨痕,还有一些滚压形成的凹坑,所以表面粗糙度值偏大。工艺优化后获得采用 20 ~ 30 μm 碳化硅磨料,可以得到最佳的材料去除率以及较好的表面质量,此时材料去除率为 6.7 mg/min,表面粗糙度 Ra 值为 0.876 μm。

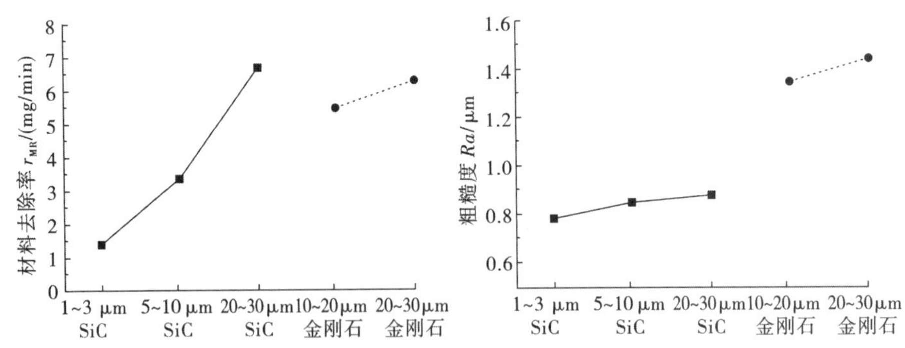

图 10 不同磨粒对材料去除率及表面粗糙度的影响

4. 用于硅晶线切割

硅片切割是大面积薄硅片制造过程中的关键工序,硅片的切割成本一直居高不下,占到总的制造成本的30%左右。硅片切割的主要方法有金刚石外圆和内圆切割,随着近年来对硅片的直径不断扩大和厚度不断变薄的需求,线锯切割技术成为切割大直径、薄硅片最常用的方法。线切割技术具有切缝窄,效率高,切片质量好,可进行线曲线切割等优点。

传统的线切割技术是采用游离磨料线切割技术,其原理是线锯的切割线多使用表面镀 Cu 的不锈钢丝,以一定的走丝速度切割硅锭,同时将细粒度的 SiC 或者金刚石的浆料送入切割区域,磨料在钢丝的压力和速度的带动下进行硅片的切割(图 11)。游离磨料线切割的材料去除机理被认为磨料在锯丝的压力下通过"滚压入"方式使硅表面产生塑性变形区以及横向裂纹和中间裂纹,从而使硅不断去除。但是,由于游离磨料切割线走丝速度低,切割能力和效率比较低,切割大尺寸坯料时磨料难以进到长而深的切缝,磨浆的处理和回收成本高等缺点。

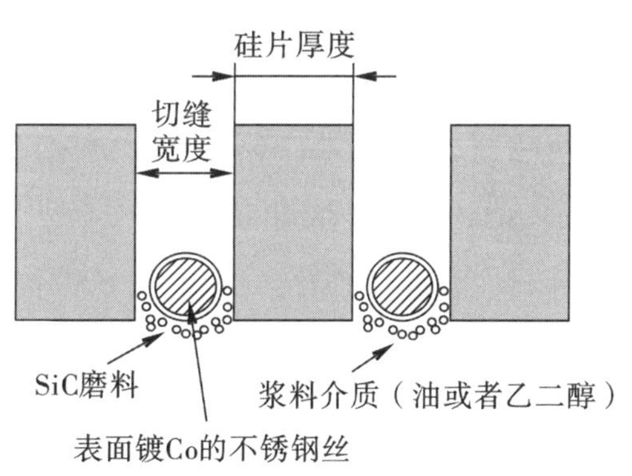

图 11　游离磨料线切割原理

近年来人们发展了固结磨料的金刚石线锯,正在替代游离磨料线锯,固结磨料线锯的主要特点是通常是使用一定的固结方法把金刚石磨料直接固着在不锈钢细丝表面(图12),随着锯运动锯丝上的金刚石直接获得运动速度和一定的压力对硅材料进行研削加工。目前将磨粒固结在线锯锯丝上的方法主要有:电镀法、树脂法、机械嵌入法和钎焊法等,其中电镀法和树脂结法比较常用[33]。

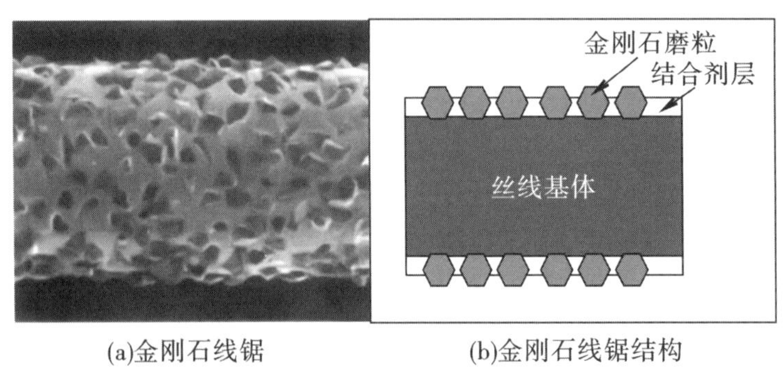

(a)金刚石线锯　　(b)金刚石线锯结构

图12　固结磨料线锯结构

电镀金刚石线锯是采用电镀的方法将磨料固结到锯丝上,金属线芯有冷拉钢丝、琴钢丝、不锈钢丝和镀铜高碳钢丝。电镀制备金刚石线锯的一般工艺流程:基体预处理准备→预镀→上砂→加厚→镀后处理。电镀金刚石线锯具有耐磨、耐高温等优点,并且有切割效率高,锯缝小且整齐,切面表面精度高,低能耗等特点。

树脂结合剂固结磨料线锯是采用树脂结合剂固结金刚石磨料,通常使用酚醛类的树脂,把树脂、溶剂和金刚石混合后涂覆在不锈钢丝表面,经固化后就可以把金刚石固着。与其他方法相比树脂法可以制造更细的丝锯,通常可以制造0.13~0.15 mm,可以进行更精细的切割工作,但是由于树脂的结合强度较弱,容易造成金刚石磨粒的过早脱落。

固结磨料金刚石线锯切割技术的研究发展方向主要是:

(1)在宝石切割过程中,有时要求线锯的长度在几十公里,因此,提高线锯的制造效率对降低的生产成本至关重要。

(2)提高线锯的使用寿命,尤其要解决金刚石磨料层与锯丝基体结合强度不高，导致锯丝的寿命短的问题。

(3)提高切割质量,环形线锯较往复式线锯切削速度高、质量好，因此提高环形线锯制造水平也将是金刚石线锯的研究热点。

研磨抛光也属于磨粒加工技术,但其加工时磨粒切削速度相比磨削低得多,属于低速磨削领域。由于研削速度低产生的热量也比较低,不但可以获得光滑精密的加工表面精度同时也可以获得好的表面加工质量。固结磨料磨具研磨技术是近年来在研抛领域兴起的新加工方法,在去除材料的机理方面改变了传统游离磨料研磨抛光滚压去除的机理,取而代之的是磨粒划擦切削的机理。通过应用证明在加工效率和表面质量方面具有显著的优势,特别适用于对一些硬脆材料和容易堵塞砂轮的易黏。

第六章 形式多样的超硬材料工具

钎焊金刚石工具钎料的研究综述

王光祖,崔仲鸣/文

钎料合金在钎焊过程中有着非常重要的作用,钎焊金刚石工具的性能很大程度取决于钎料合金自身的性能,作为金刚石与基体之间的连接材料,钎料合金必须能够与两者发生相互作用。因此,钎焊的质量主要取决于钎料合金。对于钎焊金刚石磨粒所用钎料合金需要具备如下特性:

(1)润湿好　能够良好地润湿金刚石磨粒和基体,并与金刚石和基体发生化学冶金结合作用,形成牢固的结合。由于金刚石不具有较高的界面能,不容易被其他材料润湿,因此钎料合金中必须含有可与金刚石反应形成碳化物的活性元素。

(2)钎料熔点适宜　低熔点钎料对金刚石磨粒的把持力不足,金刚石磨粒在重载负荷的加工条件下容易脱落,使用寿命较低;熔点较高的钎料,在钎焊过程中钎料充分熔化需要更高的能量,反应容易导致金刚石磨粒的热损伤。

(3)碳化物形成元素　钎料中所含碳化物形成元素是钎料与金刚石界面形成化学冶金结合的基础。这些元素能与碳元素形成碳化物层并且促进钎料对碳化物层浸润,从而保证整个钎焊过程的实现。因此,钎料中必须添加能够与碳元素发生反应生成相应碳化物的活性元素,如 Ti、Cr 等第 4 ~6 周期、IVB-VIB 族的过渡族副族元素。

(4)合适的线膨胀系数　金刚石的线膨胀系数低于大多数金属材料的线膨胀系数,这将导致高温钎焊后在残余拉应力的作用下,金刚石表面会存在裂纹导致强度降低。因此。钎料的线性膨胀系数与金刚石线膨胀系数越接近越好。这就要求配置合金钎料时要考虑各元素线膨胀系数的平衡。

对于金刚石工具来说，钎料合金要具备较好的机械和物理化学性能，如较高的强度和硬度、耐磨性以及耐高温性，即便磨削过程中产生的高温条件下仍然具有良好的加工性能。

经济性最终的目的是超硬磨料工具的产业化生产，在满足使用要求的同时必须严格控钎料的成本，才能获得最优的加工与经济效益。这就要求钎料组分中应尽量避免含有 Ag、B、Zr 等贵重材料。

钎焊之所以能够实现金刚石焊接的主要原因是由于钎料的存在，钎料中的某些元素活性很高，既能润湿基体又能与金刚石发生反应。钎料包含元素不同，所制得磨料工具的磨削性能和使用寿命也不同。研究发现，元素 Ti、Cr、V、W 易与 C 元素发生浸润反应，生成化合物，从而增强钎料对磨料的固结能力。但是，这些物质的熔点大都在 1500 ℃以上，此温度下金刚石已经严重石墨化。因此，为了降低钎料的固溶线，钎料中一般会加入一些低熔点合金，如 Ag、Cu、Sn、Zn 等。同时为了增强连接强度，也会增加一些高强度元素，如 Ni、Si、B、Mn 等，将不同元素进行组合，可以制出焊接能力较强的钎料。

目前，由于金刚石钎料的活性元素可大致分为 Cr 系和 Ti 系两大类，分别包含高熔点的镍基钎料（NiCrBSi、NiCrP）和低熔点的银基钎料（AgCuTi、AgCuCr）、铜基钎料（CuSnTi、CuSnCr），其中镍基钎料本身强度较高，流动性和延展性也最好，因此关于这方面的研究和使用比较多。

一、钎料组分的选择

（1）Cr 系钎料　20 世纪 80 年代，有学者用 NiCr 合金钎料最先进行金刚石的钎焊试验。通过研究认为：当合金成分为 17% ~92%，6% ~26% Cr，10% B、Si、P 时，能获得优异的结合性能并大大延长刀具使用寿命。开创了钎焊研究的先河，奠定了后续研究的基础，改进了金刚石磨具的生产方法并申请了专利。

瑞士 Chattopadhyay A K 等先用 $O_2-C_2H_2$ 焊枪把钎料合金喷镀于工具钢基体上，然后在感应钎焊反应 30 s，所有过程都在氢气中进行，实现了金刚石与钢基体结合。钎料合金成分为（72% Ni-14.4% Cr-3.5% Fe-3.5% Si-3.5% B-0.5% O_2），深度研究发现，Cr 是一种亲碳成分，易与金刚石发生化学反应。

Trenker A 等采用真空钎焊的方式，用镍基钎料制备出焊接工具，用制备出的工具和普通的电镀工具一起在试验机上进行磨削实验。结果表明，焊接工具的使用性能远远高于普通电镀工具，其磨削性能和寿命都较电镀工具延长 3 倍以上，从实验方面证实了焊接工具的优异特性。

姚正军在高频感应钎焊机上焊接 Ni-Cr-b-Si 粉末，加热温度 1050 ℃，加热时间 30 s，实验保护气氛为 Ar 气。磨抛出焊接后试样的钎料/金刚石反应层，利用 SEM 和 XRD 分析发现，钎料中活性元素 Cr 向金刚石积聚并生成化合物 Cr_3C_2 和 Cr_7C_3，从微观层面上解释了钎焊能实现高强焊接的原因。

黄辉等以 76Ni-6Cr-4B-4Si 为钎料，进行高频感应钎焊实验，结果发现，此种钎料的抗氧化性较强，当温度为 950 ℃时，即使没有保护气氛的存在，合金粉末依旧熔化，并与磨粒发生润湿反应，用制备的焊接工具，在磨削机床上加工普通花岗石，观察磨粒加工前后的宏观形态，发现磨粒的磨损过程是磨粒尖角处微观磨损-磨粒尖角处微观破碎-平稳磨损期，没有发现磨粒脱落的情况。

马楚凡等在前人的基础上，制备出了一种用于医疗领域的单层砂轮，所采用的钎料为 Ni-13Cr-9P，温度 950 ℃，用砂轮加工牙陶瓷块实验表明，钎料对磨粒有很强固结作用，加工中磨粒正常磨损，很少有脱落状况，观察磨削砂轮形貌发现，磨粒仍被钎料很好包裹着。

肖冰等用 Ag-Cu 材料做母材，高频感应钎焊下分析加或不加 Cr

元素对焊接结果的影响,加热温度 780 ℃,加热时间 35 s。结果发现,不加 Cr 时,金刚石焊不上;加入 Cr 后,磨料表面生成了化合物,形成了高强度的结合键,在磨床上干磨铸铁,有很少一部分出现脱落现象。

尹芳以 Ag-27Cu-7Cr 为钎料,在温度 840 ℃,高纯 Ar 保护气氛下加热 15 s,焊接出钎焊金刚石线锯,扫描电镜下观察到钎料爬升稳定,钎焊质量理想;金相组织观察,基体的金相组织晶间腐蚀情况出现了很大好转;拉伸试验表明,相比于光丝及加热光丝,钎焊线锯的最大拉伸负荷没有明显变化。

卢金斌用 76Cu-19Sn-5Cr 为钎料,960 ℃下炉中钎焊 5 min,实现了磨粒的固结。用王水分离出焊后的磨粒,扫描电镜下测定磨粒表面所剩化合物的种类和形态。研究发现,在磨粒表面有薄片状化合物生成,这是造成钎料/磨粒焊接强度高的主要原因。

总结文献可知,NiCrBSi 料中 Cr 含量是 7% ~15%,温度范围 1030 ~ 1080 ℃;NiCrP 钎料中 Cr 含量是 13% ~15%,温度范围是 930 ~ 960 ℃;AgCuCr 钎料中 Cr 含量是 6% ~10%,温度范围是 840 ~ 880 ℃;CuSnCr 钎料中 Cr 含量是 5% ~8%,温度范围是 930 ~ 970 ℃。虽然钎料的种类不同,但主要的生成物均是 Cr_3C_2 和 Cr_7C_3。

(2)Ti 系钎料　Ni-Cr 钎料、AgCuTi 钎料、CuSnTi 钎料是三种常见的钎料合金,它们都能对金刚石浸润、铺展、牢固把持金刚石并与金刚石形成有效的化学冶金结合。NiCr 钎料由 Ni、Cr 元素组成本,显微硬度为 HV492.5,其硬度和耐磨性较高,适合恶劣的磨削工况。钎料与金刚石反应生成 Cr_2C_3 等化合物,形成牢固把持力。

AgCuTi 合金钎料显微硬度为 HV79.55 硬度低,塑性强。钎焊温度为 900 ℃,降低因金刚石与钎料的热膨胀系数差异造成的热应力,使金刚石热损伤和残余应力大大减小,由于不含触媒元素,钎焊温度低不会造成金刚石石墨化。

孙风莲等在反应炉中，用 Ag28Cu8Ti 金箔做实验，真空度 5×10^{-3} Pa，焊接温度 920 ℃，保温时间 20 min，升、降温速度 30 ℃/min。借助 X 射线分析证明，磨料钎焊连接处有 TiC 生成，使二者高强度结合。另外，分别测定出 850 ℃、880 ℃、910 ℃、940 ℃、970 ℃磨粒的焊接强度分别为 10.5 MPa、36.4 MPa、121.1 MPa、133 MPa、99.8 MPa，对比可知前，在 940 ℃时，工具剪切强度最大。在 850 ℃时钎料和磨粒不发生黏结现象；在 910 ℃时，剪切在界面处发生断裂，剪切后磨粒上粘有白色钎料；在 940 ℃时，剪切时的断裂位置切穿界面和磨粒。

关砚聪采用感应钎焊方法，用 72Ag-8Cu-10 钎料焊接磨粒，分别设定 890 ℃、910 ℃、940 ℃三种温度方案。结果发现，在 940 ℃焊接温度下，钎料与磨粒连接强度最大，为 101 MPa。

另外，两种温度的焊接强度分别为 35 MPa 和 78 MPa。T=890 ℃和 T=910 ℃时，断裂位置大都在磨粒/焊料的界面上，T=940 ℃时，断裂位置相当复杂，既有界面处，又有磨粒处。另外，在 940 ℃温度条件下，分别用 AgCuTi 金箔和 AgCu 金箔加钛粉进行实验，结果表前者的焊接强度为 101 MPa，后者为 58 MPa。

李丹用 72Ag-28Cu-10Ti 作钎料，在 950 ℃下真空钎焊，用电镜观察、能谱分析等方法分析表明，Ti 的含量将影响钎焊的润湿状况，Ti 元素多时，其扩散程度更高，更易生成 TiC 化合物，使钎料的润湿作用明显提高。

选择 Cu-Sn-Ti 钎料的主要原因有以下几点：相对较低的价格。Ag 基钎料含有贵金属元素 Ag，价格昂贵，并且钎料的流动性太大，不适规模生产的使用。虽然 Ni 基钎料的价格比 Cu 基略低，但 Ni 基钎料熔点高不利于添加高熔点物质进行改性。Cu-Sn-Ti 钎料不含有金刚石触媒元素，方便后续添加元素进行改性实验。Cu-Sn-Ti 钎料具有较高的导热性和耐磨性，强度和韧性较高，本身的物理和力学性能较好。

CuSnTi 钎料主要成分为 Cu、Sn 等元素，显微硬度(HV)范围 246～378.9，塑性和延展性好，钎焊温度为 900～950 ℃，能有效降低钎料对金刚石钎焊残余应力，钎料中不含触媒元素，高温环境下对金刚石侵蚀程度低，且成本比 NiCr、AgCuTi 钎料低。

关砚聪选取 Cu-8Sn-11Ti 为焊料，在 45#钢上焊接金刚石磨粒，分析 880～930 ℃不同焊接温度下的界面结构，并作了金刚石试件磨削巴西黑花岗石实验，结果表明，合金元素与磨粒在反应过程中生成化合物为 TiC、CuTi 和 CuSn，且焊接温度 900 ℃时，界面形成的化合物层均匀连续且界面致密，耐磨程度最高，磨粒的破碎形式是不同尺寸的块状破碎。

Huang S F 等以 Cu-10Sn-15Ti 为钎料，采取炉中和激光两种焊接法，分析不同方式下得到的结合界面结构。工艺参数：真空钎焊温度 925 ℃、保温 5 min，激光钎焊时间 10 s。结果表明，炉中和激光得到的界面结构有所不同，前者产生的 TiC 是连续的，后者产生的 TiC 是不连续的。

总结文献可知，当钎料中的 Ti<8% 时，其润湿性较差，界面冶金结合也较弱；当 Ti=12% 时，接触角接近于零度，能实现合金和金刚石的完全润湿；当 Ti>16% 时，冷却时应力较集中，结合面易产生微小裂纹。常规钎料中 Ti 的含量在 10% 左右，AgCuTi 钎焊温度范围是 880～960 ℃，CuSnTi 钎焊温度是 880～940 ℃。虽然钎料的种类不同，但主要的生成物是 TiC。

以上三种钎料均能牢固结合金刚石，满足对硬脆材料、超硬材料等高速重载度磨削加工的要求。为了使金刚石能够不断出露，形成多层钎焊效果，所选钎料使用性能必须符合以下要：

(a)降低钎料、钎焊工艺对金刚石的损伤。在触媒元素 Ni、Fe 作用下，金刚石空气和真空下温度为 750 ℃、1500 ℃时开始在石墨化，表面形成凹坑；金刚石中残留的触媒元素 Fe、Co、Ni 等与金刚石热膨胀系数存在差异,使金刚石形成热应力,造成金刚石断裂。

(b)钎料具有足够的强度。为了增强磨盘节块中金刚石出刃能力,在节块中填充固体磨粒后,导致钎料对金刚石包埋程度减小,降低对金刚石机械结合力。为了使钎料对金刚石有足够的把持力,应提高钎料对金刚石化学冶金结合力的同时提高钎料自身强度。

(c)钎料与金刚石同步磨损。金刚石在磨损失效后,有部分钎料参与磨削,此时摩擦力会迅速增大并产生大量的磨削热,严重时会烧伤工件表面。为此应适当降低钎料的耐磨性和硬度,使钎料能同步磨耗磨损;相反,在磨削过程中钎料会受到钎料金属切屑的摩擦和冲击,造成钎料磨损,钎料对金刚石的把持力下降,金刚石过早脱落,因此应适当提高钎料的强度和耐磨性。NiCr 合金虽能够牢固地结合金刚石,提高足够的把持强度,但是钎料硬度大,耐磨损,使金刚石和钎料不能同步磨损,造成金刚石根部不能继续参与磨削。

AgCuTi 合金钎料硬度低、合金的延展性能强,同时还能够对金刚石有足够的把持力,但是其价格高不利于制备低成本高性能的金刚石工具。CuSnTi 合金钎料能很好满足以上要求,所以确定选用 CuSnTi 合金钎料,粒度 120 目。

二、选择 Fe 基钎料的目的与理论基础

一方面添加 Fe 元素可提高钎料自身的力学和物理性能,另一方面 Fe 元素与钢基体的元素相同,更容易与钢基体形成无限置换的固溶体,实现化学冶金结合,提高钎料层与基体的结合强度。Ni 和 Cr 的原子半径与 Fe 的原子半径相差不超过 10%。通过界面扩散形成置换固溶体。Cu 基钎料与基体结合强度比 Ni 基钎料与基体结合强度低,一方面原因是 Cu 基钎料比 Ni 基钎料强度低,另一方面原因可能是形成的界面化学冶金结合低。Fe 与 Cu 的互溶度很低,Cu 在 r-Fe 中的最大溶解度为 8%,在 a-Fe 中的最大溶解度为 2.13%,Sn 元素的

原子半径比 Fe 元素原子半径大许多。因此,Cu-Sn-Ti 钎料比 Ni-Cr 钎料与钢基体的结合强度低一些。

目前,钎焊金刚石的钎料合金大多使用 Ni-Cr、Ag-Cu 和 Cu-Sn 三类合金。这三类钎料合金在使用过程中都存在一定的局限性。Fe 基钎料有着优异的物理化学性能,如抗弯强度、硬度等,在激光熔覆中得到广泛的应用,然而,因为 Fe 作为触媒元素,一定的温度下与金刚石发生反应,以较高的速率刻蚀金刚石。在常规钎焊工艺中,钎焊耗时过长,容易导致金刚石被 Fe 元素严重刻蚀,所以鲜少有关于 Fe 基钎料钎焊金刚石工具的相关的研究。根据文献可知,铁以 8 m/min 的速率对金刚石进行刻蚀,刻蚀金刚石的速率是镍的 30 倍,然而,激光钎焊的工艺过程仅为 10 s 左右,钎焊时间极短,对金刚石的刻蚀时间有限,可有效地控制铁对金刚石的刻蚀。在生产中的实践效果和性能检测证实:铁对金刚石的侵蚀性对工具的性能影响不大,由于铁对金刚石的热刻蚀,反而增加了钎料合金对金刚石的把持力,金刚石的强度并未明显降低。

因此,结合激光钎焊的特点,尝试使用 Fe 基钎焊合金进行钎焊金刚石实验,探索钎料焊接金刚石的可能性,得出了以下结论:

(1) Fe 基体钎料激光钎焊 35/45 目金刚石合适的工艺参数为激光功率 140 W、扫描速度 0.30 mm/s、负离焦量-14 mm,既保证钎料充分熔化和在钢基体上的均匀铺展,同时金刚石焊后晶型完整且焊接质量良好。

(2) 在激光钎焊过程中,钎料中的 Fe、Cr 元素与金刚石在晶界处发生化学冶金反应,生成 Fe、Cr 互溶的共晶碳化物 $(Fe,Ce)_7C_3$。

(3) Fe 对金刚石的刻蚀,促使金刚石中的 C 原子溶入钎料合金并在其中扩散,部分 C 原子与 Fe、Cr 反应生成碳化物,部分 C 原子以固溶的形式存在于碳化物之间,反而加强了金刚石与钎料之间的连接。

(4) Fe 基钎料激光焊接金刚石铣磨头磨削花岗岩试验表明,在磨削过程中金刚石磨粒的主要磨损形式是微破碎。

树脂结合剂工具和应用研制

王光祖，王芸/文

树脂结合剂金刚石砂轮，以金刚石为磨料，以树脂粉为黏结剂，加入适当的填充料，经过配方设计、称料、热压成型、二次固化、后续加工处理等工艺过程制成的适用于不同用途的超硬工具。

与陶瓷或金属结合剂超硬工具相比，它具有制造工艺简单、原材料易得、成本低等特点，且能够大量适用低品质超硬磨料，加工对象广泛，如各种难加工钢材、硬质合金、玻璃、陶瓷、石材等。由于树脂超硬磨具在磨削过程中具有较好的自锐性，不易堵塞，磨出的工件具有表面质量好，砂轮易于修整等优点而得到广泛应用。以下是应用的若干实例，供读者参考。

一、磨削微晶石

微晶石，又称人造石，作为微晶玻璃的系列之一，集玻璃和陶瓷各自的优势为一体，近年来被广泛应用于建筑墙体、台面、地面等装饰，曾被誉为引领21 世纪装饰材料的新潮。尽管人们对微晶玻璃尤其是应用于军事、光学的微晶玻璃已展开较多的研究，但针对建筑用的微晶石，对其加工过程的认识水平远比其应用水平要落后得多。事实上，目前微晶石的加工技术主要沿用天然岩石加工机理及工艺。因此展开针对微晶石的加工研究显得尤为迫切。于是，黄岳龙等通过系列可磨削实验揭示了微晶石磨削加工过程中磨削力的特征，为微晶石的高效磨粒加工提供参考依据。

通过对磨削深度、砂轮线速度、工件进给速度与单位宽度磨削力的关系，以及切向力、法向力及其力比的对应关系和磨削比随材料去除率的变化关系的分析，找到如下结果：

（1）对磨削而言，磨削深影响最大，切深大，磨削力大，砂轮线速度次之，砂轮线速度大，磨削力小，工件进给速度影响最小。

（2）微晶石在本实验条件下，磨削力比的分布范围是4.39～8.07，摩擦因素的大小，为0.21，符合Cou-lomb定体描述的滑动摩擦方式。

（3）对材料的去除方式而言，工作进给速度影响大于切削深度，切深或工件进给速度越大，脆性去除占材料去除的比例越大。主要是脆性去除。

二、加工氧化铝陶瓷

氧化铝陶瓷硬度高（HV1900～2100），脆性大（抗折强度240～260 MPa），是典型的难加工硬脆材料，其磨削加工成本高、效率低，而且磨削后的表面和亚表面区域上出现裂纹群，影响工件的稳定性，这些特点不利于其实际应用。随着氧化铝陶瓷在医药、航空航天、半导体等高科技领域的应用需求越来越如越广泛，对其磨削加工效率和表面加工质量的要求也越来越高。

目前，氧化铝陶瓷的加工普遍采用金属结合剂金刚石砂轮，材料去除率约为2 μm/min，表面粗糙度值约为 Ra 1.0～1.2 μm，平行度约为10～20 μm，其优点是砂轮使用寿命长、效率高，但是加工出来的产品表面精度低，无法满足高科技行业的应用要求。例如，半导体行业要求表面硅片总厚度偏差（total thickness variation，TTV）小于3 μm，表面粗糙度 Ra 不大于0.8 μm。因此，通常还需通过研磨抛光对氧化铝陶瓷进行精密加工，以实现合格的表面精度，但材料的去除率很低，仅0.1 μm/min左右。因此，如何对氧化铝陶瓷进行精密、高效、低成本的加工成为行业关注的热点。

于是，刘杰等选用125～150 μm和38～45 μm两种粒度尺寸磨料制备的树脂金刚石砂轮对氧化铝陶瓷进行磨削加工，探讨精密磨削过程中脆性磨削与延性域磨削的临界转化，并利用粗粒度砂轮磨削效高，细粒度砂精磨效果好的特点，实现对氧化铝陶瓷的高质高效加工。

三、替代传统游离磨料加工

树脂结合剂超硬工具具有磨削力小，磨削热少，自性好，加工效率高，加工表面光洁度高等优秀特性，主要用于切割、精磨、半精磨、刃磨和抛光等加工，目前已经成为超硬工具中使用最大的一类，在贵重陶瓷材料加工、半导体材料加工、磁性材料加工、金属材料加工方面的应用越来越广泛。

树脂金刚石盘应用于显示屏玻璃加工，替代传统游离磨料加工，能够提高显示屏的加工效率，改善表面质量，降低加工成本。

邓朝晖等对纳米结构金属陶瓷 WC/Co 涂层材料在金刚石砂轮精密磨削工程中的磨削力进行了较详细的，实验研究如下：在相同磨削条件下，纳米结构陶瓷涂层的磨削力始终高于常规结构陶瓷涂层的磨削力，在同等条件下，树脂结合剂砂轮磨削工具按所需要的磨削力大于金属结合剂。

本俊之等利用紫外线固化树脂开发树脂结合剂金刚石线锯替代传统游离磨料切削半导体大直径硅片，解决了传统切割加工工具工作环境恶劣，生产效率低等问题。

Ke hau Li 等对 IC 硅片超精密背面用树脂 2000# 金刚石砂轮加工问题进行了研究，结果表明通过优化结合剂配方，使结合剂磨损速度与金刚石脱落速度匹配，材料去除率达到 10.236 mm^3/s，表面粗糙度为 Ra5.122 nm。

四、用于硅晶片减薄

单晶硅片直径直接影响半导体芯片的容量和成本，而硅晶片的减薄和最小线宽是芯片制造的关键。因硅片减薄技术有利于改善芯片的散热效果，最小线宽则是代表IC行业先进水平的主要指标，线宽越小，电流回路单元越小，单个芯片容量增加，集成度提高。同时3D立体封装技术由于其空间占用小，电性能稳定，成本低等优点而用于芯片的封装。

目前，随着硅片直径的增大和超精密磨削减薄技术的发展，硅片减薄技术面临着翘曲、变形、加工效率低等问题，这些问题的存在影响IC集成电路的快速发展。

硅晶片的背面减薄加工主要采用，旋转方法，如果不能及时处理磨屑，其会划伤硅片表面，导致粗糙度过大，影响到硅片的表面质量，甚至可能会降低硅片强度，进而导致芯片破碎失效。

为推动硅片减薄砂轮制造技术，惠珍等将高分子材质的造孔剂引入到硅片减薄用树脂结合剂金刚石砂轮中，并探索造孔剂对砂轮磨削性能的影响。其中，造孔剂为碱石灰硼硅酸盐玻璃空心球，球的空心部分由一种受热可膨胀的气体组成，初始造孔剂孔径约1～20 μm，在特定的压制温度条件下，造孔剂受热膨胀，可膨胀成至直径80～300 μm的空心球，且造孔剂的高分子外壳可以与树脂融为一体。

研究发现，在单晶硅片减薄磨削过程中，随砂轮中造孔剂含量增加，磨削后硅片的表面亮度先提高后降低，相同配方时，75%体积比例投料的硅片减薄砂轮磨削后的硅片亮度比100%体积比例投料的砂轮亮度高。这是因为造孔剂含量较少时树脂结合剂紧密包裹磨料表面，气孔率低，且磨料不易脱落，容屑和散热效果较差，导致硅片表面亮度不够，造孔剂量过高时，树脂结合剂对磨料把持力小，磨粒脱离过快，无法保证砂轮的锋利度，造成磨削后硅片亮度较低。

金刚石有序排布模式的多样性

王光祖/文

对于制造技术相同的金刚石工具,采用有序排布技术制造的金刚石工具的寿命是随机排布工具的数倍。金刚石的有序排布不仅可以延长金刚石工具的使用寿命,增加金刚石的使用率,而且具有提高加工对象的光洁度以及减少金刚石重复磨损等优点。随着金刚石工具应用对象的拓展,有序排布方法的发展由单一性向多样性转变。本文涉及的仅是其中的部分事例。

一、模板法

首先将不含磨料的金属结合剂粉末预压成薄层,制作带有有序排列孔阵的模板,然后用钢制平板将金刚石磨粒通过模板的孔压到胎体中,重复上述操作,就可制作出多个压嵌有序排布金刚石磨粒的薄层,将数个薄层组合,放入模具中压制烧结制成多层磨粒有序排布磨具。该方法仅适用于较大颗粒超硬磨料的有序排布。

二、网筛法

首先调整网筛孔径大小,将磨粒均匀分布在网孔内,再去除多余的磨料,然后进行烧结,金属丝经过加热熔融到结合剂中,从而将磨料有序的固结在基体上。这种方法操作简单,但只适用于单层大颗粒磨料工具。

三、人工智能负压吸附法

首先用计算机设计磨料的排布方式和取向,并控制吸附盘和取向栅栏的形态，实现设计孔的数量、位置和排布；由负压系统吸附磨粒到取向栅栏并吸附在吸盘上，然后通过机械手臂装到模具中压制。该装置对金刚石的吸附率能达到 100%，金刚石的择优取向可达 85%。

四、电镀法有序排布

电镀超硬磨料工具具有制造工艺简单、制作过程温度较低、对环境危害小和制造形状复杂、精度高等优点。适用于电镀工艺的超硬磨料有序化排布方法主要有人工手植法和静电排布法等。

(1)人工手植法　主要用于内电镀法制造的有序排布超硬磨料工具。

(2)静电排布法　是利用静电吸附的原理将超硬磨料吸附在选择性涂胶区域的方法。

这种方法的优点是排砂效率高，磨粒位置精度好，但无法避免胶液黏结磨料时漏砂或多砂结团问题。人工手植法仅适用于大颗粒的超硬磨料，并且较低的上砂效率和较低的磨粒位置精度使得其应用范围变窄，然而在复杂型面上进行磨粒有序化排布上砂则是为数不多的可行方法之一。

五、真空负吸料+垂直放料法

在同胎体、同金刚石品级下，七层金刚石组成的七明治结构定位排列钻头较同浓度常规钻头速度提高 18%，寿命提高 10%；八层金刚石组成的金刚石层错位定位排列钻头其与同浓度常规钻头速度基本相当(速度慢 2.5%)，但寿命却提高了 33.3%；八层金刚石组成的金刚石错位定位排列钻头比七层组成的七明治钻头浓度高 5%，切割速度比七层定位排列钻头速度慢 23.1%，但切割寿命高 33.3%，两种预定排列式钻头在钻钢筋时平稳性明显优于常规钻头且速度稳定，体现了金刚石预定排列在刀头中的优势。

六、烧焊一体化技术

改变了传统烧结工具需经历混料、制模、冷/热压、焊接等烦琐制造过程，直接加热均匀混合金刚石的烧结料粉到熔融状态，在液态下焊接到钢基体上，从而实现了烧结金刚石工具制造的“自动化”。

烧焊一体化技术已开发出相应的烧焊一体化设备，用于少量生产，目前可实现结块厚为7 mm的烧结金刚石工具的制造，并且适用于任何粒度的金刚石工具制造，其基体也可以为较复杂的曲面，具有广泛的适应性；同时更具有节省人力提高效率和节约成本等众多优点。因此，烧焊一体化技术具有广泛的应用前景。

七、叶序排布法

磨粒有序化排布的发展为解决钛合金磨削问题提供了新思路。众所周知，国内外许多学者对磨粒的有序化排布进行了研究，比如：Aurih J C 等通过运动学仿真不同的磨料排布方式，应用仿真结果设计制造出最佳有序排布电镀砂轮的结构；Brinksmeier E 等使用有序排布磨粒的砂轮能够实现超精密磨削；Koshy P 等通过磨粒错位排布，使得磨削表面粗糙度得到了改善；等等。这些研究充分表明，磨粒有序化排布砂轮在降低表面粗糙度和提高磨削效率等方面效果显著。但是，哪种排布方式的砂轮能更好地降低磨削温度，尤其是降低磨削钛合金等难加工材料，仍然是一个需要深入研究的问题。

植物茎上的叶子、葵花盘上籽粒的规则排列是植物的一种非常重要的叶序形式，大量专家学者都对这种叶序分布进行研究，Van Iterson提出了柱面叶序排布模型。

叶序排布是研究和应用较多的排布方式。它是根据植物学中的叶序理论提出的，包括圆柱面的叶序排布和端面的叶序排布，陈晨等采用的砂轮正是基于上述理论，设计每一个磨粒都看作是一个种子分布在砂轮圆周上,采用紫外线感光干膜作为掩膜感光层来实现在砂轮表面磨粒的排布,利用光刻技术和复合电镀工艺技术制造出磨粒叶序排布外圆砂轮,同时利用相同的工艺制造出磨粒错位排布砂轮和无序排布砂轮。

通过在相同磨削条件下对比发现,磨料有序化排布能有效降低TC4 的磨削温度,使用叶序排布磨料砂轮获得更低的工件表面温度。

八、点胶法

通过点胶机获得一系列有序排布的胶点,同时控制点胶参数使得胶点大小恰好可连接一颗金刚石。这样就可在短时间内,实现有序排布胶点阵列到金刚石阵列的转换。点胶结束后,胶水固结之前,向胶点上撒上一层金刚石,再将金属薄片倒置,使未黏结上的金刚石颗粒掉落。这样,就得到了按设计方案排布的金刚石有序排布阵列。

九、平面单颗磨粒有序排布方式

孟江雄等将有序排布理论运用到钎焊技术,创造性地制备适合黑色、钢铁材料磨抛的新型工具——有序排布单层钎焊金刚石磨盘;将平面单颗磨粒有序排布方式与磨料群可控排布方式相结合,设计出一种将较大颗粒金刚石紧密排布并形成一定规则几何形状的簇状,同时簇状均匀合理地分布在基体表面的新排布方式。该排布方式解决了传统磨盘排布方法难以根据工况、使用参数进行地貌优化的难题,并实现了区域磨料有序排布。

对比分析新型钎焊金刚石磨盘与传统树脂砂轮片的磨削性能,结果表明,新型磨盘较树脂砂轮片噪声提高,磨屑规则(主要呈带状),磨粒以磨损失效为主,几乎无整颗脱落,磨削效率约为树脂砂轮片的1.5 倍。

十、掩模法

电镀方法是高效制造有序排布超硬磨料工具的一种方法，而且适用于任何粒径的磨料。当磨料粒径较大(粒度50/60以上)时，磨料以单颗磨粒进行有序排布；当磨料粒径较小(100/120以下)，磨料以群团的方式有序排布。首先，将带有有序排布孔的掩模涂覆粘贴在基体上，使磨粒或磨粒群进入孔内，通过电镀方法将磨料初步固结后将掩模去除，然后进行电镀加厚，掩模的图案直接决定了电镀砂轮表面的磨粒排布。应用比较成功的掩模有堆积型掩模、涂覆型掩模、粘贴型掩模、基于丝网印刷技术的掩模和光刻掩模等，其中，基于丝网印刷技术掩模可适用于复杂型面的磨料有序排布，因此应用比较广泛。

钛合金加工方法的多样性

王光祖，张相法，位星，王永凯，王大鹏/文

钛合金是以钛(Ti)为主要成分的合金，并含铝、钒、铁和锰等元素以提高其性能。钛合金被认为是轻质、高强、耐热材料的典型代表，使得其广泛应用于工程领域，最具代表性的是航空航天领域。然而，由于强度高、导热系数低和化学活性高等特点，钛合金的机械加工难度较大，中外学者对此展开了一系列研究，提出了多种多样的钛合金切削磨削加工技术。本文简要介绍了金刚石砂带、球形固结磨料磨头、聚晶超硬材料刀具以及不同cBN砂轮(钎焊砂轮、电镀砂轮和陶瓷砂轮)等对钛合金的加工。

一、钛合金切削、磨削加工存在的主要问题

(1)磨削比低，砂轮黏附严重。观察单颗磨粒磨削钛合金的磨粒

顶端或磨削钛合金的砂轮表面，钛呈云雾状遍布黏附于磨粒顶部，几乎看不到磨粒。由于黏附物与钛合金磨削表面还要再接触，在磨削力作用下，导致砂轮磨损严重，磨耗比下降。

(2)磨削力大，磨削温度高。通过对单颗磨粒磨削实验分析发现，钛合金磨削时，滑擦过程所占的比重较大，而磨粒与工件的接触时间极短，在此极短的时间内产生强烈摩擦和急剧的弹、塑性变形，最后钛合金才被切去而成为磨屑，产生大量的磨削热，磨削温度高达1000～1500 ℃。另外，磨削钛合金黏附严重，变形剧烈，钛合金钢的导热性又很差。因此，磨削力大，磨削温度高，法向磨削分力比磨削45号钢大数倍，切向磨削分力大近一倍，磨削温度也高近一倍。

(3)磨削过程中变形复杂形成层叠状挤裂切屑。

(4)化学活性高，表面易生成硬脆性变质层。钛及钛合金高温时化学活性很高，生成 TiO_2、TiN、TiH 等脆硬层，降低了塑性。这样，一方面使得切削呈现挤裂屑，另一方面使得加工表面层产生局部应力集中，降低了疲劳强度。

(5)磨削质量不易控制。磨削钛合金时，产生的拉应力和表面污染层，以及磨削区 70%～80% 的磨削热传入工件不易导出，使工件产生变形、烧伤和裂纹，表面粗糙度也难保证。

(6)装夹变形。钛合金属于有色金属，不能磁化。采用机械装卡会使板状型工件产生较大装卡变形，磨削时可使用真空吸盘进行装卡，工件变形较小。

二、金刚石砂带磨削法

钛合金的密度小、强度高，拥有良好的耐热性和耐腐蚀性，是制造航空发动机叶片、整体叶盘的重要材料之一。由于钛合金具有导热系数低、弹性模量小、化学亲和性大等特点，是一种典型的难加工材料。航空发动机叶片刚性差，精密磨削难度极大。砂带磨削适应性强、工艺灵活性好,现在已经逐渐成为航发钛合金叶片精密磨削及抛光有效手段。但是,在航空发动机叶片磨削过程中的砂带磨损使得叶片的磨削质量和产品一致性难以保证,严重影响航空发动机的服役性能。

金刚石砂带是一种新型超硬材料涂附磨具,耐磨性好,在航空航天领域具有广阔的应用前,已经开始用于航空发动机叶片的精密磨削加工中。但目前关于航空发动机钛合金叶片磨削过程中的金刚石砂带磨损的研究非常少,因此研究钛合金金刚石砂带磨削磨粒磨损具有十分重要的意义。针对金刚石工具的磨损原因,部分学者指出:在黑色金属、钛合金和镍基高温合金的加工中,金刚石工具中的碳元素和工件材料中的铁、钛、镍等元素在加工过程的高温作用下,容易发生物理化学反应,从而导致金刚石工具的磨损。Li 等指出在加工过程中的高温作用下,工件材料中游离的钛原子在金刚石的石墨化磨损过程中起到金属催化剂的作用。Zuo 等指出加工过程中金刚石产生的石墨化转变、氧化反应等物理化学反应随着温度的升高更容易发生且更加剧烈,同时在铁原子催化作用下,在较低的温度(500 K)下即可发生氧化还原反应。梁巧云等开展单颗金刚石磨粒磨削钛合金过程仿真,进行航空发动机(简称航发)钛合金叶片磨削试验,并使用扫描电镜、超景深显微镜等对磨削后的叶片及砂带进行检测,分析磨削过程中金刚石砂带的磨损。得出结论如下:①金刚石砂带在磨削速度为 10 m/s 时,摩擦接触点的平均温度可达到 700 K 以上,且温度随磨削速度的增大而升高;②在航发钛合金叶片的磨削中,砂带磨损程度随磨削速度增大而升高,与仿真中磨削速度对摩擦接触点温度的影响规律类似,表明温度是影响金刚石砂带磨损的重要因素;③M10/20 金刚石砂带的磨损形式为磨粒损耗和磨粒脱落,同时磨削过程的磨屑粘连加剧了金刚石金砂带的磨损;④经 M10/20 金刚石砂带磨削后的航发钛合金叶片型面精度高,进排气边被磨削为良好的圆弧过渡并且处于 ±0.05 mm 的公差带内,型面粗糙度 Ra 在 0.4 μm 以下。

三、球形固结磨料磨头研磨

作为航空发动机涡轮叶片的主要材料之一，TiC_4 钛合金具有优良的综合力学性能，同时密度低、耐高温腐蚀。但是 TiC_4 钛合金难切削、导热系数低、弹性模量低，在传统加工中，容易出现加工变形、刀具损耗快、工件表面烧伤等问题。

目前，TiC_4 钛合金材料加工的主要方式是磨削、铣削等，固结磨料研磨通过磨粒漏出结合剂层的部位与工件产生机械作用，对工件材料产生塑性或类塑性去除，可以显著降低材料表面及亚表面损伤，同时，由于加工中磨粒硬度高，切削应力小，可有效解决 TiC_4 钛合金难切削、工件表面易烧伤问题。针对 TiC_4 钛合金难切削、表面易烧伤的问题，王健杰等提出球形固结磨料磨头研磨的加工方法，通过一系列试验研究，得到以下结论：①研磨时的材料去除率以及工件表面粗糙度 *Ra* 都随磨料粒径的增大而增大，采用 20 ~ 30 μm 碳化硅作为球形磨头磨料，可以获得最佳的材料去除率以及较好的表面质量，此时材料去除率为 6.7 mg/min，表面粗糙度 *Ra* 为 0.876 μm。②随着磨头转速增大，材料去除率及工件表面粗糙度值增大；随着研磨夹角增大，材料去除率及工件表面粗糙度值逐渐减小；随着研磨时间的延长，材料去除率先增大后减小，工件表面粗糙度值逐渐减小。③单点固结磨料研磨时优化后的参数组合如下：磨头转速 2000 r/min，研磨夹角 30°，研磨时间 10 s，在此工艺参数下，研磨时的材料去除率达到 22.2 mg/min，工件表面粗糙度 *Ra* 达到 0.700 μm。

四、磨削砂轮

不同于切削，磨削依靠众多磨刃的微切削作用去除材料，工件材料在磨粒的挤压和切削等作用下变形较为剧烈，导致磨削表面往往存在较为严重的鱼鳞状涂覆等现象。提高磨削速度可通过降低单颗粒切厚显著改善这一问题。在普通磨削条件下,由于磨削温度较高,磨削后工件表层多为残余拉应力。

在普通磨料中,SiC 磨料与钛合金的亲和性较低,因此其磨削效果优于刚玉磨料。若采用刚玉磨料磨削钛合金,为避免砂轮表面产生大规模的材料黏附,需将磨削速度控制在约 10 m/s。在现有磨具技术水平下,普通砂轮磨削钛合金时砂轮磨损速度较快,例如采用 SiC 砂轮在普通磨削条件下加工钛合金的磨削比仅约为 1,选用超硬材料砂轮时则提升几十甚至上百倍。

此外,相对于普通磨料,超硬材料的导热能力显著增强,因此可以获得较高的材料去除率。另一方面,采用超硬材料砂轮磨削钛合金时可以避免频繁地修整砂轮,进一步提高磨削加工效率。即便如此,在工程实践中仍多采用普通砂轮加工钛合金,制约超硬材料砂轮广泛应用的原因主要有:①砂轮价格昂贵,导致加工成本显著高于用普通磨料砂轮磨削的成本;②砂轮修整难度大。因此,后续研究可重点关注超硬砂轮的制备与修整技术。

磨削高温是抑制体钛合金磨削加工效率的重要原因。对此研究人员在开发新型磨具和改善冷却方式等方面进行了一系列研究,例如:超硬磨料钎焊技术与磨粒有序排布技术结合,开发出磨粒有序排布 cBN 砂轮。该砂轮磨粒出露高,可提供充足的容屑空间,从而减少磨削过去中砂轮与工件之间的摩擦。在改善冷却方面,主要有热管砂轮技术、低温冷风技术和径向水射流技术等。

五、不同 cBN 砂轮加工技术

PTMCs 是一种向钛合金材料内添加了 TiC 或 TiB 硬质增强相的复合材料,这些增强相具有更好和更稳定的热力学性能,成为比普通钛合金性能更加优异的高强、耐热、轻质材料。此外,PTMCs 因其更低的密度和优异的力学性能,有望替代部分在 500 ~ 850 ℃环境中使用的镍基的高温合金零部件，并使其减重 25% ~30%。因此，PTMCs 有望成为高推重比发动机的候选材料，在航空航天领域的应用前景广阔。

与切削加工相比，现代磨削正朝着高精度、高效率的方向发展，以高速磨削为代表的高效精密磨削技术在航空航天零部件制造过程中的应用也越来越广泛。为了能够更好地发挥高速磨削在 PTMCs 高效、精密加工方面的优势。李征等采用 3 种 cBN 砂轮进行高速磨削试验，cBN 砂轮分别为钎焊砂轮、电镀砂轮和陶瓷砂轮，试验结果表明：①钎焊砂轮可以获得最低表面粗糙度的磨削表面，表面粗糙度为 0.60 ~0.77 μm，磨削表面纹理连续且光滑，相对陶瓷和电镀砂轮，钎焊砂轮在 PTMCs 高速磨削方面更具优势。②研究磨削速度对磨削力的影响时发现，无论是法向磨削力，还是切向磨削力，都随着磨削速度的升高而减小。③在 20 μm 的条件下，对不同磨削深度的影响，3 种砂轮磨削 PTMCs 时，在磨削深度增大的过程中，磨削力都增大。④在磨削速度 120 m/s、磨削深度 20 μm 条件下，3 种砂轮磨削 PTMCs 的磨削力都随工件进给速度的升高而逐渐增大。⑤随着磨削用量的增大，3 种砂轮磨削 PTMCs 的磨削温度显著增高。⑥加大磨削速度，使钎焊砂轮和电镀砂轮磨削 PTMCs 的表面粗糙度减小。陶瓷砂轮磨削表面粗糙度则是先降低后升高。总的来说，3 种砂轮磨削 PTMCs 时，钎焊砂轮可以获得表面粗糙度最低的，磨削表面表面粗糙度为 0.60 ~0.77 μm。

六、切削刀具

钛基复合材料是以钛合金为基体，并在其中添加碳化钛、硼化钛、氧化铝、氮化铝等颗粒或者连续纤维增强相的金属基复合材料，与钛合金基体相比，钛基复合材料具有重量轻、比强度高、抗氧化性好、耐高温、耐磨、抗蠕变、抗辐射等突出优点。相比传统钛合金，钛基复合材料能够满足复杂环境下的特殊要求，在航空航天、电子信息、半导体照明和交通运输等领域具有良好的发展前景。

钛基复合材料是一种典型的难加工材料，切削高温等引起的刀具快速磨损是钛合金切削过程存在的一个主要问题，加工钛合金时，涂层硬质合金刀具和 PCD 刀具显示出优异的切削性能，尤以 PCD 刀具为最佳，PcBN 次之，TiC 基硬质合金刀具和陶瓷刀具因耐用度低等原因被认为不适用于钛合金切削加工。PCD 刀具与钛合金切削的高匹配性主要源自其良好的导热性和极高的硬度。金刚石的导热系数为硬质合金的数倍，更多切削热可通过刀具传出切削区，极高的硬度则保证了刀具的耐磨性。采用 PCD 刀具切削低钛合金刀具的耐用度可达硬质合金刀具的数十倍。

钛合金其中的增强相具有超高的硬度、强度以及良好的高温性能，在切削加工时，增强颗粒会对刀具产生严重的犁耕、刻画等作用，不仅会大大降低刀具的使用寿命，而且会影响工件的表面加工质量，导致加工成本明显提高。因此，实现钛基复合材料的高速、高质量加工成为此类金属基复合材料应用的关键。

针对此问题，国内外学者开展了一系列的研究，ARMESH 等使用 PCD 刀具对添加增强相体积分数为 10% ~12% TiC 进行不同切削用量的刀具磨损研究表明，当切削速度为 80 m/min，进给速度为 0.35 mm/r，切深为 0.2 mm 时，PCD 刀具的耐久度仅为 2 min；当切削速度为 60 m/min，进给速度为 0.26 mm/r，切深为 0.2 mm 时，PCD 刀具的耐久度为 8 min。GE 等采用硬质合金刀具和 PCD 刀具在切削速度为 100 m/s，进给速度为 0.08 mm/r，切深为 0.5 mm 时，对增强颗粒体积分数为 10% 的(TiCp+TiBw)/TiC_4 颗粒增强钛基复合材料进行高速车削加工研究，结果表明，由于切削温度较高，硬质合金刀具中的 WC 与工件中的 Ti 元素剧烈反应导致硬质合金刀具使用寿命不足 1 min，而 PCD 刀具的使用寿命仅有 2 min。濮建飞等对不同颗粒含量不同的钛基复合材料开展高速切削试验，对比 2 种不同增强相体积分数的钛基复合材料在不同切削速度下的刀具磨损情况，结果表明，增强相体积分数对 PCD 刀具耐用度有显著影响，体积分数越高，刀具磨损越严重，刀具耐用度越低；增强相种类对刀具的耐用度也有明显影响，增强相 TiBw 对刀具耐用度的影响要大于增强相 TiCp。PCD 刀具在切削不同钛基复合材料时的刀具磨损形态相似，主要为前刀面和后刀面的磨损，且伴有崩刃及微裂纹现象发生，其主要磨损机理是磨粒磨损以及黏结磨损，且增强相的体积分数越高，刀具黏结磨损越明显。

未来可从开发钛合金切削专用的高性能刀具、刀具制备（焊接、切割和刃磨等）和切削工艺优选（切削用量的选择和切削液的供给等）等方面入手，降低 PCD 刀具切削钛合金的成本，进一步扩大其应用范围。

3D 打印与金刚石工具制造

王光祖/文

一、起步与发展

3D 打印技术出现在 20 世纪 90 年代中期，利用纸层叠和光固化等技术来实现快速成型。

2013 年德国政府提出“工业 4.0”的高科技战略计划，是以智能制造为主导的第四次革命。3D 打印是“工业 4.0”的三大（智能工厂、智能生产、智能物流）主题之一。实际上是利用光固化和纸层叠等技术的最新快速成型装置。它与普通打印工作原理基本相同，打印机内装有液体或粉末等“打印材料”，与电脑连接后，通过电脑控制把“打印材料”一层层叠加起来，最终把计算机上的蓝图变成实物。

国内外研发者们的初步实践也已表明，3D 打印技术在金刚石工具制造中具有非常重要的现实意义——无需借助机械加工手段及其他模具，就能直接根据计算机生成的数据图形，利用增材技术制成需要的结构形状和尺寸大小的金刚石工具。此技术既可以缩短研发周期、简化生产工艺、提高生产效率，又能够降低生产成本、减少材料浪费等。

传统金刚石工具制备方法如烧结、电镀、钎焊等，难以制造异型超薄微型的金刚石工具，因此，引入 3D 打印技术可以为金刚石工具的制造提供一种新的工艺方法。

二、3D 打印工艺过程及其成效

3D 打印的过程：先通过计算机建模软件建模，再将建成的三维模型“分区”成逐层的截面，即切片，从而指导打印机逐层打印。

3D 打印存在着许多不同的技术，它们的不同之处在于以可用的材料的方式、以不同层构建创建部件。打印机打出的截面厚度（即在 Z 方向）及平面方向（即 X-Y 方向）的分辨率是以 dpi 每英寸像素数或者微米来计算的。一般厚度为 100 μm，也有部分打印机可以打出 16 μm 薄的一层。

用传统方法制造出一个模型通常需要数小时或数天，主要根据模型的尺寸以及复杂程度而定。而用三维打印的技术则可将时间缩短为数小时，当然这个时间是由打印机的性能以及模型尺寸和复杂程度而定的。

3D 打印较为常用的材料是光固化树脂，彭伟等较早利用光固化树脂制备了金刚石磨具，通过在光固化树脂中添加微粉，以增强层间结合强度，利用这种工艺制备出了圆盘状平面磨削砂轮和超薄型切割砂轮。朱春山等研究了光固化树脂涂附磨具，通过丙烯酸与环氧酚醛树脂开环反应，制备出能紫外光固化的酚醛树脂结合剂，提高了砂轮的磨削比。但目前光固化 3D 带有微结构的树脂金刚石砂轮的研究还较少。

选区激光烧结（SLS）是另一种常见的 3D 打印方法，但目前利用选区激光烧结技术进行树脂制备金刚石砂轮的 3D 打印的研究还比较少，因此张家泓等尝试采用选区激光烧结 3D 打印一种树脂结合剂金刚石砂轮，并在砂轮工作层制备内冷却微流道，旨在改善砂轮磨削中的冷却效果。研究发现利用在尼龙 PA2200 中添加刚玉可提高选区激光烧结金刚石砂轮的硬度和强度，并可制造出具有内冷却微流道的树脂结合剂金刚石砂轮，内冷却微流道在加工时有助于降低砂轮磨削力，砂轮可对玻璃、氧化铝陶瓷和硬质合金等硬脆材料进行有效磨削加工。

三、3D 打印成型技术

3D 打印技术作为一种新型的多学科技术，综合应用了建模技术、信息技术、机电控制技术、材料科学、化学等诸多学科。目前，3D 打印技术根据其所属的类型进行分类，并标明其能处理的基本材料，其简况如表 1 所示。

表 1　3D 打印成型技术简况

类型	累积技术	基本材料
挤压	熔融沉积式（FDM）	热塑性塑料，共晶系统金属，可食用材料
线	电子束自由成型制造（EBF）	几乎任何合金
粒状	直接金属激光烧结（DMLS）	几乎任何合金
	电子束熔化成型（EBM）	钛合金
	选择性激光熔化成型（SLM）	钛合金、钴铬合金、不锈钢、铝
	选择性热烧结（SHS）	热塑性粉末
	选择性激光烧结（SLS）	热塑性塑料、金属粉末、陶瓷粉末

续表 1

类型	累积技术	基本材料
粉末层喷头3D 打印	石膏 3D 打印(PP)	石膏
层压	分层实体制造(LOM)	纸、金属膜、塑料薄膜
光聚合	立体平版印刷(SLA) 数字光处理(DLP)	光硬化树脂 光硬化树脂

在金刚石工具 3D 打印技术中,应根据设计金刚石工具金属结合剂配方,选择合适的增材打印方式。目前,应用于金属及合金材料打印的方法主要有电子束熔化成型(EBM)、选择性激光熔化成型(SLM)、选择性热烧结(SHS)、选择性激光烧结(SLS)等。3D 打印技术作为一种正在发展的技术,在金刚石工具制作中没有现成技术可借鉴和使用,因此,有许多问题需要分析和研究。

四、3D 打印金属基金刚石复合材料

(1)SLM 成型用金属粉末材料　SLM 成型技术对粉末材料的粒度、形貌与物性等有一定要求,如金属粉末尺寸应为 40 ~ 50 μm,而传统热压烧结法使用的金属粉末尺寸通常为 82 ~ 124 μm,金刚石颗粒尺寸 0.22 ~ 0.82 mm。

传统金属基金刚石复合材料可使用单质金属粉末,也可使用预合金粉末。SLM 成型胎烧体金属材料优选应遵循两个基本原则:一是力求胎体材料组成简单,物理力学性能相近,有利于形成所需要的合金,优化 SLM 成型技术参数;二是与金刚石有较好的亲和性能,有利于胎体材料与金刚石表面实现冶金结合,提高金属基金刚石复合材料的力学性能与工作性能。

（2）SLM 成型工艺参配合工艺　3D 打印成型过程中，SLM 工艺参数非常重要。SLM 激光选区的成型工艺参数可选范围越宽，则可供选择的配合与组合也越多，如何选择最佳参数是影响 3D 打印成型效果的关键。激光功率越大，则对金属的熔化越快，合金化程度越高，但同时对金刚石的热损伤也越大。

为确保 SLM 成型复合材料的质量，对铺粉厚度有较严格的控制，一般最大厚度不超过 0.5 mm（相当于 35/40 金刚石的粒径，也是金刚石钻头常用的粒度值）。铺粉越厚，表明金刚石粒度可相应增加，而同时也要求激光功率增大、扫描速度减慢和扫描间距变小，才能保证成型的复合材料质量能满足设计要求。

（3）金刚石参数的选择　金刚石参数包括金刚石浓度、粒度、品级和形状。杨晨等在试验中，使用 SMD40 型金刚石，晶形较完整，有利于抵御 SLM 高能激光束造成的热损伤。铺粉厚度选择 0.3 mm，考虑金刚石粒径与铺粉厚度基本相一致，选择 70/80 金刚石，通常金刚石工具中金刚石浓度不低于 20%（400% 浓度制）。杨晨等选择的金刚石浓度为 20%。

五、对阶段成果的评价与期望

张绍和等通过总结分析认为，目前利用 3D 打印技术制造金刚石工具尚处于起步阶段，为实现和完善 3D 打印金刚石工具的技术应用，需要针对其存在的关键技术问题进行以下研究。

加强可用于 3D 打印的金属或合金粉末种类的研究，以适应不同类型的金刚石工具性能要求。

开展 3D 打印金刚石工具工艺技术研究，优化制造微型、超薄、复杂结构型面等金刚石工具。

优化 3D 打印激光参数，避免或降低其对金刚石性能的影响，改善金刚石与金属间结合界面性能。

激光选区熔化(SLM)金属3D打印技术是其中之一。该技术将复杂的三维加工转变为简单的二维加工,使成型精密和具有复杂结构的零部件制造更加便捷。因此,SLM成型技术可为金属基金刚石复合材料工具的设计制造提供新的发展契机。

鉴于传统方法制造金属基金刚石复合材料及其工具存在不足,杨晨等开展了SLM成型金属基金刚石复合材料试验研究,并认为SLM成型技术可用于设计与制造金属基金刚石复合材料,具有深入研究价值和广泛的应用前景。

他们通过理论分析和试验研究,得到如下认识:

(1)SLM成型获得的金属胎体与金刚石表面以冶金结合为主,可提高金刚石的结合强度,从而提高复合材料及金刚石工具的使用性能;但高能激光束也可能对金刚石颗粒造成较严重的热损伤。

(2)现阶段获得的试样内部仍存在较多的微空隙和微裂纹,需要进一步对SLM成型工艺参数、金刚石参数、金属粉末体系及其物性特征等进行深入研究。

认清方向开拓创新　给力内需稳中求进

——关注光伏产业,创新金刚石应用

王光祖,耿直/文

一、环境保护的严峻性与开发新型能源的战略性

人类赖以生存的地球环境正在发生急剧的恶化,南北半球的高山冰川和积雪消融的加速、全球海平面上升加速、极端气候日益频繁地出现……而CO_2作为最主要的温室气体,是导致气候变化的罪魁祸首。向大气释放的CO_2中,80%以上来自于传统矿物能源的消耗,越

来越多的警示告诉我们必须节能减排,必须扶持绿色可再生能源的发展。

电能的使用是现代社会不可或缺的标志,多年来,人们利用矿物燃料发电,水力发电,潮汐发电,风力发电,并且随着矿物燃料资源的枯竭和技术的不断发展,人们将目光投向了核能发电和光能发电。核能发电已经得到相当多的使用,然而,当相继发生核油漏事故之后,光伏发电则凸显独特的优势。光伏发电最重要的特征是保护气候。光伏发电在发电过程中基本不排放 CO_2,可以为减缓气候变化作出贡献。据统计,光伏发电系统每发电 1×10^8 kW · h,可以节省标准煤 4×10^4 t,可以减少 4.5×10^4 t CO_2 的排放,减少粉尘 486 t、减排灰渣约 1×10^4 t、减排 SO_2 约 756 t。

其次,光伏发电不产生传统发电技术(例如燃料发电和核能发电)带来的污染物排放和安全问题,也没有废渣和噪声污染。

光伏发电是利用半导体面的光生伏特效应,将光能直接转变为电能的技术。该技术的推广应用将摆脱传统发电方式对煤炭资源的依赖。为实现能源和环境的可持续发展,世界各国均将太阳能光伏发电作为新能源和可再生能源发展的重点。2000~2009 年,可再生能源中并网光伏发电的年平均增长最快,达到 60% 以上,并网光伏发电正日益发挥替代能源的作用。

开发利用丰富的太阳能,不但对环境不产生或产生很少污染,而且太阳能既是近期急需的能源补充,又是未来能源结构的重要组成部分,并且是以光伏发电为基本形态而组成的大规模发电系统。无论从经济社会走可持续发展之路和保护人类赖以生存的地球生态环境的高度来审视,还是从特殊途径解决现实能源供应问题出发,开发和利用太阳能发电资源都具有重要战略意义。

太阳能光伏发电技术是一种清洁的可再生能源。是传统化石能源最为重要的替代能源之一,不产生任何有害气体和有害物质,因此是绿色环保能源。

具有以下特点：没有转动部件，不产生噪声；没有有害气体污染，不排放废物；没有燃烧过程，不需要燃料；维护保养简单，维护费用低；运行可靠，稳定性好；关键部件的太阳能电池使用寿命长，晶体硅太阳能电池寿命可达 25 年以上，易增容。光伏发电最重要的特征是保护气候。光伏发电在发电过程中基本不排放 CO_2，可为减缓气候变化作出贡献。

我国的太阳能资源十分丰富，如果光伏技术在将来可以大规模付诸应用，不仅可以提供未来国民经济发展的电力能源，还可以降低室温气体和污染物的排放，而且可以创造更多的就业机会，这对国民经济发展、生态环境保护和社会稳定具有十分积极的意义。

二、发展光伏产业的迫切性

煤、石油、天然气……这些积蓄了亿万年的化石能源，经过数百年的巨大消耗，已经不可逆转地走向枯竭。世界各国的能源研究机构和专家经过缜密的测算，得出了比较一致的结论：全球化石燃料的生产和消耗峰值将出现在 2030 ~ 2040 年。下图给出了中国主要能源储量和世界能源储量对比。

面对日益枯竭的传统能源，人们在不断地寻找替代能源。从核能发电问世以来，被作为替代性的能源得到重视，但是切尔诺贝利和福岛核电站的泄漏事件，以及核废料的处理给环境构成的巨大安全威胁，促使公众更加审慎地对待未来的替代能源。而资源无限，不会造成污染的光伏发电，或将成为今后替代能源的首选。

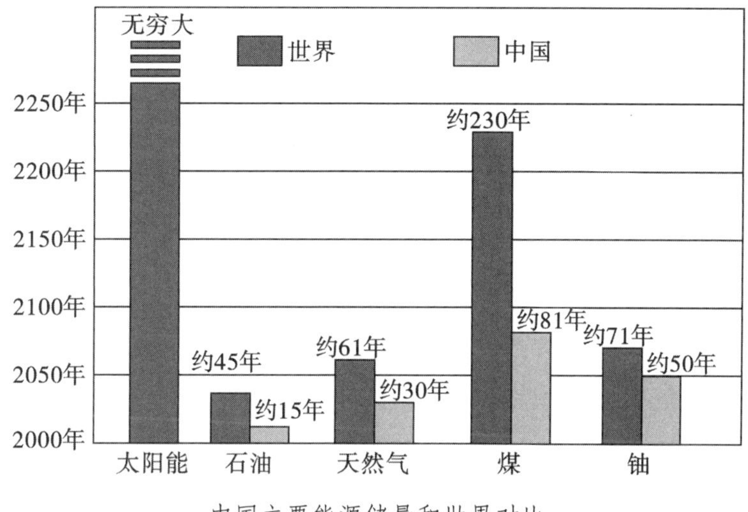

中国主要能源储量和世界对比

三、技术发展的先天性

传统矿物资源的枯竭和环境问题的日益恶化,促使人类将目光转向取之不尽、用之不竭、清洁无污染,随时可开发的太阳能资源,据统计计算,太阳能每秒钟到达地面的能量高达 8×10^5 kW,如果把到达地球表面 0.1% 的太阳能转换为电能,以 5% 的转换效率计算,每年发电量可达 5.6×10^{12} kW · h,相当于目前世界上能耗的 40 倍,因此,光伏发电技术是近年来发展最快、最具活力的研究领域之一。

太阳每秒钟照射到地球上的能量相当于燃烧 500 万吨标准煤,人类一年消耗的能源是 130 万亿千瓦时,而地球接受的太阳能每年是 120×10^4万亿千瓦时,是人类当今消耗能源的一万倍。因此,太阳能被认为是最廉价的可再生能源,广泛受到世界各国的高度重视。

中国 2/3 的国土面积日照时数在 2200 h 以上,年太阳辐射总量超过每平方米 5000 MJ,为发展光伏产业提供了良好的先天条件。

中国太阳辐射开阔地利用小时数平均 1350 h。我国沙化土地约 160 万平方公里,2 平方公里可以安装 100 MW,1% 的荒漠可安装,则能装 600 GW,即 6 亿千瓦时。

四、技术上的可行性

太阳能电池的发展已经历了三代:第一代为单晶硅太阳能电池;第二代为多晶硅、非晶硅等太阳能电池;第三代是铜铟镓硒(CIGS)薄膜太阳能电池。

不过从目前市场构成来看,晶体硅电池仍然是太阳能光伏电池的主流。晶体硅电池主要应用于太阳能屋顶电站,是目前技术最成熟、应用最广泛的太阳能光伏产品,所占世界光伏市场份额超过80%。在硅系列太阳能电池中,单晶硅太阳能电池转换效率最高(0.6% ~20%),技术也最为成熟,但成本居高不下。多晶硅太阳能电池成本低,但转化效率一般为14% ~16%,不过由于当前生产工艺成熟,已成为占有率最高的主流产品。薄膜太阳能电池虽然成本低,但存在转化率低(5% ~7%),光致衰退性能不稳定等缺点。目前,已产业化的薄膜光伏电池材料有三种:非晶硅(α-Si)、铜铟硒(CIS)、铜铟镓硒(CIGS)和碲化镉(CdTe),其中非晶硅薄膜电池生产比重最大。

五、太阳能电池材料特点的多样性

从技术上讲,晶体硅并不是最佳材料,其中光电转换效率亦非最佳;从成本上来说,晶体硅电池成本偏高。因此,进一步发展高转换率和低成本的太阳能电池就成为光伏领域必然的发展趋势。

从光电转换效率来讲,GaAs 基多结太阳能电池的转换效率已经突破35.8%,是目前所有太阳能电池中最高的。但是,Ga、In、P、Ge 等都属稀有元素,其成本远大于硅电池的材料成本,而电池片的价格是光伏系统成本最主要部分。因此,较高的发电成本制约了其大规模地面应用。

从降低成本来说,薄膜技术近年来异军突起,世界第二大光伏生产商 First solar 主要以薄膜太阳能电池为主。有望成为光伏电池技术未来发展趋势之一。

更有希望的薄膜太阳能电池是多晶薄膜太阳能电池。与传统多晶硅太阳能电池相比,制造多晶硅薄膜电池可以节省硅材料70%以上,减少能耗60%以上,可显著降低电池制造过程中碳的排放。因此,研制多晶硅薄膜太阳能电池具有更大的经济效益和社会效益。

六、世界光伏产业发展的计划性

世界上将光伏产业的发展趋势分为三个阶段:

(1)近期发展趋势 Solar Annual 认为2007~2011年内太阳能电池产量仍将持续增长,且仍以晶体硅太阳能电池为主。太阳能电池组装件随着成本迅速降低,2011~2013年光伏发电可实现平价上网,美国对光伏发电成本下降的预测相当乐观。认为2015年前后光伏发电成本将与常规发电成本相一致。

(2)中期发展趋势 按照欧洲2020年光伏新发展计划,到2020年,装机容量为400 GW,而美国奥巴马政府2020年的宏伟发展目标则将实现装机容量350 GW。

(3)远期发展趋势 根据欧盟委员会联合研究中心(ORC)预测,到2030年可再生能源在世界能源结构中占30%以上,太阳能光伏发电在世界电力供应总量中占10%以上;2040年可再生能源将占世界能源消费总量的50%以上,太阳能光伏发电在世界电力供应总量中占20%以上,到21世纪末,可再生能源、将在世界能源结构中占到80%以上,而太阳能发电将在世界电力供应总量中占60%以上。

七、金刚石线锯加工技术的先进性

高新行业中使用之材料,经常属于高单价的材料,例如单晶硅、多晶硅和蓝宝石。“硅”是一种存在于地壳中仅次于“氧”的元素,其特性为硬脆,莫氏硬度6.5,可依需要制作成单、多晶硅,广泛使用在集成电路基板、绿色能源(如太阳能)电池上。由于材料制造成本昂贵,加工中多要求精度高,加工效率快,材料损失小及洁净的加工环境。因此,在光伏产业整个产业链中,硅片生产是多晶硅或单晶硅光伏电池技术中成本最昂贵的部分。

当晶圆直径达到 φ300 mm 时,内圆刀片的外径将达到 1.18 m,内径为 410 mm,这会在制造、安装与调试上带来很多困难。所以,后期主要发展线切割为主的硅片切割技术。随着 300 mm 和更大直径的单晶和多晶硅铸锭出现以及对更薄硅片的需求,20 世纪 90 年代出现了多线锯,它可以高效率地切割大直径薄硅片,目前成为硅片切割最常用的方法。

晶硅片的线切割方式有两种,即游离磨料式钢丝线锯切割和团结金刚石线锯切割,而固结金刚石线锯比游离磨料式钢丝线锯具有明显的优势:

(1)切割效率成倍提高,线锯材料消耗大幅降低,减少故障时间,从而降低总成本支出。

(2)避免使用由聚乙二醇和碳化硅组成的研磨浆液,从而解决了废料回收的难题。

(3)采用金刚石线锯能改善晶片的质量。

(4)能降低金属的污染。如使用 φ0.1 mm 的线锯切割,污染将更少。

国外金刚石线锯尤其是金刚石多线锯在晶片切割中的应用,目前,多线锯切割机厂家为适应两种切割方式,进行了大力改进,线速度提高到 1000 m/min 以上,进给速度提高到 0 ~ 15 mm/min。

我国金刚石线切割技术研发的难点:①线材的合理选择。不但要求有最高的拉伸强度,还要有好的抗疲劳强度。②保证整条线锯上金刚石电镀的均匀性和质量的稳定性。③产业化生产工艺及其成套技术设备的设计与制造。④科研基础薄弱,许多先进的核心技术依然被欧美日等掌握。⑤强有力的光伏产业技术战略同盟尚未形成。

为了迎合新材料、新能源等战略性高新产业的发展势头，我们必须在稳中求进中，调整和优化产业结构，强势开发和研究包括金刚石线锯在内的用于加工硬脆贵重材料的金刚石工具，才能取得突破性的高速发展。

2011年2月在上海举行的世界最大的第五届国际太阳能产业及光伏工程展览会上，制造设备和加工工具是国外知名品牌厂商的天下。国外多线切割机报价少则600万/台，多则1000万元/台，而同样性能的国产多钱切割机只要200万元/台。

用于太阳能电池的硅片厚度仅有0.18~0.25 mm，其厚度误差要求10~20 μm，对硅片要求极高，表面不能有细微裂纹和划痕，不能有弯曲、凹凸的形貌缺陷。

在多线切割设备技术和制造领域，瑞士、日本、美国和德国等工业发达国家处于领先水平。

吕智等提出："要以战略的眼光考量金刚石线锯技术对于发展光伏产业、电子产业的作用，降低太阳能成本将起到十分重要的关键作用。"因而要密切关注和追踪最新金刚石线锯的发展动态，不断创新，缩短差距，努力追赶世界先进水平。

近年来太阳能行业对大面积薄硅片的需求量不断增加。据统计，80%的太阳能电池都要求使用大直径多晶硅键。随着光伏电池技术发展，要求硅片的厚度不断降低，从1990年的400 μm到2005年的240 μm，同时单晶硅片的面积也从100 cm^2 增加到240 cm^2，光伏电池的效率从10%增加到现在的13%。随着3 G技术的进一步发展，将来对柔性、透明、超薄(40 μm)硅片的需求量也逐步增加。但是太阳能电池用的硅片的切割成本一直居高不下，占总的制造成本的30%左右。

随着对硅晶体切割厚度、质量和效率要求的不断提高，对相应的切割设备和切割工具也提出了更高的要求。传统硅片切割使用的是金刚石外圆和内圆切割。外圆切割由于受外圆锯片刚度的影响，硅片的切缝较大（1 mm 左右），而且切割硅片的直径也一般限制在 100 mm 以内。内圆切割由于在外圆部分夹紧，这使内圆锯片的刚性提高，其切缝也可以达到 300 μm 左右。由于在切缝和切割直径上的优势，内圆切割成为切割直径为 150 ~ 200 mm 硅片的主要方法。

固着磨料线锯切片技术，以其锯口损耗小，精度好和切割环境清洁等优点，有望成为单晶硅等硬脆材料切片的未来发展方向。

由于固着磨料多线锯的诸多优点，已经逐渐取代游离磨料多线锯。但目前受磨料在基体上固着方法的限制，金刚石磨料与锯丝基体结合强度不高，锯丝的寿命也受到限制。因此，使用更细、强度更高的锯丝基体，提高锯丝的寿命，改进多线锯锯切工艺参数，减小切缝宽度，提高切割晶体表面质量将是硅片精密切割多线锯的研究和发展方向。这一动向应引起我们的高度重视。

八、多晶硅技术与价格的挑战性

光伏行业是一个高度国际化市场，中国的多晶硅组件 98% 依靠出口，中国的光伏组件企业也进口国外的多晶硅料。就多晶硅而言，现在国外一些企业已经能够做到每千克成本 30 美元，但国内大多数企业成本仍然在每千克成本 50 美元左右。

中国多晶硅成本之所以这么高，是因为多晶硅材料并不属于劳动密集型产业，企业都是规模化和高度自动化的，而中国大多数多晶硅材料企业都是成套引进国外设备，并不掌握核心技术，多晶硅技术一直被国外 8 家大公司垄断。与发达国家相比，国内生产多晶硅能耗高而且产品质量不稳定。

由于一直没有掌握真正核心的多晶硅生产技术，我国多晶硅生产能耗和成本较高，成为太阳能光伏产业发展中的一道“硬伤”。破解多晶硅生产技术的瓶颈，提高全行业技术水平，进而提高综合竞争力，已经是国内多晶硅行业能否健康发展的关键。

与此同时，太阳能产业的不断扩大，使得国内多晶硅的缺口进一步扩大，直接刺激多晶硅进口量增大。2009 年我国多晶硅产量为1.8 万 ~2 万 t，而需求在 4 万 t 左右，约 50% 需要依赖进口；预计我国多晶硅的产量将达到 2.5 万 ~3 万 t，仍将有 40% ~50% 的多晶硅需求缺口。

九、政策扶持的重要性

世界各国的光伏激励政策及相关法律的保障对降低光伏发电成本的作用不可忽视。从美国能源部对光伏价格的预测结果，可以看出政策的扶持对光伏发电成本的降低具有十分显著的作用。不难想象，当光伏发电成本与常规能源发电成本相当的时候，它的市场将会更加广阔。

从世界太阳能电池历年产量的柱形图，可以看出光伏发电已经从“候补能源”逐步向“替代能源”过渡，这其中离不开政策的扶持。众所周知，目前光伏发电成本较传统能源发电来说，相对较高，单纯市场的拉动不可能使光伏产业发展如此迅猛，这主要得益于德国、日本、美国和西班牙各国的鼓励政策。

十、给力内需确保发展的可持续性

世界光伏产业规模呈现中、日、德三足鼎立格局，中国光伏电池产量并不具备绝对优势，特别是中国光伏产业链的上游发展比较滞后，一度需要大规模进口多晶硅以满足光伏电池生产的需要，即使近几年上游多晶硅的产能扩张很快，但在技术水平，环境治理方面与世界先进水平仍存在较大差距。

与光伏产业高速发展大相径庭的是中国光伏应用市场的发展非

常缓慢。中国的光伏应用起步于20世纪70年代，但应用规模很小，直到90年代装机容量才超过1 MW。2008年，中国光伏系统的安装总量总计40 MW，仅相当于当年太阳能电池生产量的2%，这意味着98%的太阳能电池用于出口。

中国光伏产业发展主要得益于国外市场需求快速增长的拉动。世界光伏市场主要在发达国家。相比之下，中国光伏市场的发展远远滞后于产业的发展，国内光伏产业的应用范围非常有限，90%以上的产品用于出口。

光伏产业表现为“两头在外”的特征，一方面关键的多晶硅材料进口量较大，另一方面产品主要以满足国际市场需求为主，国内市场需求很小，特别是商业化市场规模有限。

我国光伏产业经过近几年发展，已经跃升成为全球最大的光伏产业制造基地，全球最大的15家太阳能电池生产企业中，就有10家来自中国。产能占全球的一半以上，然而光伏产业严重依赖国外市场，出口比例甚至高达90%，原材料也有一半来自国外，给整个行业的健康发展带来不安定因素。因此，开发光伏产业的国内应用市场已经迫在眉睫！

纳米金刚石作为抛光材料的应用

王光祖，崔仲鸣/文

抛光是金刚石应用的传统领域，即便在今天，抛光包括超精磨仍是仪表和机械制造工艺过程中的一个最重要环节。可是，常用的磨料颗粒尺寸均大于0.1 μm(100nm)，已不能满足高级光学玻璃、晶体、宝石和金相表面的超高精度的表面加工。纳米金刚石兼具有金刚石和纳米颗粒的双重特性。纳米金刚石的易团聚性是严重影响其未能大量应用的重要原因。分散与分级技术是其能否实实在在服务于现代工业和科学技术的关键。初步研究结果表明,纳米金刚石应该是一种理想的超精抛光材料。本文对其发展现状,团聚与分散及其初步应用的效果等做了简要的阐述。

随着新型功能陶瓷材料、人工晶体及半导体行业的迅速发展,对产品的加工精度提出了越来越高的要求,超精密加工的精度从 20 世纪 60 年代的微米级提高到 80 年代的 0.01 μm,再发展到目前的纳米级(最高可达到原子级)。

纳米金刚石兼具有金刚石和纳米颗粒的双重特等特点,而且颗粒尺寸比最好的磨料要小一个量级,且碳表面极易受化学改性的影响,能和任何极性介质兼容,这种特点使得纳米金刚石颗粒有可能在载体中均匀分布。利用高纯纳米金刚石的超硬特性、粒子微细及粗糙的表面极易除去材料表面的起伏,可将材料表面粗糙度减小到纳米级。因此,被视为超精抛光的新-代理想磨料。

纳米金刚石抛光液在日本和欧美已在一定范围内得到了应用,已开发出水溶性、油溶性和气雾剂的纳米金刚石抛光剂。据报道,用纳米金刚石制成的抛光发成功地用于表面光洁度要求极高的 X 射线反射镜和半导体硅片的加工。

由于纳米金刚石的比表面积大、比表面能高,处于热力学不稳定状态,所以在介质中散热稳定性差,容易发生团聚,使其在应用过程中受到严重制约。也就是说,纳米金刚石抛光液制备的关键技术是纳米金刚石在介质中的长期稳定分散及粒度的均一性、这是一道共同的世界性技术难题。

因为广大的科学技术工作者对其应用前景十分看好。所以,在过去的年月里有许许多多的探索者,投身到了解决这一技术难题的工作中,并做了大量有益的工作,获得了许多有实用价值的技术数据、本文将就纳米金刚石的分散与纳米金刚石抛光液的应用进行综述。

一、分散问题的提出

纳米金刚石是在爆轰这种极端非平衡条件下合成的，颗粒表面的大量原子悬空键使其化学活性大大提高，非常大的表面积，使其有巨大的表面能，容易形成硬的难以解聚的团聚体是不可避免的。因此，是自其 1984 年诞生二十多年来一直未能大量应用的重要原因。

商业纳米金刚石干粉团粒度平均达 2 μm，纳米金刚石表而含有大量有机官能团，主要为—OH（羟基）、—C ═O（羰基）、—COOH（羧基）以及一些含氮的基团，所占面积可达颗粒表面的 10% ~25% 。这些含氧活性基团和含氮活性物质可与许多有机化合物反应或吸附。为纳米金刚石在油或水介质中的分散提供了基础。

纳米金刚石的分散技术一般分物理分散和化学分散。

物理分散又可分为超声分散、机械搅拌分散和机械研磨分散。

化学分散又可分为化学改性分散和分散剂分散。

抛光液的分散过程就是使纳米金刚石聚集体在抛光液中呈原始单体状态弥散分布于液相的过程。分散过程主要包括两个步骤：一是，颗粒在液相中的浸湿，二是，使原生颗粒稳定分散而不产生团聚或使已形成的团聚破解成较小的团聚或原始单体颗粒。需要特别提及的是表面活性剂对纳米颗粒的分散作用问题。

第一，固体粒子的润湿；

第二，粒子团的分散或破碎；

第三，阻止固体微粒的重新聚集。

二、纳米金刚石抛光液的研发

美国、英国、德国、日本等国家具备了纳米金刚石抛光液的生产能力，美国 Egis 公司是世界上最著名的抛光产品供应企业，美国 All 公司可以提供水性以及油性抛光液,日本企业可以提供抛光液、抛光膏等各类抛光产品,国内在抛光液制备领域的研究刚起步,技术水平与国外相比还有一定的差距。

Chiganova 用饱和 $AlCl_3$ 水溶液加热处理纳米金刚石粉、制得的悬浮液中纳米金刚石的二次粒度为上百个纳米。

Agibvalova L. V 等在水中通过超声能量分散纳米金刚石粉。所得悬浮液中团聚体的粒度在 300 nm 左右。

陈万鹏等曾尝试用水+磷酸钠、乙醇、明胶水溶液+碳酸钠等介质对纳米金刚石进行分散研究。

许向阳等在机械力作用的同时,加入无机电解质、表面活性剂等物质,使纳米金刚石粉可以稳定分散于水介质中。

于雁武等对纳米金刚石在水中分散做了有益尝试。

Eidelman E D 等制备了一种黑色、高黏度、稳定的纳米金刚石悬浮液,浓度为 0.2% ,他们研究了悬浮液中粒子的结构,光吸收性能以及悬浮液的黏度。

徐康等提出了石墨化-氧化法对纳米金刚石进行解团聚,取得了有益结果,他们用碘氢酸处理经过石墨化-氧化的产物,使 90% 的纳米金刚石的团聚体尺寸减少到 30 nm 以下。

许向阳对纳米金刚石在水介质中的稳定分散工艺及其机理进行了探索,认为采用机械化学处理对金刚石进行表面改性,利用高剪切搅拌、高能超声振动磨等机械力与聚合物表面活性剂的协同效应,在有效地粉碎纳米金刚石的同时,对纳米金刚石表面,尤其是粉碎过程中新的表面进行改性,调节颗粒表面亲水疏水性,实现纳米金刚石在介质中的稳定分散。

张栋使用硅烷偶联剂 KH-570 和高聚物 JQ-3 表面改性过的纳米金刚石,以超声作为分散手段,将其分散在乙醇中,得到了平均粒径 51.7 mm 的胶体溶液、两种高聚物分散剂复配使用,可以明显提高纳米金刚石在乙醇中的分散性和稳定性，为油性抛光液的制备奠定了基础。

许向阳等和胡志孟等分别研究了纳米金刚石团聚体在白油介质中的解聚与分散方法，他们认为聚氧乙烯类非离子表面活性剂能够有效地把纳米金刚石分散于油中，分散剂的端基能牢固锚固在金刚石表面的活性基，如羟基和羧基或含氮活性物质上，使纳米金刚表面亲油，而聚氯乙烯基是一个庞大的亲水基团，它像一个巨大的屏障膜，使纳米金刚石颗粒的重新团聚，从而实现了纳米金刚石在油性介质中的稳定分散。他们的结论是：①纳米金刚石可用作超精加工中的抛光材料。能大大降低表面粗糙度；②纳米金刚石用作抛光材料，关键技术是使用分散剂，这种分散剂能使纳米金刚石在油中能很好分散悬浮；③在磁头抛光中，这种分散剂最好具有抗静电作用以消除加工中的静电荷。

A·P·Voznyakovskii 等采用将纳米金刚石表面甲硅基化的方法对纳米金刚石进行表面疏水化处理，清除纳米金刚石表面吸附的水分子，增强其表面疏水性。该研究采用含过量三甲基甲硅基混合物。含不足量的甲硅基混合物以及合乙烯组分的甲硅基混合物等 3 种体系，在甲苯中对纳米金刚石表面进行改性。结果表明，采用三甲基或二甲基乙烯基甲硅基基团，纳米金刚石在甲苯体系中分散性能较好（平均粒径为 14.5 ~ 18 nm）。

A·P·Voznyakovskii 等还对几种非水介质（如丙酮、苯、丙醇）中纳米金刚石的分散性进行了研究。他们认为，介质极性对悬浮液中纳米金刚石颗粒的稳定性及其粒度分布均有重要影响。对于不同介质，极性越低，则置于其中的纳米金刚石颗粒分散性越低。同时，在介质调整组合时，往较小极性的介质中（如丙酮）添加较大极性物质，将导致纳米金刚石在悬浮液中的分散性得到改善。可见，在非介质尤其是非极性介质中的分散是实际应用中的一个难点。如何对纳米金刚石在改性和调整介质组成,实现粉体在这些体系中的稳定分散值得深入研究。Vozanyakovskii 等研究了在苯介质中采用二甲硅氧烷和聚异戊二烯等聚合物对纳米金刚石进行表面改性的效果。所得体系中纳米金刚石颗粒平均尺寸为 300 mm 左右,可稳定存放 10 天。

许向阳等对纳米金刚石在水介质和非水介质中的稳定分散进行研究时发现,如果只采用机械方法对纳米金刚石团聚体进行解聚,悬浮体系的稳定性不好,颗粒很容易重新聚集,仅采用化学方法,则无法解开纳米金刚石硬团聚体。他们认为,采用机械化学方法,利用机械力的作用与表面活性剂和超分散剂的协同作用,在高能有效地粉碎纳米金刚石团体的同时,对纳米金刚石表面尤其是粉碎过程中新生成的表面进行修饰,改变其表面官能团组成,调节其亲水疏水性能,从而实现纳米金刚石在介质中的稳定分散。研发出的纳米金刚石水体系的白油基、液体石蜡基以及正构烷烃体系均能保持长期稳定。在白油体系中,纳米金刚石与聚合物分散剂配比不同时,机械化学改性所得体系中纳米金刚石颗粒的累计分布曲线不同、当分散剂与纳米金刚石重量比为 1∶1 时解团聚效果最佳,体系小于 50 nm 颗粒占 92% 以上,继续增加分散剂用量,粒度有增粗的现象、这说明分散剂过量时,可能导致部分经解团聚的颗粒重新聚集,分散性变差。

由于能源和环境问题的日益突出,水基润滑剂是未来摩擦学发展的方向。纳米材料的出现为研制高性能的水基润滑剂提供了可能。纳米金刚石是一种无污染的新型碳材料,用于制备无污染纳米级水基润滑剂十分理想。胡志孟认为纳米金刚石大都作为润滑油添加剂,而作为水润滑添加剂尚未见报道,水基润滑剂清洁而无污染。因此,开发纳米水基润滑剂在强调能源和环境的时代意义尤为重大。

三、初步应用

纳米金刚石抛光液以其优异的性能广泛应用于半导体硅片抛光、

计算机硬盘基片、计算机顶头抛光、精密陶瓷、人造晶体、硬质合金、宝石抛光等领域。俄罗斯用纳米金刚石抛光石英、光学玻璃等,其抛光表面粗糙度达到1 nm。

纳米金刚石的应用显示出很多优点。由于超细、超硬,使得光学抛光中的难题迎刃而解。精细抛光是光学抛光中的难题,原工艺方法是把磨料反复使用,需要几十小时,效率很低。现在使用了纳米金刚石,使抛光速度大大提高。抛光相同的工件所需的时间仅需十几小时至几十分钟,效率提高数十倍至数百倍。以下是纳米金刚石众多应用实例中的若干事例。从这些事例中不难得出,纳米金刚石能够适应与满足超精加工发展的需求。

TKurobe 将水基纳米金刚石应用于硅片抛光,用海藻酸钠、羧甲基纤维素钠、表面活性剂以及去离子水配制抛光液,制备了悬浮稳定的抛光波。TKurobe 对超分散纳米金刚石抛光硅片进行了研究,并对干法抛光和抛光波湿法抛光进行了对比干法抛光液使硅片表粗糙度 *Ra* 从107 nm 降到4 nm。使用水基纳米金刚石抛光液进行湿法抛光,抛光效率更高,并且得到硅片的表面粗糙度更小,达到4 nm。

朱永伟等开发出了一种水基纳米金刚石抛光液及其制造方法,通过向去离子水中加入纳米金刚石、改性剂、分散剂、超分散剂、pH 调节剂、润湿剂,具有化学作用的添加剂通过超声或搅拌将纳米金刚石分散成20~100 nm 的小团聚体,制成抛光液,用于各种光电子晶体、计算机硬盘基片、光学元器件及铜连接的半导体集成电路等的超精密抛光,用于硅片抛光,表面粗糙度达到0.214 nm。

马红波等提出了一种用于存储器硬盘磁头背面研磨的研磨液的制造方法,组分包括十到十三个碳的烷烃矿物油十五个碳的油性剂、金刚石单晶微粉、抗氧化防腐剂、非离子表面活性剂、消泡剂和抗静电剂,将该抛光剂用于磁头背面抛光,研磨后表面划痕、表面残余应力、表面粗糙度为0.3~0.4 nm。

雒建斌等公开了纳米抛光液及其制造方法的发明专利,以轻质最白油为介质,加入非离子表面活性剂、抗静电剂、净洗剂以及 pH 调节剂制备了稳定性较好的纳米金刚石抛光液,除了应用于计算机磁头之外,还可以应用于光学器件和陶瓷等高精度表面研磨和抛光之用。

龚艳玲等对中等粒度纳米金刚石悬浮液用于磁头抛光工艺进行了研究。结果表明,纳米金刚石颗粒越细,抛光表面粗糙度越小、但是二者并不构成简单的线性关系。悬浮液的分散稳定性很大程度上影响了表面划痕,抛光液的稳定分散是重要的。

Ronald 制备了一种水性纳米金刚石抛光液,通过三乙醇胺调节 pH 值后,用来抛光氧化铝工件,这种抛光液使得被加工工件表面更容易清洗。

总之,纳米金刚石的抛光过程应满足以下要求:在抛光过程中,纳米金刚石的分级准确,如大致 10 nm,10 ~ 50 nm 等;建立抛光材料组分,纳米金刚石较好的储存是含水悬浮方式;纳米金刚石的表面和整体化学性质必须具有好的重复性和再现性;防止表面污染,纳米金刚石必须按照微电子技术规范,不含化学不纯物;纳米金刚石成本在稳定的条件下,必须与静压合成金刚石的微粉和膏体有可比性。

四、结语

(1)在非水体系,特别是在非极性介质中实现纳米金刚石均匀稳定的分散是开展纳米金 刚石在这些领域的应用,发挥其纳米颗粒和超硬特性等优异性能的前提。

(2)纳米金刚石抛光液分为水性和油性的抛光液。由于水性抛光波具有绿色、环保的特点,而且在抛光过程中具有散热快的优点,适用于高速抛光。

(3)无论是水性抛光液还是油性抛光液,制备的关键都是纳米金刚石在介质中的长期、稳定分散。

(4)纳米金刚石表面吸附有含氧活性基团、羟基、羰基、羧基、醚基等,这些含氧活性基团和含氮活性基团物质与许多有机化合物反应或吸附,这些表面基团的存在,为纳米金刚石在介质中分提供了可能。

(5)纳米金刚石的分散技术采用机械研磨+物理分散(超声分散并辅助机械搅拌分散)+化学分散三者有机结合成功将纳米金刚石分散于油性或水性介质中、制得分散稳定的纳米金刚石抛光液。

(6)应将实验室阶段的研究成果尽快推向生产,以服务于社会。只有服务于社会才能真正体现出我们研究成果的价值。

"刚柔组合"的硬材料砂带

安建民,王光祖,刘金昌/文

本文介绍了金刚石、立方氮化硼砂带所具有的特性及国内外发展情况。因超硬材料砂带具有高效、精密、节能、节材、环保的特点,加之我国既是超硬材料大国,又是机械制造大国,具有开发和应用超硬材料涂附磨具的优势,目前我国已研制成功超硬材料砂带,为开展超硬材料砂带磨削试验创造了条件,促进我国制造业的发展。

高效、精密、节能、节材、环保是现代制造业发展的总趋势。超硬材料(金刚石与立方氮化硼)工具,包括超硬材料砂带,将在这个发展过程中扮演重要的角色。金刚石、立方氮化硼是目前已知的世界上硬度最高的两种材料,由于其硬度高、耐磨性好、导热率高等,是普通磨料(刚玉和碳化硅)无法比拟的。西方发达国家从对人体健康和环保的目的出发,已兴起使用超硬材料砂纸、砂布等涂附磨具,并有逐步取代刚玉、碳化硅等普通磨料涂附磨具的趋势。目前,美国、德国、英国、瑞士等国家均有相关产品的生产与销售,而且形成系列超硬材料涂附磨具产品。

用超硬磨料加工硬脆和硬韧性难加工工件时,其消耗量极小,而且可以较长时间保持其锋利度和磨具外形,不仅可以保证工件的加工精度,而且大大提高了加效率,同时解决了对环境的污染问题,符合国家在制造业中所推行的节能、节材、环保、低碳等发展战略。

一、超硬材料砂带的现状

超硬材料涂附磨具是指用黏结剂将超硬材料(人造金刚石或立方氮化硼)磨粒黏附在柔性可挠曲基材上的磨具,也就是"砂布或砂纸"。

随着现代机械加工的不断发展及各种新型材料的不断出现,对加工精度和表面粗糙度要求越来越高,其先进的磨削技术和磨具,尤其是涂附磨具向高效率、高寿命和超精密的方向发展。因此,超硬材料涂附磨具的研制和应用悄然兴起,在汽车、电子、石材、建材、玻璃、宝石、不锈钢及淬火钢等难加工材料的特殊加工领域得到了广泛应用。

世界著名的磨具公司,如 3M 公司、NORTON 公司的产品目录中都有大量的超硬材料涂附磨具产品,从汽车车身的抛光到发动机曲轴、凸轮轴、发动机的加工都需要 cBN、金刚石砂轮和聚酯薄膜砂带来进行加工。

必须指出的是,近年来,我国汽车工业和机械制造业得到蓬勃的发展,汽车曲轴、凸轮轴、万向轴的抛光、硅铝合金发动机都需要用 cBN 和金刚石涂附磨具来加工。但是目前采用的主要是进口美国 3M 公司的超硬材料涂附磨具产品。

我国超硬材料涂附磨具近来才开始发展的新产品,尚未有一个系统完整的产品分类,如按磨粒材料不同,可分为金刚石涂附磨具和立方氮化硼涂附磨具两大类。值得注意的是,超硬材料砂带成功应用在磨削难加工材料,如硬质合金、石材、陶瓷、铁基合金等方面,从一般精度要求的工件磨削发展到高精密、超高精密零件的磨削,显示出其独特的优势。由于超硬材料砂带的应用,砂带工作寿命大幅度提高,磨削领域扩大,不但用于干磨,而且用于湿磨、高速磨、重负荷磨削以及高精度精密零件磨削抛光,享有"万能磨削"的美誉。

二、超硬材料砂带磨削技术

超硬材料砂带分树脂黏结剂和金属结合剂两种,树脂黏结剂超硬材料砂带与普通磨料砂带在结构上基本相同,而金属结合剂砂带则采用电镀工艺制造,但砂带的主要结构基本相同,均由基材、磨料、黏结剂所构成。

(1)超硬材料砂带磨削的主要特点

①砂带磨削是一种柔性磨削技术,具有磨削、研磨、抛光多种作用的复合加工技术。

②砂带磨削的效率非常高,因为超硬材料砂带磨粒分布方式的特殊性,对于有磨削量要求的40# ~240#砂带,砂面磨粒为箭头状分布图形,基材采用 X-WT、Y-WT 和 PU,磨削锋利、效率高、排屑性好、粉尘少;对于精细磨削选用320# ~2000#粒度的砂带,砂面磨粒则采用圆点状分布图形,基材采用 J-WT,其产品具有柔软,排屑性好、噪声小、粉尘少、加工精度和光洁度高等诸多特点。

③砂带磨削表面质量高。这是因为砂带磨削除了具有磨削、研磨和抛光的多重作用外,砂带磨削还具有"冷态"效应、平衡状态易于控制、磨削速度稳定等。

④砂带磨削精度高,最高精度已可达到0.1 μm。

⑤砂带磨削成本低,设备简单、操作简便,辅助时间少、磨削比大,机床功率利用率高,切削效率高。

⑥砂带磨削安全性好,噪声小、粉尘少、环境效益好。

(2)砂带磨削的应用范围

①金刚石砂带的应用范围　金刚石砂带特别适用于硬脆非金属材料和非铁金属的加工,因此广泛用石材、建材、玻璃、特种陶瓷、单晶硅、多晶硅、宝玉石及硅铝合金、硬质合金等硬脆材料制品复杂形面的磨抛加工。随着我国建筑业、电子工业、光伏产业的高速发展,一定会为国产金刚石砂带及各种异型制品的发展和应用创造勃勃生机。

②cBN 砂带的应用范围　cBN 的硬度仅次于金刚石,特别适合对又硬又韧的铁基合金的加工,如含钒合金钢、钴合金钢等特种高速钢刀具的刃磨粗磨加工;耐热钢、不锈钢和高硬度的合金结构钢制成的精密零件的精磨和终磨。由于砂带磨削具有的磨削力小、磨削温度低、磨削比高、化学稳定性好等特点,是钛合金磨加工的理想磨具。由于不引起机床导轨的变形,还适用于机床导轨、仪表和微型轴承零件的精磨和终磨;复杂型面工件(插齿刀、高精度齿轮、靠磨、叶片等)的加工;其他刚淬火工具的精磨及对局部热应力和热冲击敏感的各种材料零件的磨削。

③适用于对复杂形面的磨抛加工　超硬材料砂带制品有环形砂带、砂圈、磨片、手擦磨块等,能加工表面质量及精度要求高的各种形状的工件。不但使用寿命较长,而且磨削效率高。例如郑州瑞特金刚石砂带有限公司开发的 100#电镀金刚石涂附磨具软磨片,加工石材的使用寿命是树脂金刚石软磨片的 8 ~ 10 倍;郑州瑞特金刚石砂带有限公司所开发的 cBN 砂带,经重庆三磨海达用六轴联动砂带磨床加工耐热不锈钢汽轮机叶片,一条 cBN 砂带可连续加工 18 ~ 20 h,并且工件表面质量好,而采用德国 VSM 产 718 普通堆积磨料砂带,一条仅可连续加工 2 个小时。

三、超硬材料砂带的发展趋势

（1）专用黏结剂的开发　由于超硬材料砂带不同的使用领域对黏结剂性能要求不同，因此针对具体使用领域专用黏结剂的开发，将是必要的。

（2）微粉级超硬磨料植砂的研发　国内现在采用手工植砂，其缺点是磨料的分布均匀性、定向性不能得到有效控制，美国3M公司采用点胶机制造树脂点胶型砂带，能较好解决磨粒分布均匀性、砂带柔软性等问题，并能节省超硬磨料的用量，降低成本。

（3）高精密与超精密超硬磨料砂带的研制　目前，精密磨削通常是指加工精度为3～0.3 μm和表面粗糙度为*Ra*0.3～0.03 μm的加工技术，超精密磨削则要求加工精度达到0.3～0.03 μm，粗糙度达到*Ra*0.03～0.05 μm。由于超硬材料砂带的基本特性，将其应用于精密与超精密磨削是未来的主要方向之一。

四、结论

（1）超硬材料砂带具有超硬材料“硬”和涂附磨具“柔”的双重特性，是“刚”和“柔”的最佳组合。符合现代高速、高效、精密、节材、节能、环保加工技术发展的战略要求，把涂附磨具推向顶峰，具有重要的技术经济价值。

（2）超硬材料砂带不仅是高科技的涂附磨具产品，也是高附加值高效益的产品，它的质量和水平往往标志一个国家涂附磨具生产加工水平，努力发展超硬材料涂附磨具是可行的，也是必要的。

（3）具有庞大的石材、陶瓷、玻璃、IT、光伏、汽车工业和机械工业，内需的空间巨大，因此，大力发展超硬材料砂带制品是十分必要的。

(4)我国是世界超硬材料生产超级大国，品种齐全、价格低廉，货源充足，为大力发展超硬材料砂带制品奠定了可靠的物质基础与保障。

(5)超硬材料比普通磨料价格高很多，但从高性能、高寿命、高性价比考虑，使用超硬材料砂带才是高效率、高效益和高性价比的工具，因此，我们认为，超硬材料的所谓价格贵，不应成为大力发展超硬材料砂带产品的障碍。而是应该充分利用其它国家无法比拟的，价格低廉的超硬材料资源优势，大力发展我国的超硬材料砂带，促进国内外制造业的发展！

第七章 高硬度材料加工利器

PCD 与 PcBN 的制造与应用是 20 世纪材料科学领域的重大成就,在许多工业领域,可替代硬质合金陶瓷与天然单晶金刚石等传统工具材料,而且在技术与经济效益上有明显优势。目前 PCD 已用于制造:石油与天然气钻头,地质或工程钻头,拉丝模具,砂轮修整笔,木材与石材加工刀具等。PcBN 主要用于制造,铁族金属及其合金的切削刀具。

绿色制造的首选刀具之材 PcBN

王光祖,卫凤午,崔仲鸣/文

作为 21 世纪更新换代新型刀具——聚晶立方氮化硼刀具,它的使用已产生了巨大的经济效益,引起世界各工业国家的重视。

1957 年,美国通用电气公司首先成功合成出立方氮化硼(cBN)。虽然 cBN 具有优异的物理化学性能,但是由于 cBN 单晶颗粒尺寸小,并且容易沿解理面劈裂,不能直接用来制造切削刀具,因此在制造业中所用的切削刀具大多是采用 PcBN 制造的。

一、PcBN 超硬刀具性能

用具有超硬效应的结合剂在高压高温作用下与 cBN 单晶充分反应来合成超硬烧结体是目前制备 PcBN 最普遍的制造工艺。虽然单晶 cBN 颗粒细小无规则、各向异性、脆性大,生长和解理破损现象都极易在[111]晶面上进行。但是通过聚合 cBN 单晶形成 PcBN 聚晶可以有效克服上述缺点,使 PcBN 超硬刀具表现出无可比拟的优异性能,与传统切削刀具相比 PcBN 超硬刀具具有很多优点:

(1)高硬度和高耐磨性,不同黏结剂含量的 PcBN 材料的硬度在 40 ~ 60 GPa。

(2)良好的热稳定性和高温硬度保持性。可稳定工作在 1400 ~ 1500 ℃,可软化工件,更加有利于切削进行,而且几乎不影响刀具寿命。

(3)可高效切削铁基合金材料,具有高的精度保持性,特别适合机械制造加工工业大规模自动化生产使用。

(4)高导热性,有利于切削热的疏导,cBN 的导热系数仅次于金刚石,而远大于质合金,在加中工过程中,其传导效率随着温度的升高而提高。

(5)摩擦系数低,有利于减小切削力,减少刀屑黏附现象,PcBN 与不同材料间的摩擦系数远低于硬质合金,而且摩擦系数随切削速度的提高而减小。

(6)高速切削特性和高加工精度,可以用非常锋利的刃口在主轴转速 2000 r/min 以上的条件下连续干切削,达到抛光级的表面粗糙度。

总之,高强度、高耐磨性,高导热性、良好的高温力学稳定性以及高温化学稳定性等优良性能,使 PcBN 超硬刀具成为最能满足当前严苛切削要求的首选工具。

二、PcBN 刀具应用现状

扫码见彩图

由于 PcBN 在切削中具有锋利性、红硬性、耐磨性等优势力,所以能够广泛应用于车削、铣削和镗削等加工领域。根据制造业的统计 PcBN 刀具在制造业中的应用情况如图 1 所示。

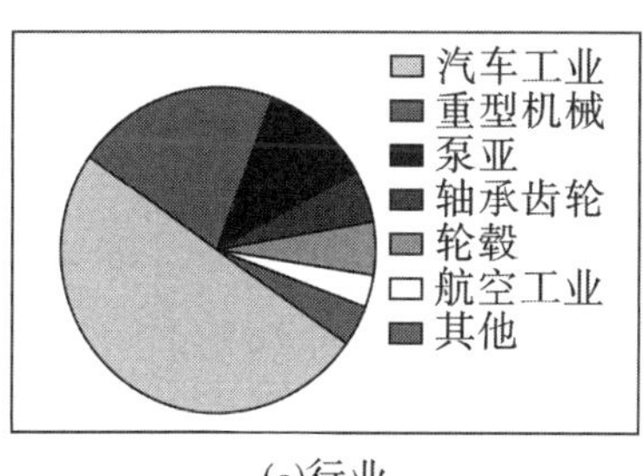

(a)行业

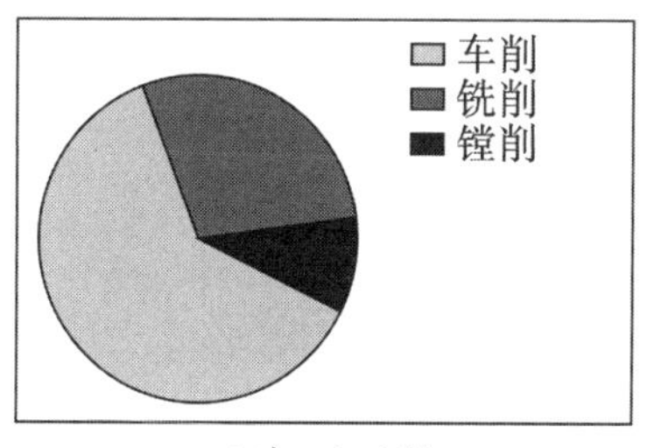

(b)加工工序

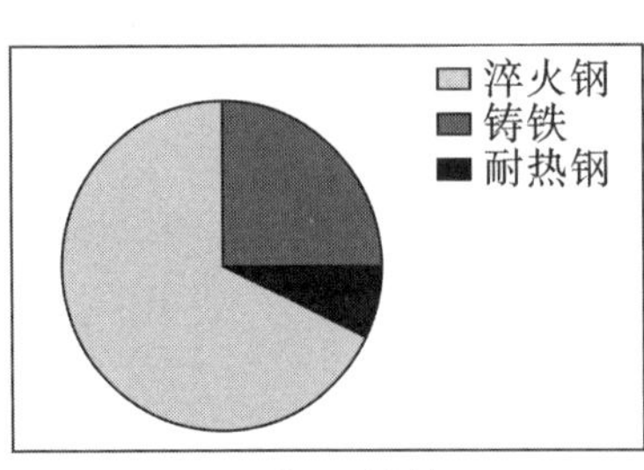

(c)加工材料

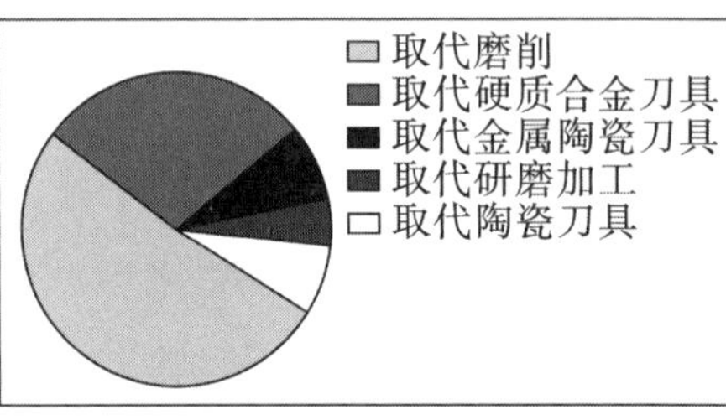

(d)替代原加工

图 1 国内外 PcBN 刀具的应用情况

由图 1 可看出,PcBN 刀具主要应用于汽车、机床制造、轴承、航空等行业的车削和加工淬火钢等领域,这也从侧面反映了 PcBN 刀具的良好切削性能。

不同 cBN 含量的 PcBN 刀具适合不同的切削领域,HALPIN 等对不同 cBN 含量的 PcBN 的切削领域进行了总结,如表 1 所示。

表 1 同 cBN 含量的 PcBN 的切削领域

cBN 含量	特点	性质	应用领域
高 cBN 含量 PcBN	cBN 含量 >80%	高断裂韧性,高热导率	精加工:冷硬铸铁、珠光体、灰铸铁;粗加工:淬火钢、冷硬铸铁、表面硬化(钴基、镍基、铁基)、珠光体及灰铸铁
低 cBN 含量 PcBN	cBN 含量 <60%	高抗压强度,低热导率	精加工:淬火钢、铸铁、表面硬化(钴基、镍基、铁基)

目前,国内 PcBN 刀具市场的发展还并未达到饱和的状态,其发展空间依旧很大。高速硬态干切削将成为未来刀具切削加工的主流发展方向,这种高速硬态干切削将是一种集高效率、低能耗、节约资源、减少污染等特点于一身的绿色切削技术。随着人类社会的不断进

步，工业化和智能化的不断发展，PcBN 超硬刀具材料将不断改进，将会在机械制造业中发挥巨大作用。

三、PcBN 刀具切削技术应用

（1）高速及超高速切削　高速切削可提高切削效率、减少加工时间、降低加工成本。日本住友生产的 BN7000PcBN 刀具加工灰铸铁的最高速度可达 2000 m/min，日本三菱生产的 MBC010PcBN 刀具切削淬硬钢的最高速度可达 400 m/min，这是硬质合金刀具和陶瓷刀具等所无法达到的高速度。

（2）硬态切削加工　硬态切削是指单刃或多刃刀具对淬硬零件速进行加工，是一种“以车代磨”的新工艺，也是高速切削技术的一个新的领域。与传统磨削加工相比，高速硬态切削具有效率高、柔性好、无切削液对环境污染，工序少、投资省等优点。

PcBN 通常用来加工硬度（HRX）高于 50 的材料，实现以硬态切削代替磨削来完成材料的高效加工。这种“以车代磨”的高效加工方式具有以下优点：①可提高柔性，通过改变切削刃及走刀方式可以灵活的加工出几何形状各异的工件；②切削效率高，加工时间短，可降低加工成本；④加工过程中产生的切削热相对较少，加工表面不易引起烧伤和微小裂纹，易于保持工件表面性能的完整性；⑤硬态切削过程中不需要使用冷却液，避免了加工产生的废液对环境造成的污染。

（3）干式切削加工　在湿切工艺中，由于使用切削液会带来的诸多问题，如切削液的使用、传输、回收、过滤等环节增加了生产成本；切削加工中由切削热造成的切削液的雾状挥发，对操作者健康的危害和加工表面质量的影响；切削液的渗漏、溢出会污染环境，易发生安全、质量事故。

干式切削技术是为适应全球日益高涨的环境要求和可持续发展战略而发展起来的一项绿色切削加工技术，对节省资源、保护环境和降低成本都具有重要意义。近几年，干式切削加工方法已成为机械制造领域中的重要研究课题。

(4)自动化加工　PcBN具有很高的硬度和耐磨性，能够在高切削速度下长时间加工出高精度零件(尺寸分散性小)，大大减少换刀次数和刀具磨损补偿停机所花费的时间。因此，很适合于数控机床和自动化程度较高加工设备上应用，并且能使设备的高效性能得到充分发挥。

(5)难加工材料加工　对于高温合金、不锈钢、钛合金等难加工材料，其他刀具材料加工寿命很低，而由于PcBN具有优异的物理化学性能，表现出突出的优势。如在石油电站设备中使用的高温合金耐磨铸铁，采用PcBN刀具切削，较硬质合金刀具切削效率提高4倍以上，单件成本下降到原来的1/5。因此，PcBN材料刀具成为难加工材料的首选材料。

四、绿色低碳经济与PcBN刀具

高生产率和高质量是先进制造技术追求的两大目标。代表现代机械加工主流方向的高速切削顺应了21世纪机械加工高效率、高精度、柔性与绿色化的要求而得到迅速发展。

高速切削的特点：

(1)切削速度提高，使单位切削时间材料的切除率增加；同时切削区温度更高，被切削材料塑性增加，进给速度也可相应提高，从而可以成倍提高切削效率、降低能耗、降低成本。

(2)当切削速度超过某一临界值时，95%以上的切削热来不及传给工件，就被切屑飞速带走，而工件基本上保持冷却。

(3)高速切削时，产生的激振频率很高，远远超过了机床-刀具-工件系统的固有频率范围，使切削过程平稳、振动小，可获得较高的加工质量。

高速切削对刀具材料的要求：

(1)高的可靠性；

(2)高的耐热性、抗冲击和高温力学,性能；

(3)适应难加工材料和新型材料加工的需要。

实践表明,在高速切削时,随着切削速度的提高,切削力减小、切削温度增加很慢、生产效率和加工质量提高,从而降低制造成本。高速切削大致可使切削力减小 15% ~20% ,制造成本降低 10% ~15% 。

五、结语

低碳经济和绿色制造技术发展和应用,是我国当下机械工具行业的发展方向,根据绿色制造“节约能源、节约资源、污染小、有利环境”的指导思想,为了消除切削液的不良影响,最理想有效加工式就是干切削。与湿切削相比,干切削能大大提高生产率,其机理是由于切削速度很高时,产生的热聚集于刀具前部,使切削区附近材料达到红热状态,屈服强度下降,进而获得提高切削效率的效果。采用干切削工艺的前提条件是在较高切削温度下,被切削材料强度有明显下降,变得易切削,而刀具材料在同样状态下既要在有较好的红硬性,又要有较好的耐磨性和抗黏性。PcBN 材料刀具正好适应了上面这些要求,目前已在高速切削、硬态切削、难加工材料切削等方面取得了可喜的成绩,随着相关的切削技术和应用的深入研究和进一步发展,相信未来 PcBN 刀具切削技术会对“绿色制造”做出更大的贡献。

PcBN 刀具材料发展历程和展望

王光祖/文

多晶立方氮化硼(PcBN),是由 cBN 作为主要成分与结合剂在高温(1200 ~2000 ℃)超高压(4.5 ~9.0 GPa)条件下烧结而成的聚晶体,结合剂主要有金属型(以 Co、Ni 为代表)、陶瓷型(以 TiC、TiN、Al_2O_3 为代表)或金属陶瓷混合型。具有两大类型:整体式多晶体和以硬质合金为衬底的复合片。行业内习惯统称为 PcBN。

PcBN 具有很高的硬度、耐磨性和化学稳定性,低的热膨胀系数和摩擦系数、高导热率等优点。使其在高速切削、干式切削、硬态切削等现代切削加工中表现出良好的切削性能,是目前性能最优异的绿色刀具材料之一,被认为是 21 世纪更新换代的新型刀具材料。许多发达国家已经把 PcBN 刀具广泛用于数控机床、多用途机床、自动化、专用高速机床、柔性生产单元或柔性生产系统为基础的自动化生产,用于各种冷硬铸铁、耐磨铸铁、球墨铸铁、表面硬化合金、烧结 WC、CGI 及各种镍基、钴基和其它热喷涂(焊)等难加工材料的车、铣、镗、钻,达到节能、高效、精密、自动化等目的的重要材料加以发展。在过去 40 年的时间里,国外 PcBN 刀具材料发展十分迅速,已广泛应用于汽车、航空航天、能源、军事、模具等重要领域。随着我国汽车、航空航天工业以及数控机床、加工中心的使用和发展,PcBN 刀具的应用必将有越来越大的发展,使机械加工业产生极深刻的变革。

PcBN 刀具材料具有传统刀具无可比拟的优越特性,同时兼备了 cBN 的高硬度和硬质合金的高强度。PcBN 的硬度和耐磨性仅次于 PCD(多晶金刚石),为未涂层硬质合金的 50 倍,比涂层硬质合金高 30 倍,为复合陶瓷的 25 倍。

PcBN 新型刀具寿命可达陶瓷刀具的 3 ~ 5 倍、硬质合金刀具的 5 ~ 15 倍,切削速度可比硬质合金刀具提高近 10 倍,加工效率比磨削提高 4 ~ 10 倍。经过精密研磨的 PcBN 刀具在特殊精密车床上可获得 Ra_{max} 为 0.0254 μm 的超精密加工表面,在一般精密数控车床上车削不锈钢,可获得 Ra_{max} 为 0.2 μm 以内的表面粗糙度,铣削高硬度模具与精密切削钢材,可以获得 Ra_{max} 为 0.025 μm 的表面粗糙度。

一、历史回顾

国内超硬刀具材料的研究虽然起步较早,但 PcBN 的发展相当缓慢。纵观我国 PcBN 的发展历程,大致可以分为以下几个阶段:

(一)起步

20 世纪 70 年代,本阶段是国产 PcBN 刀具成功开发的年代。代表成果有:四川省立方氮化硼协作组研制出国内第一代立方氮化硼刀具材料;成都工具研究所研制成功立方氮化硼聚晶刀具 LDP-J-C Ⅰ型、LDP-J-CF Ⅰ型(直径为 6 ~ 8 mm)。

(二)技术进步

20 世纪 70 年代末至 80 年代末,有多个科研院所和专业企业参与国内 PcBN 及 PcBN 刀具的研究开发工作,国内 PcBN 合成技术、PcBN 产品性能、PcBN 刀具制造技术得到较大进步,PcBN 进入实际应用水平,开始替代传统普通刀具进行硬、韧难加工黑色金属及合金的连续切削加工,此阶段的 PcBN 由于脆性较大,没能满足断续加工的要求。

(三)产业化起步阶段

20 世纪 80 年代末至 21 世纪初,国内 PcBN 经过前两阶段的发展,完成起步和技术初步发展任务,但国内 PcBN 产品存在“产品质量稳定性不够”“硬度有余而韧性不足”,无法用于断续切削,产品难以规模化生产。为此,国内多个科研院所和专业企业均加大关键技术研究和产业化技术开发工作,经过不懈努力,取得突破,PcBN 的性能接近国际先进水平,替代传统普通刀具进行硬、韧难加工黑色金属的连续、断续切削及铣削加工。

(四)高端技术开发及产业化阶段

21 世纪初至今,由于各级政府和企业对 PcBN 技术开发及产业化的支持力度加大、投入科研经费的大幅度增加,解决了一些长期困扰行业的关键技术问题,完成了系列高端技术开发,产业化技术得到进一步完善。

进入 21 世纪以来,随着我国重型机械加工工业的发展,大量使用了高硬度高耐磨性的工件材料,采用传统硬质合金及涂层,陶瓷刀具甚至原 PcBN 复合片刀具已解决不了生产中的问题,如果刀具的耐冲击性和使用寿命的问题,重型机械加工急需新型刀具的出现。

在这种市场需求的推动下,2007 年富耐克超硬材料股份有限公司研制开发了高耐磨耐冲击整体聚晶立方氮化硼刀片,2008 年又研制开发了超耐高速精加工整体立方氮化硼刀片,2010 年超强焊接立方氮化硼刀具成功上市。目前该公司生产的 FBN 系列 PcBN 刀具产品已成为陶瓷、涂层、合金刀片的替代品。

2006、2007 年三磨所魏军等承担了"加工滚珠丝杠用 PcBN 旋风铣刀的研制"项目,解决了精密大圆弧刀具磨削过程中的在线测量和刀具对称性一致性的问题,以及在使用过程由于断续硬切削造成的刀具易崩口、起皮、寿命短等一系列关键技术难题,成功开发出滚珠丝杠专用 PcBN 旋风铣刀,产品性能质量达到国外同类产品水平。

郑州博特公司于 2011 年推出 PcBN 整体双面复合 PcBN 刀片系列产品,在大型泵业中广泛使用的灰铸铁、耐磨铸铁、冷硬铸铁等材料的半精加工和精加工方面取得突破性进展。

2007 年,中国矿业大学(北京)超硬刀具材料研究所开始针对高速数控切削 PcBN 从刀具性能要求,采用新型制备技术研制了高性能

PcBN 复合片，目前已开发出 ZKBN90、ZKBN85、ZKBN70、ZKBN50 系列产品。经轴承钢高速干切削实验结果证实，其刀具使用寿命、加工速度、加工表面质量与国外产品接近。2010 年，在中央高校本科研业务费专项资金项目“纯 PcBN 刀具材料及高速硬态干切削技术研究”支持下，该所已开发出适合高速硬态干切削的新型 PcBN 刀具，在 1200 ℃的切削高温下 PcBN 刀具的抗冲击性能不降低反而升高。这一研究成果的进一步产业化开发可望突破传统 PcBN 刀具的局限，引导开创 PcBN 刀具的新的应用市场。

目前 PcBN 产品被用户普遍认可的主要有：

中国有色桂林矿产地质研究院桂林特邦新材料有限公司生产的高 cBN 含量 PcBN，主要用于铸铁的加工，低 cBN 含量 PcBN 主要用于淬硬钢的加工。该公司产品近两年开始进入欧美等市场，供货产品最大直径达 Φ 33 mm。

河南四方达超硬材料股份有限公司生产的 PcBN 产品主要用于黑色金属材料的加工，如高速钢、轴承钢、铸铁等，加工工件表面光洁度高，可以实现以车代磨，大大提高劳动效率，有效降低生产成本。该公司 PcBN 主要由 CB 和 BN 两大系列组成。其中，CB 系列是由 PcBN 层与硬质合金复合而成，可焊接性好，耐磨性好，抗断裂强度高，化学稳定性好，加工工件尺寸精度高，加工一致性好。BN 系列是纯 PcBN 聚晶，无硬质合金衬底，耐磨性好，两面均可用做切削刃，性价比高，耐高温性好，极好的抗断裂性。该公司 PcBN 产品最大直径达 Φ 30 mm。

公司使用超募资金 9203.94 万元建设金属切削用 PCD/PcBN 复合片产业项目。该项目新建金属切削用复合片 PCD/PcBN 复合片生产线，形成年产 5.3 万片金属切削用复合片 PCD/PcBN 复合片的生产能力。

河南富耐克超硬材料股份有限公司主要生产的是 FBN、FBS、FBK 这 3 种系列的 PcBN 产品，为纯 cBN 聚合体，其产品具有优良的耐磨性、抗冲击性及热稳定性，且通用性较好，因此被广泛用于汽车、冶金、矿山、交通运输、工程机械等行业。可以实现大的切削深度，既可以用于高速切削 200 ~ 2000 m/min，也可以用于中速和低速切削(5 ~ 60 m/min)，既可以连续也可以断续，既可以加工难加工的硬质材料，也可以加工硬磨度较低的软质材料，不仅适合于轻载和稳定切削，也可应用于重载断续切削。

运用自行研制生产的纳米级 cBN 微粉、结合剂等多项专利技术和先进的高温高压微结晶工艺性烧结而成的切削刀片，是切削刀片行业革命性变化的新型产品。

最近推出的超强焊接 PcBN 刀具，采用特殊工艺焊接的刀具有更高的耐热性、更多的切削刃口和更厚的 cBN 聚晶体，不会发生开层和开裂现象，比钎焊刀片具有更高的抗冲击能力，已成为精加工和半精加工中具有竞争力的 PcBN 刀片。

河南黄河旋风股份有限公司生产的 PcBN 产品主要由 HC、LC、HB 这 3 大系列构成。HC 和 LC 两个系列均是由 PcBN 层与硬质合金复合而成，焊接性、耐磨性好、抗断裂强度高。HC 系列 cBN 含量高，而 LC 系列 cBN 含量低。HB 系列是纯 cBN 聚晶，无硬质合金衬底，耐磨性好，两面均可用作切削刀刃，性价比高，抗断裂性极好。

郑州博特硬质材料有限公司的 PcBN 产品包括各种的标准、非标准的整体刀片系列和整体复合刀片系列，尤其是 2011 年推出的整体双面复合 PcBN 刀片系列产品，在大型泵业中广泛使用的铸铁、耐磨铸铁、冷硬铸铁材料的半精加工和精加工方面取得突破性进展。

二、未来展望

寇自力、李瑜等回顾我国超硬材料发展史，仔细思考我国 PcBN 刀坯材料发展缓慢及高速切削超硬刀具技术难以推广的原因，未来 PcBN 刀坯的发展方向应有以下特点：首先要加强超硬材料烧结理论、超硬刀具切削理论方面的研究；进一步提高国产六面顶压机的压力、温度极限，更好地掌握提高温高压腔体的精密控制技术等；PcBN 刀坯材料要向尺寸的大型化、产品系列化发展，且保证质量的稳定化及性能的均一化；建立 PcBN 刀具的行业标准与国际接轨。

林峰等对市场前景分析。以目前的 PcBN 刀具市场占有率估计，未来每年市场增长率将保持 2 位数以上，PcBN 刀具除部分替代现有硬质合金及陶瓷刀具外，还将开拓自己的领地，比如高硬度材质的加工，陶瓷刀具和硬质合金刀具都无法加工，唯独 PcBN 刀具可以胜任，而且 PcBN 材料替代可再生，渐渐匮乏的硬质合金材料刀具是必然趋势，对国内 PcBN 产品发展提出以下几点建议：

（1）扩大 PcBN 产品的直径。PcBN 产品直径的扩大，不仅是产品尺寸的问题，带来一系列技术上的难题包括要求设备大型化以及腔体空间的扩大，导致的腔体内温度差和压力差增加，继而产生的产品性能均一性的问题。扩大 PcBN 产品的直径，必须保证 PcBN 产品具有良好的可切割性，可以将 PcBN 产品切割成所需要的任何形状，从而降低单位面积成本，提高综合效益。

（2）细化 cBN 的粒度。cBN 晶粒的细化，可以提高 PcBN 耐磨性、抗冲击性和可加工性。但随着晶粒的细化，也会给生产工艺带来困难，如混料不均匀，使得黏结剂在 PcBN 中出现富集和偏析现象，造成 PcBN 组织不均匀，性能不稳定。另外，由于 cBN 颗粒越小，cBN 颗粒之间的间隙就会越小，从而使得黏结剂很难渗透，造成烧结渗透不均匀，影响 PcBN 的整体性能。

（3）加强产品系列化研究工作。国内虽然已开展 PcBN 产品系列化工作多年，但由于国内开展该项工作的研究院所和高校并不多，生产企业又没有这方面的技术实力，导致国内 PcBN 产品的应用基础研究不够深入、不够系统。因此，国内必须加强 PcBN 产品系列化的基础研究工作，加速 PcBN 产品的系列化进程，制定全国统一的 PcBN 工业标准,实行产品标准化、系列化管理,使其在加工不同材料、在不同条件下发挥最大的优势,满足国内不同材料加工的要求。

(4)重视刀具涂层的作用,加大刀具涂层技术的研发力度。由于涂层刀片的综合性能良好,故涂层刀片有较好的通用性。国外发达国家的刀具涂层技术发展迅速,应用广泛。国内与之相比,差距很大,涂层刀具的数量也差得很远,大致占全部刀具的20%。其中数控机床和加工中心上使用得多一些,在普通的非数控机床上则少得可怜,原因是认识问题和价格等因素。我们应该努力提高刀具涂层技术和应用技术的水平,大力推广应用涂层刀具,促进切削加工和机械制造水平的提高。

吕智等认为,近年来由于合成设备大型化进程的加快,产品片径得到一定程度的扩大,有的企业研制出片径(毛坯)达 Φ50 mm 的 PcBN,但产品质量没有得到明显的提高,与国外产品存在较大的差距,阻碍 PcBN 刀具材料合成技术和刀具制备技术进步的瓶颈依然存在,没有得到根本解决。但整体式 PcBN 刀片发展迅速,整体式 PcBN 刀片可进行断续加工,且遇到夹砂、白口不崩刃,特别适合粗加工、半精加工,吃刀深度没有太大限制,理论上可吃满整个刀片。整体式 PcBN 刀片不但可以在普通、笨重的机床上进行重载、断续、低速加工,亦可用在数控车床和加工中心的高速加工。

为此提出促进国内 PcBN 技术进步的创新思路:

(1)使用更高等级的原材料。合理选用原材料和选用等级更高的粉料是获得性能优异 PcBN 刀具材料的必要条件。这包括选用粒度更小(亚微米级甚至纳米级)以及纯度更高 cBN 和黏结剂微粉。

在合适的工艺下,粉料的粒度越小,PcBN 的韧性越高,可有效解决国内 PcBN 硬度有余而韧性不足的问题,目前纳米粉料在欧美的 PcBN 产品上已得到成功应用。

cBN 和黏结剂微粉的纯度越高,合成的 PcBN 杂质含量越低,有利于大幅度提高耐热性和质量稳定性，对稳定 PcBN 产品有显著效果。

(2)对混合原料进行预处理。国内 PcBN 产品质量稳定性差的原因除原料微粉品质差和合成工艺不合理外，混料不均匀也是主要影响因素之一。对混合原材料进行预处理可以实现各种粉料的充分混合，防止结合剂在 PcBN 中的富集和偏析，PcBN 的组织均匀性大幅度提高，性能稳定性随之得以提高。

(3)补偿合成腔中压力、温度的分布。采用腔体径向温度补偿技术和轴向压力补偿技术，可以有效增加合成腔体的发热量，提高烧结的均匀性。而博士帽导电钢碗以及复合型粉压圈的采用，可有效减少合成腔体内热量的散失。

(4)精细控制生产工艺。进行高档制品研发、生产的经验告诉我们，真正实现了生产工艺的精细化控制，不但可以大幅度提高产品的成品率，更重要的是产品质量的稳定性可以得到有效改善。

(5)加强基础研究工作，加速 PcBN 产品系列化进程。受国家政策的影响，预计未来几年我国汽车产量增速将保持在 7% 左右(中性预测)，加之生产工艺的升级，PcBN 刀具对其他生产工具的替代比例会提高。我国滚动轴承产量复合增长率约为 8% 左右，预计未来增速约 20% 左右，这将会带动 PcBN 刀具的快速发展。

随着自动化加工的日益普及，超硬刀具的应用技术发展逐渐成熟。超硬刀具的应用进一步推动了超硬刀具材料市场的需求，这势必给超硬刀具材料生产者和超硬刀具制造者带来前所未有的机遇，同时也面临巨大的挑战。

以上专家们从不同专业的角度提出的见解，为了行业的健康、快速发展，我们还需要把来自各专业的宝贵建议，通过认真分析，把它们有机地连接起来，并成为行业未来的行动计划。算是从群众中来，到群众中去的群众路线吧！

为进一步推动 PcBN 刀具的应用，我们以为必须做好以下的工作。

(1)根据国情适当引进自动化程度较高的生产线和专利技术,消化和吸收国外 PcBN 刀具的使用技术。

(2)狠抓 PcBN 刀具新产品的开发和新技术、新工艺的推广应用,不断拓宽 PcBN 刀具的应用领域,提高 PcBN 刀具产业整体技术水平和市场竞争力,以品种、质量求生存,以 PcBN 刀具的使用技术求发展。

(3)PcBN 刀具生产企业应走科、工、用一体化的道路,加快产业集团化进程,参与国际大市场的竞争。

(4)制定全国统一的 PcBN 行业标准,建立权威性的 PcBN 工具监测机构,实行产品标准化、系列化管理,对产品质量实行严格的检查和监测。

(5)大力加强 PcBN 刀具材料切削性能的研究和有关知识的宣传,为用户和刀具生产单位提供使用方便的切削条件,同时也为用户提供正确的理论指导。

不同模式的聚晶金刚石以及前驱体合成机制

王光祖,张相法,位星,刘旭辉,许洪新,王永凯,王大鹏/文

纳米洋葱碳是制备无结合剂纳米聚晶金刚石(NPCD)的常用前驱体,聚晶金刚石与硬质合金在超高压高温条件下复合可以制备聚晶金刚石-硬质合金复合片(PDC)。研究制备 NPCD 前驱体纳米洋葱碳的转化机理,以及研究 PDC 两相之间的界面结构,对改善 PDC 两相的结合情况、提高 PDC 的抗冲击性和热稳定等性能有着重要意义。

一、纳米金刚石制备碳纳葱形成机理

一般认为 C-纳米葱的结构与石墨结构类似,而又存在明显区别。在目前的研究中心,C-纳米葱经常作为前驱体来制备无结合剂 NPCD。

制备 C-纳米葱的方法主要包括电弧放电法、电子束辐照法、热处理法。其中,以爆炸法生产的纳米金刚石为原料,通过真空热处理法获得的 C-纳米葱杂质少,工艺简单,样品产量不受设备限制,适合宏量生产。

邹芹系统地研究了该方法的反应机理,认为在 900 ~ 1400 ℃退火温度条件下,纳米金刚石颗粒转化为碳纳米葱颗粒。当退火温度从 1000 ℃增加到 1100 ℃时,有颗粒尺寸大于 5 nm 的碳纳米葱颗粒合成,且此时有未转化的纳米金刚石存在于碳纳米葱颗粒的中心;随着退火温度的继续升高,碳纳米葱颗粒逐渐团聚;在 1400 ℃时,所有的纳米金刚石颗粒均已转化为碳纳米葱,碳纳米葱的石墨层数从几层到 12 层不等。对于 5 层的碳纳米葱来说,其石墨层间距为 0. 335 nm。但对于 10 层的碳纳米葱来说,其石墨层间距为 0. 324 nm。

实验结果表明,纳米金刚石到碳纳米葱的转化优先开始于纳米金刚石(111)晶面。且内部的纳米金刚石对外层形状的形成起到一定作用。从纳米金刚石(111)晶面溢出的石墨片逐渐包裹纳米金刚石颗粒表面,与此同时形成了碳纳米葱颗粒。碳纳米葱颗粒表面有弯曲的外部石墨层存在,证明了纳米金刚石的石墨化起始于纳米金刚石的表面并向其中心推进。纳米金刚石颗粒转化为碳纳米葱颗粒的过程可以概括为以下阶段:石墨片的形成、纳米金刚石颗粒边缘(111)晶面石墨层连接及弯曲、石墨层封闭、完整碳纳米葱颗粒的形成。

二、金刚石晶粒异常生长及其抑制机制

深入研究烧结过程中晶粒异常生长过程及其抑制作用机制,对优化烧结工艺提高产品质量具有重要的指导意义。邓福铭等通过非正常工艺条件下烧结温度、保温时间、不同添加剂等因素对 PDC 材料烧结过程中晶粒异常生长过程及抑制作用的实验考察,表明从 PDC 烧结过程本质上看,晶粒生长受烧结体系中金刚石溶解重结晶析出过程

控制。在金刚石-金属烧结体系中,金属原子与碳原之间相互作过程和行为将直接影响到烧结过程中金刚石溶解再结晶速率,从而影响晶粒生长过程。

对于金刚石+Co+Ti(Zr)系统,ⅣB族元素形成的碳化物(TiC_x或ZrC_x)与CoC_x的共同存在,将通过TiC_x(ZrC_x)来控制烧结系统中催化金属熔体中碳的溶解速率,从而抑制晶粒异常生长。

在金刚石+Co+Fe+Ti(Zr)系统中不但存在上述TiC_x(ZrC_x)对抑制晶粒异常生长的作用,同时还由于在高压高温下催化金属Co和铁与碳原子sp^2型电子作用的3d电子数量不一样,从而控制烧结系统中金刚石重结晶速率,抑制晶粒异常生长。

据文献研究报道,在石墨-Co体系中,低温时α-Co迅速消失,金刚石开始形成,以后随着温度的升高,石墨向金刚石的转化率迅速升高,在1500 ℃时金刚石晶体转化率达75%左右。在石墨-Fe系统中,在超高压高温存在Fe_3C和Fe_7C_3两种碳化物相。在1400 ℃时Fe_7C_3开始分解形成Fe_3C,在1500 ℃时金刚石才开始从金属熔体中结晶析出,1700 ℃时金刚石晶体转化率仅为50%,相对于石墨-Co系统金刚石的形成温度和结晶转化率都要低。因此在Co+Fe+Ti(Zr)系统中金刚石晶粒生长速率比Co+Ti(Zr)系统要小,因而在过烧结条件下添加Fe+Ti(Zr)金属比添加Ti(Zr)金属对晶粒异常生长抑制作用也要显著。

三、WC-Co层与PCD的界面复合机制

由于WC-Co层与结合界面两侧属于双相陶瓷材料,两层材料均以金属作为黏结相。成功的液相烧结首先取决于固液两相是否相互润湿。也就是说,固体颗粒表面应当具有好的被液体润湿性。因为好的润湿性,将保证液相在颗粒表面的铺展,保证颗粒间获得更强的吸引力,将有利于液相在孔洞中运动,而差的润湿性会造成颗粒间排

斥,使液相烧结体流出,从而影响烧结体的性能。

陈石林通过对 PDC 与 WC-Co 界面进行 SEM 和浓度分布(EDS)分析,如图 1 所示。

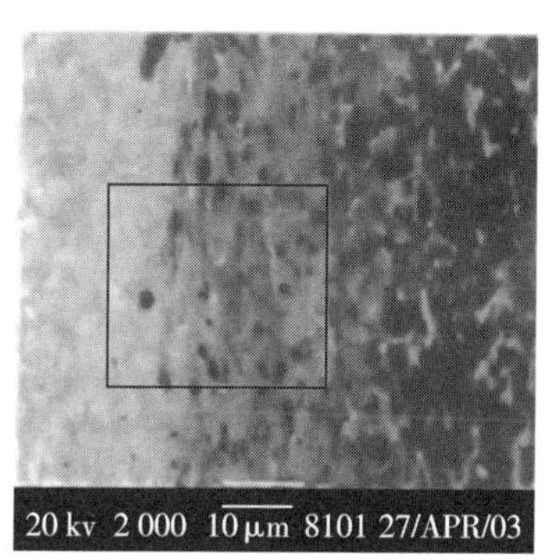

图 1　PDC 与 WC-Co 界面 SEM

结果表明:金属 Co 能很好地浸润 WC 表层,并以连续膜的形式将 WC 颗粒包裹往。从 SEM 图中已经分辨不清 PCD 层与 WC-Co 基底的结合界面,WC-Co 和 PCD 层界面上出现了 Co 浓度高的过渡层,过渡层厚度约为 30 μm。WC-Co 与金刚石界面的结合实际上 WC-Co-金刚石界面的结合。

沿 PDC 轴线方向的 Co-K_αCo 浓度分布图见二维码,在 WC-Co 和金刚石界面出现了 Co 浓度高的过渡层,PCD 层与 WC-Co 基底中 Co 的浓度没有明显变化,且 PDC 层中 Co 的浓度也基本一致。

沿 PDC 轴线方向的 Co-K_αCo 浓度分布图

为探究 PDC 的性能,陈石林进行了剪切试验,结果表明:金刚石与 Co 粉的混合烧结方式对样品加压时，剪切应力使 WC-Co 与金刚石层从界面开裂外；而原位烧结样品，当加压使剪切应力接近所测样品界面结合强度，但未达到剪切极限时，PDC 呈小块崩落，崩落后的小块并非严格从结合处崩落，大部分是与硬质合金粘在一起崩落。这说明原位烧结方式的界面 Co 与金刚石界面的结合强度比硬质合金中的 WC 与 Co 的结合强度高。这是因为：一方面，金刚石与 Co 粉的混合烧结方式样品在 WC-Co 与金刚石界面处 Co 出现富积，这里的 WC-Co 界面只是因为浸润作用形成物理结合。尽管 Co 对金刚石的浸润角比 WC 对金刚石的浸润角小，但 Co 与金刚石发生界面反应形成 Co_xC 化合物，从而使 Co-金刚石界面形成冶金键合。另一方面，可能是由于金刚石与 Co 粉的混合烧结方式样品界面上的 Co 含量太高，大量的聚集成团，使界面处的 Co 没有均匀在金刚石颗粒间，同时金属 Co 具有较高的延展性，从而降低了界面的结合强度。这就说明，WC-Co 与金刚石界面的结合强度不仅与界面 Co 的有关，而且与界面上的 Co 的组织结构有关。

显然，若界面的 Co 含量不足，则 Co 不能形成连续的金属膜，一方面，金刚石颗粒与 WC 可能直接接触；另一方面，在高温高压烧结过程中，金刚石表面发生石墨化，因为 Co 液不能在金刚石表面形成一层连续的金属膜，石墨化的碳不能在熔剂 Co 的催化作用下重新转化成金刚石析出。由于石墨的体积膨胀而产生应力使界面处产生微裂纹。这样石墨化的碳的存在使界面结合强度降低。相反，若界面 Co 含量过高，形成 Co 的界面过渡层，它虽然使界面具有金属延展性却使界面结合强度降低。

四、Co 扩散式聚晶 PCD 材料复合机制

Co 扩散式 PDC 材料中的 PCD 层是典型的多相多晶材料，金刚石聚晶界面结构和性能与超高温高压烧结工艺密切相关，深入研究金刚

石聚晶晶界结构,不仅有助于获得高性能的 PDC 材料,而且还可以通过界面结构分析,研究其烧结过程及形成规律。

如图 2 所示为 PDC 层正面的扫描照片,图中白色区域表示黏结金属,黑色区域表示金刚石晶体。从 PCD 层正面的扫描照片中可以看出,在烧结条件下,WC-Co 基底中 Co 和钨通过扩散、渗透均匀进入金刚石层;金刚石与 Co 之间无明显的晶界,同时,难以分辨出晶粒形貌,因为金刚石表面被 Co 液部分溶解的结果;可以观察到金刚石之间的黏结剂的 Co 溶体中存在大量金刚石微晶。BRITUN 认为,这些细小的金刚石和晶粒主要是由于金刚石在超高压高性温烧结过程中,金刚石在 Co 熔炼体中溶解析出造成的,Co 液与金刚石微晶一起滞留在晶粒间处。

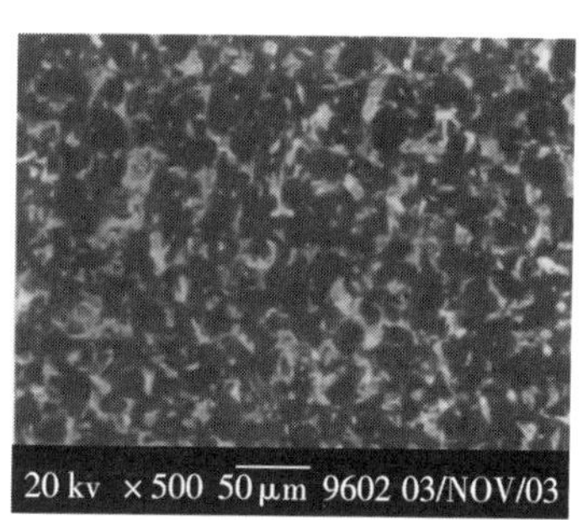

图 2 PDC 层正面的 SEM

PDC 元素面分布(EDS),可以看出,Co 均匀分散于金刚石颗粒之间,虽然部分金刚石晶粒形成了 D-D 结合,但大部分 Co 在高温高压烧结过程中,被挤压至金刚石颗粒晶界,在界面处聚集,见二维码。W 在金刚石颗粒晶界富集,扩散分布得较均匀,没有发现 W 在金刚石晶粒之间的偏聚,见二维码。发生原因是浓度梯度的存在,促进了扩散的进行和质量近程迁移。

PDC 元素面分布

PCD 层线分布图见二维码，从 PCD 层线分布图上可以看出，在 D-D 结合区域中的 D-D 结区域合界面处 Co 浓度远低于 D-Co-D 结合的晶粒间界 Co 的浓度。这说明 D-D 结合区域和 D-Co-D 结合区域晶粒间界中 Co 的存在形式不同的。虽然 D-Co-D 结合区域的晶粒间界中 Co 的大部分是烧结过程结束后残留下来的 Co 熔体，而 D-D Co 结合界面的 Co 可能是以包裹体的形式存在。其存在形式反映了聚晶金刚石 D-D 结合界面的生长特征，即 D-D 结合界面的 Co 是晶粒生长推移过程中夹杂进入金刚石晶体中。

PCD 层线方向元素分布

研究无结合剂 PCD 前驱体合成机制和不同模式的 PCD 的合成机制，以及研究 PDC 两相之间的界面结构，对提高 PDC 工具性能有着重要意义，对超硬材料行业良好发展提供可靠保障。随着研究方法的不断发展，人们对 PDC 两相之间的界面结构有了更深入的了解，但现今仍需研究人员不断努力，才能实现更大的进步。

聚晶立方氮化硼与复合片的制造方法

一、聚晶立方氮化硼制造

由于 cBN 单晶具有易解理和各向异性等缺陷,限制了其在工业中的应用。苏联 1960 年,成功制备了聚晶立方氮化硼后,人们发现其不仅是克服了单晶的不足,而且还具有较高的硬度与耐磨性,良好的化学稳定性和热稳定性等优良特性。聚晶立方氮化硼的制备方法很多,总体而言,可分为三种:烧结型、生长型和生长-烧结型。

1. 烧结型

它是 cBN 在高温高压下烧结成 BN—M—BN 键(含结合剂)或 BN—BN 键(纯 PcBN)结合的 cBN 聚晶。利用这种方法合成的 PcBN,晶粒排列无序,宏观上无解理面和方向性。

(1)含合结剂 PcBN　根据合成 PcBN 时添加的,结合剂种类的不同,可将其分为,金属型、陶瓷型和金属-陶瓷型。

(2)纯 PcBN　Neo K S,通过研究发现纯 PcBN 的各种机械性能远远大于普通的 PcBN。但由于制备的限制(约 80 GPa,1800 ~ 2200 ℃),在工业上不易实现。

2. 生长型

在触媒参与和高温高压条件下,使六方氮化硼转化为立方氮化硼的 PcBN。在合成过程中因有 cBN 晶粒的形核长大过程,故称之为生长型。

3. 生长-烧结型

在高温高压条件和触媒的作用下,六方氮化硼转化为立方结构的氮化硼 cBN,在此过程中与原有的 cBN 交互生长,这种烧结方式形成的 PcBN 称为生长-烧结型 PcBN。

4. 其他方法

如赵玉成等采用放电等离子技术成功烧结制备了 PcBN。放电等离子烧结方法制备 PcBN 具有加热速度快、样品尺寸大、设备操作简单、易于维护等优点,近年来获得广泛应用。

Chiou S Y 等通过两步烧结法制备得到了强度较高的 PcBN。结果表明,两步烧结法可以通过抑制晶粒生长来提高材料的硬度,同时可以通过抑制副产物的生成来提高复合材料的横向断裂强度。

二、聚晶立方氮化硼复合片的制备方法

聚晶立方氮化硼复合片的制备方法是由立方氮化硼微粉,在有结合剂或无结合剂的情况下,以硬质合金为衬底在高温高压条件下烧结而成的。从制备方法可分为三种:直接转化法、钎焊法和一次烧结法。

1. 直接转化法

直接转化法是指高温高压条件下将六方氮化硼在硬质合金衬底上直接转化为 cBN 并与硬质合金烧结在一起的过程。蒋开平在高温高压条件下(7.0 GPa,2100 ℃)使用纯六氮化硼成功烧结了 PcBN 复合片样品,烧结样品还呈现了淡绿色的透光性。

2. 焊接法

焊接法是指通过焊接的方法直接把 PcBN 样品复合到硬质合金衬底上,这种方法的优点是 PcBN 的质量可控制好,缺点是工艺较为复杂,不容易焊接。

除上述方法外,还可以利用阴极喷镀或离子技术在 cBN 烧结体的接触面或界面上涂镀,然后烧结,焊接,也可以得到效果很好的 PcBN 复合片。

3. 一次烧结法

一次烧结法是经过处理的立方氮化硼粉末,在加添加剂或不加添

加剂的情况下，经过高温、高压直接固定在硬质合金衬底上，形成牢固的复合体即 PcBN 复合片。刘书锋等以 CoNiAl、碳化硅、碳氮化钛等金属陶瓷相为结合剂在 5.0 ~ 8.5 GPa，1300 ~ 1800 ℃的条件下制备了一种聚晶立方氮化硼复合片。结果表明，这种制备方法具有延长复合使用寿命的效果，而且不存在脱焊现象，切削效果好。从现有技术来看，一次烧法的烧结条件并不苛刻，适合大规模工业生产，是目前国内外制备 PcBN 复合片最常用的方法。

除上述方法外还有学者在复合的结构上作了研究。

比如：PcBN 复合片在界面上有强力金属结合的 Ti 层，而钛层外又有一层比钛层厚，抗氧化性能的 Ni 层，大大改善了 PcBN 复合与，工具基体材料的结合性能，提高了 PcBN 复合片与工具基体的结合强度和把持力，同时又赋予了 PcBN 复合片表面较高的耐热性和导热性，对 PcBN 复合片起隔离保护作用，使其免于在高温烧结和高温切削时发生溶剂化或生成氮化物。此 PcBN 复合层与基体有较高的结合强度，可以提高工具的焊接强度、耐磨性和锋利度以及提高加工效率，延长工具使用寿命。实用型的 PcBN 复合结构，除了具有硬度高，耐磨性高，红硬性高等优点外，还具有很高的抗冲击强度，能有效提高刀具的使用寿命和加工效率，降低生产成本。

PcBN 刀具在难加工材料中的应用

王光祖/文

随着机械零件的硬度和抗磨损性能要求的进一步提高,以及各种各样的难加工材料的出现,刀具面临着更大的考验,PcBN 刀具将是未来制造业最具潜力的刀具之一。随着对 PcBN 刀具加工各种难加工材料研究的进一步深入,其应用范围必将得到进一步拓展,但国内对 PcBN 材料的研究与开发远远落后于发达国家,大量 PcBN 产品从国外进口,因此对 PcBN 材料的研究开发方面,应当投入更多的资金和技术力量,尽快占领国内市场,形成主要生产基地。我国有很多科研部门和企业正加紧新型 PcBN 材料的研究,与国外 PcBN 性能差别正在缩小,相信不久的将来一定会带来我国 PcBN 应用的大发展。

一、PcBN 刀具在干切削中的应用

干切削技术是为适应全球日益高涨的环保要求和可持续发展战略而发展起来的一项绿色加工技术。1995 年干切削的科学意义被正式确立,1997 年的国际生产工程研究会(CIRP)年会上,德国工业大学的 F. Klocke 教授作了干切削主题报告;1999 年在美国国家科学基金“设计与制造学科”受资助者会议上,国际著名的刀具制造厂 MAPAL 公司的总裁 B PERdel 博士也作了有关美国干切削发展的主题报告,干切削技术已经在各国工业界引起广泛的关注。目前,我国对于干切削技术的研究还比较少,应用也只是传统的铸铁铣削加工。干切削技术作为一种绿色制造加工工艺,对于节省资源、保护环境、降低成本具有重要意义。

邓福铭、张丹等探讨了干切削发展对刀具、工件和机床的要求,并

对 PcBN 刀具干切削金属软化效应，加工表面质量以及刀具磨损等方面进行了阐述。

1. 干切削对刀具、工件和机床的要求

干式切削是随着刀具材料，特别是随着耐高温刀具材料的不断进步而发展起来的 PcBN 刀具摩擦系数小，排屑流畅，散热迅速，是最适合干切工艺的刀具材料。切削力大、温度高是干切削的特点。为减少高温下刀具与工件之间的散热和黏结，应特别注意刀具材料与工件之间的合理配合。干切削不但对刀具要求很高，也对机床的排屑防尘和热特性提出较高要求。干切削机床最好采用立式布局，至少床身应该是做斜的，工作台上的倾斜盖板可用绝热材料制成，总的原则是尽量依靠磨重力排屑。干切削易出现金属悬浮颗粒，故机床喷漆、常加装真空吸尘装置和对关键部位进行密封、干切削机床的基础大件要采用热对称结构尽量由热膨胀系数小的材料制成，必要时还应进一步采取热平衡和热补偿等措施。

2. PcBN 刀具干切削的金属软化效应

由于 PcBN 材料刀具具有较高的高温硬度和热稳定性，因此可采用较高的切削速度进行切削。在较高的切削热的作用下，被切削层金属软化，硬度降低使切削加工易于进行，而刀具也保证了较高的寿命，这一效应称为金属软化效应。产生金属软化效应的决定因素是切削温度。切削速度对切削温度的影响要大于进给量，且随着进给量的增加其影响增大；吃刀量对切削温度的影响也较大。目前，随着工件材料硬度的增加其影响程度增大。

3. PcBN 刀具干切削的加工表面质量

PcBN 刀具硬态切削的加工一般在零件表面层以下产生残余压应力。压应力有助于提高表面抗疲劳性能，这也是 PcBN 刀具一个很好性能。在使用 PcBN 刀具时，应注意加工条件的选择，其中切削用量对残余应力的分布情况影响较小，而刀具结构对残余应力的分布影响很大,尤其是倒棱的几何参数需要精心选择。

4. PcBN 刀具干切削的磨损与寿命

干切削比普通切削加工时的刀具前角要取大一些,以降低切削区温度,并在刃口上做出负倒棱。为防止刀尖处热磨损,主副切削刃连接处应采用修圆刀尖或倒角刀尖,以增大刀尖角、加大刀尖附近刃区切削刃的长度和刀尖材料的体积,以提高刀具刚性和减少切削刃破损的概率。

无论是后刀面磨损,还是月牙洼度磨损,都是当工件硬度在 HRC50 时的情况下最大,而在较高或较低硬度下,刀具断续干式切削等温淬火球墨铸铁(ADI)时切削力和寿命等具有许多优良可靠的机械性能,例如弯曲疲劳和接触疲劳等动载性能高、极好的抗磨性等。自 20 世纪 80 年代开始,ADI 的应用获得很大进展,产量以每年超过 15% 的速度增长。

但是,ADI 的难加工性制约了它的应用,主要表现在:①切削温度高,因为 ADI 的导热性比球墨铸铁和钢低,所以其与刀具的接触面温度更高;②易产生振动,ADI 的屈服强度高于大部分钢,但是它们的杨氏模量比钢低 20%,因而在机械加工时易产生振动,加剧刀具磨损。

作为新型刀具材料,PcBN 刀具在硬态连续切削领域的使用技术已经比较成熟,但是 PcBN 刀具在断续切削方面的研究还是鲜见报道。李玉标、李姆等选择四种 PcBN 复合片刀具断续切削 ADI,研究 PcBN 刀具断续切削 ADI 的可行性以及 PcBN 复合片成分对刀具切削性能的影响,旨在为 ADI 的高速加工和 PcBN 新型刀具材料在我国的推广应用提供参考。

试验结果显示如下:

(1)在所选用的四种牌号 PcBN 刀具中,高 cBN 含量的 BN700 和 DBW85 断缝加工的性能,要优于低 cBN 含量的 BN250 和 DBC50,其中 DBW85 性能最好。

(2)高 cBN 含量的 BN700 和 DBW85 加工 ADI 时，切削速度可选择偏高一些，一般要大于 130 m/mim；低 cBN 含量 PcBN 刀具加工 ADI 时，切削速度要选择偏低一些，在 100 m/mim 左右。

(3)黏结剂中添加 W 元素可以有效抑制 PcBN 刀具切削 ADI 时的化学磨损，改善刀具韧性，有利于 ADI 的断续切削。

二、PcBN 刀具在车削镍基高温合金的切削性能研究

镍基高温合金 GH4169 在-253～700 ℃具有良好的综合性能，主要用来制造火箭发动机和喷气发动机部件，是目前航空航天领域应用最广泛的高温合金。由于镍基合金微观结构中含碳化物硬质点、导热性低、比容小、高温强度高、剪应力高、黏性大，故在切削过程中表现为切削温度高、加工硬化严重、易形成积屑瘤、塑性变形切削力大和精度不易保证等特点，是最难加工的材料之一。目前，国内外飞机制造公司均面临该材料的加工问题。

为此，国内外相继研究采用新型高性能刀具材制加工镍基高温合金。其中 cBN 具有很高的硬度和耐磨性、热稳定性(可达 1400～1500 ℃)、优良的化学稳定性、较好的导热性(是硬质合金的 20 倍)和较低的摩擦系数(系数值为 0.1～0.3)，是加工镍基高温合金的理想材料。但目前有关影响 PcBN 刀具加工镍基高温合金切削性能因素的系统研究还较少，为使其在该领域能推广应用，宋庭科等从刀具几何参数、PcBN 材质、切削用量、切削工艺等方面对其切削性能的影响作了针对性研究。他们得到的结论是

(1)车削镍基高温合金时，刀具磨损会随着刀尖圆弧半径的增大而减小，当半径超过 0.8 mm 时，磨损率趋于平缓；负倒棱角度的增大或宽度的减小，会使刀具磨损减小。可选刀尖圆弧半径 R 0.8～1.9 mm，负倒棱-28°×0.1 mm 的刀片。

(2)使用 BZN6 000 和 BTN100 刀具切削时，当切削速度超过

56 m/min 时,会发生微崩刃和沟槽磨损,而 DBW85 磨损均匀。在相同切削条件下,DBW85 的磨损最小,寿命最长,其次是 BZN6000,BTN100 最差。

(3)湿切比干切减小磨损 40% ~50%,可提高刀具寿命。

(4)随着切削速度的提高,各 PcBN 刀具的磨损均随之增大;DBW85 的磨损率最小、且在高速下的磨损比另两种材质低速下的磨损量还小,适合镍基高温合金的高速切削。

三、PcBN 刀具在加工淬硬钢刀具材料的研究

近年来,为了减少功率消耗,提高生产效率,在机械制造业,越来越多的厂家利用 PcBN 刀具实现以车代磨、以铣代磨工艺来制造零件,尤其是对淬硬钢的加工。由于加工淬硬钢时刀具切削刃口区域要承受较大的切削压力,刀具容易产生微崩刃而失效,刀具的使用寿命不稳定。为了提高刀具的使用寿命和稳定性,李启泉等进行了刀具材料的研究。

他们制备了两类结合剂、不同 cBN 浓度的六种 PcBN 复合刀片材料,用来加工切削淬硬钢。随着结合剂在 PcBN 中的比例增加,也就是 cBN 浓度的降低,在相同的切削参数、切削路程下,其后刀面磨损越小,刀具的耐用度越高。

通过切削实验和性能检测发现,PcBN 刀具在加工硬钢时 cBN 浓度起着关键作用,切削同样的路程,低浓度 PcBN 的后刀面磨损最小。经扫描电镜观察,Co-Al 合金粉能够提高 PcBN 烧结刀具材料的致密度,从而使耐用度增加。

1. 断续切削淬硬钢

对 PcBN 刀具连续切削淬硬钢的研究,国外已有许多文献介绍,比如对切削力、切削温度的测量、工件表面粗糙度、刀具磨损机理等的研究。但在实际机械加工中,经常会碰到如加工齿轮端面、带数

个油孔的端面、花键轴外圆这类需要断续切削的零件。对 PcBN 刀具断续切削淬硬钢的研究，国外文献报道不多，国内对这一方面的报道也几乎是空白，随着 PcBN 刀具在汽车、重型机械、飞机制造业中的应用，这方面研究的缺失将制约 PcBN 刀具在断续切削领域的推广与应用。

元磊、牛秋林等为了探索 PcBN 刀具在断续切削条件下刀具的破损规律，选用两种不同的 PcBN 刀具，在不同强度的断续方式及不同切削速度下，对淬硬钢进行车削实验研究。结果表明，断续强度严重影响 PcBN 刀具的使用寿命，断续强度越高，刀具寿命越低；在相同强度的断续条件下，切削速度影响刀具的使用寿命，切削速度越高，刀具寿命越低；实验所用的切削参数：连续切削速度 180 m/min；断续切削速度为 120 m/min、150 m/min、180 m/min。切深 015 mm，刀具失效判据为崩刃。

此外，根据实验所拍的光学照片，分析了不同切削方式下切片失效机理：连续切削，刀片前刀面主要是月牙洼磨损，实验初期后刀面的磨损很小，随着实验的进行，后刀面磨损逐渐加大，刀具最终以后刀面微崩刃而失效；断续切削，前刀面的月牙洼磨损区域比连续切削小，试验初期后刀面磨损几乎看不出，试验后期后刀面磨损宽度也不大，刀具以崩刃的方式失效。

2. 湿切削加工淬硬钢

聚晶立方氮化硼（PcBN），既具有硬质合金的可焊性和良好的韧性，又具有立方氮化硼的高硬度、高耐磨性、高红热性和化学惰性。因此，用 PcBN 复合片材料制作的刀具具有极高的硬度以及良好的红硬性（可耐受 1400 ~ 1500 ℃的高温）抗氧化性（在 1200 ~ 1300 ℃高温下不与铁系金属发生反应）和抗断裂韧性，是切削加工黑色金属材料的理想刀具。目前，PcBN 刀具已在切加工淬硬钢、冷硬铸铁、热喷涂材料、纯镍等难加工材料和精密加工中得到广泛应用，并取得了显著的技术经济效益。

张松锋、谢辉等研究了在一定切削参数下干-湿式切削加工淬硬钢时，四种 PcBN 刀具（PcBN50、PcBN60、PcBN70，PcBN75）的刀具寿命、磨损形式和磨损机理。结果表明，湿式切削时的后刀面磨损量小于干式切削。说明：刀具湿切比干切时，具有较好的性能 PcBN 刀具的磨损形式，如前刀面磨损、后刀面磨损等。其中，前刀面磨损的表现形式为月牙洼磨损，磨损机理为机械磨损、氧化磨损和黏结磨损；而后刀面磨损机理有机械磨损、氧化磨损、黏结磨损和扩散磨损等。同时，还发现 cBN 含量下降，刀具的后刀面磨损量也有下降的趋势，即刀具的切削寿命有延长趋势。

四、PcBN 刀具加工铁基粉末冶金材料的研究

随着一系列工业中大功率发动机的发展，粉末冶金气门座也变得特别耐磨，更难以加工，为此选择应用最普遍、加工要求最高的气门座作为对象。工业生产中，气门座的加工方法有很多种，其中，一种是横向切削，一种是用特制工具纵向切削（滚铣），或者同时采用两种方法、选择横向切削。目的就是要得到工件对刀具的磨损和冲击的混合效果。

结果显示，在控制 PcBN 的使用性能上，cBN 的含量是一个关键的参数。cBN 含量高的牌号在切削粉末冶金零件时不够理想；同样地，cBN 含量低的材料，在硬切削时性能优异，但在切削既耐磨又能产生一定冲击的粉末冶金零件时不理想。

为了进一步证实试验室中的结果，进行了汽车气门座的现场加工测试。采取横向切削的方法加工气门座锥面，由于要用这些锥面作气门的配合面，因此，它的尺寸精度和表面粗糙度就显得特别重要。

现场试验结果与实验室试验结果一致，证明试验室中的结论与工业应用的结果是相吻合的。

无论何种切削速度下，提高走刀速度都可以提高耐磨性能；相反，提高切削速度会加速刀具磨损，且比走刀速度的影响更大。当然提高切削速度可以提高生产率，所以应考虑综合加工成本。得出最佳操作参数。

尽管提高走刀速度对 PcBN 刀具的耐磨性能有利，且可以提高生产率，但是，通常粉末冶金零件的尺寸精度要求限定了走刀速度的上限值。过大的走刀速度下产生过大的载荷，进而无法保证尺寸允差值，无论尺寸精度还是表面粗糙度都是气门密封的重要因素。在用传统的带角半径的刀具切削时，转角半径对表面粗糙度的影响很大，采用横向切削时，直边的切削刃已经从理论上降低了刀具对表面粗糙度的影响。

五、PcBN 刀具干湿切削淬硬钢表面完整性研究

刀具寿命的长短与被加工工件表面质量的好坏是硬态切削技术能否得到广泛应用的两个重要因素。这两个因素中，表面质量的重要地位表现得更为突出。研究发现，即使可以接受的刀具磨损率也可能加工不出不可接受的表面质量。在企业生产中，工件表层残余应力状态和白层的厚度是刀具换刀的主要评定标准，比表面粗糙度或加工精度有着更加重要的地位，但是这些参数在制造企业里是很难进行测量的。因此，更好的理解白层的表现形式及其影响因素，在实际生产中非常重要。

从研究的结果来看，在某些方面如被加工工件表面残余应力的分布、白层对疲劳寿命的影响、白层形成的机理与成分等存在一定的争议性，而且人们普遍认为，PcBN 刀具硬态干切削一方面可以充分发挥刀具优秀的切削性能和金属软化作用，另一方面加工过程中省去了切削液的使用（通常切削液占加工总成本的 16% ~20%）为企业带来巨大的经济效益，而且有利于环境保护和工人身体健康是一种较为理想

的加工方法。

然而,在干切削带来众多优点的同时,我们也应该看到,干切削加工时的恶劣环境,使工件和刀具都存在高机械载荷和高热载荷,工件表面质量必然会受到切削温度的影响,因此要想使干切削技术完全被人们所接受,它所加工的表面质量必须超过或相当于湿切削时的情况。为了更好地了解干湿切削加工表面质量的差异性,曹永泉、李嫚等,以 PcBN 刀具干湿切削淬硬钢 GCr15 为实验研究对象,对被加工工件表面质量进行了对比研究,其结论如下:

(1)较高的切削速度下干切削初期工件表面即有白层出现,而湿切削因为有切削液的冷却作用,在刀具达到剧烈磨损之前未发现明显的白层出现,说明较高的切削温度对白层的生成有很大的影响。

(2)硬态切削中已加工表面质量与刀具后刀面磨损关系密切,伴随后刀面磨损量的增加,已加工工件表面白层、黑层的厚度逐渐增大。

(3)湿切削条件下加工工件表面粗糙度 *Ra* 总好于干切削时表面粗糙度 *Ra*,而且刀具磨损范围内表面粗糙度 *Ra* 变化很小。

(4)为降低表层和亚表层缺陷,得到更好的加工表面质量,适量的冷却润滑是必要的。

六、高速切削淬硬模具钢刀具磨损的对比

高速切削加工技术具有高效率、高精度和低成本的特点,在航空航天、汽车-模具等制造领域具有广阔的应用前景。相对于非金属材料和有色金属材料来说,黑色金属及一些难加工材料尚不能很好地利用高速切削加工技术,主要原因在于高速切削这些工件材料时的刀具磨损非常严重。所以,如何快速将高速切削技术应用到黑色金属及难加工材料的加工中来,刀具磨损的研究进展显得至关重要。

于静、赵珑巍等,使用 PcBN 和陶瓷两种材质的刀具对淬硬模具钢 Cr12MoV 进行高速切削对比试验,深入研究了在高速切削时的刀

具寿命、刀具磨损形态和磨损原因。

通过试验得出如下结论：

(1)相同的切削条件下，PcBN 刀具寿命均为陶瓷刀具的 23 倍，当切削速度由 154 m/min 增加到 241 m/min 时，两种材质的刀具寿命均下降 59% 以上。

(2)切削速度相对较低时，PcBN 刀具和陶瓷刀具磨损形态均为月牙洼和后刀面磨损；当切削速度相对较高时，两种刀具均出现破损，破损形态包括崩刃和片状剥落等。

(3)PcBN 刀具磨损原因主要包括黏结磨损、氧化磨损和扩散磨损。相同的切削条件下，PcBN 刀具抗磨粒磨损的能力好于陶瓷刀具，而陶瓷刀具的抗氧化性能更好。

(4)切削速度对刀具磨损原因有重要影响，切削速度从 153 m/min 增加 241 m/min 时，磨粒磨损和黏结磨损程度均减弱。

PDC 的主要特性与应用

柴津萩，王光祖/文

耐磨性、热稳定性和抗冲击韧性是 PDC 最重要的性能指标，在某些情况下，强度、可加工性、自锐性也可能成为重要参数。PDC 具有单晶金刚石所不具备的一些优良特征。在 PDC 中，晶粒呈无序排列、各向同性、无解理面。可以制成特定形状，以适合不同的用途。

可以设计或预测产品的性能，赋予产品必要的特点，以适应它的特定用途，如选择细粒度的 PDC 刀具材料，可使刀具的刃口质量提高；粗粒度的 PDC 刀具材料，可使刀具的耐用度提高。

一、PDC 的主要特性

1. 耐磨性

耐磨性是指 PDC 在切削、钻井、修整砂轮等过程中的抗磨损能力，一般用磨耗比来评价。影响 PDC 的耐磨性的主要因素有：

(1)制造工艺。烧结时间较短，且烧结温度较高时，PDC 耐磨性较好；烧结温度偏低时，PDC 耐磨性差；烧结时间过长，金刚石石墨化趋于严重，PDC 耐磨性将急剧下降。

(2)一般来讲，金刚石的粒度越细，耐磨性越高；粒度配比对耐磨性同样影响较大。

(3)若 PDC 中的黏接剂基本上呈线条状或絮状且较均匀地分布在金刚石周围，并与其相互作用形成较高点的高强度物相，金刚石颗粒就能很好地烧结在一起，而得到高热稳定性和高耐磨性的 PDC。

(4)控制晶粒的异常长大。晶粒的异常长大是金刚石在金属触媒中的再结晶过程引起的，在催化剂较多的地方容易产生。在 Fe-金刚石体系的烧结过程中，Fe_3C 的形成在一定程度上可抑制晶粒的异常长大。日本住友公司在进行半液相烧结时发现，在金刚石与钻的混料中添加碳化物粉有助于减少液相存在，遏制晶粒的异常长大。另外，在烧结 PDC 时，添加适量细粒度 cBN(粒径小于 0.5 μm)，可抑制金刚石品粒的异常长大。

2. 机械磨损机理

一般来说，金刚石聚晶纯机械磨损机理可大致分为四种类型：研磨磨损、冲击磨损、切削磨损和混合型磨损。

(1)研磨磨损　金刚石聚晶层的磨损大都发生在切削力不大的连续切削/磨削场合。磨损方式以中间相的磨损及脱落开始，使得金刚石颗粒裸露出来。在反复摩擦作用力的作用下，金刚石表面产生裂纹。随着切削过程的进行，裂纹不断地扩展，新的裂纹的不断产生，并连成网，导致细小的金刚石碎片剥落，产生磨损。

（2）冲击磨损　冲击磨损通常发生在切削力较大，被加工材料组织不均匀或断缝切削场合。由于冲击力较大，金刚石聚晶的破坏主要取决于材料的斩断强度、中间相对金刚石颗粒的把持力及聚晶的断裂韧性，对断裂表面的观察可见到金刚石颗粒的整体破碎及较大块金刚石的脱落现象、很明显，较小的金刚石颗粒尺寸和韧性较好的中间相对提高聚晶的冲击磨损能力是有益的。

（3）切削磨损　切削磨损通常发生在切削力较大、切削速度较高的场合。此时，在较大摩擦力的作用下，金刚石与工件接触表面的温度较高，金刚石变软在磨削力的作用下金刚石自身被切削。这种情况通常伴随有工件与金刚石之间的化学反应发生，反映在金刚石表面的磨损、磨痕呈连续的沟槽状，而且沟槽处极少见到裂纹。

（4）混合型磨损　基本上是以几种磨损形式的联合出现。

3. 耐热性

PDC 的耐热性是指它在室气中或保护气氛中加热而耐磨性基本保持不变所能承受的温度和相应的时间。世界范围内测定热稳定性的主要方法有三种：一是，De Beers 公司的将 PDC 置于空气中用马弗炉加热，同时将其置于还原气氛（95% H_2+5% N_2）中用还原炉加热至某一温度，并保持一段时间，然后测金其失重、耐磨性、石墨化程度和抗冲击性能；二是，De Beers 公司还用热量-差热分析仪，并配以高温显微镜，来测定其初始化温度，以此来确定氧化度耐热性；三是，GE 公司是用扫描电镜对加热过的结体作断口分析和车削试验；切削速度为 107～168 m/min，进给量为 0.13 mm/r。

国内一般采用差热-热重法研究 PDC 的热稳定性，并用差热、热重曲线来分析温度点，以此来确定其氧化温度、石墨化温度。

总之，PDC 的热稳定性与许多因素有关，而且各因素之间相互影响。比如，与所处环境的关系、与黏接剂的关系、与金刚石微晶粒度的关系等。

提高热稳定性的一些方法有:①选择适当的黏接剂,并调节黏接剂的含量;②选择适当的金刚石粒度;③加入适量的硼;④通过酸处理、锌液吸收、电解等方法除掉金属相。

4. 抗冲击韧性

抗冲击韧性是指 PDC 承受冲击载荷的能力,主要体现为在冲击力作用下金刚石颗粒不脱落,金刚石层不裂纹崩刃、不分层。

抗冲击韧性作为 PDC 的重要性能指标之一,被广泛关注。业已研究出若干提高 PDC 的抗冲击韧性的方法,如在 PDC 层上覆盖一层黏接剂或类似材料作保护层,像一层致密的网罩住所有金刚石,形成一个完整、稳定的结构,从而提高它的抗冲击韧性。PDC 界面最初为一个平面,在实际使用过程中证明这种结构并不是很理想,因为在界面处很容易因为强度不够而出现金刚石层的剥落损坏,针对这一现象众多研究人员提出了多种解决方案,如在金刚石和基体之间添加槽片;将基体界面做成沟槽或锯齿状;把沟槽或锯齿做成环形,并把尖角改成圆角;降低锯齿尖端黏接剂的含量;把界面做成波浪形;等等。

5. PDC 的主要缺陷

PDC 在生产过程中常见的几种主要缺陷如表 1 所列。

表 1　PDC 的主要缺陷与产生原因

主要缺陷	缺陷产生的原因
分层	高时间过长;残余应力过大;硬质合金基体本身的质量较差
欠烧	原材料受到污染;速度过低或高温时间保持不够;硬质合金基体结合剂含量不足
针眼	合成 PDC 使用的金刚石微粉通常只有几十微米或几微米大小,因而比表而积极大,易吸附大量气体,烧结结束个别的气泡形成气孔留在金刚石层中

由于表1中的缺陷大部存在于聚晶金刚石层的外表面,可以用肉眼或在显微镜下直接检测,但是要检测PDC复合片内部的烧结质量问题,即聚晶金刚石层与硬质合金基体之间的界面结合是否牢固,很难从常规的性能检测中发现。目前,国外检测PDC内部质量采用超声波检测法。超声波法在国内则主要用于PDC钻头的质量检测。

6. 塑性变形

对于以Co作为中间相的金刚石复合片,由于金刚石的浓度较高,在高压高温烧结时,高的烧结温度及高压力足以使金刚石颗粒内部产生大量的塑性变形,这种塑性变形主要表现形式是孪晶、位错、滑移带及位错缠结。

金刚石的塑性变形可分为两个阶段:

(1)合成初期　当某一金刚石尖端与另一金刚石颗粒的晶面接触时,金刚石颗粒的尖部将压入被压金刚石晶面中,这样无论金刚石尖部还是金刚石晶面,都会发生较大的塑性变形。

(2)合成期　大量塑性变形的结果是,金刚石失效变钝,其与被压金刚石晶面的接触面积增大,从而导致接触压力的下降,塑性变形量逐渐减小,最后塑性变形停止。在合成金刚石聚晶过程中,这种变化发生在整个合成腔体内。最后的结果是,金刚石颗粒相互嵌在一起,形成三维网状结构。

7. 压缩裂纹的产生与愈合

在金刚石颗粒发生塑性形变时,由于所加的压力较大,金刚石除发生较大的塑性变形外,同时也将由于塑性变形应变导致的发生在(110)晶面的应变诱发裂纹和产生于(111)晶面的解理裂纹。如果这些裂纹不能够在其后的合成过程中愈合或减少,则将会对金刚石的性能产生不利影响,在对金刚石烧结复合片试样的显微镜观察所证实,确有部分裂纹存在。但根据其大小和形貌,这些裂纹可能是在烧结后期,冷却过程中形成的。在烧结过程中,特别是在烧结前期形成的裂纹有可能在其后的烧结过程中得以愈合，也可以通过塑性变形及金刚石的再结晶或碳化硅的生成来得以消除。

8. 金刚石颗粒之间的结合

高压高温烧结后，复合片中金刚石颗粒之间是怎样结合的？为了研究高压高温烧结时，金刚石颗粒之间的结合过程和结合方式，可以用腐蚀的方法，把金刚石颗粒中间的中间物质腐蚀掉。腐蚀后，金刚石作为骨架存留下来，根据金刚石颗粒的形貌及金刚石颗粒之间的结合方式，即可判断在高压高温烧结过程中发生的变化。

由于采用的中间物质不同，金刚石颗粒之间的结合方式有两种类型。其一，是金刚石颗粒之间通过中间相结合，这种结合以 SiC 作为中间相最常见，金刚石颗粒独立存在，其周围是由 SiC 构成的骨架相。其二，是金刚石颗粒之间直接键合。

二、PDC 的主要应用领域

现代机械加工技术正朝着高精度、高效率、柔性化和自动化方向飞速发展，新型技术设备和数控机床、加工中心及性能极为优良新材料的应用日益广泛，因而对刀具的要求越来越高。作为 21 世纪的刀具材料，聚晶金刚石以其优越的性能充分体现了现代制造业对材料的要求。现代电子、电器等高科技产品对电线电缆、金属线材的精度要求越来越高，由于 PDC 超硬耐磨且各向同性，在金属线材拉丝模领域有着极其广泛的应用前景，发挥着日益重大的作用。在石油地质钻探中，PDC 钻头不断刷新钻井尺度的记录，为人类创造了巨大的财富。

1. 在石油地质钻探中的应用

石油与天然气钻探中 PDC 钻头的应用范围、使用数量及其完成钻井工作量日益增加。目前，在世界钻头市场中 PDC 钻头估计占市场总额的 35% 以上，随着 PDC 本身品质的不断提高，PDC 钻头不仅适合软-中地层的钻探，而且在强研磨性地层、硬地层破碎性地层、夹层、超深井的钻探中也有良好的表现与突破性进展,PDC 钻头所具有的重量轻、钻速快进尺多、应用面广、成本低、经济效益好等优点越加显著,许多油田 PDC 钻头已取代了硬质合金牙轮钻头的主导地位。

目前,世界范围内的石油、天然气钻井广泛使用聚晶金刚石复合片钻头,这种钻头与硬质合金牙轮钻头相比,硬度和耐磨性高,切削速度快,而且没有运动部件,在很大程度上降低了成本,提高了效率,还从结构上消除了事故隐患,因而深受用户欢迎。在地层相同的情况下,PDC 钻头与牙轮钻头相比,机被钻速可以提高 33% ~100%,成本可以降低 30% ~50%,单回次进尺可增加 3 ~4 倍。

美国的生产试验表明,在水电工地致密砂岩中一个直径 76 mm 金刚石强化柱齿的进尺为 1770 m 而硬质合金钎头仅 91 m,寿命约提高 20 倍,钻岩效率提高 25%。100 多个金刚石强化柱齿潜孔钻头在油井钻进中,比普通硬质合金潜孔钻头平均进尺提高 90%,平均钻速提高 25%,每米钻进成本降低 51%。在油井牙轮钻进中,21 个直径 200 mm 的 IADC527 蚕钻头对比试验表明,金刚石强化柱齿牙轮钻头平均进尺提高 21%。钻时增加 13%,钻速提高 8%,钻井成本下降 12.76%。采用美国梅加金刚石强化柱齿加工成直径 160 mm 潜孔钻头在致密花岗岩中钻进,比普通硬质合金潜孔钻头进尺提高 5 ~6 倍,钻速提高 80%,说明金刚石强化柱齿在转率与钻进矿岩上的优越性。

2. 在宝石加工中的应用

PDC 在宝石加工上的应用是近年来开拓的新领域,市场前景十分看好。这种新 PDC 的硬度远低于钻探等领域应用的 PDC。为适应宝石加工的需要,作一些特殊的处理,在性能与普通 PDC 有所区别,它不需要一味追求极高的硬度和耐磨性,而是根据加工宝石的具体要求进行结构设计。

目前,国内许多公司生产聚晶金刚石,产品大多出口国外,近年来，浙江、广东一带的宝石生产厂家也开始使用这一新技术，产品极具发展潜力。

3. 汽车和航天航空等领域中的应用

PDC在许多制造工业领域，尤其是汽车和木材加工工业，成为传统的硬质合金刀具的高性能替代产品。PDC刀具适用的被加工材料及对象、各应用领域的比例及被加工材料的应用比例见表2、表3、表4。

表2　PDC刀具适用的被加工材料及对象

被加工材料	加工对象
铝、铝合金	飞机、汽车、摩托车；活塞、气缸、轮毂、传动箱、泵体、进气管、压缩机零件、各种壳体零件等； 精密机械；各种燃器具、照相机、复印机、缝纫机、计量仪器零件； 通用机械：各种系体、油压机、机械零件等
铜、铜合金	内燃机、船舶：各种轴、轴瓦、轴承、泵体、齿轮、转子叶片； 电子仪器：各种仪表、电机、整流子等； 通用机械：各种轴承、轴瓦、阀体、壳体等
硬质合金	各种阀座、气缸等烧结品及半烧结品
其他	钛、镁、锌、铅等各种有色金属
木材	各种刨花板及人造耐磨纤维板制品
增强塑料	玻璃纤维、碳纤维增强塑料
橡胶	橡胶结合剂砂轮、纸用轧辊、橡胶环等
石墨	碳棒等
陶瓷	密封环、柱塞等烧结及半烧结品

表 3 PDC 刀具各应用领域的比例

项目	比例
汽车工业	60%
木材加工	29%
航天航空	3%
其他	8%

表 4 PDC 刀具被加工材料的应用比例

项目	比例
铝及铝合金	67%
铜及铜合金	20%
铸铁	4%
其他	9%

4. 在木材加工行业中的应用

随着建筑业的蓬勃发展,作为一种特殊的人造板材-强化复合地板得到了广泛的应用,其加工工艺也逐渐引起人们的普遍关注。PDC 刀具是近年来人们加工强化复合地板耐磨层时普遍采用的一种刀具。一方面,强化复合地板的耐磨层一般是 Al_2O_3 颗粒与密胺树脂浸渍而成;另一方面,由于 PDC 是单晶金刚石微粉同金属结合剂经高温高压合成的、既具有较高的硬度,又有较强的耐磨性和热传导性。相对于传统的高速钢或硬质合金刀具而言,采用 PDC 刀具加工强化复合地板的耐磨层能够实现良好的切削质量、加工效率和刀具耐用度,充分体现刀具较高性价比。

5. 在线材模具中的应用

拉丝模是各种金属线材生产厂家如电缆电线厂钢丝厂、焊条焊丝厂等拉制线材的一种非常重要的模具。拉丝模的适用范围十分广泛,主要拉拔棒材、丝材、线材、管材等直线难加工物体,适用于钢铁、铜、钼等金属和合金材料拉拔加工。

随着科学技术和工业生产的发展,聚晶金刚石线材模具的种类也在增多,除了常用的电线电缆外,还有机电、电器、变压器等漆包线模具,集成电路等精密内引线模具(如稀土金属拉丝模),不锈钢、合金钢模具(如一次性注射针头拉丝模),电力线、铜线、铝线压编绞合用拉丝模,适用于黄铜管和白铁管的抽管线用拉丝模,适用于笔芯、陶瓷材料或电阻挤出成形型的挤出用拉丝模等。

三、展望

(1)PDC 具有一系列其他材料无法比拟的卓越性能,具有很大的潜在市场。随着 PDC 性能研究的深入和新产品的开发以及纳米金刚石的应用,PDC 的应用领域将日益拓展。

(2)近年来,虽然我国 PDC 产品的市场竞争力和出口量持续增长,但产品在技术含量上与国外比仍有较大差距。因此,我国应尽快建立新的高效、高附加值的发展模式,加强对 PDC 技术的创新力度,大力开发中高档、高附加值 PDC 产品。

(3)对 PDC 材料品质的要求及多元化的发展趋早。

(4)建立在实验基础上的对 PDC 材料的理论研究必将日益深入,从而推动 PDC 制造技术和应用技术的不断发展。

(5)理论和实验及生产、应用紧密结合的研究模式才是提高我国 PDC 品质的保证。

(6)未来高速切削的切削速度目标是:铣削铝为 10000 m/min;铸铁为 5000 m/min;普通钢为 2500 m/min;而钻削铝、铸铁和普通钢分别为 30000 r/min、20000 r/min 与 10000 r/min。在来高速切削中,聚晶金刚石材料将发挥重要的作用。

(7) 长期以来,天然金刚石被认为是理想的、不能替代的超精密切削刀具材料。研究表明,当进给速度为 1 μm/r 时,PDC 刀具切削镜面的表面粗糙度达到 $Ra \leqslant 0.01$ μm,因此,在一定条件下,廉价的 PDC 刀具有可能替代昂贵的天然金刚石刀具。

第八章

向高新端迈进的金刚石制品

发展中的金刚石量子技术

王光祖,黄祥芬,卫凤午,吕华伟,王鹏辉/文

人造金刚石最近成为一系列基于量子技术应用的备选材料,包括:安全量子通信,量子计算机和电场/磁场感应。量子应用使用量子物理学顶尖的领域来执行操作,在经典物理学系统中这些操作是不可能实现的。金刚石量子技术为21世纪的两个关键问题提供了潜在的解决方案,生物医学和持续增长的信息经济。金刚石有能力缺陷变成量子资源,这种缺陷是特定的,即氮空位缺陷(NV),其独特的性质使其量子态可以在室温下使用光束来操纵和读出。在基于量子的应用中,人造金刚石充当杂质或缺陷的主体,像固态原子陷阱一样起作用。这些杂质的量子特性,例如氮空位缺陷,可以单独操作并、使其相互作用,并且从这些杂质发出的光的光子可以用于读出它们的量子信息。

科学家可通过改变化学成分操控人造金刚石的性质。这种化学操作被称为掺杂。事实证明这种“掺杂”金刚石正成为从量子信息到生物传感的一系列技术的廉价替代材料。否则,开发这些材料将极其昂贵。

设有氮空位(NV)中心的金刚石能探测磁场变化,因此成为生物传感技术的强大工具并于医学检测和疾病诊断。例如,脑磁图(MEG)是一种用于描绘大脑活动并且追踪诸如癫病组织等病理异常的神经影像技术。

不过,这些生物传感技术需要了诱导NV中心电荷转换的光激化。由于不带电的NV中心无法准确探测磁场,因此引入电荷转换一直是金刚石利用面临的挑战。只有负电荷能被用于此类传感应用,因此实现NV中心的稳定化对于整个操作来说非常重要。

一、金刚石量子技术的基础理论

金刚石中的“氮空位中心”(NVcenters)是一种电子缺陷,能够被光和微波控制。但是,此种缺陷会发出彩色光子,携带周围磁场和电场的量子信息,可以用于生物传感、目标探测和其他传感应用。但是,传统的基于 NV 的量子传感器有餐桌那么大,还匹配了昂贵的分立元器件,限制其实用性和可扩展性。

合肥工业大学电物理学院在金刚石 NV 色心量子调控技术上分别处完成了多比特强耦合量子寄存储器的制备,以及 NV 色心电子自旋态 Wigner. 函数表征。

据了解,金刚石 MV 色心是目前量子信息领域研究的热点方向,它是金刚石中由氮原子(N)和邻近的空穴(V)组成的一个分子缺陷结构,结合附近的核自旋可以组成一个可在常温下控制的量子寄存器。由于金刚石 NV 色心尺寸在纳米以下,且具有高旋磁比等特点,目前被广泛应用于单分子核磁共振、微观电磁场成像和细胞成像等研究中。目前针对金刚石 NV 色心电子自旋的量子态制备和控制可以很好地实现,但其附近单个强耦合核自旋的量子态制备保真度只有不到 77% ,严重限制了其作为量子寄存器的应用效率。

在多比特强耦合电量子寄存器的制备中,研究人员通过研究发现制备过程的低效率来源激光引起的 NV 色心的离子化,于是将调制激光技术引入该制备过程,实验验证结合作为了仿真计算证明了该技术能够大大减小色心离子化的概率。

在 NV 色心自旋态的 Wigner 函数表征研究中,该实验室完成了 NV 色心电子自旋的量子态 Wigner 函数重构工作。随着量子比特数的增加,传统的量子态评估方法即密度矩阵重构在实践中变得困难。另一方面用于描述连续自由度的量子系统的 Wigner 函数方法具有不依赖于量子比特数的优点。

最近很多研究小组，尝试将 Wigner 函数方法推广到有限维希尔伯特空间的量子系统。实验实现了基于 Wigner 函数的金刚石 NV 色心单个电子自旋量子的重构。实验中重构的 Wigner 函数包含了与密度矩阵完全相同的信息，可以描述近乎纯粹的退相干过程中的单个量子比特的量子态的演化。

二、国外研究概述

1. 金刚石量子器件的应用

1MIT 首次在芯片上打造基于金刚石的量子传感器

美国麻省理工大学院（MIT）的研究人员首次在硅芯片上打造了一种基于金刚石的量子传感器，从而能够为低成本、可扩展的量子计算、传感和通信硬件铺平道路。

传统的基于 NV 的量子传感器有餐桌那么大，还配了昂贵的分立元器件，限制其实用性和可扩展性。

不过，MIT 的研究人员找到一种方法，利用传统的半导体制造技术，将所有体积庞大的组件，包括微波发生器、光滤波器和光探测器等都集成至尺寸只有毫米大小的包装中，值得注意的是该传感光器、能够在室温下工作，具有感应磁场方向和强度的能力。

这种传感器可用于磁力测量，这意味着能够测量由于周围磁场引起的原子尺度的频率变化，而周围磁场可能会包含有关周围环境的信息。经过进一步完善，该传感器还可用于其他领域，如绘制大脑中的电脉冲图，在漆黑的环境中探测物体等。

2. 单晶体人造钻石创室温量子比特存储时间新纪录

美国哈佛大学和加州工学院以及德国马普光量子研究所利用元素六公司的单晶人造钻石创下了室温量子比特存储时间超过 1 s 的新纪录。这是人类首次实现用一种材料在常温下将量子比特存储如此长时间，哈佛大学物理学教授梅尔·鲁金称赞说，是一项令人兴奋的成果，代表着量子信息处理的最新发展，这项新发现有望帮助人们开发新的量子通信和技术，在近期则有助于研发新的量子传感器。

在量子力学研究中，一秒钟绝对称得上是很长的一段时间，而如果一种材料能做到捕捉、并较长时间的稳定存储住继而转发信息，也就主意味着扩大了量子网产生作用的区域。能够在常温下操作量子比特孔就显得格外珍贵！

3. 元素六推出首款商用量子金刚石——开启下一代量子技术

2020 年 2 月 16 日，戴比尔斯集团子公司——元素六宣布将推出首款商用化学气相沉积法量子级金刚石 DNV-BItm。

DNVtm 是元素六新 DNV 系列的第一种解决方案，对那些研究氮空位（NV）系统（用于量子演示、脉射器、射频辐射探测、陀螺仪、传感）的人来说，是一种理想的初始材料。

金刚石 NV（DNV）中心为研究人员提供了具有自旋量子位元的独特固态平台。该平台可以在室温下初始化并读出具有较长的量子位元寿命。这些特性源于金刚石独特的结构和强键。

首席科学家马修。马卡姆说，通过化学气相沉积法合成金刚石意料味着，首先，可以控制和重复地在金刚石合成过程中加入氮。然后，经过辐照和退火，合成出含有均匀和可重复的 NV 自旋中心浓度的金刚石，其自旋寿命为 1 μs。

2015 年，首次成功地实现了没有漏洞的贝尔的不平等测试，首次证明了“远程惊悚行动”是真实的，这也标志着量子安全网络的重大技术进步。

2019 年，马丁公司为“暗冰”项目交付一款 DNV 马尼驱磁强计，该磁强计可以测量极难察觉的磁场异常的方向和强度，为 GPS 无法实现的导航应用提供了基于金刚石的量子设备。

4. 钻石可能存储海量数量

近几十年来，人们一直用和天然钻石硬度相差无几的人造钻石制造工业钻头、锯条以及医疗植入物的外膜等。但科学家近日发现,如果在钻石上人为地制造出一些缝隙,或许能让它们在量子计算机中也发挥用武之地。科学家称,钻石上的缝可以存储信息,就像 CD 和 DVD 光盘上的微型"小坑"一样。

有一部分钻石的晶体结构中缺欠了一些碳原子,从而空穴周围聚集了一些白原子,因此这些缺陷称作氮空穴色心。这些空穴中通常储存着电子,因此使钻石带上电荷。不过研究人员可以通过向钻石发送激光,将其转化为中性。这一研究说明,钻石可以以负电荷和中性电荷的形式存储数据,然后由激光完成读取、写入、抹除和重新写入等任务。

纽约市学院物理学家希德哈斯。多姆卡尔指出,每字节数据在钻石上仅需占据几纳米的空间,比现有的任何数据存储设备都小得多,因此有助于我们研发超密计算机存储技术。如果引入第三维度,数据存储能力将大大提高。我们或许能创造出一种新型数据存储光盘,存储空间可以达普通 DVD 光盘的 100 倍。

三、国内研发概况

1. 用金刚石建成世界首台量子计算机

参考消息网摘俄罗斯卫星网称,以杜江峰院士为首的中国科技大学研小组,用一块金刚石建成世界上首台量子计量机。该计算机能够在不到一秒的时间内提取获得被编码的信息,而普通的计算机要完成这一工作则需要几年甚至十几年的时间。

杜江峰院士建立的新系统,可以使用相应方式退出体系结构。比起普通二进制计算机,这个系统使得能够进行更大量的计算这一工作的主要目的是使量子计算机能够用于商业。

2. 首次实现高灵敏的金刚石传感器

中国科大杜江峰院士等提出并通过实验实现了一种以金刚石氮-

空穴(NV)色心单自旋为量子传感器(简称金刚石量子传感器)的电探测方法,并首次实现了金刚石近表面电学噪声信息的提取,为金刚石量子传感器在电探测方向的应用提供了新的途径。

利用这种新的探测方法,研究发现除了金刚石上表面电噪声,距离金刚石表面约 10 nm 深的内部的电噪声也不可忽略。通过建立模型和定量的实验研究这两处电噪声,发现它们之间存在显著的相关性。

新方法对磁噪声呈现高度的抑制作用,因为可被用于金刚石近表面纯电噪声信息的提取,还有助于更准确分析表面噪声的性质和来源,从而进行针对性的消除。

3. 金刚石单自旋体系在量子信息领域

科研人员在金刚石 NV 色心量子模拟器上,精确调控三维手性拓扑绝缘体在动量空间中的哈密顿量,利用量子态的动力学演化来表征哈密顿量,从而实现拓扑物相的动力学表征。实验结果不仅进一步支持了理论在向高维拓扑体系拓展的适用性,也观察到了对称性对拓扑相的保护、拓扑图像以及衍生拓扑转变等一系列物理现象,加深了动力学拓扑物相研究的理解,多为更广泛的拓扑物相的研究打下了基础。

实验中使用的金刚石固态单自旋体系因其在室温下易初始化、操控和读出,在实现固态量子计算、量子模拟和量子精密测量等研究中具有很好的应用前景。未来通过进一步发展和提升金刚石单自旋样品的性能、调控技术和单次读出探测技术等,有望推进金刚石单自旋体系在量子信息领域产生更广泛的应用。

4. 在金刚石量子模拟研究领域取得新进展

中科院微观磁共振实验室杜江峰、王亚等与北京大学刘雄军等合作,在金刚石为氮空位-(NV)色心体系的量子模拟实验研究方面取得新进展。他们利用量子淬火动力学在实验上模拟了凝聚态体系中尚未观测到的三维拓扑绝缘体,并第一次对体内和表面的拓扑物理进行了全面研究。

凝聚态体系中拓扑物相的发现革新了对量子物质基本相认识，相关研究成为凝聚态物理的主流研究方向。拓扑材料的基本特性是在体内具有非平凡拓扑，边界则出现和体拓扑相对应的边界态。在过去的十多年里，人们在寻新奇拓扑物质方面取得了大量突破，发现了诸多新的拓扑相，如量子霍尔效应、对称保护的拓扑绝缘体、拓扑半金属、拓扑超导体等。

最近，北京大学刘雄军提出了平衡态拓扑物相的动力学表征理论。

随后，中科大院士杜江峰利用金刚石氮——空位缺陷自旋体首先在二维拓扑体系上实验观测到了该动力学体系—边对应关系。

四、结语

(1)从上述实例我们初步领略到，探索具有划时代意义的金刚石量子技术航船已经起航，并正在征程的路上。

(2)为什么量子科技这么火，如此重要？竟然，惊动全球科学家，甚至国家领导人！其原因是首先要明白一个基础而重要的问题，那就是什么是量子？什么是量子科技？

(3)金刚石在现已知材料中唯一集光电热声磁于一体优秀的材料，这样的独特性能优势是由其先天性的内因所决定的，是它材料无法比拟的。

(4)金刚石量子科技的发展，在新型材料发展中是毋庸置疑是大有用武之地的。量子科技的蓬勃发展，对我们超硬人是机遇，也是挑战。超硬人应该发扬敢为人先、敢于担当的攻坚克难精神，积极参与其中开发量子金刚石新的用应领地。

（节选自超硬材料工程2021 第33卷第3期《发展中的金刚石量子技术》）

正在崛起的金刚石半导体

王光祖，吕华伟，王鹏辉/文

金刚石是一种性质优异的半导体材，具有宽带隙、特高热导率、高载流子迁移率和特有的表面电导等特性。随着现代科学技术的发展，对耐高温、抗辐射、超高速及大功率半导体器件和集成电路高集成度要求不断提高，科学界和产业界部都已意识到金刚石宽带隙半导体材料和器件是最有发展前途的半导体材料到，有人预言，金刚石半导体器件将成为21世纪电子器件的主流，形成半导体科学前沿的一大亮点。钻石是宇宙内最丰富的固体，也是材料界最有用的物质钻石的功能元件（如嵌散热片、滤波器、热电池等）也将成为机电设备的心脏。

一、第三代半导体

第三代半导体概念的出现，是按照半导体材料推出的时间早晚划分。

第一代是从集成电路的发明开始，最先晶体管是锗材料，后面发展成硅材料。

第二代半导体材料，发明并实用于20世纪80年代，主要是指化合物半导体材料，以砷化镓、碳化铟为代表。其中砷化镓在射频功放器件中扮演重要角色，碳化铟在光通信器件中应用广泛。

第三代半导体材料，是在2000年后提出，主要是以氮化镓（GaN）和碳化硅（SiC）为主，2005年以后开始出现超宽禁带半导体。目前以碳化硅（SiC）、氮化镓（GaN）、氧化锌（ZnO）、金刚石（C）、氮化铝（AlN）等具有宽禁带（$E_g>2.3$ eV）特性的新兴半导体材料，广泛用于制造高温、高频、大功率和抗辐射电子器件，应用于半导体照明、5 G通信、卫星通信、光通信、电力电子、航空航天等领域,已被认为是当今电子产业发展的新动力。

金刚石作为超宽带隙半导体材料的一员(禁带宽度 5.5 eV),具有优异的物理和化学性质,如高载流子迁移率、高热导率、高击穿电场、高载流子饱和率和介电常数等。金刚石被认为是制备下一代高功率、高频、高温及低功率损耗电子器件最有希望的材料,被业界誉为“终极半导体”。

二、金刚石半导体材料发展现状

1. 金刚石晶体制备

金刚石应用于半导体产业,需要较大尺寸的单晶材料,金刚石晶体的制造方法也在不断发展,以各种 CVD(化学气相沉积)技术为主,进入 21 世纪,重复生长法、三维生长法及马赛克法的出现,促进了大尺寸金刚石制备的发展,也再次掀起研究制备金刚石的热潮。金刚石是一种优异的半导体材料,具有宽带隙(5.4 eV)、特高热导率、高载流子迁移率(室温空穴迁移率比硅高)和特有的表面电导等特性,工作温度可达 500 ~600 ℃(硅器件为 200 ℃)。

金刚石制备技术的提升是金刚石电子器件性能提升的推动力。元素六公司是高质量(电子级)CVD 金刚石单晶合成的佼佼者,2004 年就生长出 5 mm×5 mm 的大尺寸电子级单晶,杂质总含量可以控制在 5ppb(ppb 为十亿分之一),位错密度在 10^3 ~ 10^4 个/cm^2,是全球金刚石晶体管、金刚石量子通信技术和金刚石高能粒子探测器研制所需高质量单晶的主要提供商。

2012 年,美国卡耐基研究院 CVD 法制造出无色单晶金刚石,加工后重达 2.3 克拉,生长速率达 50 μm/h,而且已实现了方形金刚石在 6 个凸面上同时生长,使得大单晶金刚石生长成为可能。

日本 AIST 于 2010 年使用 MPCVD 制备出尺寸达 12 mm 的单晶金

刚石和 25 mm 的马赛克晶片,2013 年 AIST 继续扩大晶体尺寸,获得了 38.1 mm(1.5 英寸)金刚石片,2014 年借助于同质外延技术和马赛克生长技术成功获得 50.8 mm(2 英寸)单晶金刚石,但其杂质和位错,密度高。

2017 年,德国奥克斯堡大学通过异质外延技术实现了直径 92 mm,155 克拉的大尺单晶金刚石,为大尺寸单晶金刚石的研制提供新的途径,但由于采用异质外延导致错密度较高。

2. 掺杂技术

实现金刚石半导体器件产品化的最大问题是掺杂困难,尤其是 n 型掺杂,p 型掺杂相对容易,目前金刚石掺硼的 p 型材料已基本成熟并实用化。但这种方法需要高温(1450 ℃)加热,会导致多重晶体堆积,所制造的半导体器件性能不如单晶。如果采用在晶体生产过程中注入了硼原子的方法来实现金刚石单晶体的掺杂,不仅需要较高的注入功率,还会降低金刚石晶体的性能。

对于制备电子器件来讲,其 p 型和 n 型是必要的。掺硼金刚石的 p 型材料已基本实用化。由于还不能有效控制 n 型电导率,所以迄今还不能制造出有效的金刚石材料相关优质电子器件,是高性能电子器件发展的最大障碍之一。因此,n 型掺杂问题一直是金刚石半导体材料研究的关键问题之一。一般认为,如果此关键问题被突破,金刚石半导体性能器件的发展将会十分迅速。

三、金刚石半导体器件研究进展

金刚石可以作为有源器件材料制作场效应管、功率开关等器件,也能作为无源器件材料制成肖特基二极管。由于金刚石具有很高的热导率和极高的电荷迁移率,其制成的半导体器件能够应用于高频、高功率、高电压等恶劣环境中,具有巨大的应用前景。国外在金刚石功率电子器件制作方面也取得了一些研究进展,在关键性能指标上实现了一些提升。

随着现代科学技术的飞速发展,对耐高温、抗辐射、超高速及大功率半导体件和集成电路高集成度要求的不断提高,科学界和产业界都已认识到金刚石宽带隙半导体材料和器件是最有发展前途的半导体材料,具有十分诱人的发展前景。有人预言,金刚石半导体器件将成为21世纪电子器件的主流。因近年来国际上对金刚石宽带隙半导体材料电子性质的基础研究非常重视,形成半导体科学前沿一大亮点,国外科学家正在展开这方面的实验和理论研究。

2005年,日本NTT公司研制的金刚石场效应晶体管(FET)器件在1 GHz下,线性增益为10.94 dB,功率附加效率为31.8%,输出功率密度达到2.1 W/mm,该功率密度值是目前可见报道的最高值。

2004年日本采用NO_2吸附、Al_2O_3钝化的方法解决器件热稳定性问题,采用100 nm栅长的氢端金刚石制作的射频功率FET,电流I_{ds}=1.35 A/mm,f_t=35 GHz,f_{max}=70 GHz,栅长和栅宽分别为0.2 μm和390 μm。1 GHz下RF输出功率密度为2 W/mm²,能在200 ℃下实现稳定工作。

2017年,日本在(001)金刚石衬底上同质外延500 nm金刚石薄膜,制成2 kV击穿电压的常关型C-H金刚石MOSFET(金属氧化物半导体场效应晶体管),栅阈值电压V_{th}为2.5~4 V。

随着金刚石半导体技术的不断发展,未来必将突破n型掺杂技术,大尺寸高质量单晶制备及高平整度、高均匀性等瓶颈问题,实现更高功率性能的金刚石电子器件、金刚石半导体器件比硅芯片更薄,基于金刚石的电子产品很可能成为高能效电子产品的行业标准,将对一些高新行业产生显著影响,包括更快的超级计算机、先进的雷达和电信系统、超高效混合动力汽车、极端环境中的电子设备以及下一代航空航天电子设备等。

饰钻培育技术的由来与兴起

王光祖 黄祥芬,卫凤午,位星,张相法/文

天然钻石因为其属于非再生资源。终久的将会枯竭。人工培育高品质钻石一直为众多科技工作者所关注。经过多年的发展有两种方法已经商业化,即化学气相沉积(CVD)法和高温高压(HPHT)法。目前国内外研究成果显著。研究结果显示培育钻石具有明显优势,发展潜力巨大。最终不仅以其取之不尽,用之不竭,而且能够完全满足各种不同欲望与需求而登上永恒的培育饰钻终极殿堂,笔者断言。

在众多的奢侈品中,钻石饰品一直都以其晶莹剔透,尊贵典雅和历史久远而屹立世人。'钻石恒久',一言永恒流传的广告语几乎在每一个人的心目中都刻上了深深的烙印,一枚钻戒成了婚礼程序中不可或缺的组成部分,钻石饰品似乎已经成为女性必需的奢侈品之一了,在中国选用钻石戒指作为订婚礼品的婚缘文化还不断发展之中。

贝恩公司预计,到2023年全球培育钻石市场规模或将达到52亿美元,约合人民币342亿元。前景喜人。

一、培育钻石兴起

当前,在金刚石所有的应用市场中,培育钻越来越备受青睐。高品质的培育钻石已由实验室走向市场。2016年,Swarovski,培育钻石品牌Dima面世,并于2020年,推出培育钻石彩色系列,2018年DeBeers集团创立培育钻石品牌Lightbox,该品牌依托元素六公司强大的技术保障及其母公司的珠宝行业背景,在成本产量、品质控管及品牌打造方面占据显著优势。2019年,美国最大珠宝零售商Signet线上销售培育钻石。2020年,国际宝石学院IGI鉴定了两颗质量分别为

21.91 g 和 23.13 g 的培育钻石，美国宝石学院 GIA 培育钻石推出新版培育钻石检测报告。近年来，国内金刚石相关产品制造企业也陆续推出培育钻石产品，如黄河旋风、沃尔德、宁波晶钻、上海征世、杭州超然及中南钻石等企业均有相关产品问世并投放市场。2019 年，由国检中心深圳珠宝检验实验室有限公司负责起草的《合成钻石鉴定与分级》(Q/NGTCJSZ000012019)标准正式发布并实施。国内外行业巨头，权威检测机构的加入，表明目前培育钻石行业发展逐渐规范，消费者认可度逐渐提高，培育钻石市场短期内还有较大的发展空间。

二、培育方法

CVD 化学气相沉积法，是培育钻石的一种生长方式，另外还有 HPHT 高温高压法，这两者是目前培育钻石市场上最主要的两种培育方式。

相对而言，HPHT 更早应用于宝石级别的培育钻石上，早在 2010 年珠宝市场上就已经出现了 HPHT 培育钻石。

经过多年的研究发展，目前有多种方法可以成功的制出合成钻石，其中两种方法已经商业化，即化学气机相沉积法(CVD 法)和高温高压法(HPHT 法)。

1. CVD 合成钻石

CVD 合成钻石是在较低的合成温度和压力条件下，用化学反应程式，分离出碳源气体中的原子和分子，重新沉积在基底(种晶)上，鉴于吸附作用形成晶体生长的技术，碳源气体在钻石热力学亚稳区域，被离解成自由基(碳原子和氢原子或者甲基 CH_3 和氢原子)，并在一定的温度压力条件下在基底上形成典型金刚石结构的培育钻石，当基体使用天然的或者 HPHT 法合成的钻石时(即同质外延生长钻石晶体)在基底上将生长出单晶钻石，而使用硅、钨、钼做衬底时，在基底上将长出多晶体的钻石膜。

MPCVD(微波等离子 CVD)技术能够合成出,纯度较高的金刚石。其主要特点是,等离子体中产生原子氢的浓度大,没有电极污染,能够较高压力下产生稳定的等离子体,生长的金刚石膜的质量较高,其设备也是国内外科学家研究的重点。至于微波法能够制造大面积、高质量的金刚石,将是未来科技工作者研制人造金刚石最理想的方法。该方法已经在国外得到了很好的应用(如导弹头罩、光学红外窗口等)。MPCVD 法能够制备高品级的金刚石,经过加工以后可以制作钻石等级装饰品,其价格仅为左右天然钻石的四分之一左右。目前只是微波设备和技术成本投资较大。

然而,国内掌握 MPCVD 技术的厂家有限,目前仍旧是欧美厂家占主导。国际市场上主流公司为 Norton 公司、Crystllume 公司、Lambda Technologies 公司、Element 公司、Fraunhofer 公司、ASTeX 公司、Westlnghouse 电气公司、IBM 公司、Apollo Dimond 公司和 De Beer 公司等,这些公司都在使用 MPCVD 法培育钻石。由于高纯度的单晶金刚石不仅能够做成珠宝首饰,而且电学、光学、力学和热力学等方面的优异特性还能够使它在半导体、5 G 通讯、高端装备、军工科技领域作为核心材料使用。

值得关注的是,湖南航天长沙新材料产业研究院有限公司金刚石设备及制品产业化项目极力于 MPCVD 金刚石设备及制品的研制,技术转化和人才培养,将进一步提升我国金刚石制备和应用水平,对推动金刚石的产业化具有重要战略意义。

2. HPHT 法生长金刚石单晶

当碳源被放置在高温端,籽晶被放置在低温端利用温差培育单晶体,是 HPHT 法生长金刚石的基本原理。宝石级金刚石单晶的生长过程,是金刚石的溶解和再析出过程。由于,触媒中的碳素浓度与温度有关,高温端和低温端碳素浓度梯度的存在,促使碳素由高温向低温端扩散,并在籽晶上析出,实现晶体的外延生长。

合成钻石与天然钻石相比有以下优势:①成色可控制,可根据市场和客户的需求生产不同品质的钻石;②尺寸可控,可根据需要控制合成时间来生产不同尺寸的钻石;③颜色可控,可根据受者的喜好生产不同颜色的钻石;④人造宝石级钻石的材质可以量身定做,可以定做各种纪念意义的钻石;⑤大颗粒人造钻石较低的生产成本更能满足大规模的工业应用需求;人造宝石级钻石成本较天然钻石有明显的优势。因此,发展潜力巨大。

三、彩色钻石的颜色是如何培育出来的?

实验室培育出的钻石和天然钻石一样,可以具有各种颜色,那么你知道这些颜色都是如何产生的吗?

1. 黄色系列

HPHT 法培育出来的钻石多为黄色系列,这是由于此方法合成的钻石由于生长速度过快,不能形成天然钻石的 N3 色心,合成钻石的类型多为Ⅰ型(孤 N),而 b 型钻石中的多余的电子导致对蓝光的吸收而形成黄色调。

2. 褐色系列

褐色合成的钻石多为 CVD 法合成,CVD 合成的钻石除了少数为近无色外,大部分都带有一定的褐色调。这是由于其内部含有极少的孤 N 的塑性变异而导致。

CVD 合成的钻石由于合成条件中几乎没有 N,因此为Ⅱ型钻石天然的褐色钻石的颜色成因,也与内部的塑性变形有关,但天然褐色钻石可以是Ⅰ型也可以是Ⅱ型。

3. 无色系列

无色的合成钻石可以是 HPHT 法,也可以是 CVD 法。由于 HPHT 法合成的钻石中常含有 N 元素,这是导致产生黄色的原因,欲得无色的钻石必须加入 N 吸收剂,此时 HPHT 法合成的无色钻石由于几乎不含 N,钻石类型则为Ⅱ型。

除此之外也可以利用高温高压使得晶体结构中的孤 N 转移并汇集进而产生Ⅰ型钻石,这类方法产生的钻石也叫 GEPOL 钻石。

4. 蓝色系列

天然的蓝色钻石多为Ⅱb 型,即内部几乎没有氮(N)元素,但有一定量的硼(B)元素。

因此,只要利用合适的方法使得合成钻石变为Ⅱ型钻石即可产生蓝色。

比如 HPHT 法合成钻石时加入 N 吸收剂,在加入适当的 B 元素,即可产生Ⅱ型钻石,又或者将 CVD 法合成Ⅱ型钻石时,加入适当的 B 元素也能够产生Ⅱ型钻石。

5. 红色系列

合成钻石同样可以产生尊贵的红色系列,红色的合成钻石可以用 HPHT 法合成Ⅰb 型钻石,先经过辐射处理得到蓝色、蓝绿色,再经过加热处理,最终可以获得红色或紫红色的钻石。这一类的粉红色合成钻石常具有 673 nm 的吸收线,主要为 NV(空穴+孤 N)所致。

6. 绿色系列

天然绿色钻石是由于受到自然辐射的影响而产生了 GRI 吸收,合成钻石欲变成绿色也是相同的原理,将合成钻石放入人工辐射设备,比如回旋加速器、电子辐照处理、中子照处理等,就可以得到绿色的合成钻石,此外,也可以将 HPHT 法合成钻石直接加入硼元素,得到Ⅰ型和Ⅱ型组合的合成钻石,由于Ⅰ型为黄色,Ⅱb 型为蓝色,组合在一起也可以得到绿色的合成钻石。

四、国内外培育技术现状

1. 国外

由 Apollo Diamond 生产的 CVD 钻石(0.27 ~0.62 克拉)(图 1)显

示出强烈的粉红色可与顶级天然粉红色媲美。直到 2015 年,随着 CVD 的技术突破,单粒达到了 5.19 克拉,但净化度和颜色等级稍逊,仅为 J 色,VS2 净度。

扫码见彩图

图 1　Apollo Diamond 培育的 CVD 钻石

随着 CVD 技术的进一步发展,CVD 培育钻石的克拉重量也随之变大,2018 年美国的 CVD 培育钻石公司 Washington Diamond 已经将重量记录提升到了 9.04 克拉(图 2),但这颗钻石的品质仍受限于颜色和净度,为 J 色 VS2 净度(超硬材料)。

扫码见彩图

图 2　Washington Diamond 培育的钻石

天然钻石属于非再生资源,形成于地表下超过 100 km 深处,再伴随着火山喷发等地质活动上升到地面,地幔中的高温高压使碳元素结晶形成钻石,偶尔会将周围的尘埃或液体杂质包裹进去,因此,天然钻石十分珍贵。

俄罗斯圣彼得堡的New Diamond Technology培育钻石公司制造出了一颗重达129.47克拉尺寸为29.5mm×29.5mm×21mm的Ⅰb型HPHT单晶培育钻石毛坯(图3),再一次打破了大颗粒培育钻石世界纪录。

扫码见彩图

图3　俄罗斯圣彼得堡的New Diamond Technology培育的钻石

培育这颗钻石耗时400 h左右,培育速度达到了65 mg/h。公司方面认为,这预示着未来大颗粒培育钻石市场将会有一次极大的跃升。另外,随着开发技术的不断进步和设备的更新,培育钻石毛坯的制造成本也会继续下降。

New Diamond Technology,公司成立于2014年,目标就是大批量生产最高品质的单晶钻石。2018年凭借一枚重达103.5克拉的培育钻石(图4),让整个行业为之震动。

扫码见彩图

图4　New Diamond Technology培育的钻石

培育钻石行业近年来经历了高速发展,人们从最初的怀疑和排斥,到现在的拥护和支持,其中浸透了大量从业者的汗水。

2. 中国 HPHT 法培育饰钻

据中国超协统计资料显示:2021 年 11 月 22 日调查企业用于培育钻石压机台数:中南钻石 1000 台,毛钻(从压机出来后酸处理后的钻石)批量生产 25 ~ 30 克拉,裸钻(通过设计、切、磨、检测等工艺加工过的钻石)最大重量 60 克拉;黄河旋风 3000 台,毛钻批量生产 3 ~ 8 克拉,裸钻最大重量 20 克拉;郑州华晶 600 台生产白钻,400 台生产单晶,裸钻批量生产 9 克拉,毛钻最大重量 16 克拉;力量钻石 400 台,毛钻批量生产 2 ~ 10 克拉,裸钻最大重量 25 克拉。

中国是目前世界上最大的培育钻石生产国,已经连续 15 年位居世界首位,最近几年的产量甚至占到世界总产量的 90% ,达到年产 200 亿克拉。从某种程度上来说,中国正在改变世界钻石行业的格局,更有市场观点认为,中国的培育钻石可能会彻底颠覆全球市场。但目前中国生产的培育钻石以出口为主,大多数国内消费者在购买时还倾向于天然钻石。

市场的需求会继续推动人造钻石行业的发展,这给中国培育钻石行业带来发展机遇。

这是上海征世有史以来实验室培育出全球最大 CVD 钻石(图 5),该钻石毛坯 46.20 克拉,具 F 颜色和 VVS2 清晰度,属Ⅱa 钻石。

扫码见彩图

图 5　上海征世培育的最大钻石

IGI 香港董事总经理 Bob Van Es 指出，一颗这种重量的实验室生产的钻石具有如此高度的清晰度和颜色等级是 CVD 培育的钻石技术方面的一项了不起的成就。

2020 年 3 月 9 日，IGI 国际宝石学院鉴定了一颗 7.06 克拉的 CVD 培育钻石，这颗钻石来自中国培育钻石生产商——杭州超然金刚石有限公司，这颗钻石的诞生也标志着高品质、大克拉 CVD 培育钻石技术的日益成熟。

这颗 CVD 钻石经 IGI 国际宝石学院鉴定（图 6），重达 7.06 克拉，为 F 色、VVS2 净度、3EX 切工。据介绍，其毛坯重量达到 28 克拉，是当时全世界最大的高品质 CVD 钻石。在放大条件下观测，这颗钻石内部包裹体主要为稀疏的云状物，此外在钻石观测仪（Diamond View）下，这颗钻石呈紫红色发光，并伴随有一层层的生长纹路，是 CVD 钻石的典型鉴定特征。

扫码见彩图

图 6　重 7.06 克拉 CVD 培育钻石

2015 年 IGI 检测的一颗 HPHT 法培育钻石，重达 10.02 克拉、E 色、VS1 净度，是当时全世界 HPHT 法培育出来的最大宝石级培育钻石。

中南克拉级培育钻石关键技术研发其产业化项目推广获得 2020 年河南省科学技术奖，标志着在 HPHT 法培育钻石领域，培育技术，产业化水平在国内处于领先地位

中南克拉级培育钻石项目形成了年产 50 万克拉优质克拉级培育

钻石产能，成为国内唯一能够批量供应 3 克拉及以上顶级培育钻石毛坯的供应商，同时掌握了粉色、绿色、紫红色等彩钻石并能规模生产。

五、展望培育钻石的广阔天地

走进三磨所的国家重点实验室，你会发现他们紧盯国际科研前沿，进入了金刚石"功能化"研究的新天地。研发的高品级大单晶金刚石，已经可以切割成高品质的克拉级钻石（图 7）。

图 7　高品质克拉级钻石

扫码见彩图

"如果高品级大单晶金刚石技术实现突破，用金刚石材料制作的芯片，但愿及早成为研发新型高性能计算机的重要支撑？"

"通过研发金刚石掺入的环保材料，可以高效降解有害物质，将污水直接处理成符合环保国标的清洁水，也许可以因此破解生物制药行业的污水处理国际性难题？"

"开发同为碳基构成的金刚石超硬材料，替代金属制成心脏起搏器、骨关节置换部件，不仅可以彻底克服人体对金属材料产生的排异反应，而且极其坚固耐用，这也许能成为医疗产业一个新的突破口？"

国内超硬人协同行业感兴趣的科研同仁，正在努力把这一个个"问号"，变成创新发展的"句号"和"叹号"。

基于金刚石优异的光、电、热和化学性能的研发，目前大多还处于理论研究和实验室探索中，但也许在不久的将来，这些"奇思妙想"将占据创新研发的制高点，拓展出新的产业发展空间，为整个超硬材料行业乃至国家制造业，开辟出一片片广袤而富饶的“蓝海”。

六、结语

(1)高品质的金刚石，经过切割、打磨、抛光，加工成钻石珠宝后具有装饰观赏属性、金融投资属性和文化传承属性产品，多年来收到投资者、消费者的追捧和喜爱。大尺寸培育钻石制备技术的逐渐成熟，为珠宝行业开辟了新的市场领域——“培育钻石”。

(2)大尺寸高质量 SCD 关键技术的突破，并伴随着消费者对培育钻石认知度和接受度的提高，能够有效缓解当前国内珠宝市场对天然钻石 100% 依赖进口的问题。

(3)相较天然钻石，培育钻石最大的优势是取之不尽，用之不竭，且价格低廉。近年来，随着技术不断进步，培育钻石的产量、品质，都有了显著的提升，同时成本也逐步下降。

(4)天然钻石通常是经过数十亿年形成的，大约在地球 50 km 以下的深处，那里有高压和 1000 ℃ 以上的温度，适合金刚石生长的环境。ANU 物理研究学院的 Bradby 说，一个国际科学家团队在实验室里，在室温下几分钟内就制造出了钻石。故培育钻石亦有广泛前景。

(5)钻石被认为是地位、财富和浪漫的象征，随着科学家对钻石的了解越来越多，近年来钻石开始失去某些神秘感。

(6)未来天然钻石和培育钻石可以做到共存吗？

随着钻石矿藏资源的枯竭，培育钻石正在弥补天然钻石的供应短缺。

从科学的角度来看，培育钻石与天然钻石没有区别都是碳元素构成，硬度都是莫氏 10，物理特性和化学成分没有区别，但最关键的还是消费者的认知。

培育钻石近两年发展速度极为惊人，不仅因为本身价格相对天然钻石低很多，更因为新一代消费者的崛起和意识改变。

培育钻石对消费者的关键吸引力在于低价，可以花同样乃至更低的价格买到更大更美的钻石，目前市场上培育钻石的价格大约为天然钻石 60% 左右，未来会更低。

对于珠宝商和珠宝零售商来说，还是基于培育钻石的高利润吸引力。

在接受 MVI 调查中，有 95% 的珠宝商认为经营培育钻石的利润更高。其中，有 78% 珠宝商认为，经营培育钻石，比经营天然钻石高 16% ~40% 。

宝石级大单晶金刚石的研发——追钻石首饰之梦

王光祖/文

金刚石和钻石这两个名词所指的是同一种物质，只是使用习惯有所不同。金刚石是矿物学名称，而钻石是宝石学名称。钻石一般指天然的、可用作宝石的金刚石，而金刚石一般指人造的，工业生产中应用的金刚石。在科技文献中，经常用天然金刚石来指钻石。不过近年来随着人造大单晶进入首饰市场，金刚石和钻石在使用习惯上也趋向混同。

宝石级金刚石一般有两个极限条件：首先是纯度要达到一定水准才能称为宝石级；其次是粒径一般 3 mm 以上可称为大单晶金刚石，3 mm 以下、30/35 目以粗的单晶金刚石称为粗颗粒金刚石。

科学家之所以梦寐以求地去合成宝石级大单晶金刚石，首先是因为金刚石作为一种特殊材料集许多化优异性能于一身，其中包括多种极限性能，如最高硬度和最高热导率，是名副其实的材料之王，其应用领域遍及半导体、电子、光学以及精密/超精密机械等工业领域，而这些领域的应用往往对金刚石晶体的纯度和尺寸提出了基本要求。换言之，只有宝石级大单晶金刚石才能充分拓展金刚石的用途，才能充分发挥出它的众多优异性能。

其次，因为天然金刚石的来源非常有限，而且开采十分困难。不仅如此，开采出来的大部分金刚石因为粒径了小，颜色暗和纯度低，仅能作为工业用，只有20%达到宝石级要求。

一、国外宝石级大单晶金刚石

1. 静态高压高温法

1967年初，美国GE公司获得了利用晶种外延生长金刚石的技术专利授权，这是温差法的首个专利。1970年，GE公司利用温差法成功生长出1克拉（边长5 mm）的黄色Ⅰb型单晶金刚石。同年GE公司又宣布合成出0.8～0.9克拉的无色透明Ⅱa型金刚在石和0.9克拉的蓝色Ⅱb型单晶金刚石。

1985年，日本的住友电气工业株式会社，将优质Ⅰb金刚石单晶的生长速度提高到4 mg/h，实现了1克拉优质金则刚石单晶的批量化生产；1990年，用大晶种（5 mm）等技术生长出9克拉（12 mm左右）金刚石大单晶，生长速度由通常的2～2.5 mg/h提高到12～15 mg/h；2000年，将无色大单晶的生长速度由通常的1～1.5 mg/h提高到6～7 mg/h，优质Ⅱa单晶最大达到8.0克拉（对角线10 mm）。

1996年，戴比尔公司用1000 h合成出25克拉的优质Ⅰb型金刚石单晶，代表了当今宝石级金刚石培育的最高技术水平。

用温差法生长宝石级大单晶金刚石产业化方面走得最远、规模最大的是美国盖迈希公司。该公司成立于1995年，从俄罗斯引进了3台两段式分球式压机起家。2001年开始用这种压机成功地合成出了黄色大单晶。2003年盖迈希公司在世界上首次将经切割打磨过的黄色金刚石推向首饰市场。两段分球式压机仅有1.8 t重，设备成本低，盖迈希公司在数年之内就将压机迅速扩展到300多台。近年来盖迈希公司机主要产品逐渐转移到了无色透明大单晶金刚石，产品标准与天然金刚石4C标准相同，其价格比天然金刚石便宜约20%。

2. CVD法

1996年美国阿波罗金刚石公司的创始人发明了CVD法合成无色单晶金刚石的条件，1999年申请并于2003年获得美国专利。2003年，阿波罗金刚石公司生长出边长10 mm的无色单晶金刚石片，并开始在市场销售中由晶片切割抛光而成的首饰用金刚石。2005年，阿波罗金刚石公司能够生长出约2克拉的单晶金刚石，生长速度达到每周5克拉，经切割打磨后成为首饰用金刚石，单颗重达0.25~1克拉，净度IF-SI。

美国卡内基地质物理实验室于1998年开始CVD单晶金刚石合成技术开发，2004年生长出对角长10 mm，厚4.5 mm的单晶金刚石，生长速度100 m/h，最高速度300 m/h。所得到的金刚石呈褐色，经高压高温处理后呈无色。2005年生长出10克拉的透明单晶金刚石，并且能直接生长近无色、蓝色和黄色大单晶。无需高压高温处理。

英国E6公司于2002年用CVD法生长出单晶金刚石，2004年合成出边长5 mm单晶金刚石晶片，晶片的主长方向为(100)面。根据的晶体的尺寸、颜色和净度可以判断，在CVD合成方面该公司已经达到很高水平。

二、国内宝石级大单晶金刚石

国内在宝石级金刚石合成研究方面，起步时间并不太晚，但人力和资金投入不足，无论长是关键技术创新还是生产规模，与发达国家相比均有相当大的差距。可喜的是进入21世纪以来，国外宝石级大单晶金刚石进入首饰市场，引起了国内行业的普遍重视，从事有关技术开发的大学、研究所和企业明显增多。

1. 早期试验研究

1974年，上海硅酸盐研究所采用静态高压、高温法合成出

2.7 mm,1997 年又成功合成出 3 ~ 4 mm 单晶金刚石。

与此同时,三磨所也在该所 DS-027 型铰链式六面顶压机和广州矿砂轮厂单压源紧装式六面顶压机上探索过大颗粒单晶金刚石的合成。其结果表明,在单压源六面顶压机上合成的成功率达 70% ~ 80% ,而在铰链式六面顶压机上合成的成功率只有 30% ~40% 。

1986—2002 年的 16 年间,我国大单晶金刚石研究开发进入沉寂期,国内专业期刊上几乎看不到这方面的论文。

2. 温差法技术开发

2000 年以来,吉林大学超硬材料国家重点实验室系统地研究了宝石级金刚石的合成技术,取得一系列成果,其主要成果如下:

2003 年,利用限型生长法来抑制晶体内金属包裹体的进入,将优质宝石级 Ⅰb 型黄色单晶金刚石的生长速度提高了 4 倍之多,由原来的 1.1 mg/h 提高到了 4.5 mg/h 合成时间持续 12 h,晶体尺寸接近 4 mm,重量大约 50 mg。

2004 年,在 FeNiCo 合金触媒中加上一定量的 Ti 和 Cu,用温度梯度法首次在国产六面顶压机上合成出约 1.5 mm 高质量的 Ⅱa 型单晶。同年,合成出优质 Ⅰb 型金刚石,晶体尺寸 5 mm,重量 0.5 克拉。

2005 年,采用石英管做反应容器材料,生长出宝石级金刚石单晶晶面完整,几乎没有发现包裹体和缺陷。

2007 年,合成出了 3.5 mm 的优质绿色高氮宝石级单晶金刚石,其氮含量高达 1600 ppm。

2008 年,合成出了 4.3 mm 优质 Ⅱa 和 4.0 mm 优质 Ⅱb 大单晶金刚石,并开发出单次生长多颗 Ⅰb 型宝石级金刚石批量化生长技术,合成出了 7.3 mm(1.7 克拉)的优质塔状 Ⅰb 型宝石级单晶金刚石,在国内首次实现了优质克拉级 Ⅰb 型宝石级单晶金刚石的可重复性生长,并且晶体生长速度达到了 4.8 mg/h,达到了工业化生产要求。

2009 年,将优质Ⅰb 型单晶金刚石的尺寸提高到 8 mm(2.1 克拉)。

2010年,成功合成出了重1克拉,径向尺寸达6.0 mm的优质掺硼金刚石单晶和最大方向达7.3 mm,重1.2克拉的优质立方六面体大单的晶,其径向生长速度达到0.22 mm/h,轴向生长速度仅为0.08 mm/h,增重速度为7.3 mg/h。

2011年12月24日由省科技厅组织对黄河旋风河南杰出人才基金《1~10 mm大单晶金刚石合成》通过结题验收。通过触媒成分改变达到对金刚石色调和饱和度的调整等7项创新,成功合成出1~2 mm黄色单晶,合成出了边长达10 mm(重6.03克拉)的黄色大单晶金刚石和6 mm的蓝色和无色大单晶金刚石。

扫码见彩图

图1　两颗黄色大单晶金刚石

(重量和尺寸分别为7.56 ct 9.0×9.5×5.0 mm^3、5.30 ct 8.5×8.0×4.5 mm^3)

扫码见彩图

图2　切割后无色透明大单晶金刚石

(重量0.2~0.6 ct颜色E级,净度VS2级)

扫码见彩图

图3　加工后的黄色钻石

（最大一颗重0.9 ct，晶体净度达到VVSI级）

山东昌润钻石股份有限公司近年3～5 mm级的单晶大颗粒金刚石发展也很快，晶体完整、金黄色、透明度高，已有4～5台压机成年批量生产，产品全部销往韩国。

3. 薄膜法技术开发

中南钻石股份有限公司，自2005年起开始批量生产2 mm以下高品级人造金刚石。2011年16/20(0.9～1.125 mm)高品级工业钻石通过了河南省科技厅鉴定。

2013年3月河南省科技厅对该公司2012年度完成的1.2～1.7 mm修整工具用单晶进行了技术鉴定，评定认为关键技术达到国际先进水平。2013年已具备批量生产宝石级大单晶的能力。

三、人造大单晶金刚石的工业化

2009年，焦作华晶钻石有限公司，经过潜心钻研，开发出一套完整的优质金刚石大单晶生产工艺，在国内首次成功实现了工业级片状金刚石大单晶(3.0 mm×3.0 mm～8.0 mm×8.0 mm)和6～7 mm宝石级大单金刚石(裸钻重0.2～1.5克拉)的工业化生产。工业级片状金刚石大单晶主要用于高精密刀具和拉丝模等；宝石级大单金刚石可用作首饰等。该产品已经过国内外市场的苛刻认证,并被苹果公司列为全球供应商。公司由最初的一台压机生产,发展到现在的25台,月产片状金刚石单晶10000片。计划2013年扩大到150台压机。

扫码见彩图

焦作华晶钻石有限公司自主研发的成套优质金刚石大单晶合成工艺并投入工业化生产,填补了国内金刚石大单晶工业化规模生产的空白,把我国金刚石合成技术水平提高到一个新的高度。

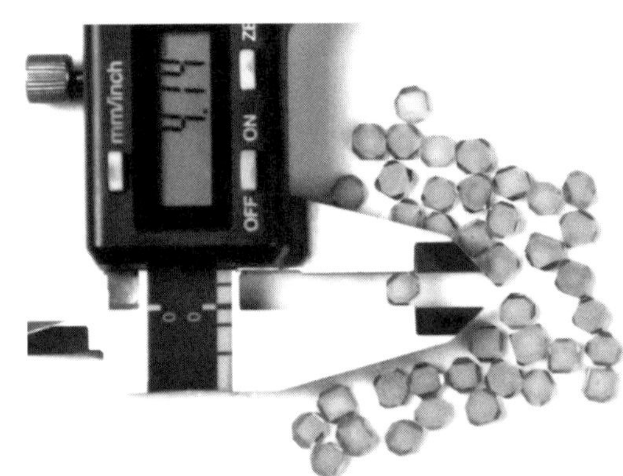

图4　工业级片状金刚石大单晶

(焦作华晶钻石有限公司生产的)

扫码见彩图

图5　加工后的黄色钻石

(焦作华晶钻石有限公司生产的3.0~4.2 ct)

我国 CVD 金刚石大单晶外延生长始于 2006 年,吉林大学采用微波等离子体 CVD 法率先进行研究。

北京科技大学和北京普莱斯曼金刚石技术开发有限公司从 2008 年开始进入 CVD 金刚石大单晶生长研究行列,采用具有自主知识产权的旋转电弧等离子体矩和气体循环技术的高功率直流电弧等离子体喷射。与微波等离子体 CVD 相比,能够在更大面积和更低压力下满足高质量 CVD 金刚石大单晶外延生长条件。现已获得 7.5 mm×7.5 mm×1.03 mm,重 1.014 克拉(研磨抛光后)的金刚石大单晶,环绕四周的是一层厚为 0.6~0.7 mm 的多晶薄膜。

四、几点小提示

培育宝石级大单晶的 HPHT 装置有三种类型:一是以西方国家为代表的年轮式两面顶压机;二是以中国为代表的铰链式六面顶压机;三是以俄罗斯为代表的分割球式装置。

静态高温高压法培育的宝石级金刚石

王光祖/文

科学家之所以想去制造人工合成的金刚石,理由非常简单,那就是天然金刚石的来源非常有限,而且开采十分困难。天然金刚石矿藏的金刚石含量很低,即使蕴藏丰富的所谓“富矿”,其中金刚石含量也仅仅是百万分之一至千万分之一,换句话说,要开采处理数吨重的矿石,才能获得 1 克拉金刚石。不仅如此,开采出来的大部分金刚石因粒径小、颜色暗和纯度低,仅能作为工业用,只有约 20% 达到宝石级要求。

宝石级金刚石指一定纯度和一定大小或重量以上的单晶金刚石。

由于宝石级金刚石的生长需要一个时间上可以持续的过程，所以从原理上来说只有静态高温高压法或化学气相沉积法有可能被用来生长宝石级金刚石。

静态高温高压法又可进一步细分为薄膜生长法（Film Growth Method，FGM）和温度梯度法（Temperature Gradient Method，TGM）。两种方法都使用压机产生持续和稳定的高温高压，都需要触媒，都是在热力学平衡状态下从过饱和碳溶液中析出金刚石，不同之处在于碳源和晶体生长驱动力不同。

一、薄膜生长法

用这种法生成的每一颗金刚石都被一层触媒薄膜所包裹起来，该法因此而得名。薄膜生长法以石墨作为碳源，不需要晶种。薄膜生长法又简称为薄膜法。

用薄膜法生长宝石级金刚石的困难首先在于保持合成腔体内温度和压强长时间稳定性以及再现性。以合成 12/14 目（1.5 ~ 1.8 mm）的金刚石为例，合成时间约为 6 h。在这 6 h 合成过程中，作为传压和密封介质的叶蜡石会发生相变，作为保温材料和传压介质的白云石会少量分解，作为绝缘材料和传压介质的绝缘管会晶粒长大和烧结，随着晶体生长时间延长生成的金刚石会增加从而引起合成棒体积收缩，如此等等都会引起合成腔体中的温度和压强的变化。在长达 6 h 合成过程中合成腔体中的温度和压强的变化是可观的量，不可忽视。根据晶体生长一般规律，为了获得良好的晶体质量，就需要将晶体生长速度稳定地控制在较低的范围内。为了实现稳定并且较低的生长速度就必须将合成腔体中的温度和压强的变化控制的一个很小范围内，也就是说就必须对压机加热功率和油压进行一定的补偿。因为合成腔体的温度和压强的在线测量几乎不可能，合成组装块诸部件材料的相变、分解、烧结以及金刚石的生长等引起的合成腔体温度和压强的变化量无从知道，压机加热功率和油压的补偿量就不能准确地决定。为了保持合成腔体内温度和压强长时间稳定性，实际上采用的是退而求其次的办法，即设定不同压机加热功率和油压的补偿量进行金刚石合成实验，根据所得金刚石的质量和数量选择一对最好的压机加热功率和油压补偿量。合成腔体内温度和压强的再现性要求来自薄膜法的原理和生产的效率。因为薄膜法的晶体生长驱动力敏感地依存于温度和压强，晶体生长驱动力要小而稳定才能生长出高纯度金刚石晶体，要满足这一要求除了温度和压强要适当而稳定外，合成作业一次与一次之间温度和压强要具备高度的再现性。如果温度与压强不具备再现性，晶体生长驱动力就不具备再现性，一次与一次合成的结果就出现波动。即使不计提纯时间，6 h 合成过程结束后才知道合成结果，如果结果不好，就浪费了 6 h，薄膜法的生产效率也就失去了。实现温度和压强的高度再现性，不但要求压机加热功率和油压的控制精度高，更主要在于合成组装快部件的几何精度和成分精度高。具体而言，要实现合成温度的高度再现性主要通过提高加热元件的几何精度和材质精度，而合成压强的高度再现性则主要通过叶蜡石块的几何精度和成分精度（尤其是含水量）来实现。

用薄膜法生长宝石级金刚石的困难还在于有效的碳源会随着合成时间的延长而耗尽。如果说第一个困难，即保证合成腔体内温度和压强长时间稳定性以及高度再现性，是技术性的，那么第二个困难则是原理性的。

尽管薄膜法合成金刚石的粒径上限在 2.5 ~ 3 mm，粒径在 1.5 mm 至这一上限之间的高品级金刚石经过打磨抛光后一样可变成晶莹剔透、闪闪发光的金刚石，可用作克拉级钻戒等首饰上的陪钻。薄膜法在合成狭义宝石级金刚石方面的应用价值虽然有限度，但也不能一笔抹杀，何况在这一粒径范围的金刚石在单晶拉丝模、一些工程和地质钻头以及砂轮修整工具等方面具有难以挑战的地位。

二、温度梯度法

温度梯度法又称为温度差法或简称为温差法。美国GE公司于1967年首次提出了用该法培育宝石级大单晶金刚石的想法，并于1971年合成出5 mm（近1克拉）黄色单晶金刚石。

扫码见彩图

图1　GE公司生长并琢磨成的克拉级金刚石宝石

温度梯度法的基本原理如图2所示。在合成腔体上部是粒径小晶质差的金刚石（通常为骸晶金刚石），用作大单晶金刚石生长的碳源，下部是晶床，在晶床与碳源之间是触媒，在晶床上表面正中位置植有晶种。

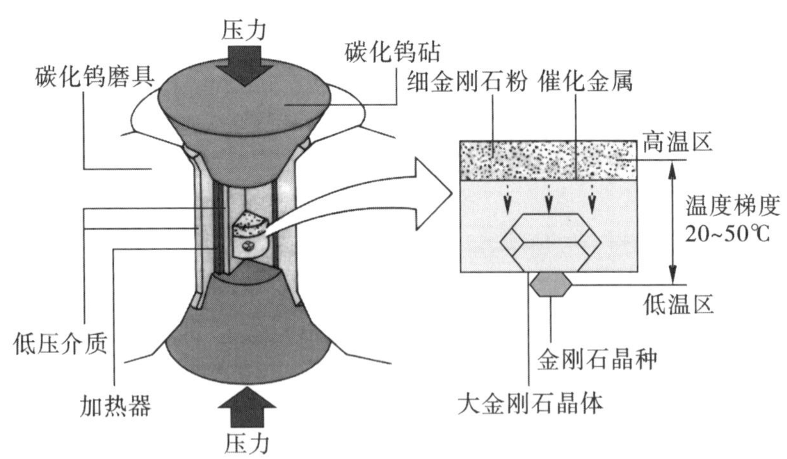

图2　以温度梯度法生长宝石级金刚石的方法

整个碳源、触媒、晶种和晶床放置在一个在金刚石合成条件下稳定的绝缘管中。稳定指在合成过程中不溶解于触媒、不与触媒发生化学反应、最好不发生相变和烧结。合成腔体外部是加热管和加热片。加热元件及其外侧的保温材料的设计使得处于合成腔体上部的碳源处于高温区,下部的晶床及晶种处于低温区,在触媒内部形成稳定的温度梯度。在合成过程中碳源、触媒和晶种处的温度和压强均须置于石墨-金刚石相图上的金刚石稳定的"V"字型区域。因为碳源处于高温区,而晶种处于低温区,作为碳源的金刚石在熔融触媒中的溶解度高,而晶种在熔融触媒中的溶解度低。在概率规律支配下,上部触媒高浓度区的碳原子会向下部触媒低浓度区扩散,在晶种附近周围形成过饱和碳溶液,最终碳原子沉积到晶种表面使晶种外延生长。因为利用温度梯度作为自碳源向晶种方向输运碳原子的驱动力,该法因此而得名。

扫码见彩图

图3　以温度梯度法生长的克拉级金刚石琢磨后的外观

在利用温度梯度法合成宝石级金刚石时一般使用石墨作为碳源的初始材料,在合成过程的最早阶段石墨在触媒作用下迅速转变成晶粒细晶质差的金刚石,然后这些金刚石源源不断地溶入触媒而在晶种上沉积下来。所以,温度梯度法的碳源本质上是金刚石。正因如此,有些文献上将温度梯度法生长大单晶金刚石称为重组或重构。

与薄膜法相比,温度梯度法主要的优点有两点:①从原理上来说，只要合成温度和压强合适，只要碳源没有耗尽，所得金刚石晶体的大小仅受到合成腔体直径的限制。到目前为止，温度梯度法合成的最大的金刚石单晶重量已达到25克拉，远远超过薄膜法合成的金刚石。需要加以说明的是，实际上往往因技术层面的诸多困难使生长的金刚石晶体的大小无法达到合成腔体的直径，但技术上的困难往往可以被逐步突破。②对合成温度和压强长时间稳定性要求要低于薄膜法。在给定触媒的条件下，金刚石的生长速度决定于触媒中的温度梯度或碳源与晶种之间的温差。当加热功率因某种原因有一些波动，碳源与晶种的温度会同时升高或下降，它们之间的温差的波动就会小得多。另一方面，因为碳源与晶种同为金刚石，金刚石在触媒中的溶解度主要决定于温度，与压强的关系不敏感，所以即使压强稍有波动也不会对金刚石生长速度产生显著影响。

住友电工在温度梯度法大单晶金刚石合成技术上达到了目前世界最高水准。主要成就在于：利用大晶种（5 mm）等技术将生长速度由通常1～2 mg/h提高到6～7 mg/h，优质Ⅱa型单晶最大达到10 mm；合成出的Ⅱa型金刚石杂质低于0.1×10^{-6}，晶体缺陷密度明显低于天然金刚石。

目前，住友电工掌握了7～8 mm以下黄色大单晶的批量生产技术。

De Beers公司虽然主业在于天然金刚石，并极力阻止人造大单晶金刚石进入国际金刚石市场，但在GE公司获得了温度梯度法生长宝石级大单晶金刚石专利授权后，丝毫不敢掉以轻心，立即开始了有关合成技术开发。在1991年生长了重14.2克拉的人造金刚石单晶，1996年以六星期长出大于25克拉的单晶金刚石。以母公司De Beers人造金刚石部为核心而组建的元素6公司在温度梯度法合成大单晶金刚石技术方面同样成绩卓著。到目前为止最大的人造Ⅰb型大单晶金刚石的纪录保持者仍然由E6公司。

位于美国佛罗里达的 Gemesis 公司是目前世界上生产宝石级金刚石规模最大的公司,所使用的高温高压合成装备是俄罗斯"分离球式"(Split sphere,俄文为"BARS")压机。这种压机反应腔体为立方体,其外由三层加压金属组成,内层为 6 个碳化钨制成内四方平面外共同形成八面体,中层由八个钢制内三角形外共同组成球形,外层由上下两个半球形组成(图 6)。到目前为止 Gemesis 公司仅生产 Ⅰb 型宝石级金刚石,颜色为橙黄色。

图 6　Gemesis 使用俄罗斯发明的两段式分球高压机

(每次只能长出 1 颗金刚石)

宝石级大单晶金刚石的商业化生产一直是科学家和珠宝商的梦想。宝石级金刚石合成主要有两条途径,温度梯度法和化学气相沉积(CVD)法。

日本住友电工在温度梯度法大单晶金刚石合成技术上达到了世界最高水准,主要成就是:晶体生长速度大大提高;金刚石的结晶性大幅度改善。

第一项成果的价值在于降低生产成本,为批量合成宝石级金刚石,尤其是 Ⅰb 型金刚石清除了一大障碍。

第二项成果则为其做功能材料的应用奠定了技术基础。

目前,日本住友电工掌握了 7 ~ 8 mm 以下黄色大单晶的批量生产技术,其中 5 mm 以下黄色大单晶的生产技术可能相对更成熟。

宝石级金刚石的多晶种合成，碳源处在腔体中间的高温处，晶种放在低温处，二者间放置触媒溶剂。温度梯度法是在金刚石稳定区内，将碳源中晶粒小晶质差的金刚石转化为所要生长的大单晶金刚石。在一定的温度梯度驱动下，碳原子将由高温处的高浓度区向低温处的低浓度区扩散，扩散到低温端有晶种的位置时，金刚石开始结晶析出，在一维近似条件下，晶体的生长速度和温度梯度成正比。

两类首饰钻石　两种必然命运

王光祖，卫凤午，黄祥芬/文

两类首饰钻石是指天然首饰钻石和人造首饰钻石。

两种必然命运说的是，天然作首饰钻石自然界储量非常稀少，随着不断开采，资源枯竭这是必然的，天然首饰钻石市场消失。

人造首饰作钻石，随着人工培育技术的多样化和制作工艺技巧的不断创新，能满足首饰钻石爱好者对钻石尺寸大小、形状、色泽等的要求，其资源是取之不尽，用之不竭的，其品质会越来越好，所以人造首饰钻石市场必然是永恒的。

金刚石是矿物学名称，而钻石是宝石学名称。严格地说，钻石应当是经过琢磨做成首饰的金刚石宝石，没有经过加工而具宝石价值的金刚石原石则称宝石金刚石。在天然物质中，金刚石不仅硬度最大，且美丽而透明，光彩夺目，从远古时代起就引起了人们的注意。

一、名之初与含义

金刚石是矿物学名称，而钻石是宝石学名称。严格地说，钻石应当是经过琢磨做成首饰的金刚石宝石，没有经过加工而具宝石价值的金刚石原石则称宝石金刚石。

在古代,人们就深知金刚石的硬度。“金刚石”一词的含义本身就说明了这一点,它是来阿拉伯字“al-mas”,意思是最硬的;或希腊文“αδ μδσ”意思是“不可克制的”“不可战胜的”“不可摧毁的”。

二、罕见与珍品

金刚石在世界上产出稀少,大的宝石级金刚石晶体极为罕见。目前已知世界上大于100 克拉的金刚石约2000 颗,其中大于200 克拉的约 300 颗,大于 500 克拉的约 30 颗,大于 700 克拉的约有 12 颗。

钻石象征纯洁、坚贞和永恒。人们把独一无二、无坚不摧、永不磨损的钻石与永恒不变的爱情结合起来,使钻石演化成了代表永恒爱情的象征,成为爱情坚贞的誓言和结婚的信物。大自然赐给人类的稀有珍贵的钻石与时俱进,已成为 21 世纪人们崇尚的一种理念、一种寄托、一种文化、一种情感、一次投入的保值增值的永不磨损的世纪流传的珍品。

钻石文化韵味代表着人类对生活的向往,是人类独特的标志。

钻石是顶级宝石,它标志着顶级事业、顶级成就。人们把拥有钻石作为事业成功的标志,成功人士大都青睐钻石。

钻石纯洁透明、经久不变,钻戒像情人炯炯的眼睛,深情地注视着你。它是纯洁爱情的标志,表示对爱情的永恒追求和忠贞。奥地利大公麦西米伦在1477 年和法国玛利公主定亲时,曾差人给玛利公主带去一封信,信中说:“定亲之日,公主必须佩戴一枚镶有钻石的戒指”。从此,钻石戒成为恋人们定情的信物,并一直流传至今。

三、梦想

宝石级大单晶金刚石的商业化生产一直是科学家和珠宝商的梦想。美国 GE 公司虽已在 1970 年就在实验室生长出克拉级钻石,日本的住友电工及无机材质研究所也在 1980 年代把钻石的克拉数提高,De Beers 在 20 世纪 90 年代培育出十几克拉的黄色钻石。1990 年,日本住友电气公司用大晶种方法生长出 9 克拉(12 mm across) Ⅰb 型金刚石单晶,生长速度提高到 15 mg/h;1996 年,De Beers 公司用 1000 h 合成出重量达 25 克拉的优质 Ⅰb 型金刚石单晶;2000 年,住友电气公司将Ⅱa 型大单晶的生长速度提高到 6.8 mg/h,合成出 8.0 克拉(10 mm across)优质Ⅱa 型金刚石单晶。

要知道,随着宝石级大单晶金刚石合成技术的不断突破,金刚石产业已处在革命性变革的黎明。2003 年,人造宝石级金刚石开始在美国珠宝商销售,在天然金刚石市场引起轩然大波。翌年用 CVD 方法合成的 10 克拉的宝石级大单晶金刚石问世。现在,最好的人造宝石级金刚石的质量已超过天然同类。这表明,宝石级大单晶金刚石的商业化不仅已启动,而且初见成效。更迫使我们早下决心,投入宝石级大单晶金刚石的研发与商业化工作中去。

四、天然金刚石是怎样“炼成”的?

天然金刚石是碳在地球深部 100 ~ 300 km,1200 ~ 1800 ℃高温和 5 ~ 7 GPa 高压的特殊条件下,历经亿万年的“修炼”而来的。金伯利岩(又称蓝地)是一种深色、重的、通常经过蚀变和角砾化的侵入岩,是已知唯一在母岩中找到原生金刚石的岩石。

关于天然金刚石的成因,科学家们的推测,可能有三种途径:太古宙的相大钻石是长期地质作用的产物;太古宙下沉的大洋地壳转变成榴辉岩在伴随的升温中形成与硫化物矿物共生的粗粒金刚石;金伯利岩岩浆喷发前在岩石圈底部上升的 C、H、O 等流体的作用下形成微粒金刚石。

五、世界五大天然金刚石生产国

全世界生产天然金刚石的国家有二十多个,近几年五大天然金刚石生产国的年产量就占了世界年总产量的86% ~94%。这五个国家是澳大利亚、扎伊尔、博茨瓦纳、南非和俄罗斯。

六、宝石级金刚石

金刚石在世界上产出稀少,大的宝石级金刚石晶体极为罕见。目前已知世界上大于100克拉的金刚石约2000颗,其中大于200克拉的约300颗,大于500克拉的约30颗,大于700克拉的约有12颗(图1)。

库利南(Cullinan)是世界上公认的最大的宝石级金刚石。重量为3106.75克拉,晶形不完整,外形似成人拳头状,淡蓝白色,透明如水,质量极佳。

贾爱克赛西奥(Excesior)是世界第二大宝石级金刚石。重量为995.20克拉,其晶形大致呈梨形,为蓝白色,晶莹透明,极为漂亮,又名“高贵无比”。

塞拉里昂之星(Star of serra leone)是世界第三大宝石级金刚石。重量为968.90克拉。晶形不完整,呈鸟蛋状,无色透明,光彩夺目。

中国产出最大的宝石级金刚石名叫“金鸡”,起名后缘于当地金鸡岭。中国现存最大的宝石级金刚石于1977年12月21日由山东临沭县岌山公社常林大队女社员魏振芳拾得,被命名为“常林钻石”,该金刚石重量为158.786克拉,晶形为立方体和四六面体聚形,长36.3 mm,宽29.6 mm,厚17.3 mm。淡黄色,晶莹剔透,盈盈流光,非常美观。现收藏于国家银行的金库中。

因稀少珍贵,钻石是世界上最昂贵的商品,其市场价格是黄金价格300倍~3000倍。

当今世界第一钻石名称叫“金色五十年节”,重量为545.67克拉,超过称霸83年之久的原来世界最大钻石“非洲巨星”多15.47克拉。

当今世界第二大钻石,被英王命名为“非洲之星”,重量为530.20克拉,呈梨形,有74个面,被镶嵌在英国国王爱德华七世的权杖上。

世界上最著名的彩钻当属“尤利卡”。现存放在南非金伯利钻石博物馆,供公众观赏。

世界上最罕见的彩钻当属“绿色德勒斯顿”。这颗钻石极为艳丽的绿色彩钻产自印度。重量约101克拉。经过测试鉴定,得知该金刚石属在自然界中极为罕见的、在结构中不含硼的Ⅱa型宝石级金刚石,为稀世珍宝。该彩钻透射出色泽鲜艳,夺目耀眼的光芒,在阳光下呈现迷人的光彩,令人爱不释手,被英王命名为“绿色德勒斯顿”,并认定为传世珍宝,镶嵌在四周饰满钻石的胸针上,曾为英国国王奥古斯特一世所拥有。

七、技术特征

合成钻石与天然钻石的成分和外观都非常接近,由于生长环境与过程的不同,合成钻石在生长结构、杂质缺陷等方面与天然钻石存在一定差异。

1. 合成钻石和天然钻石的技术特征

这些差异又体现在了钻石形类型、发光特征、光谱等各方面,为实验室借助仪器鉴定提供了可能性。表1从合成钻石和天然钻石的技术特征,型别、晶体形状、颜色、磁性、包裹体特征及N3(415 nm)色心进行区别。

表 1　合成钻石和天然钻石的技术特征

方法	合成钻石			天然钻石
	HPHT		CVD 法	
	温差晶种法	恒温法		
型别	Ⅱa	Ⅱa	Ⅱa	Ⅰa 及其他
晶体形状	塔状，近球形	八面体，立方体	立方体之边角料	八面体，菱形十二面体
颜色	无色/近无色	无色/近无色	无色	无色近无色
强磁吸引	80%	25%	0	0.1%
包裹体特征	黑色触媒金属，云雾	黑色碳化物，黑色触媒含金属，云雾	多晶曜钻石，石墨，碳	各种天然包裹体
V3(415 nm 色心)	无	无	无	98%有

2. 合成钻石在首饰中的鉴别特征

当小分数合成钻石以群镶方式混杂于钻石首饰中时，如何快速有效地将其鉴别出来尤为重要。朱红伟等用 X 荧光光谱仪、红外光谱仪等的测试分析结果表明，HPHT 合成钻石具有较为一致的黄色，放大检查可见合成钻石内部含有大量棒状、柱状、细小微粒状的铁镍包裹体，这些合成钻石几乎都有磁性甚至有些磁性较强。

HPHT 合成钻石的红外反射光谱非常特征均具有明显的 1131 cm^{-1} 的吸收峰，为 Ⅰb 型钻石。在 X 荧光光谱仪下有强烈的铁峰和镍峰，并且在短波紫外线下多数具有绿黄色荧光。在 Diamond View 下具有不同的绿黄色荧光，个别具有黑十字现象。

八、检测方法

随着合成钻石市场逐渐在钻石市场上站稳脚跟并发展壮大，如何快速有效的甄别显得非常重要。表2是目前市场上主要的几种检测仪器原理、检测范围、检测能力等相关信息。

表2　合成钻石现有几种测技术

方法名称	原理简述	检测范围	备注
钻石确认仪器 Diamond Sure	紫外吸收光谱	0.1～10 ct 裸钻或镶钻钻石	每粒数秒钟
统包货自动筛选仪 AMS	原理同上	0.1～20 ct 裸钻	每小时约260粒
Diamond Cheek	红外光谱	0.01～10 ct	快速
Diamond Plus	激光发射光分析，与钻石确认仪配合使用	0.05～10 ct	主要检测HPHT处理的钻石与CVD钻石，样品需浸液氮
M-Screen	紫外吸收光谱	0.01～0.2 ct 统包货	7200～10800 粒/h
多波段诱导钻石发光仪 GV5000	紫外光下，合成钻石磷光强，天然磷光弱	0.002～8 ct	12000 粒/h

九、不同生长机制

1. 培育技术应运而生

碳源处于高温端，晶种处于低温端。在溶剂中高温端碳的浓度大,低温端碳的浓度小,因此碳由高温处向低温处扩散,扩散下来的碳被晶种吸附,随着时间的延长,晶种处的金刚石慢慢长大。

高温高压装置为宝石级金刚石培育所需要的压力和温度,这个装置可以是年轮式的、铰链式的,也可以是分割球式的。

化学气相沉积法机制的简意是,分解碳分子方法可用微波、电热丝、直流电弧等方式在反应腔体内形成一个等离子场,将甲烷(CH_4)、氢气(H_2)、氧气(O_2)、氮气(N_2)及氩(Ar)导入,利用氢气的护送,使每一个碳原子与另外四个碳原子结合成钻石的结构逐渐沉淀生长在预先准备好的基座上。

2. 高温高压(HPHT)培育技术

20 世纪 70 年代初美国通用电气公司在静态高压高温条件下,采用金刚石籽晶的方法(常称温度梯度法)培育出了宝石级的金刚石大单晶。宝石级金刚石合成技术在国外已趋成熟,现已成功实现了商业化。1990 年,日本住友电气公司用大晶种方法生长出 9 克拉(12 mm across)Ⅰb 型金刚石单晶,生长速度提高到 15 mg/h;1996 年,De Beers 公司用 1000 h 合成出重量达 25 克拉的优质Ⅰb 型金刚石单晶;2000 年,住友电气公司将Ⅱa 型大单晶的生长速度提高到 6.8 mg/h,合成出 8.0 克拉(10 mm across)优质Ⅱa 型金刚石单晶。代表了当时宝石级金刚石培育技术水平。

无论是Ⅰb 型还是Ⅱa 型金刚石,它们的生长速度都随着时间增加而逐渐增大。

日本住友电工在 HPHT 法大单晶金刚石合成技术上达到了当时的世界最高水准。主要成就是:晶体生长速度大大提高,金刚石的结晶性大幅度改善。第一项成果的价值在于大幅度降低生产成本,为批量合成宝石级金刚石,尤其是Ⅰb 型金刚石清除了一大障碍。第二项成果则为其做功能材料的应用奠定了技术基础。日本住友电工掌握了 7 ~ 8 mm 以下黄色大单晶的批量生产技术,其中 5 mm 以下黄色大单晶的生产技术可能相对更成熟。

1970 年,GE 公司的研究小组利用温差法成功此地生长出 5 mm 高纯优质金刚石单晶(1 克拉)。

改革开放以后,日本筑波大学若规雅男教授来郑州磨料磨削研究所进行技术访问期间,在他的指导下开展了培育宝石级金刚石单晶的示范性实验,得到了类似宝塔型金刚石晶体,尺寸有几个毫米,不透明,杂质含量。

2000 年吉林大学超硬材料国家重点实验室合成出 4.5 mm Ⅰb 型金刚石单晶,2005 年合成出 4 mm Ⅱb 型宝石级金刚石。与国外相比,其生长技术水平决不是存在一定差距,而是不在一个层面上。

目前,我国中南金刚石工业公司和黄河旋风股份有限公司,用静态高压高温条件下已能小批量生产 4 mm 以下的金刚石大单晶,并可供做饰品之用。这两个公司所做工作代表了现阶段国内的最高水平,其可贵之处在于不是实验室的成果,而是可以商业化。据我们所知,黄河旋风股份有限公司技术中心已经培育出 8 mm 的宝石级大单晶金刚石,这标志我国的宝石级大单晶金刚石的生长技术水平与国外的差距正在缩小。

3. 化学气相沉积(CVD)法

起用 CVD 法合成单晶金刚石时首先应想到的是,美国阿波罗金刚石公司(Apollo Diamond Co)的材料学博士 Robert Linares,1996 年一个偶然的机会使他发现了 CVD 法合成无色单晶金刚石的条件,1999 年申请并于 2003 年获得美国专利。2003 年阿波罗生长出边长 10 mm 见方的无色单晶金刚石片并开始在市场上销售由晶片切割抛光而成的首饰用金刚石。2005 年则能生长出约 2 克拉的单晶金刚石,生长速度达到每周 5 克拉。

美国卡内基地质物理实验室于 1998 年开始 CVD 单晶金刚石合成技术的开发。2004 年生长出对角长 10 mm、厚 4.5 mm 的单晶金刚石，生长速度 100 μm/h，最高速度达到 300 μm/h，所得到的单晶呈褐色，经高压高温处理后为无色。2005 年生长出 10 克拉的透明单晶金刚石。

（1）CVD 合成钻石的颜色

褐黄色：在 CVD 合成过程中 CH_4、H_2 的纯度，反应腔体内空气中氮的比例，使得生长的 CVD 合成钻石含有氮而显示出深浅不一的黄色。将褐黄色的 CVD 合成钻石放在高压高温设备中热处理，温度 1800～2000 ℃，压力 5.5 万～7.0 万大气压，部分褐色会消除成无色，部分减弱，部分不变。

橘粉红色：Apollo 公司自 2006 年合成出带橘色的粉红色钻石。

蓝色：将 CVD 生长的有关原料、设备彻底除氮，而注入硼，可以生成蓝色白的 CVD 合成钻石。

无色：排除所有的杂质，可以生长出无色透明的晶体。如 D、E、F 的色级，净度亦可达到无瑕的程度。

其他颜色：可以用辐照改成绿色、黑色、粉红等。

（2）CVD 合成钻石的净度　CVD 合成钻石中可见到平行于生长面的色带、链珠状、云雾状、石墨、裂纹等与天然钻石类似的内含物。CVD 合成钻石在稳定的环境下，长时间生长出来的晶体很容易达到极佳的净度，例如 IF、VVS 的等级。

各种方法生长人工钻石的比较（表 3）。

与高压高温法相比，CVD 法的主要优点是：①金刚石纯度高；②生长大型单晶金刚石成为可能。CVD 装置属于一种真空设备。

天然钻石形成，数十亿年之久，储量极为珍稀，随着不断开采，面临枯竭殆尽。

人造钻石生长，只需一周就成，资源无穷无尽，培育技术提升，迎来美好前景。

表3　各种方法生长人工钻石的比较

生长方式	HPHT 温差晶种法	HPHT 温差晶种法	HPHT 温差晶种法	HPHT 薄膜法	CVD 法
及大小	超大钻	中、大钻	小钻	小钻	超大钻，中、大钻
重量范围	2 克拉以上	0.1～1 克拉	0.02 克拉以下	0.02 克拉以下	0.1 克拉以上
钻石颜色	无色/近无色	无色近无色	无色/近无色	无色/近无色	无色/近无色
钻石净度	好	不好	不好	不好	好
成本较天然金刚石	很低	稍低	低	低	很低
现时售价/天然钻石	1/4～1/3	2/3～1	0.8～0.9	0.7～0.8	1/3～2/5
未来售价/天然钻石	1/10～1/5	1/3～1/2	0.7～0.8	0.6～0.7	1/10～1/3
未来市场展望	很好	好	可接受	好	很好

毋庸置疑，我们的判定是：人定胜天啦！人定胜天！！让我们张开双臂，放声高歌，拥抱光辉璀璨、繁荣昌盛的美好时日早早降临人间。看，人造钻石那晶莹夺目，五彩缤纷的曙光已在中华大地冉冉升起，美哉呀！美哉！！

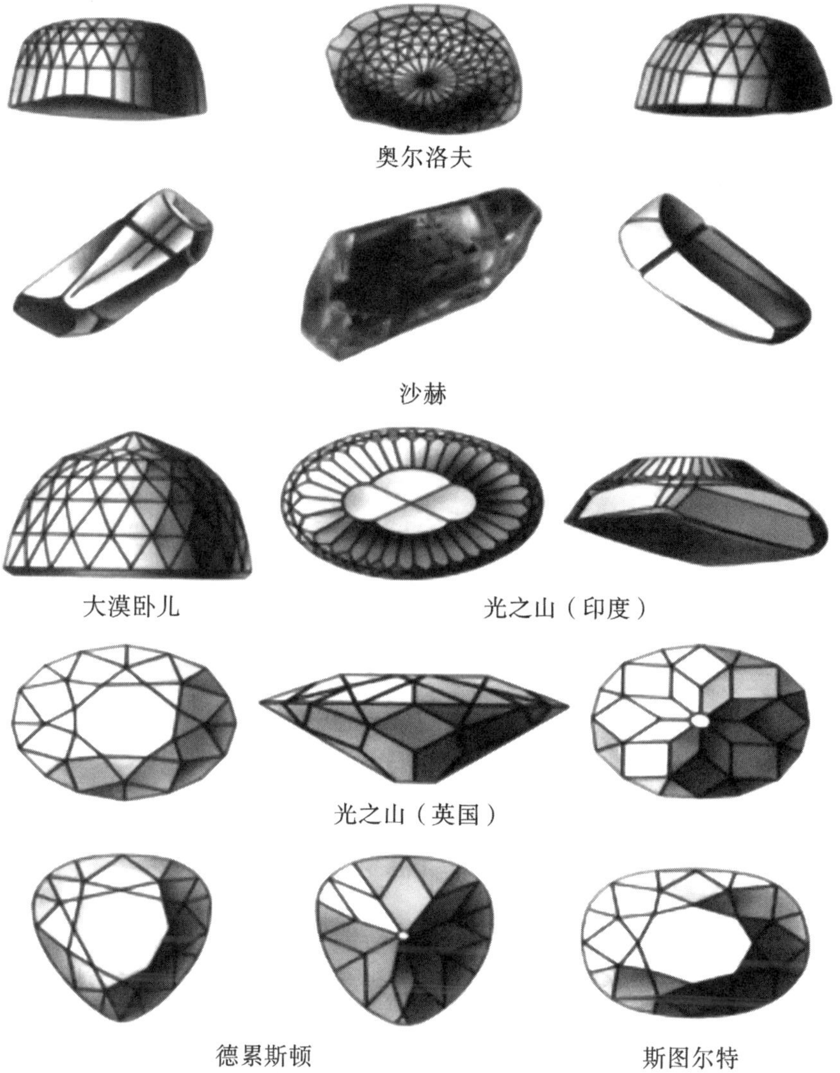

奥尔洛夫

沙赫

大漠卧儿　　光之山（印度）

光之山（英国）

德累斯顿　　斯图尔特

图1　著名历史巨钻的外形

扫码见彩图

第九章 应用是推动超硬材料发展的引擎

材料是基础,应用是动力,没有应用就没有市场,这是个颠扑不破的客观规律。可是随着现代科技和现代工业的发展,应用技术领域的不断拓展是个无法改变的事实。为了满足需要,开展应用技术的研究其重要性是不言而喻的,且任重道远的任务。不经一番彻骨寒怎得梅花扑鼻香?

金刚石应用的创新永在路上

王光祖,卫凤午,崔仲鸣/文

如果有个人具有阿诺的体型,爱因斯坦的智慧,比卡索的灵感,马友友的琴艺,杰克森的武术,阿里的拳风及乔丹的球技,你一定会说即便是上帝也难创造这样的完人。的确,在人间没有这种奇迹,但在物质世界上帝却恩赐给人类的一个更好梦幻组合——钻石,宋健民博士风趣地说。

任何一种物质,如果有某种极端性质(如金在常规环境下不会生锈)已经难能可贵。但钻石不仅硬度远远超过其他天然物质,更在诸多性能上占据“材料之冠”,包括抗压强度,散热速率,传声速率,电流阻抗,防腐蚀能力……除此之外,钻石透光领域,滑润程度,低热胀率,电负性,乃至生物相容性也是材料之最。由于这些无与伦比的冠军特质,钻石在每一运用领域都会成为不可替代的极品。比如,电子工业最有效的散热材料,半导体最好的晶片,通信元件、最高频率的滤波器,音响最传真的振动膜,飞行物最透光的雷达罩,显示器最精密的电子枪,心脏最不黏的阀片,真是罄竹难书。钻石这些传奇应用并不是天方夜谭。正是这些梦幻的魅力吸引人们对其探索、再探索。

为此,我们也对其产生了浓厚的兴趣而收集资料并阅读节录其核心技术内容,以开阔视野,增长见识啊!本文从收到的二十多应用的事例中列出若干与同仁们共享。

一、高性能的金刚石的半导体技术

金刚石半导体实现商业化的最大问题是制造P型晶体管容易，制造N型晶体管困难。Akhan半导体公司的创始人AdamKahn提供了"Miraj"金刚石平台作为解决方案，可实现P型和N型器件性能的提升，使得制造出金刚石互补金属氧化物半导体（CMOS）成为可能。该工艺平台的核心技术，是通过在P型器件中掺杂磷，在N器件中掺杂质Ba和Li，带来与P型和N型性能相当的可调电子器件，并因此发展出金刚石CMOS。

采用CMOS金刚石半导体工艺制造出的首个器件是金刚石PIN二极管，厚度打破纪录薄至500 nm，性能比硅高100万倍，还比硅薄100倍，原因在于金刚石的带隙比碳化硅和GsN还要宽，热分析结果显示，该PIN二极管中没有热点，因此没有硅PIN二极管的寄生损失。

Akhan半导体公司还展示了100 GHz器件。金刚石具有超低阻值，减少散热需求，还可沉积在硅、玻璃、蓝宝石和金属衬底上，有望重新激发微处理器运算速度的演进，此前，由于无法有效散热，微处理器的运算速度在5 GHz左右已徘徊了十年。对于硅材料5 GHz是一个极限，因为更高的功耗和热点会将微处理器化为泡沫，而金刚石有着22倍于硅，5倍于铜的热传导能力，将处理器的运算速度达到新的高度，催生新一代微处理器的产生。金刚石技术还将使摩尔定律得到延续。Akhan展示的100 GHz芯片使用的特征尺寸100 nm，在金刚石面临单原子级之前还有十二代缩小空间，而硅则在2025年达到原子级发展极限。

钻石不单是莫氏硬度表上最坚硬的材料，也有着良好的导热性。与硅相比，钻石能保持能量的能力更强。对于智能手机的言，钻石制造的处理器能够减少发热量。

智能手机不是唯一者受益者，对于想要缩小设备中电路体积公司来说，钻石处理器都能带来帮助。此外，重工业和航天航空工业，也需要钻石处理器件来抵御高强度的辐射和 X 射线。

基于金刚石技术能够提高功率密度，并为消费者创造，更快、更轻、更简单的设备。比硅芯片更便宜，更薄，基于金刚的电子产品可能成为高能效电子产品的行业标准。

二、金刚石可能存储海量数据

科学家发现，如果在钻石上人为地制造出一些缝隙，或许能让它们在量子计算机中发挥用武之地，科学家称，钻石上的缝可以用来作储存信息，就像 CD 和 CVD 光盘上的微型小坑一样，我们率先可把钻石作为超密存储的平台，纽约城市学院物理学家希得哈斯，多姆卡尔说，有一部分钻石晶体结构中缺少了一些碳原子，从而构成了一些空穴。由于空穴周围聚集了一些氮原子，因此，这种缺陷被称作氮空穴色心。研究人员用这样的钻石进行了一系列实验。

这一研究发现说明，钻石可以负电荷和中性荷的形式存储数据，然后由激光完成读取、写入，这一研究发现说明，钻石可以负电荷和中性荷的形式存储数据，然后由激光完成读取、写入、抹除和重新写入等任务。

多姆卡尔指出，每字节数据在钻石上占几纳米的空间，比现有的任何数据存储设备都小得多，因此有助于我们研发超密计算机存储技术。

不过，研究人员目前无法从如此微小的结构中读取数据或写入数据。但他们确实证明了自己可以解码 3D 形式的数据（由 2D 图像堆叠而）。

如果引入第三维度，数据存储量能力将大大提高。利用研究人员所研发的 3D 数据存储技术，我们或许能创造出一种新型存储光盘，存储空间可达到普通 DVD 光盘的 100 倍。

他们表示,用钻石制成的芯片存储密度将远远超过传统的硬盘。

三、MIT 首次在芯片上打造基于金刚石的量子传感器

美国麻省理工学院(MIT)的研究人员首次在芯片上打造了一种基于金刚石量子传感器,从而为低成本,可扩展的量子计算、传感和通信硬件铺平道路。

金刚石中的“氮空位中”(NV)是一种电子缺陷、能够被光和微波控制。但是,此种缺陷会发现出彩色光子、携带周围磁场和电场的量子信息,可以用于生物传感、目标探测和其他传感应用。可是传统的基于 NV 的量子传感器有餐桌那么大,还匹配了昂贵的分立元器件,限制了其实用性和可展性。

研究人员展示的这种传感器可用于磁力测量,这意味着能够测量由于周围磁场引起的原子尺度的频率变化,而周围磁场可能会包含有有关周围环境的信息。经过进一步完善,该传感器还可以运用其他领域,如绘制大脑中的电脉冲图,在漆黑的环境中探测物体等。

如果金刚石晶格结构中两个相邻位置的碳原子消失,其中一个碳原子被氮原子取代(替位掺杂),另一个碳原子位置“缺失”就会造成 NV 中心(氮-空位对),而此类结构中电子对周围环境中的磁场、电场、温度及光特性的微小变化极其敏感。

NV 中心本质上是一个原子,有一个原子核,周围还有电子,还具备光致发光特性、能够吸收和发射色彩色光子。扫过 NV 中心微波可让其改变状态(正、中性和负),反过来改变电子的自旋,根据自旋,NV 中心又会发射不同数量的红色光子。

而光学检测磁共振技术能够测量出 NV 中心与周围磁场相互作用后发出的光子数量,这样的相互作用产出了有关磁场可量化信息。为了实现这一切,传统的传感器需要各种体积庞大的组件(餐桌那么

大),包括安装在其上面的激光器、电源、微波发生器、传输光和微纳米导体,一个光学滤波器和传感器,以及一个读出组件(MIT 新闻)。

四、使用涂覆金刚石的3D打印钛植入物

澳大利亚研究人员使用金刚石的特性对3D打印材料在医学领域中的应用取得了突破性进展,人体接受生物医学植入物的方式可能得到改善。来自皇家墨尔本理工大学的研究人员首次成功地涂抹了金刚石的3D打印钛植入物。

这是3D打印金刚石植入物用于生物医学和骨科的第一步,涉及人体肌肉骨骼系统的外科手术,尽管钛可为医疗级别和患者特定的植入物提供快速、准确和可靠的材料,但我们的身体有时会拒绝使用这种材料。这是由于钛上的化合物会阻止组织和骨有效与生物医学植物相互作用。人造金刚石却为这个问题提供了一个物美价廉的解决方案。

RMIT 研究试验所用的植入物是个空心立方体,采用选择性激光熔融技术(SLM)和钛3D打印。研究人员使用分散金刚石(DNDs)作为钻石涂层的材料,DND 这种材料由 TNT 和 RDX 爆炸性混合物合成的,DNDs 这种材料比钛粉便宜,适用于3D打印植入物。

将带有金刚石涂层的立方体和普通钛植入物分别直入哺乳动物细胞,并保持在模拟体液中生物活性的条件下,两种不同植入物进行比较,有涂层的植入物不仅促进了更好的细胞附着在下面金刚石钛层,而且促进了哺乳动物细胞的增殖。金刚石增强活骨和人造植入物之间的整合性,并减少长时间的细菌附着。

金刚石作为3D打印材料是非常有效的,因为碳是人体的主要组成部分。碳具有与人体令人难以置信的生物相容性,我们的身体很容易接受金刚石,并将其作为复杂的材料界面的平台。

目前,医疗骨科方面3D打印技术制造的人工椎体,使用的材料是

钛合金，在枢椎部位第一和第三椎之间放入3D打印人工椎体，并用钛合金螺钉将其固定，应用3D打印的人工定制枢椎，作为脊椎外科内植物，进行脊椎肿瘤治疗以后的稳定性重建的。

五、金刚石开启微电子量子应用新时代

陆洋团队联合哈尔滨工业大学及麻省理工学院（MIT）等合作者经研究发现，钻石这种最硬的材料不仅可以弯曲，甚至还可发生弹性变形，其以发现为突破口，首次采用纳米力学方法，在室温下沿（100）（101）和（111）等不同晶体方向，对长度约1 μm，宽度约100～300 nm的单晶金刚石桥结构进行微加工，并在单轴拉伸载荷下实现了样品的均匀弹性应变。

此外，他们还通过相对较大的样本展示了金刚石微桥阵列如何实现同步的深弹性应变。而超大的高度可控的弹性应变，则能从根本上改变金刚石能带结构，最终计算出，带隙在特定取向上最多可减小约2 eV，上述发现将对金刚石的电子应用产生重大影响。

为展示金刚石器件应用的概念，该团队参考ASTM标准和几何结构优化设计，制备出带有多个桥的微型金刚石阵列的样品。之后在扫描电子显微镜下，演示了长度约2 μm的金刚石桥阵列的原位拉伸应变，并显示了随应变幅度的增加的多桥阵列的加载卸载过程：金刚石阵列在同步均匀地应变至5.8%左右时完全恢复原形状，并最终在约6%的水平发生断裂。

该团队汇集了（100）（101）和（111）取向上的金刚石样品的所有抗压强度的实验数据，并针对其拉伸应变及其相应的断裂形态进行了总结。这一加载卸载实验最终证实，样品可以始终达到6.5%～8.2%的样品宽弹性应变，并可在三个不同方向上完全恢复。通过优化样品几何形状和微细加工工艺，可实现高达9.7%的全局最大拉伸应变，该值接近金刚石理想的弹性和强度的极限。

六、基于金刚石的新技术有助于降解塑料

一项使用金刚石和 Ti 的新技术可以在塑料微纤维进入环境之前将其分解成自然形成的分子，从而帮助清除它们。科学家解释：向海洋环境释放微塑料，被认为是一个与水污染的重要问题。研究表明，在水生环境中，这些微塑料能够吸附有毒物质，并可被水生物摄取。然后，他们在食物链中积累，最终达到人体内。

实际上，塑料流入环境的方式有很多，从塑料包装到汽车轮胎，但直到最近，人们才发现最大的来源之一，是我们衣服上的纤维，可它一直被忽视。其实，这也是时尚界，最愿意保守的秘密……我们大多数合成的服装都是用塑料做的，他们造成了一个大问题，将纤维排放到我们的废水中电氧化法利用电极，产生羟基自由基（—OH）来攻击微塑料，而且整个过程对环境十分友好，因此它能将微塑料分解成二氧化碳和水，对生态系统无毒。

当研究人员，在掺有 26 m 大小聚苯乙烯微珠的人工污染中的水中，使用掺硼的金刚石和 Ti 电极进行实验时他们发现，仅仅 6 个小时里有 89% 的塑料就被降解了。

毫无疑问，使用金刚石非常昂贵，但该研究团队解释说，这些组件可以重复使用数年。

七、医用植入物材料

由于疾病微伤或者自然衰老等原因，人体组织器官，可能遭到损失或缺失。为此人们研究，用其他材料做成植入物，植入人体来替代这部分组织，医用植入材料的性能应具有生物化学、力学相容性，这就要求该材料没有细胞毒性，没有组织刺激性，不会与人体产生免疫，过敏反应，以及长期使用也不会发生变形，磨蚀或磨损而且要具有一定的润滑特性。

八、大气条件下 InP 与金刚石衬底直接键合实现高效散热

磷化因具有高电子传输速度低、接触电阻大和异质结偏移等优势，被作为下一代高频高功率电子器件的新型半导体材料。随着电子设备的小型化和高功率运行需求渐涨，这些高功率密度设备的散热问题成了集成电路行业发展的绊脚石。金刚石具有固体材料中最高的热导率[2200W/(m·K)]，以金刚石作为散热衬底与器件直接键合是减小热阻的理想选择。

日本国家先进工业科学技术研究所 TakashiMatsumse 团队，通过将氧离子体活化的 InP 基板和用 NH_3/H_2O_2 洁净的金刚石衬底在大气条件下接触，随后将 In/金刚石复合样品在 250 ℃下退火，使两种材料通过厚度为 3 nm 的非晶中间层形成了剪切强度为 9.3 MPa 的原子键。

界面分析表明，它们通过厚度约为 3 nm 的非晶中间层结合没有裂纹或纳米空隙。由于可以通过简单的程序实现先进的热管理，因此这种键合技术有助于未来具有更高的集成度和功率密度的 InP 半导体器件。

文中提供的合方式，相比当前制备 GaN/金刚石、硅/的异质外延化学沉积(CVD)磁控溅射等工艺。

九、水压金刚石压腔

地球内部是一个极端的高压高温环境，地球中超过 95% 的物质处于 800 ℃、1 GPa(相当于 10000 大气压)以上的条件下，地核的温度和压力更是高达 5000 ℃、30 GPa。地球内部除了固态的岩石还存在为少量的活，动性较强的流体，这流体对于地球内部分的物质和能量起着至关重要的作用，比如火山喷发以及稀有金属成矿等。

早期，由于地球内部的不可及性，他们在高温高压条件下的组成

和物理化学无法被直接获得。现今随着科学技术的发展和国家的大力支持，一方面，地球物理探测，我们探索地球内部的结构和动力学过程提供了途径，另一方面高温高压试验更为我们提供了地球内部的“放大镜”和“显微镜”，是当前我们了解地球内部物质结构构造和动力学过程的主要窗口或手段。

热水金刚石压腔，是目前应用最广泛高温高压流体的装置之一。由于金刚石是自然界中最硬的物质，且具有良好的导热性、高温稳定性，所以该装置主要利用大小、形状设计和物理性质基本一致的金刚石和一个带孔的金属垫片形成一个封闭样品腔，通过外部加热和机械加压模拟地球内部高温高压环境。

由于金刚石的透光性极佳，可以，结合光学显微镜，显微红光谱，激光拉曼光谱，同步辐射 X 射线等多种微区分析技术对地球内部流体的密度、黏度和电导率等物理性质进行实时测量。

金刚石砂带的工程应用

王光祖，崔仲鸣，冯常财/文

砂带磨削是一种几乎能加工所有工程材料的磨削方法，由于砂带具有柔性和磨刃锋利的特性，砂带磨削具有冷态、高效、弹性等特优点，被称之为“万能磨削”。与砂轮磨削相比表现出质量好、生产成本低、经济效益好等效果，已经成为与砂轮磨削同等重要和不可缺少的加工方法。随着近年来数控砂带磨削技术及设备出现，使砂带磨削技术达到了高效和精密完美结合的一个高峰，已经形成为一种较为完整和独立的加工技术领域。

超硬磨料具有优异的磨削性能，从 20 世纪 70 年代开始超硬磨料砂轮得到工业应用，引起了磨削技术的飞跃式发展，近年来随着制造技术的进步,金刚石磨料砂带制造技术日趋成熟,应用也越来越广泛。金刚石磨料砂带主要应用于普通磨料难以加工的难磨合金、复合材料和硬脆材料等加工领域。

根据制造方法的不同,金刚石砂带可分为电镀金刚石砂带、金属结合剂砂带、树脂结合剂砂带。电镀金刚石砂带黏结强度高,黏结剂耐磨性及耐高温性都较树脂高,适用于重载负荷磨削。

一、用于空间曲面的高精度磨削

对于变曲率空间复杂型面,采用砂轮磨削非常困难,而砂带磨削适应性强、工艺灵活性好,现在已经逐渐成为空间复杂曲面精密磨削及抛光的有效加工手段。如船用螺旋桨、航空钛合金叶片等,都是属于具有复杂空间曲面的典型零件,其设计和制造水平影响了整机的工作性能、效率以及噪声等。这些零件表面是由复杂空间曲面组成的工件,其型面属于复杂面,设计与制造难度较高,对其加工方法及装备的研究一直是制造业中有待攻克的难题。

随着机床制造水平提高和数控计算机技术的发展,目前国内外许多企业开始采用各式各样的多轴(三轴以上)数控加工机床通过动力学仿真系统规划刀具路径和轨迹仿真,实现空间自由曲面的高效率高质量加工。如在航空航天用的钛合金曲面零件的磨削中,采用多轴数控砂带磨削(图 1)。普通磨料砂带磨削时表现出不但磨削效率低且寿命低、要频繁更换砂带等缺点,重庆大学梁巧云等研究采用电镀金刚石磨料砂带磨削,通过优化磨削条件参数,磨削情况得到改善,砂带使用寿命成倍提高,叶片磨削精度±0.05 mm,表面粗糙度均在 Ra 0.4 μm 以下,实现了金刚石类的新型超硬磨料砂带在航空航天领域精密磨削加工中的应用。电镀金刚石砂带(图 2),作为一种新型的柔性磨削工具,克服了传统砂带寿命短、耐磨性差、抗拉强度小等缺点,具有一系列传统磨削工具无法比拟的优良性能,被广泛应用在玻璃、陶瓷、单晶硅、多晶硅、合成材料、硬质合金及铝合金等多种硬脆材料复杂型面的磨削加工领域中。

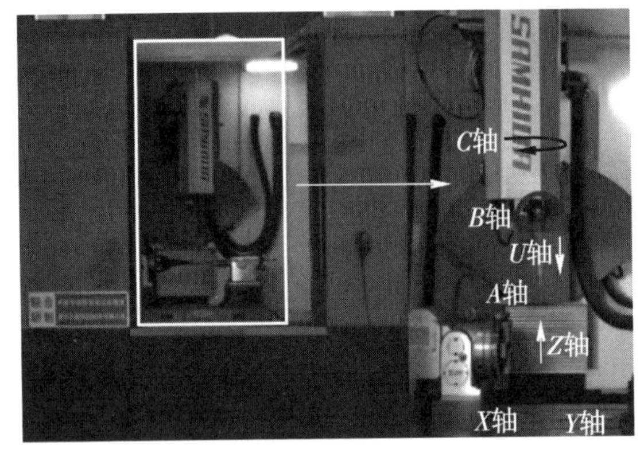

扫码见彩图

图1　重庆大学多轴数控砂带磨床

图2　电镀金刚石磨料砂带

二、用于钢化玻璃磨边

钢化玻璃通常是由普通玻璃通过物理或化学的方法使玻璃表层产生压应力而制成,与普通玻璃相比钢化玻璃的玻璃表面呈预压应力状态,阻止玻璃表面的微裂纹扩展,可达到玻璃增强的目的。其机械性能达到大幅提高,并具有热稳定好的优点,广泛用在汽车制造、建筑以及电子、航空航天等高科技领域行业。但钢化玻璃属于脆性材料,采用传统的机械加工方法容易引起玻璃崩边甚至爆裂。目前的加工方法多是采用金刚石磨料工具,以磨削的方式进行切割、钻孔和磨边等,用金刚石砂轮磨除是以脆性崩裂伴随轻微的黏性变性来实现的，由于固结磨料砂轮磨削力不容易控制，当玻璃承受的载荷稍微超过弹性极限时，就会发生断裂性破坏，造成玻璃爆边现象发生，影响玻璃产品质量。

传统磨料砂带磨削效率比较低，随着金刚石砂带的出现使对玻璃的柔性磨削应运而生，王生等采用电镀金刚石砂带对钢化玻璃进行磨边试验，研究磨削工艺因素对磨削质量和磨削效率的影响，试验采用KGS 电镀金刚石砂带，金刚石磨粒（SMD40）、镀层金属镍（99.99%），磨削对象是采用淬火制成的钢化玻璃。钢化玻璃力学性能见表1。研究结果表明影响磨削效率的因素是砂带粒度和压力，采用比较细的砂带和较轻的压力可以获得好的磨削表面粗糙度，过大的线速度会使砂带磨损严重

表1　钢化玻璃力学性能参数

密度 /(g/cm^3)	弹性模量 /GPa	维氏硬度 /MPa	断裂韧性 /(MPa · m$^{1/2}$)	抗弯强度 /MPa	抗压强度 /MPa
2.5	73	650	0.8	6.86	7.84

三、用于磨削氧化铝陶瓷

氧化铝陶瓷性能优异、应用广泛，具有稳定的化学成分和坚固的结构，性能表现为机械强度高、硬度高、抗压强度高、断裂韧性低、化学性能稳定和高耐磨性等特点，可以用来作为轴承、刀具、模具以及作为生物陶瓷、光学陶瓷用于高技术领域，是一种在工程领域极具潜力的新型材料。但是由于高的硬脆性和耐磨性，使其难以加工，其加工困难严重阻碍了其应用领域的发展。陶瓷的加工主要是采用金刚石工具车削和磨削，由于刀具和磨具缺少柔性，加工过程中不可避免产生机械力的冲击和热应力，造成加工表面产生凹坑和裂纹等缺陷。由于

砂带具有柔性的特性，磨削过程中砂带的柔性降低了磨粒的切入深度和切入时的冲击性，大大降低了陶瓷磨削时的裂纹和爆裂情况的发生，可以获得较好的表面质量，同时也不必过高要求加工设备的精密程度，因此金刚石砂带的磨削可以被视为“柔性接触磨削”。由于电镀金刚石砂带对脆性材料的磨削加工具有传统金刚石磨具无法比拟的优势，人们开始将电镀金刚石砂带用于对陶瓷材料磨削加工。

高超等对采用电镀金刚石砂带磨削加工氧化铝陶瓷开展了实验研究，磨削的试件为高纯度氧化铝工程陶瓷，采用正交实验方法研究了磨削工艺参数对磨削效率的影响以及电镀金刚石砂带结构参数对磨削表面粗糙度的影响。结果表明，随着砂带线速度增加，材料去除率增加，最高的磨除率达到 60 g/s 以上，但砂带线速度过大，会出现磨粒脱落磨削效率下降的情况；砂带的材料去除率随着磨削压力的增大而提高，最高达到 60 g/s 以上，但同样当磨削压力过大会造成金刚石磨粒破碎和脱落，反而使磨削去除率明显降；砂带粒度对磨削的粗糙度影响最大，粒度越细磨削的表面越光滑。

四、用于磨削玛瑙、玉石、石英等

在玛瑙、玉石、石英等表面边缘、高压控制器陶瓷元件、天然石材面等材料抛磨、单晶硅、多晶硅切片表面研磨以及倒角磁带机核心部件磁头加工等方面，金刚石砂带也被广泛应用。用磨盘或磨轮等刚性加工工具加工时难免产生刚性碰撞，从而产生肉眼无法观察到的细微裂纹。普通砂带频繁换带也很难对这些硬脆制品进行完整的磨削。日本的 ALTA 金刚石砂带在单晶硅的磨削和倒角方面可以达到 Ra0.07 μm，可消除表面有害裂纹，将生产效率提高 3 倍。在加工水晶和高档装饰材料时，应用金刚石砂带，磨削精度高且切除去均匀，细粒度如 2000#以细的树脂结合剂金刚石砂带在半导体硅晶片和天文光学玻璃等各类异面进行超精密加工与抛光。

五、结语

(1)机床智能化水平的提高以及对高精度磨削的要求,为金刚石砂带的发展提供了广阔的市场前景。

(2)电镀金刚石砂带具“柔性接触磨削”特性,磨削硬脆材料和非铁基材料时表现出高效、精密、高质的优点,在难加工材料的加工和精密加工等领域得到成功应用。

(3)金刚石砂带在磨削硬脆材料时,相比普通磨料砂带磨削效率大幅提高。随着新材料的发展,金刚石砂带应用的市场前景十分广阔。

(节选自超硬材料工程2021 第33 卷第2 期《金刚石砂带的工程应用》)

金刚石膜用作功能材料大有可为

王光祖/文

何谓功能材料?功能材料是指那些用于工业和技术中的有关物理和化学功能,如光、磁、电、声、热等特性的各种材料,包括电功能材料、磁功能材料、光功能材料、超导材料、生物医学材料、功能膜等。

何谓功能膜?它都有哪些特点?功能膜是指具有电、磁、光、过滤、吸附等物理性能和催化、反应等化学性能的薄膜材料。

薄膜材料的特点:薄膜材料是典型的二维材料,即在两个尺度上较大,而在第三个尺度上很小。与一般常用的三维块体材料相比,在性能和结构上具有很多特点。最大的特点是功能膜的某些性能可以在制备时通过特殊的薄膜制备方法实现。这是薄膜功能材料成为人们关注和研究的热点材料的原因。

作为二维材料，薄膜材料最主要的特点是所谓尺寸特点，利用这个特点可以实现把各种元器件的微型化、集成化。薄膜材料很多用途都基于这一点，最典型的是用于集成电路和提高计算机存储元件的存储密度。

由于尺寸小，薄膜材料中表面和界面所占的相对比例较大，表面所表现的有关性质极为突出，存在一系列与表面界面有关的物理效应：①光干涉效应引起的选择性透射和反射；②电子与表面碰撞发生非弹性散射，使电导率、霍尔系数、电流-磁场效应等发生变化；③因薄膜厚度比电子的平均自由程小得多，且与电子的德布罗意波长相近时，在膜的两个表面之间往返运动的电子就会发生干涉，与表面垂直运动的相关能量将取分立值，由此会对电子输运产生影响；④在表面，原子周期性中断，产生的表面能级、表面态数目与表面原子数有同一量级，对于半导体等载流子少的物质将产生极大影响；⑤表面磁性原子的邻原子数减少，引起表面原子磁矩增大；⑥薄膜材料各向异性；等等。

由于薄膜材料性能受制备过程的影响，在制备过程中多数处于非平衡状态，因此可以在很大范围内改变薄膜材料的成分、结构、不受平衡状态时限制，所以人们可以制备出很多块体难以实现的材料，得到新的性能。这是薄膜材料的重要特点，也是薄膜材料引人注目的重要原因。无论采用化学法还是物理法都可以得到设计的薄膜。

一、金刚石薄膜的应用

众所周知，金刚石薄膜具有包括力学、电学、光学、声学和化学在内的许许多多其他材料无法比拟的优异性能。正是这些优异性能诱导科学技术工作者，对其在现代科学和现代工业中的应用进行探索的极大兴趣。工程技术和功能技术两大领域的应用。本文将收集到的与功能技术应用的部分事例列出,以期得到广大读者投入更多的关注,以推动 CVD 金刚石产业化在我国的进程。

例一 金刚石因其高的硬度和热导率而被众人所熟知。而金刚石的一些特点让它在生物传感器领域大显身手。特别重要的是,金刚石表面被极强的碳氢键所覆盖,这意味着它在水中非常稳定,这一点与硅等其他传感器材料有很大不同。此外,氢原子可被剥离下来并被抗体分子所取代。抗体分子与大肠杆菌等生物靶分子进行结合,就如锁和钥匙那样联在一起。

这种新器件带有形如跳水板的悬臂。每个悬臂约长 100 μm,安装在一块半导体芯片上。金刚石悬臂规格高度统一,由纳米晶颗粒组成。这些晶粒是通过化学气相沉积工艺制成的,每个晶粒的直径约为 2 ~5 nm。任何在金刚石悬臂表面着陆的生物分子可改变元件的振动频率,这可通过悬臂的电压反应转变为电信号。

例二 金刚石是一种性能优异的红外光学材料,从紫外到远红外波段均具有良好的透过性,但在 3.0 ~5.0 μm 波段显示出吸收性。随着 CVD 技术的不断发展,所制备的高质量金刚石薄膜的透过率和热导率与最好的天然金刚石(Ⅱa 型)非常接近,而且能够实现大面和曲面化。但大多数金刚石薄膜研究中在 8.0 ~14.0 μm 波段的红外光学性能。在多种红外传感器共用一个窗口时,要求光学透射波段要宽,其中包括 3.0 ~5.0 μm、8.0 ~14.0 μm 等重要波段,因此,金刚石薄膜必须通过与其他红外材料的组合膜系以达到双波段的红外增透效果。尽管在材料硅上制备类金刚石薄膜的红外透过波段宽,红外透过率接近 90%。但较金刚石薄膜的机械力学性能低,在恶劣环境条件下的适应性较差。

例三 业界对工作在理想光谱区域和功率范围的紧凑型固态金刚石激光器的追求,澳大利亚的一个研究小组最近报道了一种光泵浦外腔CVD金刚石拉曼激光器。Richard Mildren表示:“长期以来,人们一直认为金刚石是非常好的拉曼材料。但是直到过去的几年,由于CVD生长方法能够以合理的价格重复制造这种材料,才使我们可以实际进行这方面的研究”。

金刚石的拉曼增益系数,比金属钨酸盐、硝酸钡以及硅等其他可替代的拉曼材料至少要高出。在所有的材料中,金刚石具有最大的拉曼频移以及最宽的透光范围,大约从紫外的225 nm到远红外的100 nm。而且在如此宽的范围内,在许多光谱区域是目前的激光技术无法很好做到的,如医学使用的黄光,这也是目前金刚石拉曼激光器研究的主要推动力之一。此外,金刚石的热导率比其他大多数激光材料约高出两个数量级,这为高功率激光器应用提供了巨大潜力。

例四 为了建立文件、视频信息及图表等档案越来越迫切需要一种密集的大容量的信息储存手段。目前用的激光盘如DVD其信息容量只有4.7 GB,而称为Blu-Ray的第二代光盘的信息储存量可达25 GB,但仍不能满足电脑发展的需求。要增加光盘的信息容量就必须在降低激光波长的同时提高透镜的数值孔径(NA)。在所有可透过紫外线的材料中,金刚石的折射率最大。但是,高温高压合成的金刚石和普通的CVD金刚石都不适用于制作可见光和紫外线的光学器件,原因是前者含有杂质氮,后者为多晶质。元素六公司于21世纪初研制出一种单晶CVD金刚石供制造近红外线(波长0.75~2.5 μm)和可见光用的器件。用单晶CVD金刚石制作的高数值孔径透光镜用于近场光信息储存可使光盘的信息容量大大提高,有可能提高到150 GB以上。据称,理论信息容量可高达550 GB。

例五 导弹红外视窗。目前比较常用的红外窗口材料有ZnS和ZnSe。这两种材料虽然有很好的红外线透过能力,但容易受损伤。在军事用途上,对于红外窗口的要求非常严格。这些设备经常工作在非常恶劣的条件下。例如,用于导弹的红外窗口在导弹发射后,不但运行于高速状态,同时还要经受风沙雨雪的考验。金刚石膜是一种优质的表面材料,金刚石具有红外增透特性,同时金刚石膜又可作为红外窗口的一种良好的减反射膜材料。此外,金刚石的高导热、耐磨等物理特性也可以很好地保护红外窗口免受外界冲击。因此,在红外窗口表面镀金刚石膜,完全解决了军工航天领域对红外窗口应用的各种问题。

例六 半导体器件。近年来,采用等离子体化学气相沉积法合成出单晶质金刚石即半导体级 CVD 金刚石,具有异常高的绝缘性和极优的载流子迁移率等综合性能,所以在高电压和高频率的应用方面特别引人注意。在现代航天航空和汽车工业以及输电和配电系统均有潜在市场需求。

半导体级 CVD 金刚石的能带隙、绝缘(耐压)除强度、载流子迁移率、导热率等均远远超过其他半导体材料,详见表 1。

表 1 半导体级 CVD 金刚石热电性能

半导体	Si	SiC-4H	GaN	金刚石
能带隙/eV	1.1	3.2	3.44	5.5
绝缘强度/(MV/cm)	0.3	3	5	10
电子迁移率/(cm^2/Vs)	1450	900	440	4500
空穴迁移率/(cm^2/Vs)	480	120	200	3800
导热率/[W/(cm·K)]	1.5	5	1.3	24
约翰逊品质因数	1	410	280	8200
凯斯品质因数	1	5.1	1.8	32
巴利加斯品质因数	1	290	910	17200

目前,具有长使用寿命的电气设备的一般绝缘温度限是 220 ℃,未来的绝缘材料的温度限至少应达到 400 ℃。采用已有的半导体技术

很难做到减小动力电子变换器的重量和体积并将它紧凑地与引擎合并为一体。减小动力电子设备中散热和冷却元件的重量和体积并使它在高温下工作,关键是耐高温的问题。宽能带隙半导体(如CVD金刚石)具有能够比目前使用的硅功率器件达到的工作温度高得多的条件下工作。用CVD金刚石这种宽能带隙材料制造的固体电路器件具有不同于硅器件的优越特性,有可能改善现有电气设计与电路布局从而影响宇航工业未来动力电子设备的结构。

例七 CVD金刚石膜散热性。电子设备趋于微性化的同时其功率却在不断增长,由此所产生的散热问题成为微电子封装技术的关键问题。面对传统封装材料的各种限制,发展起来越来越多的新型散热材料,它们具有低热膨胀系数、超高导热率及很轻的质量。CVD金刚石膜作为上述材料的代表,其热导率可达到2000 W/(m·K)的水平,同时还具有优异的力学、光学、电学、声学和化学性质,与天然金刚石相比,结构一致,性能基本无差异,且成本低廉,使其在高功率光电器件散热的优势明显优于其他材料。目前,CVD金刚石膜在国外已有一热管方面的应用的例子,主要解决高功率大热流密度元件导致的系统散热问题,包括高功率激光二极管阵列、二维多芯片组装(MCM)以及固态微波功率器件的散热应用。我国目前在CVD金刚石膜散热领域的研究与开发水平与国外有很大差距,基础性研究开展较少。

例八 微波技术中的应用

众所周知,微波技术广泛应用于测量、雷达、遥控、电视、射电天文学、微波波谱学、微波接力通讯、粒子加速器等领域。值得注意的是,金刚石微波透射窗,是目前德国和日本正在进行的核聚变试验的关键部件。元素六公司与世界上主要的核聚变研究机构合作研制的金刚石微波透射窗可应付超过1 MW的微波功率,其能力比任何其他材料的透射窗大1倍以上。由于CVD金刚石对微波能的吸收率低,但热导率高,且介电常数小,因而在微波应用中是至关重要的。

目前,DMD和INEX合作正在研究采用元素六公司生产的单晶CVD金刚石制造金属半导体场效应晶体管的可能性。金属半导体场效应晶体管一直被认为是用CVD金刚石制造的最有发展前景的器件之一。因为金刚石与传统的半导体相比具有在更高温度和更高击穿压力下工作的是能力。

金刚石除了具有极高的硬度、热导率、断裂强度和很好的化学惰性之外,它的高介电强度以及很高的空穴电子迁移率和宽能带隙引起了广泛注意。因为与电子线路中应用的具有竞争力的材料如硅和砷化镓相比,单晶CVD金刚石的内在固有性质显然更为优越,在高科技中的应用有强劲的需求。DMD和世界设计与制造多种微波器件及电子系统的一流企业Filtronic联合,在原料、半导体器件以及电路设计互补的科技力量研究新型的金刚石器件以期改进微波功率电子设备,有可能引起微波功率电子设备的大变革。

例九　微型机电系统(MEMS)技术

兴起于20世纪80年代,已成为当今有广泛应用前景的重要高新技术之一,正逐步实现从以实验室研究为主向工业应用开发的转移。迄今为止,MEMS器件所采用的电子材料可分为两类:硅(基)和非硅材料。由于继承了半导体工业的长期工业积累,针对微机电系统制造需求的体硅和表面硅微机械加工技术很早便形成了较为完整的微加工技术体系,因此,硅基MEMS器件成为主流。

但是,MEMS器件对材料的要求毕竟有别于传统的半导体器件,硅材料的缺点随着应用范围的扩大而日益显现,比如硅的抗弯强度低和断裂韧性差,抗磨损能力不强,还特别容易发生结构黏附现象,所以,目前的MEMS器件中运动部件主要选择往复形变,很少采用转动、接触滑移等宏观机械中常见的运动方式。因此,开拓硅之外的其他材料来源将会促进MEMS技术的发展。

作为微结构材料,CVD金刚石薄膜具有许多无可比拟的优越特性。金刚石薄膜质量轻、强度高、耐磨损、抗腐蚀、导热性、绝缘性好。与硅相比,金刚石薄膜的机械强度和硬度高出近10倍,弯折强度高出20倍以上,耐磨损能力高出1000倍以上,综合性能的优势十分明显,理应作为微机电系统中的结构件首选材料。如可用作微齿轮、悬臂梁、微铰链、微连杆、滑块材料。同时,金刚石薄膜具有高电阻、高击穿场强、低介电常数、极低热膨胀系数、宽光谱透过范围,宽禁带宽度、极高的载流子迁移率等,可广泛用作特定功能微机电系统的主体部件,如微传感器、微制动器、微光器件,且金刚石薄膜的耐高温性、耐蚀性使得金刚石MESM器件可在恶劣环境下正常工作,这是其他电子材料所不可替代的。

例十　煤直接液化工艺系统

高温高压分离器下游排放残渣用减压阀,在实际工作时需要面对高温(约455 ℃)、高压差(约20 MPa)、高流体速度(约107 m/s)和高固态浓度(固体浓度高达50%以上)流体冲蚀的极端状况条件,对其阀座、阀芯等关键部件受冲蚀表面的抗冲蚀磨损性能和使用稳定性提出了非常高的要求。

目前,这些关键部件主要依赖进口,即使价格昂贵的进口部件,其平均使用寿命也只有不到400 h。在煤液化工业生产过程中,需要频繁地进行设备性能检测及部件更换,严重影响生产效率和经济效益。因此,研究开发具有自主知识产权的、抗冲蚀磨损性能的良好的煤液化减压阀阀座和阀芯部件具有重要意义。

CVD金刚石涂层具有接近天然金刚石的硬度和耐磨性,以及低摩擦系数、高热导率及高化学稳定性等优异性能,具有广阔的应用前景。

在常用的CVD金刚石涂层沉积方法中,热丝CVD法具有沉积设备简单,适用于大面积复杂形状沉积的优点,非常适用于阀座内孔弧面和阀芯圆柱外表面上金刚石涂层的沉积。

例十一　纳米金刚石在以下一些领域具有非常好的应用前景

(1)利用其生长表面的高光洁度和金刚石的高耐磨性,纳米金刚石涂层可来做液体泵的耐磨密封件。

(2)触发电压 ~1 V/μm,电压为 4 V/μm 时能得到显著的电流密度(4×10^{-4} A/μm^2),因此纳米金刚石可以应用于电子发射场方面。

(3)纳米金刚石电极的表现与掺硼金刚石极为相近,可以应用于电分析和电化学领域,如生物医学方面的传感器电极,供长期环境研究的传感器、电解合成氟化物、去除有机废物、臭氧合成等。

(4)纳米金刚石化学稳定性极好,结晶粒度极细,作为涂层材料既能改善材料的性能,又能保证涂层后的部件形状,是一种非常好的涂层材料。

(5)以硅为主要材料的微型机电系统已经成功应用于医疗卫生、交通、工业、航天航空方面。但硅的摩擦系数高、耐磨性差,无法满足某些高速运动部件的材料要求。纳米金刚石晶粒极细、表面光洁度高、硬度高、耐磨性好、摩擦系数低,是硅的理想替代材料。

(6)在用于声表面波器件(SAW)方面,纳米金刚石的声表面波速与微米金刚石相差无几,但生长表面更光滑,大大降低了加工成本。

金刚石膜声表面波的速度可达 9000 ~ 10000 m/s,在目前所有的材料中是最高的。

日本住友电气在硅基金刚石膜的 SAW 器件制造方面处于世界领先水平,2002 年已经能够做到 5 GHz。

例十二　用于重大科学工程和科学研究

21 世纪是使用金刚石膜的年代,从普通工业生产到航天航空无不显示金刚石膜的优势。

金刚石膜热沉已经在高功率半导体激光二极管上获得市场应用。

在国外市场上已经能够买到直径达 F100 nm 的金刚石膜平板窗口。

利用金刚石膜的优异场发射性能,可制作全固态高性能平板显示器。

用于制作高频带宽度(可达 4 ~ 6 GHz)的滤波器,可大大提高未来移动电话通讯的性能。

用于红外热成像装置窗口,高速拦截导弹头罩、强激光、高功率微波窗口已接近实用化。美国洛克希德导弹和空间公司已采用低压气相合成的金刚石膜制造大气动能武器导弹拦截器的窗口,在硅片上双面镀金刚石膜,可增加透过率 26%,该窗口可承受严酷的高速大气飞行,而不会产生由于飞行,光学效应引起的窗口发射。

在红外窗口表面镀金刚石膜,完全解决了军工航天领域对红外窗口应用的各种问题。

通过在硅基底上沉积金刚石膜,在实验室实现了波导、光子器件、辐射探测和光子源。

20 世纪 90 年代中期出现了足以与天然金刚石相媲美的“光学级金刚石膜”。占卫星平均重量 65% 的冷却系统用金刚石芯片将减少 90% 的重量,发射费用降低 1/10。

CVD 金刚石做高数值孔径透镜用于近场光信息储存,信息容量可提高到 150 GB 以上。据称,理论信息可达 550 GB。

金刚石膜太阳能、氢能源生产装备及太阳能污水(废气)处理装备已研制成功。

金刚石的人体相容性,也会使其成为生物医学材料(如心脏阀片或人工关节镀膜)之最。

纳米金刚石具有极低的场发射预置电压和很高的电流密度,用它制造的平板显示器将更为便宜,能耗更低并具有更大的视角。

纳米金刚石的表面器件的工作频率现已达到 1 GHz,并有望达到 5 ~ 7 GHz。

二、结语

(1)1999 年后至今,国外除了原来的几家专业从事 CVD 金刚石沉积设备和产品的公司外,又出现了几十家专业技术公司。主要产品包括沉积设备、工具产品、电子器件产品,CVD 金刚石材料以及专业加工设备等。

(2)从商业角度看,尽管 CVD 金刚石具有优异的性能,但由于成本高,加工难度大。随着低成本制备技术的开发和针对性强的新产品的研发,CVD 金刚石产品的广泛使用将逐步变成现实,事实上这个过程已经在进行。

(3)材料学家预言,CVD 金刚石将成为金刚石材料未来发展的主流。为适应国内微电子和光电子技术的飞速发展和器件小型化的趋势,研发可用于大面积(F100 mm 以上)光学级、热沉级和工具级金刚石自支撑膜批量生产的工业金刚石膜沉积设备及相应生产技术。

(4)在这个激烈竞争的世界没有免费的午餐。核心技术是核心竞争的精髓,谁也不会转让。没有独立的技术,就要受制于人。要丢掉一切不切实际的幻想,以最大的决心持之以恒地培养自己的技术能力。

(5)以 CVD 金刚石膜的超精、功能、高效的应用技术为市场导向,以 CVD 金刚石膜的高端产品为目标,以拥有一支良好科学技术素质的研发团队和一个拥有先进测试装备的研发中心为基石,以 CVD 金刚石膜生长技术的优化与创新为源泉,打造世界一流的 CVD 金刚石研发生产基地。

(6)为实现上述目标,在未来金刚石膜新兴产业的建设中"产、学、研"相结合的模式仍然是最佳的选择。

发展中的中国纳米金刚石应用技术

秦宇,王光祖/文

根据国内众多研究者所取得的阶段性成果汇集而成的本篇综述性文章。展示了我国在纳米金刚石应用技术上所取得的初步成就,以推动我国纳米金刚石合成技术和物性研究的提高与深入。

一、滑润技术

使用纳米金刚石作为润滑油添加剂,其抗磨减磨效果十分明显,据天津乾宇超硬科技有限公司研究,采用纳米金刚石和纳米石墨,经过处理和配比混合后,添加到SDZ-02型改性内燃机油中,可使内燃机的动力性、经济性和排放性均有较大改善,功率增加4.2%,最大达6.4%(高转速时),燃油消耗降低4.7%,最高达10.3%;怠速H_xC排放降低60%,NO_x排放降低20.5%。

润滑与机械设备的运转息息相关。有人形象地把润滑油比喻成为机械设备的血液,可以说,失去了润滑油,就没有机械设备的存在。目前,全世界机械设备有效利用率只有30%左右。据德国沃格甫尔教授测算,全世界生产能源的1/3~1/2损失在摩擦磨损上。英国约斯特教授也指出,世界能源的30%~40%消耗在摩擦磨损上。由此可见,润滑技术问题的解决势在必行。近来的研究表明,纳米金刚石添加到润滑油中显现出以下优越性:提高产品的质量和竞争能力;提高运输工具和装置的工作寿命;节约燃滑油材料;摩擦动量降低20%~40%;摩擦面磨损减少30%~40%;摩擦副的快速磨合。

纳米金刚石的单位消耗:1000 kg。润滑油中为0.01~0.2 kg。

纳米金刚石在润滑油中的奇特动效出乎许多人的预料之外,它不仅用于制作发动机油，亦可制作蜗杆油、齿轮油、液压油、真空泵油、高速机械油、机床油等。

2002 年我国消耗润滑油约 4% ~10%，销售新几百亿元，且以每年 10% 的速度递增、有人预测，纳米金刚石制成改性润滑油会在近期形成一个热潮，并真正将纳米技术产业化。期望一个新的具有中国特色的纳米润滑油行业。

二、增强技术

纳米金刚石用作高分子材料的填料，可显著增加其耐磨性和韧性。西北核技术研究所研究表明，用纳米金刚石加入黏接剂中制成了金属补剂，抗拉强度提高 72%，抗扭强度提高 20%，还可用爆炸烧结法制得纳米金刚石陶瓷材料。

将纳米金刚石添加到轮胎用橡胶中，可大大提高轮胎抗爆裂强度（53 ~154 MPa），从 1988 年起，西北核技术研究所进行了这方面的研究与开发，结果表明，添加了纳米金刚石的几种常用橡胶材料，强度和耐磨性都有很大提高，同时减缓了老化现象的发生。

用含纳米金刚石的电镀液制成冲压模具、工具等复合键层，可大大提高其硬度和耐磨性，从而提高了工具的使用寿命，国内的华侨大学、中国地质大学、装甲兵工程学院和北京机电研究所都开展了类似的工作，并取得了良好的效果。

用纳米金刚石制作磁记录材料的保护层，存取速度高且耐磨；还可利用其硬度高、耐腐蚀、耐冲击的特性，制作密封层，其性能远远大于一般密封材料增加汽车涂料的寿命。太阳的紫外线、酸雨、石头和鸟强的落下，对汽车漆的侵蚀会起很大的破坏作用，由于这些因素的影响，汽车漆必须具有很好的性能。它包括防腐蚀、防石击、防潮、防划伤、防酸、防化学品、防溶剂等。有人认为，可利用金刚石独特的物理化学性能来改善汽车涂料的寿命，尤其是金刚石具有的最高的硬度、卓越的耐酸耐腐蚀性、最高的热传导性和耐生物降解能力等。如果纳米金刚石以添加剂或混合成分的形式使用于涂料，可以调节涂料的外观特性。由知名的涂料生产商提供的实验已表明，纳米金刚石的使用不仅会因增加了涂料的显微硬度而使涂料耐冲击、抗划擦，而且与普通涂料相比，在与基底的黏结性、耐化学腐蚀性（尤其是耐溶剂）-抗摩擦性、抗水性和热传导性等方面都有明显改善。

三、研磨与抛光

研磨是金刚石的一个很重要的应用领域，哈尔滨工业大学的研究表明，用纳米金刚石配制成磁性研磨液，用于陶瓷滚珠的磁流体研磨，得到了表面粗糙度只有 0.013 μm 的结果。

用“Carbonado”型金刚石微粉制成的磨具和研磨剂，可用于精细陶瓷、集成电路芯片、各种宝石，铁氧体磁头、石英片、硬质合金、光学镜头等各种坚硬材料制品表面的精加工和抛光。与单晶金刚石微粉相比，其加工效率高，使用寿命长、表面光洁度高，显示了其优异性能。

近年来，随着芯片技术的发展，许多坚硬材料被用作集成电路基底，如蓝宝石、硅、碳化硅、熔融石英氧化铝、碳化钛等，上述材料不但都很坚硬，而且对制成的芯片后的表面光洁度要求很高。因为利用光刻技术要在该表面上刻蚀出极细微的集成电路图案，所以任何一条细小划痕都可能导致整个芯片报废，多年前美国芯片的合格率常常低于50%。目前，在美国工厂生产芯片的合格率达到80%以上，Mypolex 聚晶金刚石在芯片超精抛光中起着重要作用-用国产的团球状“Carbonado”聚晶金刚石抛光后，表面不平度可降到 0.6 nm 以下，显示出它的独特优越性。因此，团球状“Carbonado”金刚石微粉将在21 世纪的芯片表面加工产业中发挥重要作用。

1997 年世界芯片产量已达 1500 亿块，其中 150 亿块用于微处理器。随着芯片精度的提高及其容量的扩大，对于确保产品最终表面精度的爆炸合成金刚石微粉的需求必将同步增长、以每加工 150 块芯片平均需用 1 克拉金刚石计，则潜在的金刚石微粉市场可达 1 亿克拉以上，截至 1999 年年底，中国内地共有 7 家芯片生产厂，2000 年是国内芯片工业发展的一个转折点，我国对集成电路市场的需求将迅速增长，国内芯片制造业的发展必将为聚晶金刚石微粉提供巨大的市场。

随着微电子技术的发展，硬盘的容量越来越大且发展非常迅速，目前，其存储容量正在逐步向 1000 G 发展，硬盘尺寸越来越小，可以广泛用于手机数码相机和 MP3 等，为满足更高需求，磁头的工作方式由接触起停方式向载入载向方式转变，同时磁头在硬盘表面的飞行高度也不断降低。为避免划伤磁盘表面，硬盘磁头的表面粗糙度要求小于 0.2 nm。目前，磁头采用亚微米级金刚石抛光液抛光，但已不能满足下一代磁头加工的要求。

纳米全刚石用于磁头抛光主要存在两个问题：是小颗粒纳米金刚石尤其是 20 nm 以下的金刚石悬浮液难以制备；二是对粒径太小的颗粒，去除其表面材料的效率较低。粒径为 50 ~ 100 mm 的金刚石悬浮液相对容易制备，极有可能解决下一代磁头的表面加工问题。中南大学机电工程学院的研究表明，纳米金刚石颗粒越细，抛光表面粗糙度越小，但二者并不构成简单的线性关系：悬浮液的分散稳定性影响表面划痕，即使金刚石颗粒较小，若分散稳定性不好，也不可能得高的表面质量。所以，在抛光液的研制中，应重点考虑抛光液的稳定分散性。再者，粗磨工序主要是去除表面材料，因而表面比较粗糙：精磨能有效地消除粗磨产生的表面划痕：而抛光可以获得较高的表面粗糙度，但消除划痕的效果比精磨工序的效果差。所以，研究抛光工艺时，必须同时考虑精磨和抛光过程。最后，抛光工艺的运行参数对表面粗精度和表面最大划痕的影响程度不同，对于表面粗糙度，由大到小的顺序依次是精磨压力、精磨时间、精磨转速、抛光时间、抛光转速、抛光压力、精磨喷液间隔；对于表面划痕，各因素影响的顺序依次为精磨压力、精磨转速、抛光压力、精磨时间、抛光转速、抛光时间、精磨喷液间隔。但是比较理想的参数选择均基本相同,即精磨压力为0.1 MPa,精磨时间为5 min,精磨转速为50 r/min,精磨喷液间隔时间为10 s;抛光压力为0.2 MPa,抛光时间为30 s,抛光转速为20 r/min。

在传统方法进行超光滑抛光时,工件表面粗糙度和面形精度很难同时保证,为降低表面粗糙度,需进行长时间不间断的抛光。与传统抛光不同,纳米金刚石抛光过程中,工件面形几乎不变,表明抛光模的面形也无改变,从用纳米金刚石抛光表面的PSD分布可以看出,表面低频分量很小,说明工件表面波纹度较小;同时也表明,抛光模面形及局部形状的变化很小、纳米金刚石颗粒多无锐角,与普通抛光材料相比对工件和抛光模的切削作用小。由于纳米金刚石粒度小,在工件与抛光模的接触区内,单位面积颗粒数远多于普通磨料,则二者接触面积大大增加;在相同压力下单位面积承受载荷减小,工件与抛光模之间通过磨料的相互作用变得微弱,并且接触区各单元作用均匀,因而二者面形改变很小。中科院物理研究所和长春光学精密机械研究所应用光学国家重点实验室的研究表明,通过应用纳米金刚石抛光亚纳米级光滑表面,纳米金刚石具有抛光能力;纳米金刚石的抛光效率很低,只适合于对光滑表面的精密抛光:在一定的时间内,使用纳米金刚石抛光对工件面形没有影响,但对降低表面粗糙度有明显优势,利用这一特点,可以首先用普通磨料完成工件面形的抛光,然后使用纳米金刚石改善表面粗糙度。

四、电镀技术

近年来,金刚石用于复合镀的技术报道频繁,复合镀层的高硬度和耐蚀性日益受到关注,但由于一般的金刚石颗粒为微米级或亚微米级,颗粒较粗,得到的键层组织还难尽人意,难以满足精密仪器、高光洁度表面、精细加工和更高的耐磨性等要求,随着纳米金刚石生产技术的飞速发展,特别是 2 ~ 12 nm 尺寸纳米金刚石的出现,采用纳米金刚石形成复合镀层有一定弥补作用。燕山大学对施镀时间和电流密度对硬度的影响、电流密度对金刚石含量的影响以及搅拌对金刚石的分布等的影响进行了研究,结果表明纳米金刚石在镍基复合层中稳定存在,非常有效地提高了复合层的耐磨性;在镀液为 60 ℃、电流密度为 2 A/dm^2 的共沉积条件下,镀层的硬度高、耐磨性高,镀层中纳米金刚石沉积量也高:沉积时间的长短是决定键层厚度的一个重要条件,对链层的硬度、耐磨性没有影响;镀覆过程中搅拌是必要的,超声波搅拌优于机械搅拌。

北京科技大学材料学院对金属一纳米金刚石复合链层的摩擦磨损性能的研究结果显示,纳米金刚石的加入,使镍-钴合金层的组织细化,不加纳米金刚石的链层晶粒尺寸约为 0.5 ~0.6 μm,加纳米金刚石的层晶粒尺寸约为 0.1 ~0.2 μm、镍钴合金镀层的摩擦系数为 0.35 左右,寿命在摩擦半径为 14 mm 时平均为 0.022 km。纳米金刚石复合镀层摩擦系数为 0.3 左右,复合镀层寿命在摩擦半径为 14 mm 时为 0.15 km。使摩擦磨损性能明显提高。

与传统的微米级第二相粒子相比,超分散的纳米粒子的引入,可以制备出更令人意想不到性能的复合材料-北京科技大学材料科学与工程学院在通过正交优化对含纳米金刚石粉镍钴基复合镀层沉积工艺参数的研究基础上,研究材料结构和性能的变化,并探询相关的影响因素。纳米金刚石在分散进入镀液之前要进行活化和亲水处理。由于纳米金刚石粉体巨大的比表面和表面余键,一般纳米粉体的表面会吸附大量的杂质原子,而且长时间放置容易团聚,这样会影响纳米粉体在镀液中的分散效果。另外,纳米金刚石粉中有些非金刚石碳,这些也会影响分散效果和粉体的混沉积。因此,有必要对金刚石进行前处理。研究结果表明,镀液中纳米金刚石含量从 2 g/L 增加到 6 g/L,镀层的晶粒尺寸减小近一半。纳米金刚石对晶粒的细化程度和镀层中含有的纳米金刚石的含量有很大关系。镀层的显微硬度与溶液中分散的纳米金刚含量并不成线性关系,镀层的硬度最大可达601.53 HV,团聚的金刚石导致镀层晶粒的异常长大。

据了解,世界上每年金属腐蚀损耗大约1500美元,我国年损耗1500亿人民币,而金属电镀是解决这一技术难题的途径之一。为此,据粗略计算,如果电镀表面达 $3\times10^{3}\ m^{2}$,电镀层厚度按5 μm计算,每平方米需用纳米金刚石1克拉,则纳米金刚石-金属复合镀添加剂所需纳米金刚石 60×10^{4} kg。

我国目前年产20亿只气缸,2005年将达30亿只,主要配套用于汽车、摩托、家电、矿山机械、纺织机械、船舶制造和精密机床仪表、军工等产业,急需纳米金刚石复合电镀工艺升级。另外,我国模具和塑料、玻璃的装饰镀的市场巨大,纳米金刚石复合电镀前景广钢。

钢铁研究总院将纳米金刚石加到Cu10Sn合金中,得到的复合材料具有硬度高、摩擦系数低的优点。

电刷镀技术是近年来在电镀技术的基础上发展起来的一种新型表面改性技术。能解决一些其他技术难以解决的机械零部件修复的问题。中科院兰州化学物理研究所固体润滑开放研究试验室与兰州大学材料系合作,对含纳米金刚石的复合镍刷镀层的摩擦学特性进行了研究,结果显示,该镀层具有极好的减摩耐磨性能。在实验范围内,其减摩耐磨性能随着纳米金刚石黑粉含量的增加而提高,该复合镀层在其表面形成由纳米金刚石和石墨组成的球状团聚颗粒堆砌结构,这种结构有效地防止了金属之间在摩擦时发生的粘着和塑性变形现象,极大地改善了镍刷镀层的减摩耐磨性能、含纳米金刚石的黑粉的加入使刷镀层镍的衍射峰宽化,镍的结晶不完整,呈现非晶化趋势,起到了弥散强化的作用,提高了镍刷镀层的硬度。

五、烧结与合成技术

燕山大学材料学院对纳米金刚石无助剂烧结的可行性分析研究

指出,用普通粒径金刚石做原料制备烧结体,由于其所需的温度、压力大,因而其无助剂烧结是难以实现的。纳米金刚石具有金刚石和纳米材料的双重特性,用其来制备金刚石烧结体,从理论计算可知,其所需要的温度更低,而且,可能不需要或者少加烧结剂,这对提高烧结体的性能是有利的,因此,用纳米金刚石做原料制备金刚石烧结体从理论上看是可行的。

由于纳米金刚石的熔点较普通粒径金刚石低,以纳米金刚石为原料,可以在较低温度和压力下形成各向同性的 PCD,这种 PCD 由于金刚石晶粒细小,且颗粒间结合强度高,故不易断裂和磨损,用于制造高强度、高寿命 PCD 刀具,应用于高精度机械加工领域。

西北核技术研究所与吉林大学国家超硬材料重点实验室的研究表明,在高压高温条件下利用纳米金刚石作晶种,进行大颗粒金刚石的制备时发现,纳米金刚石粉的小颗粒是可以长大的,金刚石颗粒呈六-八面体或多面体,还有小球形,呈多面体的金刚石颗粒具有完整的晶面,其大小在 1 μm 左右。

河南中南金刚石有限公司的研究表明,在高压高温条件下,用纳米金刚石作晶种,合成单产有明显提高。

六、解团聚与分散技术

纳米粒子比表面大,比表面能高,处于热力学不稳定状态,容易发生团聚,从而丧失其作为纳米粒子的一些良好物性。纳米金刚石虽然一次粒径较细,但在制备和后处理中,硬团聚和软团聚的存在使得纳米金刚石粒度明显变粗,应用受到制约,因此有必要对纳米金刚石在水介质中分散进行研究。近年来,长沙矿冶研究院的研究人员,对其进行了许多有益的探索,研究结果指出,加入单一的表面活性剂往往不能使纳米金刚石在介质中稳定分散,而组合使用离子型表面活性剂和非离子型表面活性剂,可以对纳米金刚石进行表面化学修饰改性，从而得到稳定分散体系。在非水介质中，纳米金刚石在这些体系中稳定分散是应用开展的前提。例如在计算机磁头超精密抛光工艺中，由于工艺的特殊要求，需要采用非水基的抛光液。采用纳米金刚石作为抛光材料，将大大降低被抛光表面的粗糙度，被加工的基片表面粗糙度达到亚微米级。这种含纳米金刚石油基抛光液制备的技术关键是颗粒在体系中的分散。

相关学者对纳米金刚石在白油中的解聚与分散进行了研究，采用机械化学处理对纳米金刚石进行表面改性，利用机械力与表面活性剂的协同作用，在有效地粉碎纳米金刚石团聚体的同时，对纳米金刚石表面尤其是粉碎过程中新生成的表面进行修饰，调节颗粒表面亲水疏水性能，增大颗粒间的排斥作用，从而实现纳米金刚石在白油介质中的稳定分散。

硬团聚体制约着纳米金刚石的应用发展，使纳米金刚石的优异性能几乎丧失，因此硬团聚体的解聚是纳米会刚石应用需要解决的首要问题，对纳米金刚石硬团体解聚的研究报道很少，仅限于采用化学分散和机械分散的方法，然而这只能是对团聚体中的软团聚体进行一定程度的分散，无法实现对硬团聚体的解聚。近年来，利用超细粉碎机械化学技术对粉体实施超细粉碎和表面改性，是粉体超细化、功能化及分散的一种重要手段，是最有发展前途的粉体深加工工艺。该研究的结果表明，利用超细粉碎机械-化学技术实现了纳米金刚石硬团聚体相当程度的解聚，助磨剂的加入有助于解聚程度的提高，最终制得了粒度分布在 100 nm 以内、平均粒径为 40 nm 的可长期稳定的水介质纳米金刚石悬浮液。

七、结语

(1)虽然我国对纳米金刚石的爆轰合成技术研究起步稍晚于国外，但应该看到，它的发展速度是很快的。

(2)1999 年杭州的第一届纳米金刚石发展研讨会后，纳米金刚石产业化的步伐明显加快，短短的两三年内就建立起了分布于甘肃、陕西、山东、河南、四川等几条生产线，全国年生产能力达数千万克拉的规模。

(3)采用爆轰法和冲击法能够生产纳米金刚石单晶和纳米金刚石多晶两大系列产品。为纳米金刚石的应用开发提供了充足的资源，根据应用技术要求的不同，必须将上述两大系列产品细化，发展为不同牌号。

(4)从本文所收集到的有限的纳米金刚石应用技术开发方面的信息中，不难观察到，纳米金刚石的应用已引起了大家的关注，并在不同应用领域中取得初步成效。往后应密切关注的是，如何将众多的科技成果尽快转化为生产力。这一步迈得如何，将决定着往后纳米金刚石的发展进程究竟是快还是慢。

(5)材料是基础，应用是动力。只有应用才会市场，有市场才会有发展。纳米金刚石能不能持续发展，一句话还是取决于应用。所以，在今后的一段时间里我国的相关行业应把应用作为重中之重来抓。

（节选自 2007 第 19 卷第 4 期《发展中的中国纳米金刚石应用技术》）

高新技术与超硬材料工具

王光祖/文

金刚石工具的出现是人类工具史上的革命，不但极大地减轻了人们的劳动强度，提高了工作效率，成为节能减排的利器，而且在更多的领域发挥了无可替代的作用。在制造先进科技产品的过程中，经常需要使用高效能、高精度的金刚石工具，所以未来金刚石工具的发展不只是需要不断改良现有的产品，还需要开发出更为高效、高精、节能环保的新型金刚石工具。本文列举若干事例，并试图通过这几个事例来揭示超硬材料工具在引领高新技术发展中的地位与作用。

一、高速切削

高生产率和高质量是先进制造技术的两大目标，代表现代机械加工主流方向的高速切削顺应了21世纪机械加工高效率、高精度、柔性与绿色化的要求而得到了发展。

高速切削的特点归纳起来有三点：一是成倍提高切削效率，降低能耗、降低加工成本；二是当切削速度超过某一临界值时，95%以上的切削热来不及传给工件，被切屑带走，而工件基本上保持冷态；其三是高速切削时，机床的激振频率很高，远远超过了“机床-刀具-工件”系统的固有频率范围，切削平稳，振动小，可获得较高的加工质量、减少了加工工序。

高速切削对刀具材料的要求是：①高的可靠性。这是高速切削成功的关键技术之一，因为高速切削一般在数控机床或加工中心进行，要求刀具寿命长，且必须十分可靠，否则将会增加换刀时间，降低生产效率，使高速切削失去意义。②高的耐热性、抗冲击性和高温力学性能。③适应难加工材料和新型材料加工的需求。与传统磨削相比，高速硬切削具有高效率、柔性好、无切削液对环境污染、工序少、投资省等优点。

在高速切削技术的基础上，开发出的PCD刀具的准干切削，不仅改变了传统切削加工的界限，而且开创了切削加工“绿色制造”的新时代。由于超硬刀具“以车代磨”“硬态加工”“干式切削”等先进切削工艺技术的应用，避免了切（磨）削液、切（磨）削屑对环境的污染，可实现清洁化生产。因此,超硬刀具高速切削技术被公认为是21世纪高效、绿色环保和资源、能源节约型加工工具技术。PCD/PcBN超硬刀具已成为现代切削加工中的重要手段,绿色低碳切削离不开PCD/PcBN刀具。

二、超高速磨削

按砂轮线速度的快慢可将磨削分为普通磨削(v_s<45 m/s)、高速磨削(45 m/s≤v_s<150 m/s)和超高速磨削(v_s≥150 m/s)。日本普遍将砂轮圆周速度超过100 m/s的磨削工艺称为超高速磨削,在当前生产实践中,高速和超高速磨削的速度一般在100~200 m/s。超高速磨削技术是磨削工艺本身的革命性跃变,德国著名磨削专家T. Tawakoli博士将其誉为“现代磨削技术的最高峰”,日本先端技术研究学会把超高速加工列为五大现代制造技术之一,国际生产工程学会(CIRP)将超高速磨削技术确定为面向21世纪的中心研究方向之一。

超高速磨削工艺主要具有以下优点:

(1)能大幅度提高磨削效率,减少设备使用台数。实践证明,200 m/s超高速磨削的金属切除率在磨削力不变的情况下比80 m/s时磨削效率提高150%;而340 m/s时比180 m/s时提高200%。采用cBN砂轮进行超高速磨削,砂轮线速度由80 m/s提高至300 m/s时,金属切除率由50 mm^3/(mm·s)提高至1000 mm^3/(mm·s),因而可使磨削效率显著提高。

(2)磨削力小。在其他参数不变的条件下,随着砂轮速度的提高,单位时间内参与切削的磨粒数增加,每个磨粒切下的磨屑厚度变小,导致每个磨粒承受的磨削力变小,总磨削力也大大降低。

(3)加工质量好。在其他条件一定时,将磨削速度从33 m/s提高至200 m/s,粗糙度值由Ra2.0 μm降至1.1 μm。

(4)砂轮磨损少,使用寿命长。在磨削力不变的情况下,200 m/s

磨削比 80 m/s 磨削时砂轮寿命可提高 1 倍，而在磨削效率不变的条件下砂轮寿命可提高 7.8 倍。有助于实现磨削加工的自动化和无人化。

(5)可实现对难加工材料的磨削加工。超高速磨削不仅可以对硬脆材料实行延性域磨削，对高塑性的材料也可获得良好的磨削效果。

由此，超高速磨削砂轮应具有良好的耐磨性、导热性以及较高的动平衡精度、机械强度、抗破碎能力和刚度。日本和欧洲开发了弹性模量、密度高且热膨胀系数低的 CFRPL 复合材料的 cBN 砂轮。日本在 400 m/s 的超高速磨床上，采用 CFRP 基体直径 250 mm 的陶瓷结合剂 cBN 砂轮，已实现 300 m/s 的磨削实验。目前工业生产中广泛采用金属结合剂 cBN 砂轮和单层电镀 cBN 砂轮，使用速度可达 250 m/s，试验中已达 340 m/s。

三、快速点磨削

快速点磨削是由德国 Junker 公司于 1994 年开发的新型超高速磨削技术形式，集中了数控车削技术、cBN 超硬磨料、超高速磨削等先进技术，具有效率高、柔性高、精度高、磨削温度低、砂轮寿命长和工序集中的特点。它采用超薄 cBN 或人造金刚石超硬磨料砂轮，以超高速磨削，是新一代数控车削和超高速磨削的极佳结合。

数控快速点磨削是一种先进的超高速磨削技术，其磨削机理和加工性能不同于一般的高速磨削，特别是所具有的卓越的绿色特性，是其他磨削加工方法所不能比拟的。绿色制造是一个综合考虑环境影响和资源消耗的制造模式，其目标是使产品从设计、加工制造、使用到报废的整个寿命周期中，对环境的负面影响最小，资源利用率最高，并使经济效益和社会效益协调化。基于这一观点，快速磨削与一般磨削方法相比较，具有优良的绿色特性。

(1)砂轮与工件处于点接触状态(接触面积最小)，实际磨削速度更高,磨削力大大降低,比磨削能小。

(2)磨削力极小,工件变形小,加工精度高。

(3)磨削发热量少,同时切屑可带走绝大部分热量,散热冷却效果好,因此磨削温度大为降低,甚至可以实现“冷态”加工、干式磨削。不仅提高了加工精度和表面质量,而且减少了由于大量使用磨削液所带来的环境污染。

(4)由于采用 CNC 两坐标联动实现复杂回转体零件表面磨削,一次安装后可完成外圆、锥面、曲面、螺纹、台肩和沟槽等所有外形的加工,有更大的柔性。磨凸轮轴时,装夹一次,可完成 3 个部位的全部磨削工序:轴颈、面肩部、端部外径,周期时间 150 s,与传统工艺比较,节约了成本,大幅度提高了制造工艺的绿色度。

快速点磨削技术符合绿色制造的发展趋势。制造业在生产过程中,一方面要消耗大量的有限资源,另一方面对环境造成污染。面对人类社会可持续发展的需要,实施绿色制造已经势在必行。在机械制造领域,磨削是对环境和资源影响最大的一种加工工艺。近年来出现的快速点磨削技术特点鲜明,特别是磨削力极小,磨削温度低,接近冷态加工,可以实现少、无磨削液的干式或准干式加工,砂轮使用寿命长,符合绿色制造的发展趋势。

* 光的革命

21 世纪初就启动了光的革命,已经用了百余年的白炽灯(Incandescent Lamp)及荧光灯(fluorescent lamp)即将走出历史。未来的几年,LED 将成为照明(如路灯)及显示(如电视)的主流。2009 年全球 LED 的总产值约 76 亿美元,日本产值第一,台湾则产量最大。

LED 的亮度会随着温度的升高而降低,而其寿命则会急剧缩短。通常导热快的材料(如金属)其热辐射的比率极低(<1%),而热辐射高的材料(如塑料)其热传导率甚低[<1 W/(m·K)]。DLC(diamond like carbon)却可集"鱼和熊掌"于一身,可以高速导热和辐射,从而取代印刷电路板上环氧树脂的绝缘层,使现行 LED 的照明产品(如路灯)的寿命大幅度延长。DLC[500 W/(m·K)]的散热效果虽佳,多晶钻石膜的热传导率[1 200 W/(m·K)]更可倍增,使其冷却 CaN 芯片的效果更突出。多晶钻石膜冷却 LED 的效果卓著,而且随着 LED 电流的加大其抑制热点的能力更强,因此以钻石膜为底的 LED 亮度可以大幅提高。

含硼钻石为 P 型半导体,它的载子浓度最高,而且电洞的迁移率也最大。钻石半导体是超速计算机 CPU 芯片的梦幻材料。可在强电场、高频率、大电流及热温下运作。钻石 LED 的 UV LED 具有高能超亮的优点,即使电流密度超过 2000 A/cm^2,其发光效率仍未饱和。这个电流密度已多倍于 AlGaN 所制作的 UV(400 nm)LED。此外,钻石 LED 的温度越高,亮度越大,这和传统的 LED 趋热刚好相反。钻石 LED 的最大特性为温度高到 600 ℃时发光更为惊人,传统的 LED 则在 200 ℃以下就可能烧坏。

钻石是能输入最大功率 LED 的半导体(惰性气体保护其不受氧化)。由于 LED 芯片不及 0.5 mm,每个单晶可以长出一颗 LED。中国台湾的钻石科技中心(diamond technology center,DTC)全球发展出以排列晶种生长大颗粒(>0.5 mm)钻石单晶的技术,更可长出具有六面体(立方体)外形的单晶,如果大量生产,每一元新台币可获得 10 颗钻石单晶。

四、集成电路硅片的加工

电子信息产业是国民经济发展的龙头,而集成电路(IC)则是电子信息产业的核心和基础,对国家的经济发展有着重要的战略意义。由于 IC 的发展离不开基础材料硅片,全球 90% 以上的 IC 都要采用硅片。新一代 IC 制造将采用大直径(300 mm 以上)硅片,片厚也减到

100～200 nm。硅片直径的增大和芯片厚度的减小,带来了新的挑战。

硅晶体切片处于整个工艺流程的较前端,是 IC 芯片制造中的一道重要工艺,对基片加工的质量和成本有着重要影响。硅晶体切片技术要求有高的出品率、尽可能窄的切缝宽度、好的面型精度和细的表面粗糙度。由于硅材料取得不易且价格昂贵的特性,在加工工具上多要求精度高、加工效率高、材料损失低及环境洁净等。

切头尾与切片工程的目的在对晶棒做两端面不规则平面的削除,所应用的工具在早期为金刚石内圆切割片,其切割表面平整且细致,但由于速度慢使得产能有限。近年来为求产能提升,多用金刚石锯带及金刚石线所取代。金刚石锯带有两种产品:一是金刚石以烧结齿焊接在钢带上;二是以电镀方式将金刚石附着在钢带上。前者寿命长,但 kerf loss 较大,后者切割效率高,但寿命短。以电镀方式将金刚石附着在钢琴线上,称为电镀金刚石线。其特性是切割时间短,可大幅提高产能,并可使用水溶性研磨液,能将硅料轻易回收。

五、深层天然气的开发

在浅层油气资源经过近百年的开采,储量越来越少,和全球经济发展对油气资源的依赖程度越来越严重的双重压力下,人们不断探索更深地层储藏石油、天然气的可能性。随着科学技术的进步和人们对深层地质构造认识的不断加深,在越来越深的地层中发现并开采石油、天然气资源已成为一个现实的科学问题。在石化类能源中,天然气相比煤炭和石油算是一种清洁环保的能源。有人预测 2020 年后天然气将超过石油和煤炭成为一次能源消费的主力。而在中国,天然气能源在一次能源中所占比例目前只有 3.8%,发展空间很大。

天然气的勘探与开发,单井投资巨大,钻井深度深,工期长,技术难度高,风险性高。一般情况下,钻井投资额约占油田开发资金的 30%～40%。如何以较少的投入,最低的风险和最快的速度钻进一口井，一直是钻井界人士着力研究、解决的问题。人造金刚石的耐磨性远远高于硬质合金，将其应用到石油钻头，会给整个钻井技术带来质的飞跃。在越来越多的气井钻井过程中，先进的PDC钻头开始取代传统的硬质合金牙轮钻。PDC钻头的主要技术特点是钻头结构简单，主要工作部件——PDC切削齿极其耐磨，钻头本身没有旋转部件。其最大的优势在于钻进速度快，可缩短钻井工时，减少钻机占用时间。另一优势是单只钻头的工作寿命大约是牙轮钻头的3～5倍以上，大大减少了因更换钻头而进行的费时、费工、劳动强度大的提钻和下钻过程。因此，PDC钻头在缩短钻井周期，降低钻井成本方面、实现绿色钻井等方面具有不可替代的优势。

六、结语与展望

(1)我国新兴产业的飞跃发展，必将为超硬材料及制品的发展拓展更为广阔的空间，超硬材料及制品行业也必将发展为我国的战略性新兴行业。

(2)现代制造技术和难加工材料的发展正推动着刀具技术向高速度、高精度和硬态、干式切削的方向发展，能实现高效率、高稳定性、长寿命加工的超硬刀具日渐普及，符合现代社会高速、高效、高稳定性、低成本及低碳环保的要求，是一种理想的绿色切削刀具。

(3)浅层油气资源的可采储量越来越少，于是人们不断探索更深地层储藏的石油、天然气。可是，PDC钻头的工作寿命随着地层深度的增加急剧缩短。在浅部地层时其进尺速度为20 m/h左右，而下至4000～5000 m时，在一些难钻地层，其速度只有1～2 m/h。以往的油井以井深1000～2000 m居多，而如今3000～4000 m的井成为主流，一些探井的深度甚至已达4000～6000 m。井越深，所处地层受上部地层的压力越大，越密实，越难以切削；同时地底处的工作温度也会提高，对钻头本体、PDC切齿、铝钻井液都会产生负面影响，显然，这些对

PDC 钻头提出更高更苛刻的要求。

(4)陶瓷结合剂 cBN 砂轮是高速、高效、高精度、低磨削成本、低环境污染的高性能磨具,近年来成为世界上竞相研究开发的热点和当代磨具产品发展的一个重要方向,目前在美国、日本、德国、英国等工业发达国家的轴承、汽车、工具等行业已进入规模应用或普及阶段。我国的陶瓷结合剂 cBN 磨具质量与国外同类产品相比有较大差距,高端产品还主要依赖进口。

(5)目前电子信息领域用超硬材料工具市场大部分还是被国外产品占据,主要有日本的 DISCO、ASAHI、MITSUBISH,美国的 ITI、MTI、UKAM,韩国的 EHWA、SHINHAN,瑞士的 WELL 等公司。在未来几年,我国 IC 封装、3 G 通信设备、太阳能电池、新型印刷电路板等电子元器件加工领域将有很大的政策优势,必然会提高相应的超硬材料工具的需求量,同时也会对相应的超硬材料工具提出新的工艺要求。巨大的市场潜力也是我国电

与纳米有关的纳米应用技术

王光祖/文

纳米结构是一个令科学家们充满幻想的神奇领域。

很多科学家认为纳米科技与产业的成功结合,将会激发 21 世纪的新产业革命。

跨入 21 世纪的门槛,我们立即感受到“纳米时代”的降临。

纳米科技,21 世纪集大成的科技发展,它改变了以往认知的物理原理和化学性质,颠覆了物质的原有特性。它的应用,是新世纪的产业革命,是尖端材料、电子信息、生物医学……的跃进。毫无疑问纳米科技将是 21 世纪科技与产业发展的最大驱动力。

因为梦想，所以我们创造；因为创造，所以我们进步；因为进步，所以我们产生新的梦想……于是，许许多多科学家不约而同地把目光汇集到纳米这个充满神奇的领域。在我们继续迈开脚步进入21世纪的同时，第四次工业革命——“纳米科技时代”伴随而来。展望未来，人类必将再一次倾倒于自己亲手发起的革命，再一次沉醉于自己亲手创造的文明。

一、开启单分子磁分子之门的“钻石钥匙”

由于磁共振技术能够准确、快速和无破坏地获取物质的组成和结构信息，目前已被广泛用于基础研究和医学等多个领域。

但是，当前通用的磁共振仪受制于探测方式，其研究对象通常为数十亿个分子，成像分辨率仅为毫米量级，无法观测到单个分子的独特信息。

中国科技大学杜江峰教授的研究团队，将量子技术应用于单个蛋白质分子研发，利用钻石中的一种特殊结构做探针，首次在室温大气条件下，获得了世界上首张单蛋白质的磁共振谱。使利用基于钻石的高分辨率纳米磁共振成像诊断成为可能。被《科学》“展望”栏目专文报道评价“此工作是通往活体细胞中单蛋白质分子实时成像的里程碑”。

此前的研究显示，基于钻石的新型磁共振技术能将研究对象推进到单分子，成像分辨率提升至纳米级。但实现这一目标面临诸多挑战，主要是单分子信号太弱，难以探测。

之后，杜江峰研究团队利用钻石中的氮-空位点缺陷作为量子探针（简称“钻石探针”），选取了细胞分裂中的一种重要蛋白为探测对象。“钻石探针”具有感知极弱磁信号的能力，在激光和微波控制下，它形成一个量子传感器，将单分子信号转化为光学信号而加以检测。

这项技术最直接的用途是在不影响蛋白质性质的前提下检测其结构和动力学性质，直接在细胞膜上或细胞内研究蛋白质分子。杜教授认为，这对生命科学研究来说有极大吸引力。

二、在钻石表面制作纳米晶体管

人们常说的钻石不会被划伤，其表面到底如何呢？在大气中，它具有被氢原子或氧原子覆盖的1原子层的结构。如果用扫描隧道显微镜观察被氢覆盖的表面，可以看到碳原子对作为一个单元与两个氢原子电子云结成一块，即使在大气中表面也不会被氧化，仍然被氢原子覆盖着。这种性质是硅半导体所没有的。

不过，两个表面的性质完全不同。覆盖有氧元素的表面是不通电的绝缘体，覆盖有氢元素的表面是p型半导体。本身是绝缘的钻石仅表面附近是p型半导体，电流的流动也是非常有趣的性质。如分开所制作纳米单位的两个小表面，就能制造具有非常小的电子通道的晶体管。进一步用隧道接合在两处分隔通路，就形成了电气孤岛，于是就能制造电子一个一个进出该岛的单电子晶体管。利用表面化学体结合的差异制造纳米晶体管是非钻石不可的全新方法。

由于钻石表面化学键的稳定性和其性质的差异，从而产生了新的纳米技术。可以考虑由根据厌水性和亲水性这两个性质的差异以纳米的单位进行的分割，根据负的和正的电子亲和力来分开制造。前者用于生物分子特别是蛋白质的固定，后者可以应用于微小冷阴极。进一步化学修饰钻石的表面氨基化，以2价的碳酸为媒介能够和寡核苷酸的氨基结合。通过它能以原来的DNA芯片的100倍的高密度固定DNA。钻石的表面可能是最适合纳米技术和生物技术融合的地方。

三、纳米金刚石涂层/抛光坐标测量机(CMM)

现有的抛光坐标测量机(CMM)测量探测器主要使用红宝石和硬

质合金,用现有标准扫描测量方法的话,磨损太快,探针每3天需要更换,生产会被迫中断,需要等待探针重新校准。荷兰金刚石制品解决方案公司开发的一种纳米晶体金刚石涂层抛光的测量探头,可最小化这些缺点。现在,它们被用在条件非常严苛的环境下,像被用来测量复合陶瓷、磨削后的球轴承、硬化锥齿轮、微晶玻璃、镍涂层铝镜面和其他特种材料等。

最早的金刚石涂层相当粗糙,由于这种粗糙的涂层,尖锐处的倒角非常大,使铣刀非常钝,并且铣削过程中的切削力非常高。这样的话,虽然工具寿命得到延长,但是切削力增加,工件的表面质量很低。如今,金刚石涂层企业可以沉积出更为平滑的涂层,如纳米晶金刚石涂层。这项工作技术含量很高,德国现有几家生产优质金刚石涂层的公司。目前,工具的金刚石涂层厚度有6~8 μm,比DLC和TiN厚很多。

一个测量探针通常有两个部分:杆和测球(多数使用红宝石球),测球连在杆上。金刚石制品解决方案有了全新的概念,杆和球体出自同一块硬质合金,这样球体不会从杆上脱落,也不会有胶黏剂的迟滞现象。

探针研磨之后,利用高频化学气相沉积法在其上面沉积一层纳米金刚石涂层。该涂层是单晶结构,有较软的晶向。在金刚石界称之为两点、三点、四点取向,两点取向比其他取向的金刚石软。因此,探针很难做成形状精度

与红宝石和Si_3N_4测量探针相比的优点:

(1)和天然金刚石一样高的硬度。

(2)磨损最小化,寿命大大延长。

(3)所有材料中最低的摩擦系数,尤其是在测量微晶玻璃方面。

(4)比使用红宝石时铝黏附更少。

(5)G5质量的直径范围为0.3~5 mm。

(6)更高的平滑度,因此探针产生的划痕远比红宝石探针少。

(7)探针头和杆结合好,没有掉落风险。

(8)可以定做各种尺寸的杆。

(9)性价比高。

四、纳米金刚石具杀菌特性

德国不来梅大学研究人员参与的一个国际研究团队发现,纳米金刚石像金属银、铜一样有杀菌的功效。

纳米金刚石直径约为 5 nm,约为细菌的二百分之一,可通过含碳化合物在高压容器中爆炸产生。这种灰褐色金刚石粉末在接受不同的热处理后,表面会形成不同的化学基团。

研究人员发现,一些纳米金刚石具有较强的杀菌特性,可在短时间杀死细菌,而纳米金刚石表面上一种为名为酸酐的特定含氧基团似乎是其具有杀菌特性的原因所在。研究人员说,具有杀菌特性的纳米金刚石或可用于生产表面涂层、杀菌剂等。

这项研究成果发表在专业期刊《ACS 纳米上》。研究人员尤利娅·韦林认为,在不少细菌对抗生素产生耐药性之时,一种新型抗菌材料的发现可谓是个"突破"。

五、纳米薄膜处理器

荷兰纳米科学院的研究者实现在石英衬底上长金刚石薄膜,然后将它们分开,放到别的器件上。虽然金刚石薄膜具有生物惰性,但是我们在它们的表面连接分子使其化学性能变得活泼。更重要的是,当它们掺杂添加剂后会变成半导体,就可以应用于电子电路了。也难怪材料科学家们对于金刚石的前景充满期待。

他们希望把金刚石或多或少应用到所有他们能想到的设备中。但问题是,金刚石薄膜必须在高温纯氢气气氛中生长,这与其他微器件如硅芯片制造方法不兼容。所以,一个有用的途径,就是想办法使金刚石薄膜在一个地方生长,然后再转移到别的器件上,为纳米金刚石薄膜广泛应用开辟道路。

当然,有一点要事先声明,确定并定位纳米片是一个耗时的过程。所以,这项技术不能应用大规模生产金刚石薄片的设备上。因而在大规模自动定位和并行化技术上,还有很长一段路要走。但随着机器可视技术的迅速发展,在不久的将来它可能会打破这一局限。

这项技术的潜力是显而易见的,它能够带来一种新的技术来补充完善我们目前正在经历的硅时代和石墨烯时代。换句话说,我们可以开始期待"金刚石"时代的到来。

六、在新型"双曲超材料"表面的应用

超材料是人工复合结构或复合材料具有天然材料所不具备的超常物理性质,迄今发展出的"超材料"包括:"左手材料(left-handed materials,LHM)",是一类在一定的频段下同时具有负的磁导率和负的介电常数的材料系统(对电磁波的传播形成负的折射率)。近一两年来"左手材料"引起了学术界的广泛关注,曾被美国《科学》杂志评为 2003 年的"年度十大科学突破"之一。光子晶体(PhotonicBand-Gap,PBG)、"超磁材料,是指铁磁物质的颗粒小于临界尺寸时具有单畴结构,在较高温度下表现为顺磁性特点,但在外磁场作用下其顺磁性磁化率比一般顺磁材料大好几十倍,称为超顺磁性。临界尺寸与温度有关,铁磁性转变成超顺磁性的温度常记为TB,称为转变温度等。"

超材料的应用与原有材料制备有很大的区别,以往是自然界有什么材料,就能制出什么物品,而超材料完全是逆向设计,根据针对电磁波的具体应用需求,制造出具有相应功能的材料。

Alexander Kiildishev 博士说:"实验表明,将基于纳米金刚石的单

光子发射器置于双曲超材料的表面，可以大幅度提升单光子的产生，单光子发射器可以用来研制室温 CMOS 兼容的高效电光子源”。

氮-空位中心是金刚石晶格中原子级别的缺陷，是由一个氮原子取代一个碳原子所形成的邻近空隙。将包含氮-空位中心的纳米金刚石放到双曲超材料的表面，不仅可以增强光子的发射，而且改变了光子的发射模式——在量子设备开发中至关重要。

该项工作是由来自普渡大学、俄罗斯量子中心、莫斯科物理技术学院、Lebedev 物理研究所以及光电子纳米技术公司（Photonic Nano-Meta Technologies Inc）共同完成的。

七、可再生能源利用的新宠儿

由英国 Bristol 大学主研究的纳米金刚石热能利用技术取得重要进展，该技术标志着金刚石这一世上最硬的物质材料在能源高效利用方面又一新型用途。

通过一种叫做热离子能量转换器的设备，各种太阳能、地热能和核能等资源被转换为电能。这种技术早在 20 世纪 50 年代就已经问世，用来给宇宙飞船供给能源以及核反应堆提取能量。但采用何种材料来高效提取能量一直是个从技术难题，该技术若突破限制，则能提供高达 1200 ℃的热能。随着纳米金刚石的问世，Bristol 大学的科学家们或将其成为现实。

科研项目有两个目的：

（1）通过与等离子纳米结构的结合，热离子转换器中金刚石的优越特性得到最大的发挥，进而使太阳能的吸收达到最大化并最终将其转化为电能。

（2）研究放射性石墨中碳 14（^{14}C）所产生的 β 辐射如何改善热离子金刚石能量转换器的工作性能。如果能将能量转换器中的^{14}C 充分利用起来，它对英国已退后役的 Magnox & AGR 核反应堆中放射性石墨的处理将提供一个更为经济实惠的方法。这些物质可以作为新型热离子能量转换器的原料，称之为"β增强型热离子金刚石转换器"（BTDC）。

该研究预计将应用于民生、军事和空间发电等领域。

八、用于检测生物威胁的传感器领域

美国ADT公司开发徽章大小、可穿戴式金刚石悬臂传感器，专门用于实时检测大肠杆菌、炭疽、伤寒等生物威胁。

金刚石具有一系列的特性是众所周知的，这里需要特别强调的是，金刚石表面被极强的碳氢键所覆盖，这意味着它在水中非常稳定，这一点与硅等其他传感材料有很大不同。此外，氢原子可以被剥离下来并被抗体分子所取代。抗体分子与大肠杆菌等生物靶子进行结合，就如锁和钥匙那样连在一起。

这种新器件是带有形如跳水板的悬臂。每个悬臂约长100 mm，安装在一块半导体芯片上。金刚石悬臂规格高度统一，由纳米晶颗粒组成。这些晶粒是通过化学气相沉积工艺制成的，每个晶粒直径约为2～5 nm。任何在金刚石悬臂表面着陆的生物分子可改变元件的振动频率，这可通过悬臂的电压反应转变为电信号。

为了保证信号足够强，ADS公司计划在每个传感器上安装多达50个悬臂。其中一项挑战是将病原体进行富集，这样即使极少分量的病原体也能检测得出。

九、"变形金刚"——纳米钻石医学新用途

借助于强大的电子束，科学家证明经过处理的煤炭中的纳米钻石只能存在数秒钟，而后变成毫不令人兴奋的炭。根据一项新研究，并非所有钻石都能做到"恒久远"，有些钻石会在短短数秒钟内消失殆尽，这种钻石是所谓的"纳米钻石"。这一研究发现显然与沙丽-贝希

1971 年演唱的邦德影片主题曲以及著名的广告语“钻石恒永久,一颗永流传”不符。钻石的英文名称“diamond”在古希腊语中意为“牢不可破”。

在利用化学方式对煤中的碳进行处理使其具有可溶性后,美国赖斯大学的科学家发现了纳米钻石的这种现象。纳米钻石能够应用于一系列工业领域,在医学研究的领域不但扩大,可进行化学疗法,增进骨骼生长以及提高牙科植入物的耐受性。纳米钻石的体积很小,肉眼看不见,可用于对抗骨坏死等骨质流失导致的疾病。

化学家埃德·比卢普斯和孙延秋率先在不成形的注氢石墨层中发现纳米钻石。他们发现显微镜发射的电子束的能量凝结氢化碳原子群,一些拥有类似格构的纳米钻石结构。比卢普斯表示,“电子束的能量很大,为了剥离氢原子,你需要耗费惊人的能量”。电子束的能量剥离不牢固的氢原子,在煤炭的石墨层之间引发连锁反应,形成宽度 2 ~ 10 nm 的钻石。

十、结语

只要我们有兴趣去搜索一下不难发现,以上事例仅是其众多研发成果的冰山一角。笔者欲想用以上的事例唤起我国“超硬人”对这具有时代意义的课题的关注,再关注。因此,提出以下几点与大家来探讨:

(1)别人能办到的,我们也一样能办到。既然别人能做好,我们没有理由做不好。

(2)要知道,现在的时代是一个尊重欲望的时代。要么卓越,要么出局。

(3)对于成功人士来说,不管处境有多困难,现有的条件有多不利。

纳米金刚石在生物医学的应用

王光祖，卫凤午/文

材料是人类生存发展、征服改造自然的物质基础，是人类社会现代文明的重要支柱。现在的时代，既不是金属材料时代，也不是高分时代、新陶瓷时代、复合材料时代，而是依据科学技术的发展和社会的需要开发和应用新型材料的新时代，这就是纳米材料的时代。

生物医学材料是指具有特殊性能。用于人工器官、外科修复、理疗康复、诊断、检查、治疗疾患等医疗、保健领域，而对人体组织、血液不致产生不良影响的材料。

纳米金刚石（纳米材料家族中的佼佼者）是指粒径在 1 ~ 100 nm 的金刚石晶粒存在形态，其兼有金刚石、纳米材料的特性。金刚石具有高硬度、高耐腐蚀性、高导热率、低摩擦系数、低表面粗糙度、大的比表面积、高的表面活性等。

在生物医学领域纳米材料要具备杀死癌细胞，不伤正常细胞的奇特功效，必须具备两个条件：一是纳米粒子具备一定的超微尺度，在 20 ~ 100 nm；二是纳米粒子呈现“均匀”分布，才具“药效”。

一、纳米金刚石在口腔医学方面的应用价值

现在临床应用的口腔材料大多为树脂材料、钴铬合金、纯钛，其具有一定的耐磨性、耐腐蚀性及生物相容性，但不够理想。纳米金刚石兼有金刚石与纳米材料的特性，是更为理想的口腔材料。

实验发现，在 Prime & Bond NT 黏结剂中加入纳米金刚石后，其微拉伸强度和剪切强度均提高显著。纳米金刚石的小颗粒减少了较大颗粒填料之间的空间，增加填料间的延续性，增强抗张强度，而聚合收

缩力减小；同时，金刚石表面具有极性基团与牙本质有机成分中氨基酸侧链的游离羟基、氨基、羧基发生化学作用；与无机成分中羟基磷灰石及树脂基质极性基团发生分子间作用力；再加上纳米金刚石的高硬度，可能是实验中黏结强度提高的原因。

二、纳米金刚石在治疗肿瘤方面的应用价值

阿霉素是一种常见的化疗剂。直接注射进肿瘤处时，担当药物来治疗肿瘤。加州大学科学院迪安·何让阿霉素分子附在纳米金刚石表面，创造出一种化合物 ND-DOX。

研究发现，注射肿瘤的 ND-DOX 一直保持着稳定并超过单独注射阿霉素，显示出附着在纳米金刚石上阿霉素进入到肿瘤中且保持时间更长。还发现 ND-DOX 能增加癌细胞的死亡，且减少神经胶质瘤细胞存活性。

研究第一次显示出 ND-DOX 运输有限量的阿霉素，分散在肿瘤外部。这一运输方式减少了副作用，确保药物在肿瘤处的时间更长，增加药物杀死肿瘤的有效性，而不影响周边的组织。

三、纳米金刚石在揭示神经细胞秘密信息的应用价值

金刚石中的杂质不仅有颜色，而且可以通过杂质使金刚石成为磁场和温度领域的精确传感器。如果纳米金刚石内部的电子连贯性能能够保持足够的长时间，我们不仅可以实现金刚石成为量子计算机的自旋载体材料之一，而且金刚石也会成为揭示神经细胞秘密信息的完美装置。

由于氮空位中心会随着温度的变化而发出荧光，使得纳米疗法或极小（$\approx\frac{1}{2000}$ K）温度变化的测量，甚至在极小的空间（200 nm 范围）和时间范围内的测量，都成为可能。我们都知道，整个积极代谢的细胞内的温度环境是不一样的，像线粒体和中心粒这样的细胞活动和局

部细胞的热点区是密切相关的,甚至神经元都有明显的热剖面峰值,其峰值热量首先被细胞吸收,然后再释放出来。而利用纳米金刚石,出现的问题是,一旦放到细胞内,就要保持原样不动。如果这些新纳米金刚石附在蛋白质上,那么这些纳米金刚石作为观察和了解细胞秘密的完美工具就会实现。

四、纳米金刚石在构建纳米药物运输系统的应用价值

构建纳米药物运输系统是碳纳米材料在生物领域的一个重要研究方向。

李静等在 NDs 吸附多种分子的初期实验中发现,其对大小的分子吸附的行为的差异较大,如细胞培养液中的蛋白类分子 BSA 在 NDs 上吸附 1 h 即达平衡,而较小的药物分子 HCPT 至少需 5 h 才能达到平衡。由此提出如下的 NDs 吸附模型:当 NDs 分散于培养基中,形成团聚,这些团聚物具有与外界相通、尺寸不均的纳米通道或小孔,当小分子药物(HCPT)与纳米团聚物接触后,慢慢进入团聚体内部的孔道中,故 HCPT 在 NDs 上充分负载需较长时间,吸附量也相对较高;而 BSA 类的蛋白质分子因分子大不能进入孔色道,则更多的似被吸附在团聚物表面,故短时间内即达平衡。基于纳米金刚石的团簇多孔特性,成功组装具有多功能的纳米金刚石复合药物输运系统,开创了纳米金刚石药物输运的研制新途径。

五、纳米金刚石在铁含量测定方面的应用价值

人体内铁含量对于一个人的健康至关重要,铁缺乏会引起贫血,同时铁含量过高也可显现出炎症或者慢性疾病,例如血色现沉着病。对血液中铁含量的检测至关重要,目前对人体内铁浓度的测量方法依靠出现的某些生物标示来判断,但这些试验不精确。德国乌尔姆大学研究人员已研发出来了一种新型检测血液中铁含量的方法,来测

量铁蛋白——一种负责储存和运输铁的蛋白质。他们利用人造纳米缺陷金刚石来工作,命名为氮缺位金刚石。由于铁离子磁性和它们的强度,电子朝向外中进行旋转能够让科学家探测出。更进一步来说,纳米金刚石和铁蛋白之间电子相互作用能够会被蛋白质分子吸收(以及里面的磁性铁离子),最终,与实验结果相比,实验的理论模型得到的参考信息,让科学家确定工作的准确性。该研究结果中的纳米金刚石传感器可能会变成一种普遍认可的工具,用于血液铁浓度测量。

六、纳米金刚石在血管支架方面的应用价值

血管手术中,纳米金刚石微粒可以物理吸附血管生成因子,用作血管支架材料时能在手术后加速血管生长。MAGDALENA 等实验发现,含纳米金刚石颗粒的血管支架的生物活性最好,且诱导性能最佳。

七、纳米金刚石在再生医学领域的应用价值

再生医学领域(利用干细胞的再生能力来治疗疾病),金刚石的双重惰性使之成为合适的生物发展平台。ANDREI 等在刻蚀的晶片表面镀纳米金刚石,使其形成草莓形的空穴,可避免胚胎干细胞受到外界的干扰。

八、纳米金刚石在人造关节方面的应用价值

纳米金刚石可用于人造关节涂层材料。传统医疗植入物多使用钴、铬、镍,然而部分患者对这些金属过敏,或产生排斥反应。金刚石涂层具有良好的生物相容性,不会引起人体的排斥反应;并且金刚石具有抗菌特性,可以抑制细菌的滋生。另外,与传统金属聚合体植入物相比,纳米金刚石涂层人造关节磨损轻微,基本不形成碎屑。

九、纳米金刚石在眼科医学方面的应用价值

纳米金刚石与噻吗洛尔结合并嵌入隐形眼镜中,能确保药物直接

作用于眼部,更好地治疗青光眼。

十、纳米金刚石在生命科学领域的应用价值

荧光细胞标记物在生命科学领域扮演着重要角色,但许多可用的标记物在物理、光学以及毒性方面都存在着一定的缺陷。纳米金刚石作为一种新型的碳纳米材料,具有化学惰性、有荧光但无光致漂白、无毒性的优势,可用于细胞标记与生物成像。

十一、纳米金刚石在生物传感器方面的应用价值

随着纳米金刚石应用范围的扩大,许多研究人员发现有了它在生物传感器方面的应用价值。在医学上,该种生物传感器多用于糖尿病人血糖含量的检测。固定化葡萄糖氧化酶检测葡萄糖含量具有反应时间短、保存期较长、灵敏度高、反应快捷等优点,这一特性使得葡萄糖生物传感器能够简单迅速地进行疾病诊断,对治疗糖尿病有着重要的意义。非掺杂的纳米金刚石修饰的金电极可作为一种电化的葡萄糖传感器。在这一研究中,纳米金刚石粒子包裹在金电极的表面,然后将葡萄糖氧化酶固定在纳米金刚石表面,纳米金刚石预先修饰电极的阳极,不仅能提高电子在纳米金刚石芯片中转移的速率,而且能够显著改善溶解氧的减少。该传感器在普通干扰物如抗坏血酸(AA)、乙酰氨基酚(AP)和尿酸(UA)的存在下,能够选择性地对葡萄糖进行电化学分析。

纳米的概念实际具有两个内涵:首先,它是人类的认识不断向微观层面推进的结果。其次,纳米的概念是人类的认识从分离走向综合的结果。纳米材料由于尺寸变小而体现的新特性,给广大科技工作者带来了广阔的想象空间和无限的创造世界。发现材料的新性能源,开发材料的新功能,制备材料的新器件以及研究因纳米材料的奇异特性所带来的创造火花,将给人类文明带来新的天地。每一项纳米技术的

应用，都是对传统领域的一次彻底颠覆，一次彻底革命。由此带来的生产力的巨大飞跃，将使人类以往几千年文明黯然失色。

（节选自磨搜网 2020.11.25《纳米金刚石在生物医学的应用》）

话说纳米金刚石的应用

由于纳米金刚石在强度、硬度、导热性、纳米效应、重金属杂质、生物相容性等方面具有独特性能，在精密抛光和润滑、化工催化、复合镀层、高性能金属基复合材料、化学分析及生物医药等领域得到了广泛的应用，并显示出良好的应用前景。

一、超精密抛光和润滑

纳米金刚石抛光膏和悬浮液用于电子、无线电、医学、机械制造、宝石行业等，对材料进行精密抛光。优点可在固体上获得镜面，无缺陷，粗糙度 *Ra* 可达 2 ~ 8 nm。

纳米金刚石具有强共价键和强烈的亲油疏水特性，可以在各类润滑油中形成稳定分散的胶体体系，从而将纳米金刚石中粒子引入摩擦副之间，起到显著的减摩耐磨作用。

就像在表面安装了超微型轴承，由此将原来的滑动摩擦变为滚动摩擦，使摩擦系数降低 20 余倍。由于滚珠轴承结构膜可以自动在划伤处起极佳填充修复作用，提高缸压 10% 以上。

纳米滚珠具有每秒几米的热运动速度，在金属表面起着维护作用，防止胶质的沉淀，从而提高了润滑油的抗氧化性，可延长换油周期两倍以上。

采用纳米金刚石球形颗粒为减摩载体的滚珠轴承结构膜，不但强度高而且具有超微型特性，所以绝不会堵塞机油管路，再精密的发动机也尽可放心使用。

二、增强橡胶和树脂

利用纳米金刚石兼具有纳米粒子和超硬材料的双重特性制造增强橡胶、增强树脂，在提高材料热导率、聚合物降解温度、强度和耐磨性等方面作用明显，使纳米金刚石在新型复合材料领域具有广阔的开发前景。

三、增强金属基复合材料

增强型金属材料是纳米金刚石复合镀层和弥散强化型金属材料。复合镀层能有效提高涂层与基体之间的结合强度，纳米金刚石复合镀层具有超硬、高耐磨、耐热防腐的性能，可用于金属表面和橡胶、塑料、玻璃等表面的涂敷。纳米复合镀基体主要有镍、铜、钴等，含有纳米金刚石的复合镍镀层用作磁头或磁盘耐磨保护层与普通镀层相比，其硬度增加了50%，耐磨性能的增加更显著。

四、电子行业

纳米金刚石具有宽禁带、高电子与空穴迁移率，禁带宽达5.5 eV，比常用半导体硅材料高5倍，空穴迁移率是硅的4倍，电路运行速度大大提高。由于辐射引起的载流子在金刚石半导体上不易积累，不会影响器件的特性，因而纳米金刚石是制造高可靠性、抗辐射半导体器件的理想材料。

此外，纳米金刚石还具有优异的冷阴极发射场效应，是十分理想的高清晰、低能耗、可替代液晶的大视角超薄平面显示器材料。

用纳米金刚石制成膜，可作集成电路、磁盘、磁头等高级保护膜。

五、纳米金刚石膜真空窗口

与其他真空窗口其他材料相比，纳米金刚石膜有许多优异的性能，如高的硬度、高弹性模量、高导热率、低膨胀系数、宽光谱透过范围等，使其成为一种。极佳的真空窗口材料。

用 CVD 制备的微晶金刚石生长面较粗糙，在使用之前需要进行抛光，难度很大；此外，在抛光过程中会产生一些缺陷和微裂纹，影响金刚石性能。纳米金刚石同样具有微晶金刚石的优越性能，而且生长表面较平整，不需要抛光就能作为真空窗口材料。例如 2013 年 Campos 等报道了采用热丝 CVD 制备了各种形状的自支撑纳米金刚石作为同步加速器的电子真空窗口的研究。

六、电学器件、单光子源和电化学电极的应用

通过在纳米金刚石薄膜中注入杂质离子，并进行热氧化退火处理，有效提高了薄膜的电学性能，获得了高迁移率的 n 型纳米金刚石薄膜；并发现退火温度增加到 800 ℃以上时，薄膜的电学性能由 p 型转变为 n 型，其转变的原因主要为纳米金刚石的表面终止态由氢终止转变为氧终止。采用氧离子体处理的纳米金刚薄膜，首次获得尺寸仅为 2 ~4 nm 的含有小于 3 个 SiV 色心纳米金刚石；制备了具有新颖微结构的纳米金刚石薄膜，通过氧化处理大大提高其发光性能，并发现纳米金刚石薄膜中存在网络状和枝晶状等生长模式；发展了制备 SiV 发光单晶金刚石的方法；采用氧化法提高了硼掺杂纳米金刚石薄膜的电学和电化学性能。研究结果对于实现纳米金刚石在电学器件、单光子源和电化学电极等方面的应用具有重要意义。

七、低维光电器件的潜在应用

基于第一性原理，研究了未氢化和氢化的二维(110)金刚石纳米

薄膜的结构和电学性能与层数 n 之间的关系。结构优化后，对于层数为 $n=1$ 和 2 的(110)金刚石纳米膜，初始的褶皱二维金刚石重构成平面石墨烯。对于层数大于等于 $n3$ 的二维金刚石膜，以及单侧、双侧氢化的二维纳米膜，更容易保持初始的金刚石结构。所计算电学性质结表明，二维金刚石和单侧氢化的二维金刚石纳米膜表现出金属特性，两侧氢化的结构表现为半金属特性。理论计算表明，二维金刚石层数 n 以及表面修饰能够有效影响二维原子层厚度(110)金刚石纳米膜的结构和电学性质。预示着二维金刚石纳米膜在许多领域，尤其是在低维光电器件制造中的潜在应用。

八、燃料电池和超级电容器

随着世界经济的发展，能源供应不足的矛盾日益突出，环境污染问题也越来越严重，开发和利用新能源有助于缓解能源供应和环境带来的压力。近年来，新能源逐渐成为业界研究的热点，能量转换技术越来越越受到各方面的重视，成为解决未来新能源产业发展的关键环节。而决定能量转换技术的根本因素是能源转换材料。因此，研究和开发高性能、低成本的能量转换材料是研发工作的核心。

纳米材料具有与大颗粒或块状物质完全不同的特性，如纳米尺寸的表面效应和体积效应，以及特殊的光、电等方面的性质。这为其在能量转换方面的应用提供了极大的可能性。但在利用纳米材料某种特性的同时，常会被其一些附属性质影响，阻碍了纳米材料的应用。

于是，张艳、王艳辉等采用金属钛(锰)粉与纳米金刚石(ND)、纳米碳化硅(SiC)等充分均匀混合后，将混合物放入真空炉中进行真空镀覆处理。

催化剂中的载体材料对催化剂的催化性能起着至关重要的作用。与活性炭等传统的载体相比，纳米金刚石(ND)具有高的热稳定性和高的抗腐蚀能力等诸多优点。

Zhao 等制备的 Pt-Ti/ND 催化剂的起始电位和极限电流密度均明显优于 Pt/ND 催化剂。这归因于载体导电性的提高和 Pt 与 TiC 层的协调作用。Pt-TI/ND 与 Pt/C 催化剂的极限电流密度和相当,但是表现出相对右移的起始电位。上述结果均说明 Pt-Ti/ND 催化 ORR 的催化活性不仅表现出比 Pt/ND 高得多的催化活性,而且比 Pt/C 也表现出更高的催化活性。

Ti/ND,Ti/SiC 和 Ti/Si_3N_4 作为 Pt 催化剂载体材料表现出优异催化活 11244 性和稳定性,有效地提高了直接甲醇燃料电池的效率。

近年来,因二氧化锰(MnO_2)具有成本低,资源丰富乐和环境安全等优点,其用作超级电容器材料的前景吸引了极大的注意。

九、结语

根据纳米金刚石的性能,综合文献资料和主要应用情况,表 1 列出了金刚石性能而展开的主要应用领域。实际上纳米金刚石及其功能复合材料的应用领域远不止这些,其应用前景非常广阔。

现在,除了纳米金刚石用于精密研磨和抛光外,其实应用还很少。随着对纳米金刚石作为功能复合材料的研究不断深入,纳米全金刚石及其功能复合材料将获得越来越多的应用。

表 1　金刚石特性与应用之间的关系

纳米金刚石的性能	应用领域
高硬度、维氏硬度 100 GPa	切割和锯切、超硬性磨具、切削铣削刀具、抛光、拉丝模具、钻进工具
光学特性、光电转换特性、荧光、宽带隙、半导体特性	太阳能电池、光学晶体、荧光生物印记
高导热性	电子封装、热管理材料、聚合物复合材料

续表 1

纳米金刚石的性能	应用领域
摩擦学特性	润滑油添加剂、抗磨损复合材料
无毒、稳定性、多化学官能团	生物成像、生物印记、生物传感、靶向特定细胞药物传输和组织工程
催化、光催化特性	光催化材料、催化剂载体

纳米金刚石应用中存在的几个问题

文潮，王新强，王光祖/文

自从苏联和美国同时于 1988 年用爆轰法制备出纳米金刚石后，纳米金刚石的制备工艺和应用得到了迅速发展。以俄罗斯为首，日本、美国等都已建立了爆轰法制备纳米金刚石的产业，制备工艺日益成熟，规模达到年产吨级，经济和社会效益显著。同时各国对纳米金刚石在材料增强、润滑剂、超硬耐磨复合涂层、雷达吸收剂材料等方面的应用开发也表现出极大兴趣。目前，俄罗斯“阿尔泰”科研生产联合体、白俄罗斯“辛塔”科研生产联合体、乌克兰“阿立特”公司，以及“阿尔泰”在美国办的“超分散技术公司”，他们都有年产 20 t 的生产线。我国于 20 世纪 90 年代初开始进行爆轰法合成纳米金刚石的研究，主要研究单位有中科院兰州化学物理研究所、北京理工大学、第二炮兵工程学院、中国工程物理研究院西南物理研究所、西北核技术研究所等。虽然，我国比国外起步稍晚几年，但实验室研究的技术水平与国际相当。其中，北京理工大学在培养纳米金刚石高级人才和理论研究方面做了大量工作，西北核技术研究所拥有一批高素质技术人才。近年来西安交通大学、清华大学、装甲兵工程学院、燕山大学、中国科技大学与纳米金刚石生产单位合作,对纳米金刚石的应用开展了研究,并取得了初步成效。2001 年甘肃凌云纳米材料有限公司、深圳金刚源新材料发展有限公司、陕西艺林事业公司等分别建有年产量 1000 万克拉的生产线。此外,西北核技术研究所、四川久远纳米材料有限公司、西北理工大学、山东泰安中北公司、北京矿务局九龙华源实业公司等也有小批量生产,所有这些标志着我国纳米金刚石从科研、生产到应用已进入全面发展阶段。

一、纳米金刚石的名称

纳米金刚石(nano diamond)是指晶粒度在 100 nm 以下的金刚石颗粒。在 2000 年以前或者更早的国外文献中,也称这种金刚石为 ultra fine dispersed diamond,超分散金刚石(简称 UFD),翻译为超微(细)金刚石,还有叫 ultra dispersed diamond,超分散金刚石(简称 UDD)。在国内,最早介绍这种金刚石的是徐康、金增寿等发表在 1993 年《含能材料》第三期上的“炸药爆炸法制备超细金刚石粉末”,当时他们称这种金刚石为“纳米级的超细金刚石粉末”。从 1995 年开始,国内有人称这种金刚石为“纳米金刚石”,见王大志、徐康等的“纳米金刚石及其稳定性”(《无机材料学报》1995,第 10 期)。在这以后的若干年中,超细金刚石或者超分散金刚石和纳米金刚石的名称都在使用。

在北京理工大学恽寿荣领导的科研小组中,他们的学位论文和发表的文章中将这种金刚石多称为“超细金刚石或超分散金刚石”,而在国内其他学者的文献中,多称为“纳米金刚石”。2000 年以后,受国际纳米材料的影响,国内学者基本上都开始用“纳米金刚石”这个名称。到这时,这种金刚石的名称基本上得到统一,大家都称它为“纳米金刚石”。

二、纳米金刚石的制备方法

目前,人工合成金刚石的方法,主要有静压法和沉积法。第三种方法是动压法,是利用瞬时产生的高压高温条件来生成金刚石。动压法根据合成的金刚石原料不同,可以分为三类:第一类是冲击波法,利用高速飞片撞击石墨板块,使石墨在撞击过程中生成微米级金刚石。国内最早开始这一方面研究的是中科院物理研究所。第二类是爆炸法或成爆轰波法,就是将石墨和高能炸药混合,在炸药爆轰的过程中压缩石墨使其变为金刚石。最后一类是爆轰产物法,也就是本文所用的方法,是利用负氧平衡炸药爆轰来得到晶粒度在纳米级的纳米金刚石。

爆轰法与前面两种方法最大区别在于,前两种方法需要提供碳源,制备的金刚石粒度大部分在微米级或更大。而最后一种方法是不需要提供额外碳源的,炸药本身即提供高压高温条件,还提供额外碳源。

爆轰法制备纳米金刚石的基本原理:负氧平衡炸药在保护介质环境中爆炸,爆炸过程中多余的碳原子经过聚集、晶化等一系列物理化学过程,形成纳米尺度的碳颗粒集团,其中包括金刚石相、石墨相和无定性碳。经过选择性的氧化化学处理,去除非金刚石相后,得到纳米尺度的纳米金刚石粉末。

三、纳米金刚石粉的成分

纳米金刚石粉中的C元素含量和金刚石相含量是两个不同的概念,需要澄清。从目前所有制备的纳米金刚石的测试结果看,纳米金刚石中主要元素为C,其$\omega(C)$由于制备方法的不同有所变化,但大部分都在85%~90%。其他较多的元素杂质如$\omega(H)\leqslant 1\%$,$\omega(N)\leqslant 6\%$,$\omega(O)\leqslant 10\%$,还含有其他杂质,如Al、Si、Ca、Fe等,其含量在10^{-4}

到 10^{-6} 量级(表 1)。

表 1　纳米金刚石中其他杂质元素的含量 ω (10^{-6})

样品	容器材质	Ca	Cr	Cu	Fe	K	Mg	Mn	Na	Si	Zn	Co	Ni	Al
1	复合板	<1	<1	<1	310	8	4	<1	23	129	<1			44
2	复合板	19	2	3	367	11	5	<1	22	79	3	<1	2	45
3	16MnR	237	33	27	1682	318	353	161	6125	5479	37			82
4	16MnR	214	37	2	393	169	116	38	289	5323	4	<1	15	600
5	16MnR	227	10	19	1735	159	229	95	1239	4723	21	<1	4	240

从表 1 的测试结果可以看出,在制备纳米金刚石时,由于使用不同材质的爆轰容器,对纳米金刚石的金属杂质含量有绝对的影响。

从元素分析结果可知,纳米金刚石粉中 ω(C)值在 85% ~ 90%,那么这些 C 元素是不是都是金刚石结构?也就是说,这些 C 元素都是 sp^3 结构,还是 sp^2 结构?如果有 sp^2 结构的 C,那么它的含量有多少?这些问题都需要进行研究、解决。

四、纳米金刚石的解团聚问题

纳米粒子比表面大,比表面能高,处于热力学的不稳定状态,容易发生团聚,从而丧失其作为纳米粒子的一些良好物性。纳米金刚石虽然晶粒粒度较细,但是在制备和后处理过程中,硬团聚和软团聚的存在使得纳米金刚石粒度明显变粗,应用受到制约。因此,有必要对纳米金刚石在介质中的分散进行研究。

在纳米金刚石粉中有单晶的金刚石颗粒团聚体,单晶金刚石颗粒分布在 1 ~ 6 nm,团聚体有大有小,小的几十纳米,大的几百纳米,甚至还有微米级的。

近年来,国内外研究人员对纳米金刚石在不同介质中的分散问题进行了探索。Chiganova 用饱和 $AlCl_3$ 水溶液加热处理纳米金刚石,制得的悬浮液中纳米金刚石的二次粒度为几百个纳米范围。JSB Diamo 纳米金刚石 Center 的研究人员在水溶液中超声分散纳米金刚石,所得悬浮液中团聚体的平均粒径在 300 nm 左右。该中心还研究了纳米金刚石在非水体系中的分散,采用聚异戊二烯改性纳米金刚石表面,制得了可稳定 10 天左右的悬浮液。

陈万鹏、仝毅等在理论上分析纳米金刚石团聚的原因,并对纳米金刚石在水相和油相介质中进行了分散,团聚体粒径达到了 257.5 nm 和 44.9 nm 的效果。长沙矿业研究院王柏春的研究小组对纳米金刚石在水相介质中的分散液进行了研究,取得了纳米金刚石团聚体粒径均在 100 nm 以下,其中 25.7 nm 的颗粒占 83.5% 的效果。

据此,笔者研究了纳米金刚石在水相介质中的分散情况,配制了 3 种特殊的分散剂,将纳米金刚石加入其中,再注入离子水,超声分散 30 min,静置 60 天后,在悬浮液中没有纳米金刚石颗粒的沉淀,然后进行了粒度的测定测试。测试设备为 Malvern 激光粒度仪。用超声分散的方法和特殊的分散剂,在水相介质中可以将纳米金刚石团聚体粒径分散到 10 ~ 20 nm 和 100 ~ 200 nm。目前,此研究结果只有研究价值,因为大规模应用的效率太低。

从上面的分析中可知,目前对于纳米金刚石的解团聚技术没有得到彻底地解决,因为没有将纳米金刚石分散到原始的粒径大小。再就是,这些研究结果是停留在实验室水平,还是能进行工业规模化应用?成本如何?所以这个问题亟待解决,因为它严重制约了纳米金刚石的广泛应用。

五、纳米金刚石的分级问题

用 X 射线小角度散射(SAXS)测试了纳米金刚石的粒径大小,其粒径分布在1～60 nm,4～8 nm的纳米金刚石颗粒最多,平均粒径为6.7 nm,如表2所示。

表2　纳米金刚石的X射线小角度散射结果

粒度间隔/nm	相对分布频度	质量分数	累计百分数
1～5	79.2	27.1wt%	27.1wt%
5～10	100	42.8wt%	69.9wt%
10～18	30.3	20.8wt%	90.7wt%
18～36	1.8	2.8wt%	93.6wt%
36～60	3.1	6.4wt%	100wt%

从测试结果可知,纳米金刚石的晶粒大小在1～60 nm,但是,笔者对这一测试结果持怀疑态度,必须要问还有没有大于60 nm的金刚石晶粒?如果将这个粒径间隔分成1～100 nm,那结果又会怎样呢?再一个就是,能不能将每个区间的纳米金刚石粒径分开?这就是纳米金刚石的分级问题。从用户的角度考虑,不同的使用目的,需要不同大小粒度的金刚石,因为纳米金刚石是指粒度小于100 nm的金刚石。所以它的粒度分布范围比较广,无法满足使用要求。根据需要,必须对纳米金刚石进行分级,而分级的前提,必须将纳米金刚石分散开来,使其粒度都还原到原始的粒径,也就是有些文献中所说的一次粒度。

综上所述,在纳米金刚石的应用中,必须对这些存在的问题进行研究,尤其是提高纳米金刚石粉中的含碳量和金刚石相的量,解决纳米金刚石的分散关键技术和纳米金刚石的分级问题。若这些关键技术问题能得到解决,那么,纳米金刚石的应用量将突飞猛进,从而带动纳米金刚石相关产业的飞速发展。

(节选自超硬材料工程2007第19卷第2期《纳米金刚石应用中存在的几个问题》)